深入浅出
Spring Boot 3.x

杨开振 著

人民邮电出版社
北京

图书在版编目（CIP）数据

深入浅出Spring Boot 3.x / 杨开振著. -- 北京：
人民邮电出版社，2024.4
ISBN 978-7-115-63282-1

Ⅰ．①深… Ⅱ．①杨… Ⅲ．①JAVA语言－程序设计
Ⅳ．①TP312.8

中国国家版本馆CIP数据核字(2023)第239788号

内 容 提 要

Spring 框架是 Java EE 开发的强有力的工具和事实标准，而 Spring Boot 采用"约定优于配置"的原则简化了 Spring 的开发，成为业界流行的微服务开发框架，被越来越多的企业采用。为了适应新潮流，本书对 Spring Boot 3.x 技术进行深入讲解。

本书从一个最简单的项目开始讲解 Spring Boot 企业级开发，其内容包含全注解下的 Spring IoC 和 Spring AOP、数据库编程（JPA、MyBatis 和 JDBC）、数据库事务、NoSQL 数据库（Redis 和 MongoDB）技术、Spring MVC、REST 风格、互联网抢购业务、监控与容器部署、Spring Cloud Alibaba 微服务开发等。

本书内容紧扣互联网企业的实际需求，从全注解下的 Spring 知识讲到 Spring Boot 的企业级开发，对于 Java 开发者，尤其是初学 Spring Boot 的人员和需要从传统 Spring 转向 Spring Boot 开发的技术人员，具有很高的参考价值。

◆ 著　　杨开振
责任编辑　刘雅思
责任印制　王 郁　胡 南

◆ 人民邮电出版社出版发行　　北京市丰台区成寿寺路 11 号
邮编　100164　　电子邮件　315@ptpress.com.cn
网址　https://www.ptpress.com.cn
北京盛通印刷股份有限公司印刷

◆ 开本：800×1000　1/16
印张：25.5　　　　　　　　　2024 年 4 月第 1 版
字数：632 千字　　　　　　　2025 年 1 月北京第 4 次印刷

定价：129.80 元

读者服务热线：(010)81055410　印装质量热线：(010)81055316
反盗版热线：(010)81055315
广告经营许可证：京东市监广登字 20170147 号

前　言

本书的缘起

当前互联网后端开发中，Java 技术占据了主导地位。对于 Java 开发，首选框架和事实标准是 Spring 框架。传统的 Spring 开发需要使用大量的 XML 配置才能使 Spring 框架运行起来，这备受许多开发者诟病。随着 Spring 4.x 的发布，Spring 已经完全脱离 XML，只使用注解就可以运行项目。在最近几年里，互联网世界掀起了微服务热潮。微服务会将一个大的单体系统按照业务拆分为独立的系统，然后通过 REST 风格的请求将它们集成起来，进一步简化了分布式系统的开发。为了进一步简化 Spring 的开发，Spring Boot 于 2014 年诞生了，这是一个由 Pivotal 团队提供的全新框架，其设计目的是简化 Spring 应用的搭建以及开发过程，并迎合时下流行的微服务思维，越来越多的企业选择了 Spring Boot。随着 2017 年 9 月 Spring 5.x 的推出，2018 年 Spring Boot 也推出了 2.x 版本，至此 Spring Boot 成为 Java 开发的首选。为了顺应潮流，2018 年我创作了《深入浅出 Spring Boot 2.x》（下文简称为 2.x 版），此书一经推出，就成为该领域的主流图书。不过，随着 Spring Boot 的不断升级，2.x 版的许多知识点已经过时，所以是时候对其进行升级改版了，这就是本书的缘起。

2017 年甲骨文公司正式放弃 Java EE，并将其交由 Eclipse 基金会托管。因为版权问题，Java EE 这个名称不能被沿用，于是 2018 年 Eclipse 基金会将 Java EE 正式改名为 Jakarta EE。Jakarta EE 逐渐发展为主流技术，为此 Spring 推出了第 6 版，对 Jakarta EE 9 进行支持，而 Pivotal 团队在 2022 年 11 月推出了 Spring Boot 3.x 正式版。于是，我决定在 2.x 版的基础上进行升级，讲解 Spring Boot 3.x。

Spring Boot 采用"约定优于配置"的规则，大部分情况下依赖它提供的 starter，就可以使用默认的约定，然后通过属性文件能减少大量的代码，使开发更为简单；对于打包，Spring Boot 提供了内嵌服务器和 Maven（或 Gradle），进一步降低了企业部署的难度；对于测试，Spring Boot 提供了快速测试的环境，进一步提高了测试效率；Spring Boot 还提供了监控功能，使得开发者能及时把握项目运行的健康情况。在互联网世界中，分布式已经是一种必然的趋势，而在分布式架构中，微服务架构已成为当前的主流，因此 Spring Boot 渐渐成为企业级开发的主流选择。但是，微服务架构所需的服务治理和相关组件的研发成本并非一般公司所能承担的，因此 Spring 社区还将许多微服务组件通过 Spring Boot 的形式封装起来，发布给大家使用，这进一步简化了企业级微服务的开发。这样，Spring Boot 和 Spring Cloud 都站到了互联网后端开发的主流方向上。对于我国主要的微服务架构选型——Spring Cloud Alibaba，本书也会进行探讨。

选择 Spring Boot 3.x 的原因

随着微服务和云服务的流行，Java 很多原有的优势已经不是那么突出了，甚至 Java 和 Spring Boot

2.x 原有的一些优势反倒成了累赘。我们之所以选择 Spring Boot 3.x，是因为它提供了两大好处。

一是拥抱最新技术。随着时代的发展，Jakarta EE 渐渐取代 Java EE 成为主流技术，Java 8 的语法也已经严重落后于其他计算机编程语言。Spring Boot 3.x 只支持 Java 17 及以上版本，而 Java 17 作为当前长期支持版本，容纳了许多新的语法，简化了开发，十分值得学习，毕竟 Java 8 臃肿的语法已经很难支撑项目的快速开发以及系统开发的不断迭代和交付了。

二是需要追上微服务和云服务的潮流。随着微服务和云服务的发展，越来越多的企业使用容器进行开发、测试和部署等工作。而容器的使用使得"Build once, Run anywhere"（一次构建，到处运行）成为现实，这使得 Java 最大的优势——"Write once, Run anywhere"（一次编写，到处运行）大大削弱了，因为计算机语言的平台无关性已经不是一个巨大的优势了。传统 Java 采用的是 Java 虚拟机解释字节码的运行模式，在微服务和云服务中，会造成两个难以解决的问题。

- Java 虚拟机解释运行程序的速度太慢。这体现在启动、部署和运行上，采用云原生文件，程序可以是毫秒级启动项目，而采用 Java 虚拟机后，程序只能是秒级启动项目。Java 虚拟机在云服务或者微服务中性能偏慢，而采用云原生文件后，可以获得很大的性能提升。这些问题在单体系统的时代并非大问题，但是在容器化的微服务和云服务时代则被开发者所诟病，因为这不利于容器的使用。
- 镜像太大，难以管理。传统 Java 项目需要使用 Java 虚拟机来运行，同时也依赖大量的第三方包，制作成为容器的镜像太大，不利于运维环节对镜像的管理。在我的测试中，只是制作一个简单的 Spring Boot 项目的镜像，文件大小居然达到了 490 MB。大的镜像不仅占据的空间大，还会使镜像构建、部署的时间变长，运行也会变慢。

针对这两个问题，Spring Boot 3.x 开始支持预先编译技术，这是一种可以将项目在运行前直接编译为二进制文件或者机器码文件的技术，这样编译出来的文件就是云原生文件了。操作系统可以直接运行编译出来的文件，且性能比传统 Java 虚拟机解释的运行方式要好很多。Spring Boot 3.x 的预先编译技术主要采用的是甲骨文提供的 GraalVM，使用它生成的云原生文件不仅可以在操作系统直接运行，性能也更佳，制作出来的容器镜像也比传统 Java 镜像小得多。虽然当前 GraalVM 技术还不够完善，且未得到广泛使用，但它是 Java 未来的重要发展方向之一。

本书的安排

Spring Boot 不是要代替 Spring，而是使 Spring 项目可以更加快速地开发、测试和部署。它采用"约定优于配置"的理念，在内部提供大量的 starter，而这些 starter 又提供许多自动配置类，让开发者可以奉行"拿来主义"，开箱即用。虽然这样能够快速地开发、测试和部署，但是也会带来很大的问题，那就是，如果不懂 Spring 的原理，一旦出现开发问题，开发者就很容易陷入困境，难以找到问题的根源，产生困扰。因此，学习 Spring Boot 必须掌握 Spring 的基础知识。基于这种情况，本书结合 Spring 的原理讨论 Spring Boot 的应用。

为了更好地讨论 Spring Boot 的相关知识，本书内容安排如下。

- 第 1 章和第 2 章讲解 Spring Boot 和传统 Spring 开发的区别，以及如何搭建 Spring Boot 开发环境。

- 第 3 章和第 4 章讨论在全注解下的 Spring 基础 IoC 和 AOP，让初学者可以无缝对接 Spring Boot 的全注解开发方式。
- 第 5 章和第 6 章讲解数据库的开发、基于 SSM 框架（Spring MVC+Spring+MyBatis）的流行以及数据库事务的重要性，除了讨论传统的 JDBC 和 JPA 开发，还会重点讨论和 MyBatis 框架的整合，以及 Spring 数据库事务的编程。
- 第 7 章和第 8 章主要讲解互联网中广泛使用的两种 NoSQL 数据库（即 Redis 和 MongoDB），使用它们可以极大地提高系统的性能。
- 第 9 章至第 12 章主要讲解 Spring Boot 下的 Spring MVC 的各种应用。第 9 章初识 Spring MVC，概述 Spring MVC 的全流程和常见的组件；第 10 章深入 Spring MVC 的开发和应用，让读者能够掌握各种 Spring Web 后端的开发技巧；第 11 章讲解如何构建 REST 风格的网站，因为当前各个微服务是以 REST 风格请求相互融合的，所以时下它已经成为一种广泛使用的风格；第 12 章讲解 Spring Security，通过它可以保护我们的站点，使其远离各种各样的攻击，保证网站安全。
- 第 13 章讲解一些 Spring 常用的技术，如异步线程池、异步消息和定时器等，以满足企业的其他开发需要。
- 第 14 章讲解 Spring Boot 下的 SSM 框架（Spring MVC+Spring+MyBatis）整合，并通过抢购业务讲述互联网中的高并发与锁的应用。
- 第 15 章讲解 Spring Boot 的打包、测试、监控、预先编译和 Docker 容器部署技术。
- 第 16 章讲解基于 Spring Cloud Alibaba 的微服务开发，带领读者学习国内流行的微服务架构的开发。

上述内容可以让读者对 Spring Boot 有深入的了解，并且通过进一步学习掌握企业级应用的开发技巧。

阅读本书的要求和目标读者

阅读本书前，读者需要具备 Java 编程语言基础、Jakarta EE（Servlet 和 JSP）基础、前端（HTML、JavaScript 和 Vue）基础和数据库（MySQL、Redis 和 MongoDB）基础。当然读者也可以根据自己感兴趣的技术选择部分章节来学习。

本书从 Spring Boot 3.x 的维度全面讲解 Spring 基础技术（IoC 和 AOP）、数据访问技术、Web 技术和微服务架构等，因此本书适合以下读者。

- 使用或者即将使用 Spring Boot 开发的人员。
- 需要从传统 Spring 开发转向 Spring Boot 开发的人员。
- 需要使用 Spring Cloud 开发微服务架构的人员。
- 需要了解和学习企业级 Jakarta EE 开发的在校师生。从这个角度来说，本书也适合作为大中专院校的教材。

通过对本书的学习，读者可以有效地提高自身的技术能力，并能将这些技术应用于实际学习和工作当中。当然，读者也可以把本书当作工作手册来查阅。

本书相对于 2.x 版的升级

本书在 2.x 版的基础上进行如下升级。
- 全面拥抱最新且被长时间支持的技术，包括 Java 17、Jakarta EE 9、Spring 6.x 和 Spring Boot 3.x 等。
- 尽量采用 Java 8 之后的新语法编写代码。
- 在前端技术上，删除 2.x 版采用的 JQuery（当前已经很少用了），采用流行的前端框架 Vue 推荐使用的 Axios。
- 使用 IntelliJ IDEA 作为开发默认的 IDE，而非 2.x 版的 Eclipse。
- 增加预先编译和 Docker 容器部署技术的讲解，更贴近企业级微服务的应用。
- 在微服务章节，剔除 2.x 版中过时的 Spring Cloud NetFlix，拥抱目前国内流行的 Spring Cloud Alibaba。
- 在 2.x 版的基础上，进一步完善代码样例和技术细节。

本书内容约定

为了帮助读者更好地阅读本书，本书对以下内容进行约定。
（1）时间长度单位采用英文简写，具体为 h-时、m-分、s-秒、ms-毫秒、ns-纳秒。
（2）省略 import 语句和 Java Bean 的 setter 与 getter 方法，如下：

```
package com.learn.chapter7.pojo;
/*** ① imports ***/
@Alias("user")
public class User implements Serializable {
    private static final long serialVersionUID = 7760614561073458247L;
    private Long id;
    private String userName;
    private String note;
    /** ② setters and getters **/
}
```

代码①处省略 import 语句，而代码②处省略 Java Bean 的 setter()与 getter()方法。

本书使用的 Spring Boot 版本

Spring Boot 作为一个被高度关注的微服务开发框架，版本迭代十分频繁。本书尽可能采用最新版本，于是最终选定的 Spring Boot 版本是 3.0.6。Spring Boot 3.x 支持 JDK 17 及以上版本，支持 Jakarta EE 9，并尽量兼容 Jakarta EE 10，这些是读者在阅读本书和实践的过程中需要注意的。

致谢

本书得以顺利出版要感谢人民邮电出版社的编辑们，尤其是刘雅思编辑，她以编辑的专业精神时常鞭策我，并给予我很多建议、帮助和支持，没有编辑的付出就不会有本书的出版。

感谢我的家人对我的支持和理解，我在电脑桌前写作时，牺牲了很多本该好好陪伴他们的时光。

纠错和源代码

  Spring 和 Spring Boot 技术的使用面和涉及面十分广泛，版本更替也十分频繁，加上本人能力有限，所以书中错误之处在所难免。但是，正如没有完美的技术一样，也没有完美的书籍。尊敬的读者，如果你对本书有任何意见或建议，欢迎给我发送邮件（ykzhen2013@163.com），或者在我的 CSDN 博客上留言（搜索用户 ykzhen2015），以便于及时修订本书的错漏。

  为了更好地帮助读者学习和理解本书内容，本书还免费提供源代码下载，相关信息会发布到异步社区（https://www.epubit.com）和作者博客上，欢迎读者关注。

杨开振

2023 年 9 月

资源与支持

本书由异步社区出品,社区(https://www.epubit.com/)为您提供相关资源和后续服务。

配套资源

本书提供源代码下载。要获得该配套资源,您可以扫描下方二维码,根据指引领取;

您也可以在异步社区本书页面中点击 ▌配套资源 ,跳转到下载界面,按提示进行操作即可。注意:为保证购书读者的权益,该操作会给出相关提示,要求输入提取码进行验证。

提交勘误

作者和编辑尽最大努力来确保书中内容的准确性,但难免会存在疏漏。欢迎您将发现的问题反馈给我们,帮助我们提升图书的质量。

当您发现错误时,请登录异步社区,按书名搜索,进入本书页面,点击"发表勘误",输入勘误信息,点击"提交勘误"按钮即可(见下图)。本书的作者和编辑会对您提交的勘误进行审核,确认并接受后,您将获赠异步社区的 100 积分。积分可用于在异步社区兑换优惠券、样书或奖品。

与我们联系

我们的联系邮箱是 contact@epubit.com.cn。

如果您对本书有任何疑问或建议,请您发邮件给我们,并请在邮件标题中注明本书书名,以便我们更高效地做出反馈。

如果您有兴趣出版图书、录制教学视频,或者参与图书技术审校等工作,可以发邮件给本书的责任编辑(liuyasi@ptpress.com.cn)。

如果您来自学校、培训机构或企业,想批量购买本书或异步社区出版的其他图书,也可以发邮件给我们。

如果您在网上发现有针对异步社区出品图书的各种形式的盗版行为,包括对图书全部或部分内容的非授权传播,请您将怀疑有侵权行为的链接通过邮件发给我们。您的这一举动是对作者权益的保护,也是我们持续为您提供有价值的内容的动力之源。

关于异步社区和异步图书

"异步社区"(www.epubit.com)是由人民邮电出版社创办的 IT 专业图书社区。异步社区于 2015 年 8 月上线运营,致力于优质学习内容的出版和分享,为读者提供优质学习内容,为作译者提供优质出版服务,实现作者与读者在线交流互动,实现传统出版与数字出版的融合发展。

"异步图书"是由异步社区编辑团队策划出版的精品 IT 专业图书的品牌,依托于人民邮电出版社 30 余年的计算机图书出版积累和专业编辑团队,相关图书在封面上印有异步图书的 LOGO。异步图书的出版领域包括软件开发、大数据、AI、测试、前端、网络技术等。

目 录

第 1 章 Spring Boot 3.x 的来临 ················ 1
1.1 Spring 框架的历史 ························· 1
1.2 Spring Boot 的特点 ························ 3
1.3 Spring 和 Spring Boot 的关系 ········· 4
1.4 开发 Spring Boot 项目 ··················· 4

第 2 章 聊聊开发环境搭建和基本开发 ···· 8
2.1 搭建 Spring Boot 开发环境 ············ 8
    2.1.1 搭建 Eclipse 开发环境 ··········· 8
    2.1.2 搭建 IntelliJ IDEA 开发环境 ··· 11
2.2 使用自定义配置 ··························· 13
2.3 开发自己的 Spring Boot 项目 ········ 14

第 3 章 全注解下的 Spring IoC ··············· 16
3.1 IoC 容器简介 ································ 16
3.2 装配你的 Bean ····························· 20
    3.2.1 通过扫描装配你的 Bean ······· 20
    3.2.2 自定义第三方 Bean ·············· 25
3.3 依赖注入 ······································ 26
    3.3.1 注解@Autowired ·················· 27
    3.3.2 消除歧义性——@Primary 和
          @Qualifier ····························· 29
    3.3.3 带有参数的构造方法类的装配 ··· 29
3.4 生命周期 ······································ 30
3.5 使用属性文件 ······························· 36
3.6 条件装配 Bean ······························ 39
3.7 Bean 的作用域 ······························ 40
3.8 使用注解@Profile ·························· 42
3.9 使用 SpEL ····································· 43

第 4 章 开始约定编程——Spring AOP ···· 46
4.1 约定编程 ······································ 46
    4.1.1 约定 ···································· 46
    4.1.2 ProxyBean 的实现 ················ 51
4.2 AOP 的知识 ·································· 54
    4.2.1 为什么要使用 AOP ·············· 54
    4.2.2 AOP 的术语和流程 ··············· 57
4.3 AOP 开发详解 ······························· 59
    4.3.1 确定拦截目标 ······················ 59
    4.3.2 开发切面 ····························· 59
    4.3.3 定义切点 ····························· 60
    4.3.4 测试 AOP ···························· 62
    4.3.5 环绕通知 ····························· 64
    4.3.6 引入 ···································· 65
    4.3.7 通知获取参数 ······················ 67
    4.3.8 织入 ···································· 68
4.4 多个切面 ······································ 68

第 5 章 访问数据库 ······························· 73
5.1 配置数据源 ··································· 74
    5.1.1 配置默认数据源 ·················· 74
    5.1.2 配置自定义数据源 ··············· 74
5.2 使用 JdbcTemplate 操作数据库 ······ 78
5.3 使用 JPA（Hibernate）操作数据库 ··· 81
    5.3.1 概述 ···································· 81
    5.3.2 开发 JPA ······························ 82
5.4 整合 MyBatis 框架 ························ 87
    5.4.1 MyBatis 简介 ······················· 87
    5.4.2 MyBatis 的配置 ··················· 88

5.4.3　Spring Boot 整合 MyBatis ·············· 92
5.4.4　MyBatis 的其他配置 ·············· 95

第 6 章　聊聊数据库事务处理 ·············· 97

6.1　JDBC 的数据库事务 ·············· 98
6.2　Spring 声明式事务的使用 ·············· 100
　　6.2.1　Spring 声明式事务约定 ·············· 100
　　6.2.2　注解@Transactional 的配置项 ·············· 101
　　6.2.3　Spring 事务管理器 ·············· 103
　　6.2.4　测试数据库事务 ·············· 105
6.3　隔离级别 ·············· 109
　　6.3.1　数据库事务的要素 ·············· 109
　　6.3.2　详解隔离级别 ·············· 110
6.4　传播行为 ·············· 114
　　6.4.1　传播行为 ·············· 115
　　6.4.2　测试传播行为 ·············· 116
　　6.4.3　事务状态 ·············· 121
6.5　Spring 数据库事务实战 ·············· 122
　　6.5.1　准确启用 Spring 数据库事务 ·············· 122
　　6.5.2　占用事务时间过长 ·············· 123
　　6.5.3　@Transactional 自调用失效问题 ·············· 123

第 7 章　使用性能利器——Redis ·············· 128

7.1　spring-data-redis 项目简介 ·············· 129
　　7.1.1　spring-data-redis 项目的设计 ·············· 129
　　7.1.2　RedisTemplate 和 StringRedisTemplate ·············· 131
　　7.1.3　Spring 对 Redis 数据类型操作的封装 ·············· 134
　　7.1.4　SessionCallback 和 RedisCallback 接口 ·············· 135
7.2　在 Spring Boot 中配置和操作 Redis ·············· 136
　　7.2.1　在 Spring Boot 中配置 Redis ·············· 136
　　7.2.2　操作 Redis 数据类型 ·············· 137
7.3　Redis 的一些特殊用法 ·············· 141
　　7.3.1　使用 Redis 事务 ·············· 141
　　7.3.2　使用 Redis 流水线 ·············· 143
　　7.3.3　使用 Redis 发布/订阅 ·············· 144
　　7.3.4　使用 Lua 脚本 ·············· 147
7.4　使用 Spring 缓存注解操作 Redis ·············· 150
　　7.4.1　缓存管理器和缓存的启用 ·············· 150
　　7.4.2　开发缓存注解 ·············· 151
　　7.4.3　测试缓存注解 ·············· 156
　　7.4.4　缓存注解自调用失效问题 ·············· 158
　　7.4.5　缓存脏数据说明 ·············· 159
　　7.4.6　自定义缓存管理器 ·············· 160

第 8 章　文档数据库——MongoDB ·············· 162

8.1　配置 MongoDB ·············· 163
8.2　使用 MongoTemplate 实例 ·············· 164
　　8.2.1　准备 MongoDB 的文档 ·············· 164
　　8.2.2　使用 MongoTemplate 操作文档 ·············· 165
8.3　使用 JPA ·············· 170
　　8.3.1　基本用法 ·············· 170
　　8.3.2　使用自定义查询 ·············· 172

第 9 章　初识 Spring MVC ·············· 175

9.1　Spring MVC 框架的设计 ·············· 176
9.2　Spring MVC 流程 ·············· 176
9.3　定制 Spring MVC 的初始化 ·············· 182
9.4　Spring MVC 实例 ·············· 184
　　9.4.1　开发控制器 ·············· 184
　　9.4.2　视图和视图渲染 ·············· 185

第 10 章　深入 Spring MVC 开发 ·············· 188

10.1　处理器映射 ·············· 188
10.2　获取控制器参数 ·············· 189
　　10.2.1　在无注解的情况下获取参数 ·············· 190
　　10.2.2　使用@RequestParam 获取参数 ·············· 190

10.2.3 传递数组 ... 191
10.2.4 传递 JSON 数据集 ... 191
10.2.5 通过 URL 传递参数 ... 194
10.2.6 获取格式化参数 ... 195
10.3 自定义参数转换规则 ... 196
10.3.1 处理器转换参数逻辑 ... 197
10.3.2 一对一转换器 ... 200
10.3.3 GenericConverter 集合和数组转换 ... 202
10.4 数据验证 ... 202
10.4.1 JSR-303 验证 ... 202
10.4.2 参数验证机制 ... 205
10.5 数据模型 ... 208
10.6 视图和视图解析器 ... 210
10.6.1 视图设计 ... 210
10.6.2 视图实例——导出 Excel 文档 ... 212
10.7 文件上传 ... 214
10.7.1 文件上传的配置项 ... 214
10.7.2 开发文件上传功能 ... 215
10.8 拦截器 ... 218
10.8.1 设计拦截器 ... 218
10.8.2 开发拦截器 ... 219
10.8.3 多个拦截器方法的运行顺序 ... 221
10.9 国际化 ... 224
10.9.1 国际化消息源 ... 224
10.9.2 国际化解析器 ... 225
10.9.3 国际化实例——SessionLocaleResolver ... 227
10.10 Spring MVC 拾遗 ... 230
10.10.1 @ResponseBody 转换为 JSON 的秘密 ... 230
10.10.2 重定向 ... 231
10.10.3 操作会话属性 ... 233
10.10.4 给控制器增加通知 ... 235
10.10.5 获取请求头参数 ... 237

第 11 章 构建 REST 风格网站 ... 240
11.1 REST 简述 ... 240
11.1.1 REST 名词解释 ... 240
11.1.2 HTTP 的动作 ... 241
11.1.3 REST 风格的一些误区 ... 242
11.2 使用 Spring MVC 开发 REST 风格端点 ... 242
11.2.1 Spring MVC 整合 REST ... 242
11.2.2 使用 Spring 开发 REST 风格的端点 ... 243
11.2.3 使用 @RestController ... 251
11.2.4 渲染结果 ... 252
11.2.5 处理 HTTP 状态码、响应头和异常 ... 254
11.3 客户端请求 RestTemplate ... 257
11.3.1 使用 RestTemplate 请求后端 ... 258
11.3.2 获取状态码和响应头 ... 261
11.3.3 定制请求体和响应类型 ... 262

第 12 章 安全——Spring Security ... 264
12.1 概述和简单安全验证 ... 264
12.1.1 使用用户密码登录系统 ... 265
12.1.2 Spring Security 的配置项 ... 266
12.1.3 开发 Spring Security 的主要的类 ... 266
12.2 使用 UserDetailsService 接口定制用户信息 ... 267
12.2.1 使用内存保存用户信息 ... 267
12.2.2 从数据库中读取用户信息 ... 268
12.2.3 使用自定义 UserDetailsService 对象 ... 270
12.2.4 密码编码器 ... 270
12.3 限制请求 ... 271
12.3.1 配置请求路径访问权限 ... 272
12.3.2 自定义验证方法 ... 274

12.3.3 不拦截的请求 ………………… 275	15.2.3 Mock 测试 …………………… 317
12.3.4 防止跨站点请求伪造 …………… 275	15.3 Actuator 监控端点 ………………… 319
12.4 登录和登出设置 ………………………… 277	15.4 HTTP 监控 ………………………… 320
12.4.1 自定义登录页面 ………………… 277	15.4.1 查看敏感信息 ………………… 321
12.4.2 启用 HTTP Basic 验证 ………… 279	15.4.2 shutdown 端点 ………………… 323
12.4.3 登出配置 ……………………… 279	15.4.3 配置端点 ……………………… 324
	15.4.4 自定义端点 …………………… 326
第 13 章 学点 Spring 其他的技术 …… 282	15.4.5 健康指标项 …………………… 328
13.1 异步线程池 ……………………………… 282	15.5 JMX 监控 ………………………… 331
13.1.1 定义线程池和开启异步可用 …… 283	15.6 预先编译 ………………………………… 332
13.1.2 异步实例 ……………………… 284	15.6.1 搭建 GraalVM 环境 …………… 333
13.2 异步消息——RabbitMQ ……………… 285	15.6.2 创建项目 ……………………… 335
13.3 定时任务 ……………………………… 289	15.6.3 生成和运行原生文件 ………… 336
	15.7 部署到 Docker 容器中 ………………… 337
第 14 章 实践一下——抢购商品 ……… 293	
14.1 设计与开发 …………………………… 293	**第 16 章 Spring Cloud Alibaba**
14.1.1 数据库表设计 ………………… 293	**微服务开发 ………………… 339**
14.1.2 使用 MyBatis 开发持久层 ……… 294	16.1 服务治理——Alibaba Nacos ………… 342
14.1.3 使用 Spring 开发业务层和	16.1.1 下载、安装、配置和启动
控制层 ……………………… 297	Nacos ……………………… 342
14.1.4 测试和配置 …………………… 299	16.1.2 服务发现 ……………………… 343
14.2 高并发开发 ……………………………… 301	16.1.3 搭建 Nacos 集群 ……………… 350
14.2.1 超发现象 ……………………… 301	16.2 服务调用 ………………………………… 352
14.2.2 悲观锁 ………………………… 303	16.2.1 客户端负载均衡 ……………… 353
14.2.3 乐观锁 ………………………… 304	16.2.2 OpenFeign 声明式服务调用 …… 356
	16.3 容错机制——Spring Cloud Alibaba
第 15 章 打包、测试、监控、预先编译和	Sentinel …………………………… 359
容器部署 ………………………… 310	16.3.1 设置埋点 ……………………… 360
15.1 打包和运行 …………………………… 310	16.3.2 Sentinel 控制台 ……………… 361
15.1.1 打包项目 ……………………… 310	16.3.3 流控 …………………………… 363
15.1.2 运行项目 ……………………… 311	16.3.4 熔断 …………………………… 364
15.1.3 热部署 ………………………… 314	16.3.5 在 OpenFeign 中使用 Sentinel … 371
15.2 测试 …………………………………… 315	16.4 API 网关——Spring Cloud Gateway … 372
15.2.1 构建测试类 …………………… 316	16.4.1 Gateway 的工作原理 ………… 374
15.2.2 使用随机端口和 REST 风格	16.4.2 配置路由规则 ………………… 375
测试 ………………………… 317	16.4.3 过滤器 ………………………… 376

16.4.4 使用 Sentinel 管控 Gateway……383

附录　Spring Boot 知识点补充……387

A.1　Java 8 和之后版本的新语法……387
A.1.1　Lambda 表达式……387
A.1.2　本地变量类型推断……387
A.1.3　switch 语句的改善……388
A.1.4　文本块……388
A.1.5　紧凑声明类的关键字 record……389
A.1.6　instanceof 语法的改善……390

A.2　选择内嵌服务器……391

A.3　修改商标……391

第 1 章
Spring Boot 3.x 的来临

当今许多互联网企业采用 Java EE 技术开发自己的后端服务器，原因在于 Java 语言简单、安全、支持多线程、性能高以及 Java EE 具有多年技术积累，能够快速、安全、高性能地构建互联网项目。但是，随着 Java 的发展，Java EE 渐渐走到了尽头，2018 年 Eclipse 基金会正式将 Java EE 修改为 Jakarta EE，随即从 Java EE 8 升级为 Jakarta EE 9，而原有的 Spring Boot 2.x 大部分还是基于 Java EE 7 或 Java EE 8 进行开发的，就显得落后了。

随着时间到了 2021 年，Jakarta EE 得到了长足的发展。而 Java 8 语法严重落后于其他语言，导致 Java 语言的发展也遇到了瓶颈[1]。因此，在 Spring 6 中，就已经决定要基于 Java 17+ 和 Jakarta EE 9 进行开发，而新版的 Spring Boot 3.x 基于 Spring 6 进行开发，因此也要求基于 Java 17+ 和 Jakarta EE 9，并尽可能向上兼容 Jakarta EE 10。应该说，Spring 6 是 Spring 框架的重大升级，能够更好地支持容器和微服务的开发，并拥有更快的创新速度，这也是未来数年企业级 Java 发展的方向。

在开启对 Spring Boot 3.x 的讲解之前，让我们先回顾 Spring 框架的历史。

1.1 Spring 框架的历史

在 Spring 框架没有被开发出来时，J2EE[2] 以 Sun 公司[3]制定的 EJB（Enterprise Java Bean）作为标准。在 "遥远" 的 EJB 年代，开发一个 EJB 需要大量的接口和配置文件，直至 EJB 2.0 的年代，开发一个 EJB 还需要配置两个文件，其结果就是配置的工作量比开发的工作量还要大。EJB 是运行在 EJB 容器中的，而 Sun 公司定义的 JSP 和 Servlet 却是运行在 Web 容器中的，于是可以想象，你需要使用 Web 容器来调用 EJB 容器的服务。这就意味着存在以下的弊端：需要增加调用的配置文件才能让 Web 容器调用 EJB 容器，与此同时需要开发两个容器，非常多的配置内容和烦琐的规范导致开发效率十分低下，这非常让当时的开发者诟病；Web 容器调用 EJB 容器的服务这种模式，注定了需要

---

[1] 关于 Java 8 和之后版本的主要语法的改进，请参考附录 A.1。为了跟上潮流，本书将会广泛使用这些语法。
[2] J2EE（Java 2 Platform, Enterprise Edition）是 Java 2 推出时对 Java 2 企业级应用的简写，是 Jakarta EE 的前身。
[3] Sun 公司已经被甲骨文（Oracle）公司收购，不复存在。不过为了纪念该公司为 Java 开发做出的巨大贡献，本书还是保留这个名称。

通过网络传递，因此性能不佳；测试人员还需要了解许多 EJB 烦琐的细节，才能进行配置和测试，这样使测试也难以进行。

就在大家诟病 EJB 的时候，2002 年，澳大利亚工程师 Rod Johnson（论学历他应该是音乐家，因为他是音乐博士）在其著名的著作 *Expert One-on-One J2EE Design and Development* 中提出了 Spring 的概念。按书中的描述，他对 Spring 框架的描述如下：

> **We believe that:**
> J2EE should be easier to use.
> It is best to program to interfaces, rather than classes. Spring reduces the complexity cost of using interfaces to zero.
> JavaBean offers a great way of configuring applications.
> OO design is more important than any implementation technology, such as J2EE.
> Checked exceptions are overused in Java. A platform should not force you to catch exceptions you are unlikely to recover from Testability is essential and a platform such as spring should help make your code easier to test.
>
> **We aim that:**
> Spring should be a pleasure to use.
> Your application codes should not depend on Spring APIs.
> Spring should not compete with good existing solutions, but should foster integration.

2004 年，由 Rod Johnson 主导的 Spring 项目推出了 1.0 版本，这彻底地改变了 J2EE 开发的世界，很快人们就抛弃了繁重的 EJB 的标准，迅速地投入 Spring 框架中，于是 Spring 成为现实中 J2EE 开发的标准。Spring 以强大的控制反转（inversion of control，IoC）来管理各类 Java 资源，从而降低了各种资源的耦合。Spring 还提供了极低的侵入性，也就是使用 Spring 框架开发的编码脱离了 Spring API 也可以继续使用。Spring 的面向方面的程序设计[①]（aspect-oriented programming，AOP）通过动态代理技术，允许我们按照约定进行配置编程，进而增强了 Bean 的功能，并擦除了大量重复的代码，如数据库编程所需的大量 try...catch...finally...语句以及数据库事务控制代码逻辑，使得开发者能够更加集中精力于业务开发，而非资源功能性的开发。Spring 还整合了许多当时非常流行的框架的模板，如持久层 Hibernate 的 HibernateTemplate 模板、iBATIS 的 SqlMapClientTemplate 模板等，极大地融合并简化了当时主流技术的使用，展现出强有力的生命力，并延续至今。

值得一提的是，EJB 3.0 的规范也引入了 Spring 的理念，并整合了 Hibernate 框架的思想，但是并未能挽回其颓势，主要原因在于 EJB 3.0 的规范仍然比较死板，而且难以整合其他开源框架。此外，它运行在 EJB 容器之中，使用起来还是比较困难，性能也不高。

随着技术的发展，2005 年 Sun 公司正式将 J2EE 更名为 Java EE（Java Platform, Enterprise Edition），甲骨文公司在 2009 年收购了 Sun 公司，后续宣布放弃 Java EE，将其交由 Eclipse 基金会接手。但是由于版权方面的问题，Java EE 这个名称无法保留，最终 Eclipse 基金会在 2018 年将 Java EE 正式更

[①] 旧称为"面向切面编程"，根据《计算机科学技术名词》（第三版），现规范用语为"面向方面的程序设计"。

名为 Jakarta EE，并延续至今。

2017 年 9 月，Spring 已经正式升级到了 Spring 5，但是它只能支持 Java EE 7/Java EE 8 的开发，并不能支持 Jakarta EE 9 的开发。为了能够支持日益完善的 Jakarta EE 9，Spring 决定升级到 Spring 6。与此同时，Pivotal 团队打算基于 Spring 6 推出 Spring Boot 3.x 版本，但是这些技术只能基于 Java 17+ 的版本。之所以对 Java 17 进行支持，一方面是因为 Java 17 是一个长期支持（long term support，LST）版本，另一方面是因为 Java 17 也能支持目前新流行的编程语言的语法特色。

在 Spring 早期的开发中，主要使用 XML 进行配置，很快人们意识到 Spring 的一个巨大的缺陷——配置太多，Bean、关系数据库、NoSQL 等内容都需要使用 XML 进行配置，导致配置文件异常繁多且臃肿，很多开发者形象地调侃 Spring 为"配置地狱"。

2006 年 JDK 5 就正式引入了注解，但是功能不够强大，因此注解未能在 Java 开发中被广泛使用。到了 2011 年，JDK 7 发布，注解功能得到了长足的发展，同时预期 JDK 8 会更进一步增强注解功能。随着注解功能的增强，用注解取代 XML 来减少配置，从而改变 Spring 成为必然。

2012 年，Pivotal 团队在 Java 7 发版后开始研究不需要 XML 配置文件的 Spring Boot 项目，并在 JDK 8 发版①后，2014 年 4 月基于 Spring 4 发布了 Spring Boot 1.0.0，随着后续不断地更新和完善，Spring Boot 得到了广泛的接受和应用。到了 2018 年 3 月，Pivotal 团队基于 Spring 5 发布了 Spring Boot 2.0.0，至此 Spring Boot 成为使用 Spring 技术的主流方式。本书讨论的 Spring Boot 3.x 是 2022 年 11 月下旬发布的新一代 Spring Boot 版本，为了迎合新的技术潮流，它只支持 Java 17+和 Jakarta EE 9，并尽量兼容 Jakarta EE 10，因此在应用时需要注意相应的版本问题。

1.2 Spring Boot 的特点

谈到 Spring Boot，我们先来了解它的特点。依据官方的文档，Spring Boot 的特点如下：

- 能够创建独立的 Spring 应用程序；
- 能够嵌入 Tomcat、Jetty 或者 Undertow 等服务器，无须部署 WAR 文件；
- 允许通过 Maven 或 Gradle 来根据需要获取启动器（starter）；
- 尽可能地自动配置 Spring；
- 提供生产就绪型功能，如指标、健康检查和外部配置；
- 绝对没有代码生成，对 XML 没有配置要求。

这段描述告诉我们：Spring Boot 项目可以看作一个基于 Spring 框架搭建起来的独立应用；Spring Boot 能够嵌入 Tomcat、Jetty 或者 Undertow 等服务器，并且不需要部署传统的 WAR 文件，也就是说搭建 Spring Boot 项目并不需要单独下载 Tomcat 等传统的服务器；Spring Boot 提供通过 Maven（或者 Gradle）依赖的 starter，这些 starter 可以直接获取开发所需的相关包，通过这些 starter 项目就能以 Java Application 的形式运行 Spring Boot 项目；对于配置，Spring Boot 提供 Spring 框架的最大自动化配置，大量使用自动配置，尽量减少开发者对 Spring 的配置；Spring Boot 提供一些监测、自动检测的功能和外部配置功能；Spring Boot 没有任何附加代码和 XML 的配置要求。

"约定优于配置"是 Spring Boot 的主导思想。Spring Boot 应用大部分情况下存在默认配置，开

---

① JDK 8 发版于 2014 年 3 月。

```xml
    </properties>
    <dependencies>
        <dependency>
            <groupId>org.springframework.boot</groupId>
            <artifactId>spring-boot-starter-thymeleaf</artifactId>
        </dependency>
        <dependency>
            <groupId>org.springframework.boot</groupId>
            <artifactId>spring-boot-starter-web</artifactId>
        </dependency>

        <dependency>
            <groupId>org.springframework.boot</groupId>
            <artifactId>spring-boot-starter-test</artifactId>
            <scope>test</scope>
        </dependency>
    </dependencies>

    <build>
        <plugins>
            <plugin>
                <groupId>org.springframework.boot</groupId>
                <artifactId>spring-boot-maven-plugin</artifactId>
            </plugin>
        </plugins>
    </build>

</project>
```

从加粗的代码中可以看到，Maven 的配置文件引入了多个 Spring Boot 的 starter，Spring Boot 会根据 Maven 配置的 starter 来寻找对应的依赖，将对应的 jar 包加载到项目中，spring-boot-starter-web 还会捆绑内嵌的 Tomcat 服务器，并将它加载到项目中，这些都不需要开发者再进行处理。正如 Spring Boot 承诺的那样，绑定服务器，并且采用"约定优于配置"的原则，尽可能配置好 Spring。这里只需要开发一个类就可以运行 Spring Boot 的应用了，为此新建类 Chapter1Main，如代码清单 1-2 所示。

代码清单 1-2　开发 Spring Boot 应用

```java
package com.learn.chapter1.main;

import java.util.HashMap;
import java.util.Map;

import org.springframework.boot.SpringApplication;
import org.springframework.boot.autoconfigure.SpringBootApplication;
import org.springframework.stereotype.Controller;
import org.springframework.web.bind.annotation.RequestMapping;
import org.springframework.web.bind.annotation.ResponseBody;

// Spring MVC 控制器
@Controller
// 启用 Spring Boot 自动装配
@SpringBootApplication
public class Chapter1Main {
    @RequestMapping("/test")
    @ResponseBody
```

```java
public Map<String, String> test() {
    var map = new HashMap<String, String>();
    map.put("key", "value");
    return map;
}

public static void main(String[] args) throws Exception {
    SpringApplication.run(Chapter1Main.class, args);
}
}
```

好了,这个入门实例已经完结了。如果你没有接触过 Spring Boot,那么你会十分惊讶,这样就配置完成 Spring MVC 的内容了吗?我可以回答你:"是的,已经完成了,现在你完全可以使用 Java Application 的形式来运行类 Chapter1Main 了。"下面是 Spring Boot 的运行日志:

```
  .   ____          _            __ _ _
 /\\ / ___'_ __ _ _(_)_ __  __ _ \ \ \ \
( ( )\___ | '_ | '_| | '_ \/ _` | \ \ \ \
 \\/  ___)| |_)| | | | | || (_| |  ) ) ) )
  '  |____| .__|_| |_|_| |_\__, | / / / /
 =========|_|==============|___/=/_/_/_/
 :: Spring Boot ::                (v3.0.12)

2022-11-26T10:02:04.942+08:00  INFO 15448 --- [           main]
com.learn.chapter1.main.Chapter1Main     : Starting Chapter1Main using Java 18.0.1 with
PID 15448 (F:\spring boot 3\chapter1\target\classes started by ASUS in F:\spring boot
3\chapter1)
2022-11-26T10:02:04.944+08:00  INFO 15448 --- [           main]
com.learn.chapter1.main.Chapter1Main     : No active profile set, falling back to 1 default
profile: "default"
2022-11-26T10:02:05.777+08:00  INFO 15448 --- [           main]
o.s.b.w.embedded.tomcat.TomcatWebServer  : Tomcat initialized with port(s): 8080 (http)
2022-11-26T10:02:05.790+08:00  INFO 15448 --- [           main]
o.apache.catalina.core.StandardService   : Starting service [Tomcat]
2022-11-26T10:02:05.790+08:00  INFO 15448 --- [           main]
o.apache.catalina.core.StandardEngine    : Starting Servlet engine: [Apache
Tomcat/10.1.1]
2022-11-26T10:02:05.878+08:00  INFO 15448 --- [           main]
o.a.c.c.C.[Tomcat].[localhost].[/]       : Initializing Spring embedded
WebApplicationContext
2022-11-26T10:02:05.880+08:00  INFO 15448 --- [           main]
w.s.c.ServletWebServerApplicationContext : Root WebApplicationContext: initialization
completed in 890 ms
2022-11-26T10:02:06.159+08:00  WARN 15448 --- [           main]
ion$DefaultTemplateResolverConfiguration : Cannot find template location:
classpath:/templates/ (please add some templates, check your Thymeleaf configuration, or
set spring.thymeleaf.check-template-location=false)
2022-11-26T10:02:06.225+08:00  INFO 15448 --- [           main]
o.s.b.w.embedded.tomcat.TomcatWebServer  : Tomcat started on port(s): 8080 (http) with
context path ''
2022-11-26T10:02:06.233+08:00  INFO 15448 --- [           main]
com.learn.chapter1.main.Chapter1Main     : Started Chapter1Main in 1.625 seconds
(process running for 1.938)
```

从运行日志中可以看到,Tomcat 服务器已经启动,因此,接下来就可以进行测试了。打开浏览器，在地址栏输入 http://localhost:8080/test，可以看到图 1-1 所示的结果。

图 1-1　Spring Boot 运行结果

这与传统的 Spring 应用开发是不是很不一样呢？从上面的开发过程可以看出，Spring Boot 允许开箱即用，这就是它的优势。传统 Spring 开发需要的配置，Spring Boot 都进行了约定，也就是开发者可以直接以 Spring Boot 约定的方式开发和运行你的项目。当开发者需要修改配置的时候，Spring Boot 也提供了很多配置项给开发者进行自定义，正如它承诺的那样，尽可能地配置好 Spring 项目和绑定内置服务器，使得开发者需要做的内容尽可能地减少，开箱就能直接开发项目。对于部署和测试，Spring Boot 也提供了默认的配置，使得部署和测试的工作更容易进行。Spring Boot 还提供了监控的功能，让我们能查看应用的健康情况。

随着云时代的到来，微服务架构①成为市场的热点。为了支持微服务的开发，Pivotal 团队构建了 Spring Cloud 来实现微服务架构。Spring Cloud 的架构涉及很多实现微服务架构所需的组件，如服务治理中心、负载均衡、网关和断路器等。Spring Cloud 并不会局限于自己开发实施微服务架构所需的组件，而更多的是采取"拿来主义"，将那些通过长时间和大量实践证明实用的组件通过 Spring Boot 进行封装并发布，供开发者使用，可见学习 Spring Cloud 的基础就是 Spring Boot。有些开发者还会将来自同一个企业的多个组件通过 Spring Boot 封装起来，整合形成套件并发布，例如国内流行的 Spring Cloud Alibaba 套件、国外流行的微软公司交由 VMWare 托管的 Spring Cloud Azure 套件和美国奈飞（NetFlix）公司的 Spring Cloud Netflix 套件等。

---

① 微服务架构是实施分布式系统的一种方式，它需要满足一定的设计风格，这些会在第 16 章进行讲解。

第 2 章

聊聊开发环境搭建和基本开发

第 1 章的入门实例只介绍了最简单的场景，我们还需要对 Spring Boot 做进一步的学习，才能按照自己的需要进行开发。不过在此之前，需要对 Spring Boot 的开发环境进行搭建，并对它的特点做进一步的了解。总之，无论如何都需要先来搭建 Spring Boot 的开发环境。

2.1 搭建 Spring Boot 开发环境

使用 Spring Boot，首先需要搭建一个用于快速开发的项目环境。Spring Boot 项目的创建有多种方式，由于当前 Eclipse 和 IntelliJ IDEA 这两种 IDE 被广泛应用，所以本书只介绍这两种 IDE 下的搭建。

2.1.1 搭建 Eclipse 开发环境

首先找到 Eclipse 的菜单 Help→Eclipse Marketplace，打开这个菜单后可以看到一个新的对话框。然后选择标签页 Popular，从中查询到 Spring Tool Suite（STS）插件，如图 2-1 所示。

通过在图 2-1 所示窗口中的①处搜索 sts，可以找到 STS 插件，然后点击②处的 Install 按钮就能够安装 STS 插件了。通过这个插件可以很方便地引入 Spring Boot 的 starter，而 starter 会引入对应的依赖包和服务器，从而帮助我们快速地搭建 Spring Boot 开发环境。

下面让我们使用 Eclipse 创建一个 Spring Boot 项目。首先点击菜单 File→New→Project，然后在 Wizards 搜索框内输入 spring，过滤一些无关的内容，再选中 Spring Starter Project，点击 Next，创建项目，如图 2-2 所示。

点击图 2-2 所示的 Next 按钮后，会再打开一个新的对话框，如图 2-3 所示。

图 2-3 中框选的地方是我根据自己的需要进行的自定义设置。其中，我选择了 Java 17 版本，原因是 Spring Boot 3.0 及后续版本只能支持 Java 17+版本；还选择了 Jar 形式的打包，这意味着将不使用带有 JSP 的项目。在实际的操作中，开发者也需要根据自己的需要来定义它们。做完这些工作后，就可以点击 Next 进行下一步操作了，这样又会弹出另一个对话框，如图 2-4 所示。

2.1 搭建 Spring Boot 开发环境

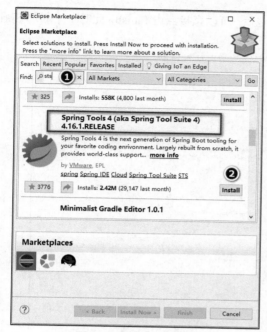

图 2-1 安装 STS 插件

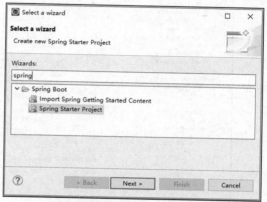

图 2-2 创建 Spring Boot 项目

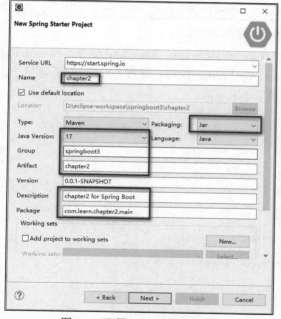

图 2-3 配置 Spring Boot 项目

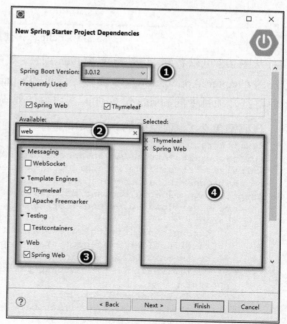

图 2-4 选择依赖的 starter

图 2-4 中，①处的作用是选择 Spring Boot 的版本；②处的作用是通过搜索过滤 starter 的搜索框；③处是勾选的 starter，这里只选择了 Web 和 Thymeleaf，Thymeleaf 是 Spring Boot 官方推荐的一个网

页模板；④处是选中的 starter。当开发者选中需要的包后，可以直接点击 Finish，此时一个新的 Spring Boot 项目就创建好了，如图 2-5 所示。

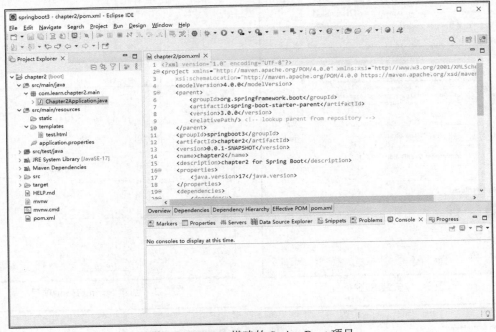

图 2-5　Eclipse 搭建的 Spring Boot 项目

从图 2-5 可以看到，这是一个 Maven 项目，其中 pom.xml 文件已经建好，而且创建了带有 main() 方法的 Chapter2Application.java 文件，通过类 Chapter2Application 就可以运行 Spring Boot 项目了。下面再打开项目中的 pom.xml 文件，其内容如代码清单 2-1 所示。

代码清单 2-1　项目中的 pom.xml 文件

```xml
<?xml version="1.0" encoding="UTF-8"?>
<project xmlns=http://maven.apache.org/POM/4.0.0
xmlns:xsi="http://www.w3.org/2001/XMLSchema-instance"
    xsi:schemaLocation="http://maven.apache.org/POM/4.0.0
https://maven.apache.org/xsd/maven-4.0.0.xsd">
    <modelVersion>4.0.0</modelVersion>
    <parent>
        <groupId>org.springframework.boot</groupId>
        <artifactId>spring-boot-starter-parent</artifactId>
        <version>3.0.12</version>
        <relativePath/> <!-- lookup parent from repository -->
    </parent>
    <groupId>springboot3</groupId>
    <artifactId>chapter2</artifactId>
    <version>0.0.1-SNAPSHOT</version>
    <name>chapter2</name>
    <description>chapter2 for Spring Boot</description>
    <properties>
        <java.version>17</java.version>
    </properties>
```

```xml
<dependencies>
    <dependency>
        <groupId>org.springframework.boot</groupId>
        <artifactId>spring-boot-starter-thymeleaf</artifactId>
    </dependency>
    <dependency>
        <groupId>org.springframework.boot</groupId>
        <artifactId>spring-boot-starter-web</artifactId>
    </dependency>

    <dependency>
        <groupId>org.springframework.boot</groupId>
        <artifactId>spring-boot-starter-test</artifactId>
        <scope>test</scope>
    </dependency>
</dependencies>

<build>
    <plugins>
        <plugin>
            <groupId>org.springframework.boot</groupId>
            <artifactId>spring-boot-maven-plugin</artifactId>
        </plugin>
    </plugins>
</build>
</project>
```

这些代码是 STS 插件根据开发者选择的 starter 依赖来创建的。至此，Eclipse 开发环境就搭建完成了，使用 Java Application 的形式运行类 Chapter2Application，就可以启动 Spring Boot 工程。

2.1.2 搭建 IntelliJ IDEA 开发环境

首先启动 IntelliJ IDEA 开发环境，然后点击 New Project 菜单，可以看到一个新的对话框。选择 Spring Initializr，并将 JDK 切换为开发者想用的版本，如图 2-6 所示。

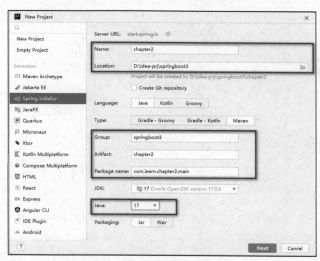

图 2-6　使用 IntelliJ IDEA 新建 Spring Boot 项目

图 2-6 中框选的地方是我根据自己的需要修改的内容。注意，这里还是选择了 Jar 形式的打包，然后点击"下一步"，跳转到可以选择 starter 的对话框，如图 2-7 所示。

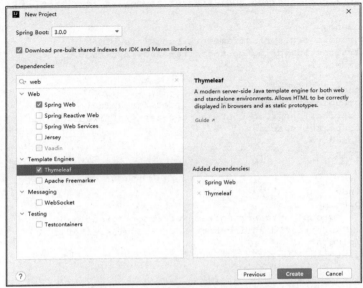

图 2-7　选择依赖的 starter

与 Eclipse 一样，IntelliJ IDEA 支持开发者根据自己的需要选择对应的 starter 依赖，IntelliJ IDEA 创建的项目如图 2-8 所示。

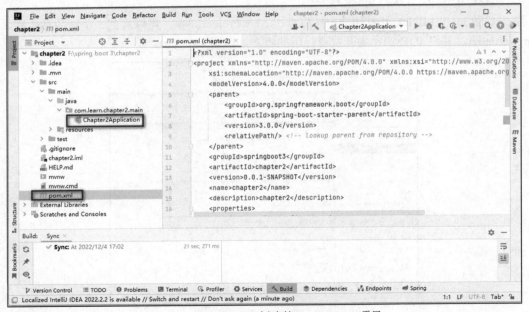

图 2-8　IntelliJ IDEA 创建的 Spring Boot 项目

在图 2-8 中可以看到一个建好的类 Chapter2Application，以及 Maven 需要的 pom.xml 文件。运行类 Chapter2Application 就可以启动 Spring Boot 项目，pom.xml 则配置好了开发者选中的 starter 依赖，这样就能够基于 IntelliJ IDEA 开发 Spring Boot 项目了。

如果开发者想使用 Jetty 或者 Undertow 作为服务器，可以参考附录 A.2。如果开发者想修改后台日志中的商标，可以参考附录 A.3。

2.2 使用自定义配置

如果开发者按照 2.1 节的说明，使用 Eclipse 或者 IntelliJ IDEA 新建项目，那么可以在项目中发现，它还会创建一个属性文件 application.properties，如图 2-9 所示。

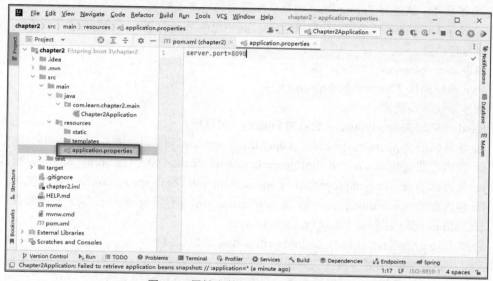

图 2-9 属性文件 application.properties

application.properties 是最重要的配置文件，关于这个文件可配置的内容，可参考 Spring 官网文章"Spring Boot Reference Documentation"。这些配置有成百上千项，但好在我们并不需要全部进行配置，只需要根据自己项目引用的 starter 来配置少数项即可。

本书不会像流水账那样罗列 Spring Boot 的配置项，因为这些很无趣也没有必要，而只是根据引入的 starter，讨论与其相关的配置项。需要我们记住的是，通过这些约定的配置项，可以在很大程度上实现自定义开发。这就是 Spring Boot 的理念，配置尽量简单并且存在约定，屏蔽 Spring 内部的细节，使得 Spring 开箱后经过简单的配置即可让开发者快速开发和部署，也可以让测试人员快速测试。

application.properties 是一个默认且重要的配置文件，通过该文件，我们可以根据自己的需要实现自定义。例如，假设当前 8080 端口已经被占用，我们希望使用 8090 端口启动 Tomcat 服务器，那么只需要在这个文件中添加如下配置项：

```
server.port=8090
```

此时以 Java Application 的形式运行类 Chapter2Application 就可以看到 Spring Boot 绑定的 Tomcat

服务器的启动日志：

```
......
Starting Chapter2Application using Java 18.0.1 with PID 8964 (F:\spring boot
3\chapter2\target\classes started by ASUS in F:\spring boot 3\chapter2)
No active profile set, falling back to 1 default profile: "default"
Tomcat initialized with port(s): 8090 (http)
Starting service [Tomcat]
Starting Servlet engine: [Apache Tomcat/10.1.1]
Initializing Spring embedded WebApplicationContext
Root WebApplicationContext: initialization completed in 699 ms
......
```

注意，从加粗的这行日志可以看出，Tomcat 服务器是以 8090 端口启动的。相信你能明白了，只需要修改配置文件，就能将 Spring Boot 的默认配置变为自定义配置。

进行 Spring Boot 的参数配置除了使用属性文件，还可以使用 yml 文件，它会按照以下优先级进行加载：
- 命令行参数；
- 来自 java:comp/env 的 JNDI[①]属性；
- Java 系统属性（System.getProperties()）；
- 操作系统环境变量；
- RandomValuePropertySource 配置的 random.*属性值；
- jar 包外部的 application-{profile}.properties 或 application.yml（带 spring.profile）配置文件；
- jar 包内部的 application-{profile}.properties 或 application.yml（带 spring.profile）配置文件；
- jar 包外部的 application.properties 或 application.yml（不带 spring.profile）配置文件；
- jar 包内部的 application.properties 或 application.yml（不带 spring.profile）配置文件；
- @Configuration 注解类上的@PropertySource；
- 通过 SpringApplication.setDefaultProperties 指定的默认属性。

实际上，yml 文件的配置与属性文件只是简写和缩进的差别，差异并不大。本书为了缩减篇幅，在介绍 Spring Boot 的章节都采用属性文件，只有在第 16 章介绍微服务时，才会用 yml 文件，因为在微服务开发中使用 yml 文件更普遍。

2.3　开发自己的 Spring Boot 项目

我们在创建项目时，不但引入了 Spring Web，还引入了 Thymeleaf。Thymeleaf 是 Spring Boot 官方推荐的页面模板[②]。我们通过开发一个简单应用来体会 Spring Boot 开发的便捷。先在项目目录下的文件夹/resources/templates 中创建一个文件 test.html，其内容如代码清单 2-2 所示。

代码清单 2-2　Thymeleaf 模板（/templates/test.html）
```
<!DOCTYPE html>
<html lang="en" xmlns:th="http://www.thymeleaf.org">

<head>
```

[①] Java 命名与目录接口（Java naming and directory interface，JNDI）。
[②] Thymeleaf 是 Spring Boot 官方推荐的页面模板，但是在企业开发中并未得到广泛应用，因此本书只简单介绍它。

```html
    <meta charset="UTF-8">
    <title>测试Thymeleaf模板</title>
</head>

<body>
    <!-- "th:text"表示获取请求属性的值来渲染页面 -->
    <span th:text="${name}" />，欢迎学习Spring Boot!
</body>

</html>
```

注意，对于代码中的<span>元素，它的属性写作 th:text，表示获取请求属性（名称为 name）来渲染页面，因此我们需要在 HTTP 请求中设置名称为 name 的属性。为此，修改 Spring Boot 的启动类 Chapter2Application，如代码清单 2-3 所示。

代码清单 2-3　开发控制器

```java
package com.learn.chapter2.main;
/**** imports ****/
@SpringBootApplication
// 声明为控制器
@Controller
public class Chapter2Application {
    public static void main(String[] args) {
        SpringApplication.run(Chapter2Application.class, args);
    }

    // 请求路径
    @GetMapping("/test")
    public String test(HttpServletRequest request) {
        // 设置请求属性
        request.setAttribute("name", "张三");
        // 返回"test"，这样会映射到Thymeleaf模板（test.html）上，就可以渲染页面了
        return "test";
    }
}
```

注意，代码清单 2-3 中的注解@SpringBootApplication 标志着这是一个 Spring Boot 入口文件。类 Chapter2Application 上标注了@Controller，这样这个类就是一个控制器了。接着开发 test()方法，并且用@GetMapping 设置路由为/test，这样 test()方法就是我们的核心方法了，它首先使用 HttpServletRequest 对象设置名称为 name 的属性，然后返回字符串 "test"，这与模板文件 test.html 的名称一致，这样 Spring MVC 就能找到模板，将请求属性渲染到页面上。

接下来我们以 Java Application 的形式运行类 Chapter2Application，可以看到 Tomcat 服务器的运行日志。由于在 2.2 节中我们已经把端口修改为 8090，因此打开浏览器后输入 http://localhost:8090/test 就可以看到运行的结果，如图 2-10 所示。

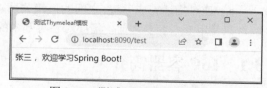

图 2-10　测试 Spring Boot 的运行

至此，我们就完成了 Spring Boot 开发环境的搭建和基本开发。

第 3 章
全注解下的 Spring IoC

Spring 最成功之处在于其提出的理念，而不是其技术本身。Spring 依赖两个核心理念，一个是控制反转（inversion of control，IoC），另一个是面向方面的程序设计（aspect-oriented programming，AOP）。IoC 是 Spring 的核心，可以说 Spring 是一种基于 IoC 编程的框架。因为 Spring Boot 是基于注解来应用 Spring IoC 的，所以本章会使用全注解来讲解 Spring IoC，为后续章节打下基础。

Spring IoC 是一种通过描述来创建或者获取对象的技术，而这种技术不是 Spring 甚至不是 Java 独有的。Java 初学者更为熟悉的是使用 new 关键字来创建对象，而 Spring 是通过描述来创建对象的。Spring Boot 并不建议使用 XML，而是通过注解的描述生成对象，所以本章主要是通过注解来介绍 Spring IoC 技术。

一个系统可以创建各种对象，并且这些对象都需要进行管理。此外，我们应该注意到对象之间并不是孤立的，它们之间还可能存在依赖的关系。例如，一个班级是由多个老师和同学组成的，那么班级就依赖于多个老师和同学了。为此，Spring IoC 还提供了依赖注入的功能，使得开发者能够通过描述来管理各个对象之间的关系。

为了描述上述的班级、老师和同学这 3 个对象关系，我们需要一个容器来管理它们和它们之间的关系。在 Spring 中，每个需要管理的对象称为 Spring Bean（简称 Bean），而 Spring 管理这些 Bean 的容器称为 Spring IoC 容器（简称 IoC 容器）。IoC 容器需要具备两个基本的功能：

- 通过描述管理 Bean，包括定义、发布、装配和销毁 Bean；
- 通过描述完成 Bean 之间的依赖关系。

在使用 IoC 容器之前，需要对它有基本的认识。

3.1 IoC 容器简介

IoC 容器是一个管理 Bean 的容器，在 Spring 的定义中，所有 IoC 容器都需要实现接口 BeanFactory，它是一个顶级容器接口。为了增加对它的理解，我们首先阅读其源码，并讨论几个重要的方法，其源码如代码清单 3-1 所示。

代码清单 3-1　BeanFactory 接口源码

```java
package org.springframework.beans.factory;

/**** imports ****/
public interface BeanFactory {
    // 前缀
    String FACTORY_BEAN_PREFIX = "&";

    // 多个 getBean() 方法
    Object getBean(String name) throws BeansException;

    <T> T getBean(String name, Class<T> requiredType) throws BeansException;

    <T> T getBean(Class<T> requiredType) throws BeansException;

    Object getBean(String name, Object... args) throws BeansException;

    <T> T getBean(Class<T> requiredType, Object... args) throws BeansException;

    // 两个获取 Bean 的提供器
    <T> ObjectProvider<T> getBeanProvider(Class<T> requiredType);

    <T> ObjectProvider<T> getBeanProvider(ResolvableType requiredType);

    // 是否包含 Bean
    boolean containsBean(String name);

    // Bean 是否为单例
    boolean isSingleton(String name) throws NoSuchBeanDefinitionException;

    // Bean 是否为原型
    boolean isPrototype(String name) throws NoSuchBeanDefinitionException;

    // 是否类型匹配
    boolean isTypeMatch(String name, ResolvableType typeToMatch)
        throws NoSuchBeanDefinitionException;

    boolean isTypeMatch(String name, Class<?> typeToMatch)
        throws NoSuchBeanDefinitionException;

    // 获取 Bean 的类型
    Class<?> getType(String name) throws NoSuchBeanDefinitionException;

    Class<?> getType(String name, boolean allowFactoryBeanInit)
        throws NoSuchBeanDefinitionException;

    // 获取 Bean 的别名
    String[] getAliases(String name);
}
```

上述源码中加入了中文注释，通过这些中文注释就可以理解这些方法的含义了，下面我们再介绍一些重要的方法。

- **getBean()**：这是 IoC 容器最重要的方法之一，它的作用是从 IoC 容器中获取 Bean。从多个 getBean() 方法中可以看到，有按名称（by name）获取 Bean 的，也有按类型（by type）获取

Bean 的，这就意味着在 IoC 容器中，允许我们按名称或者类型获取 Bean，这对理解 3.3 节将讲到的 Spring 的依赖注入（dependency injection，DI）是十分重要的。
- **isSingleton()**：判断 Bean 是否在 IoC 容器中为单例。这里需要记住的是，在 IoC 容器中，Bean 默认都是以单例存在的，也就是使用 getBean()方法根据名称或者类型获取的对象，在默认的情况下，返回的都是同一个对象。
- **isPrototype()**：与 isSingleton()方法是相反的，如果它返回的是 true，那么当我们使用 getBean()方法获取 Bean 的时候，IoC 容器就会创建一个新的 Bean 返回给调用者，这些与 3.7 节将讨论的 Bean 的作用域相关。

由于 BeanFactory 接口定义的功能还不够强大，因此 Spring 在 BeanFactory 的基础上，还设计了一个更为高级的接口 ApplicationContext，它是 BeanFactory 的子接口之一。在 Spring 的体系中，BeanFactory 和 ApplicationContext 是最为重要的接口设计，在现实中我们使用的大部分 IoC 容器是 ApplicationContext 接口的实现类。BeanFactory 和 ApplicationContext 的关系如图 3-1 所示。

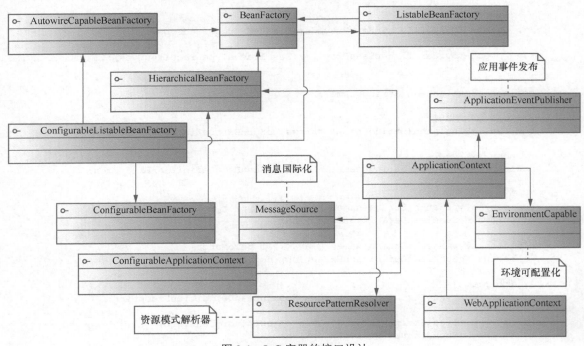

图 3-1　IoC 容器的接口设计

在图 3-1 中可以看到，ApplicationContext 接口通过扩展上级接口，进而扩展了 BeanFactory 接口，但是在 BeanFactory 的基础上，扩展了消息国际化接口（MessageSource）、环境可配置化接口（EnvironmentCapable）、应用事件发布接口（ApplicationEventPublisher）和资源模式解析器接口（ResourcePatternResolver），所以 ApplicationContext 的功能会更为强大。

Spring Boot 主要通过注解来将 Bean 装配到 IoC 容器中，为了贴近 Spring Boot 的需要，这里不再介绍与 XML 相关的 IoC 容器，而主要介绍一个基于注解的 IoC 容器——AnnotationConfigApplicationContext。

从这个类的名称就可以看出，它是一个基于注解的 IoC 容器，之所以研究它，是因为 Spring Boot 装配和获取 Bean 的方式如出一辙。

下面来看一个最为简单的例子。首先定义一个 Java 简单对象（plain ordinary Java object，POJO）文件 User.java，如代码清单 3-2 所示。

代码清单 3-2　User.java
```
package com.learn.chapter3.pojo;
/**** imports ****/
public class User {

   private Long id; // 编号
   private String userName; // 用户名
   private String note; // 备注

   /**setters and getters **/
}
```

然后定义一个 Java 配置文件 AppConfig.java，如代码清单 3-3 所示。

代码清单 3-3　定义 Java 配置文件
```
package com.learn.chapter3.config;
/**** imports ****/
// 标注为 Java 配置类
@Configuration
public class AppConfig {

   // @Bean 表示将 initUser()方法返回的对象装配到 IoC 容器中，该方法的属性 name 表示 Bean 的名称
   @Bean(name = "user")
   public User initUser() {
      var user = new User();
      user.setId(1L);
      user.setUserName("user_name_1");
      user.setNote("note_1");
      return user;
   }
}
```

这里需要注意加粗的注解。@Configuration 表示这是一个 Java 配置类，Spring 的容器会根据它来生成 IoC 容器，从而去装配 Bean；@Bean 表示将 initUser()方法返回的对象装配到 IoC 容器中，该方法的属性 name 表示这个 Bean 的名称，如果没有配置它，则将方法名称 initUser 作为 Bean 的名称保存到 IoC 容器中。

做好了这些，就可以使用 AnnotationConfigApplicationContext 来构建自己的 IoC 容器了，如代码清单 3-4 所示。

代码清单 3-4　使用 AnnotationConfigApplicationContext
```
package com.learn.chapter3.main;
/**** imports ****/
public class IoCTest {

   public static void main(String[] args) {
      // 使用配置文件 AppConfig.java 创建 IoC 容器
```

```
        var ctx = new AnnotationConfigApplicationContext(AppConfig.class);
        try {
            // 通过getBean()方法获取Bean
            var user = ctx.getBean(User.class);
            System.out.println(user.getUserName());
        } finally {
            // 关闭IoC容器
            ctx.close();
        }
    }
}
```

上述代码将 Java 配置文件 AppConfig.java 传递给 AnnotationConfigApplicationContext 的构造方法，这样就能创建 IoC 容器了。IoC 容器会根据 AppConfig 创建 Bean，然后将 Bean 装配进来，这样就可以使用 getBean()方法获取对应的 Bean 了。注意，Spring 在默认的情况下，扫描到 Bean 后就创建 Bean 并将 Bean 装配到 IoC 容器中，而不是使用 getBean()方法后才创建和装配 Bean。运行代码后，可以打印出下面的日志：

```
......
16:11:04.110 [main] DEBUG org.springframework.beans.factory.support.DefaultListableBeanFactory - 
Creating shared instance of singleton bean 'appConfig'
16:11:04.115 [main] DEBUG org.springframework.beans.factory.support.DefaultListableBeanFactory - 
Creating shared instance of singleton bean 'user'
user_name_1
```

从日志中可以看到，配置文件中的名称为 user 的 Bean 已经被装配到 IoC 容器中，我们可以通过 getBean()方法获取对应的 Bean，并将 Bean 的属性信息输出出来。这个例子比较简单，注解@Bean 也不是唯一装配 Bean 的方法，还有其他的方法可以让 IoC 容器装配 Bean，Bean 之间的依赖关系也需要进一步处理，这就是本章后面的主要内容了。

3.2 装配你的 Bean

本节再介绍一些常用的将 Bean 装配到 IoC 容器的方法。

3.2.1 通过扫描装配你的 Bean

如果使用注解@Bean 将 Bean 一个个地装配到 IoC 容器中，那将是一件很麻烦的事情。好在 Spring 允许通过扫描类的方式来创建对象，然后装配到 IoC 容器中，这种方法使用的注解是@Component 和@ComponentScan 的结合。

- **@Component**：标注扫描哪些类，创建 Bean 并装配到 IoC 容器中。
- **@ComponentScan**：配置采用何种策略扫描并装配 Bean。

这里我们首先把代码清单 3-2 中的 User.java 移到包 com.learn.chapter3.config 内，然后对其进行修改，如代码清单 3-5 所示。

代码清单 3-5　加入注解@Component

```
package com.learn.chapter3.config;

/**** imports ****/
```

```
@Component("user")
public class User {

    @Value("1")
    private Long id;
    @Value("user_name_1")
    private String userName;
    @Value("note_1")
    private String note;

    /** setters and getters **/
}
```

上述代码中的注解@Component 标注这个类将被 IoC 容器扫描、装配，其中配置的 "user" 则作为 Bean 的名称，当然也可以不配置这个字符串，那么 IoC 容器就会把类名的第一个字母改为小写，其他不变，作为 Bean 的名称放入 IoC 容器中；注解@Value 的作用是指定类属性的值，使得 IoC 容器给对应的 Bean 属性设置对应的值。为了让 IoC 容器装配这个类，需要改造类 AppConfig，如代码清单 3-6 所示。

代码清单 3-6　加入注解@ComponentScan
```
package com.learn.chapter3.config;
/**** imports ****/

// 标注为 Java 配置类
@Configuration
// 配置扫描策略
@ComponentScan
public class AppConfig {
}
```

上述代码中加入了注解@ComponentScan，这意味着 IoC 容器会根据它的配置进行扫描，但是只会扫描类 AppConfig 所在的当前包和其子包，之前把 User.java 移到包 com.learn.chapter3.config 内就是这个原因。这样就可以删掉代码清单 3-3 中使用@Bean 标注的创建对象方法，然后进行测试，测试代码如代码清单 3-7 所示。

代码清单 3-7　测试扫描
```
// 使用配置文件 AppConfig.java 创建 IoC 容器
var ctx = new AnnotationConfigApplicationContext(AppConfig.class);
try {
    // 通过 getBean()方法获取 Bean
    var user = ctx.getBean(User.class);
    System.out.println(user.getUserName());
} finally {
    // 关闭 IoC 容器
    ctx.close();
}
```

这样就能够进行测试了。然而，为了使 User 类能够被扫描，代码清单 3-5 把它迁移到了本不该放置它的配置包，这样显然就不太合理了。为了使配置更加合理，@ComponentScan 还允许自定义扫描的包，下面探讨它的配置项。@ComponentScan 的源码如代码清单 3-8 所示。

代码清单 3-8　@ComponentScan 源码

```java
package org.springframework.context.annotation;

/**imports**/
@Retention(RetentionPolicy.RUNTIME)
@Target(ElementType.TYPE)
@Documented
// 在一个类中可重复标注
@Repeatable(ComponentScans.class)
public @interface ComponentScan {

    // 定义扫描的包
    @AliasFor("basePackages")
    String[] value() default {};

    // 定义扫描的包
    @AliasFor("value")
    String[] basePackages() default {};

    // 定义扫描的类
    Class<?>[] basePackageClasses() default {};

    // Bean 名称生成器
    Class<? extends BeanNameGenerator> nameGenerator()
        default BeanNameGenerator.class;

    // 作用域解析器
    Class<? extends ScopeMetadataResolver> scopeResolver()
        default AnnotationScopeMetadataResolver.class;

    // 作用域代理模式
    ScopedProxyMode scopedProxy() default ScopedProxyMode.DEFAULT;

    // 资源匹配模式
    String resourcePattern() default
        ClassPathScanningCandidateComponentProvider.DEFAULT_RESOURCE_PATTERN;

    // 是否启用默认的过滤器
    boolean useDefaultFilters() default true;

    // 当满足过滤器的条件时扫描
    Filter[] includeFilters() default {};

    // 当不满足过滤器的条件时扫描
    Filter[] excludeFilters() default {};

    // 是否延迟初始化
    boolean lazyInit() default false;

    // 定义过滤器
    @Retention(RetentionPolicy.RUNTIME)
    @Target({})
    @interface Filter {
        // 过滤器类型，可以按注解类型或者正则式等过滤
        FilterType type() default FilterType.ANNOTATION;
```

```
            // 定义过滤的类
            @AliasFor("classes")
            Class<?>[] value() default {};
            // 定义过滤的类
            @AliasFor("value")
            Class<?>[] classes() default {};
            // 通过正则式匹配方式来扫描
            String[] pattern() default {};
        }
    }
```

上述加粗的代码是最常用的配置项，需要了解它们的使用方法。

- **basePackages**：指定需要扫描的包名，如果不配置它或者包名为空，则只扫描当前包和其子包下的路径。
- **basePackageClasses**：指定被扫描的类；
- **includeFilters**：指定满足过滤器（Filter）条件的类将会被 IoC 容器扫描、装配；
- **excludeFilters**：指定满足过滤器条件的类将不会被 IoC 容器扫描、装配。
- **lazyInit**：延迟初始化，这个配置项有点复杂，3.4 节介绍 Bean 的生命周期时会再讨论它。

includeFilters 和 excludeFilters 这两个配置项都需要通过一个注解@Filter 定义，这个注解有以下配置项。

- **type**：通过它可以选择通过注解或者正则式等进行过滤；
- **classes**：通过它可以指定通过什么注解进行过滤，只有被标注了指定注解的类才会被过滤；
- **pattern**：通过它可以定义过滤的正则式。

此时，我们再把 User 类放到包 com.learn.chapter3.pojo 中，这样 User 和 AppConfig 就不再同包，然后我们把 AppConfig 中的注解修改为

```
@ComponentScan("com.learn.chapter3.*")
```

或

```
@ComponentScan(basePackages = {"com.learn.chapter3.pojo"})
```

或

```
@ComponentScan(basePackageClasses = {User.class})
```

无论采用何种方式，都能够使 IoC 容器扫描 User 类，而包名可以采用正则式进行匹配。有时候我们的需求是扫描一些包，将一些 Bean 装配到 IoC 容器中，但是要求不能装配某些指定的 Bean。例如，现在我们有一个 UserService 类，为了标注它为服务类，将注解@Service（这个注解上也标注了@Component，所以在默认的情况下 UserService 类也会被 Spring 扫描、装配到 IoC 容器中）标注在类上，这里再假设我们采用了以下策略：

```
@ComponentScan("com.learn.chapter3.*")
```

这样 com.learn.chapter3.service 和 com.learn.chapter3.pojo 两个包都会被扫描。此时定义 UserService 类，如代码清单 3-9 所示。

代码清单 3-9　UserService 类

```
package com.learn.chapter3.service;
/**** imports ****/
@Service
public class UserService {

    public void printUser(User user) {
        System.out.println("编号:" + user.getId());
        System.out.println("用户名:" + user.getUserName());
        System.out.println("备注:" + user.getNote());
    }
}
```

按照上述装配策略，UserService 类将被扫描、装配到 IoC 容器中。为了不被装配，需要把扫描的策略修改为

```
@ComponentScan(basePackages = "com.learn.chapter3.*",
    // type 配置通过注解的方式进行过滤，classes 指定通过什么注解进行过滤
    excludeFilters = @Filter(type=FilterType.ANNOTATION, classes = Service.class))
```

由于加入了 excludeFilters 的配置，标注了 @Service 的类将不被 IoC 容器扫描注入，因此就不会把 UserService 类装配到 IoC 容器中了。事实上，在代码清单 2-3 所示的 Spring Boot 启动类中看到的注解 @SpringBootApplication 也注入了 @ComponentScan，这里不妨探索其源码，如代码清单 3-10 所示。

代码清单 3-10　@SpringBootApplication 源码

```
package org.springframework.boot.autoconfigure;
/**imports**/
@Target(ElementType.TYPE)
@Retention(RetentionPolicy.RUNTIME)
@Documented
@Inherited
@SpringBootConfiguration
@EnableAutoConfiguration
// 通过 excludeFilters 来自定义不扫描哪些类
@ComponentScan(excludeFilters = {
        @Filter(type = FilterType.CUSTOM, classes = TypeExcludeFilter.class),
        @Filter(type = FilterType.CUSTOM, classes = AutoConfigurationExcludeFilter.class) })
public @interface SpringBootApplication {

    // 通过类型排除自动配置类
    @AliasFor(annotation = EnableAutoConfiguration.class, attribute = "exclude")
    Class<?>[] exclude() default {};

    // 通过名称排除自动配置类
    @AliasFor(annotation = EnableAutoConfiguration.class, attribute = "excludeName")
    String[] excludeName() default {};

    // 定义扫描包
    @AliasFor(annotation = ComponentScan.class, attribute = "basePackages")
    String[] scanBasePackages() default {};

    // 定义被扫描的类
```

```
    @AliasFor(annotation = ComponentScan.class, attribute = "basePackageClasses")
    Class<?>[] scanBasePackageClasses() default {};
}
```

显然，通过@SpringBootApplication 就能够定义扫描哪些包。但是这里需要特别注意的是，它提供的 exclude()和 excludeName()两个方法对于其内部的自动配置类才会生效。为了能够排除其他类，还可以再加入@ComponentScan 以达到我们的目的。例如，要扫描 User 类而不扫描标注@Service 的类，就可以把启动配置文件写成

```
@SpringBootApplication
@ComponentScan(basePackages = {"com.learn.chapter3"},
    excludeFilters = {@Filter(classes = Service.class)})
```

这样就能扫描指定的包并排除对应的类了。

3.2.2 自定义第三方 Bean

开发现实的 Java 应用往往需要引入许多第三方包，并且很有可能希望把第三方包的类对象也装配到 IoC 容器中，这时注解@Bean 就可以发挥作用了。

例如，要引入一个 MySQL 数据源，我们先在 pom.xml 中添加数据库 MySQL 驱动程序的依赖，如代码清单 3-11 所示。

代码清单 3-11　引入 MySQL 的 JDBC 驱动

```xml
<dependency>
    <groupId>mysql</groupId>
    <artifactId>mysql-connector-java</artifactId>
</dependency>
```

这样，我们就引入了 MySQL 的 JDBC 驱动。下面我们创建数据源并放入 IoC 容器中。此时，可以把代码清单 3-12 中的代码放置到 AppConfig.java 中。

代码清单 3-12　创建 MySQL 数据源

```java
// 注解@Bean 表示需要将方法返回的对象装配到 IoC 容器中，name 配置 Bean 名称
@Bean(name = "dataSource")
public DataSource getDataSource() {
    var dataSource = new MysqlDataSource();
    try {
        dataSource.setUrl("jdbc:mysql://localhost:3306/chapter3");
        dataSource.setUser("root");
        dataSource.setPassword("123456");
    } catch (Exception e) {
        e.printStackTrace();
    }
    return dataSource;
}
```

上述代码通过@Bean 定义了其配置项 name 为"dataSource"，那么 Spring 就会用名称"dataSource"把方法返回的对象装配到 IoC 容器中。当然，你也可以不填写这个名称，那么 Spring 就会用你的方法名称作为 Bean 名称装配到 IoC 容器中。这样就可以将第三方包的类装配到 IoC 容器中了。

3.3 依赖注入

本章的开始介绍了 IoC 容器的两个基本的功能，本章目前只讨论了如何装配和获取 Bean，还没有谈及 Bean 之间的依赖关系。在 IoC 容器的概念中，主要是使用依赖注入来实现 Bean 之间的依赖关系的。

例如，人类（Person）有时候会利用动物（Animal）来完成一些事情，狗（Dog）是用来看门的，猫（Cat）是用来抓老鼠的，鹦鹉（Parrot）是用来迎客的……于是人类做一些事情就依赖于那些可爱的动物了，如图 3-2 所示。

图 3-2　人类依赖于动物

为了更好地展现这个过程，首先定义两个接口，一个是人类接口（Person），另一个是动物接口（Animal）。人类是通过动物来提供一些特殊服务的，如代码清单 3-13 所示。

代码清单 3-13　定义人类接口和动物接口

```java
/********人类接口********/
package com.learn.chapter3.pojo.def;

public interface Person {

    // 使用动物服务
    public void service();

    // 设置动物
    public void setAnimal(Animal animal);

}
/********动物接口********/
package com.learn.chapter3.pojo.def;

public interface Animal {
    public void use();
}
```

这样我们就拥有了两个接口。我们还需要两个实现类，如代码清单 3-14 所示。

代码清单 3-14　两个实现类

```java
/********人类实现类********/
package com.learn.chapter3.pojo;
/**imports**/
@Component
public class BussinessPerson implements Person {

    @Autowired
    private Animal animal = null;

    @Override
    public void service() {
        this.animal.use();
    }
```

```java
    @Override
    public void setAnimal(Animal animal) {
        this.animal = animal;
    }

}

/********狗——动物实现类********/
package com.learn.chapter3.pojo;
/**imports**/
@Component
public class Dog implements Animal {

    @Override
    public void use() {
        System.out.println("狗【" + Dog.class.getSimpleName()+"】是看门用的。");
    }
}
```

注意，加粗的注解@Autowired 也是 Spring 中最常用的注解之一，十分重要，它会按属性的类型找到对应的 Bean 进行注入。狗是动物的一种，所以 IoC 容器会把 Dog 实例注入 BussinessPerson 实例中。这样通过 IoC 容器获取 BussinessPerson 实例的时候就能够使用 Dog 实例来提供服务了，下面是测试的代码。

```java
// 使用配置文件 AppConfig.java 创建 IoC 容器
var ctx = new AnnotationConfigApplicationContext(AppConfig.class);
try {
    var person = ctx.getBean(BussinessPerson.class);
    person.service();
} finally {
    // 关闭 IoC 容器
    ctx.close();
}
```

测试一下，就可以得到下面的日志：
......
狗【Dog】是看门用的。

显然，测试是成功的，这个时候 IoC 容器已经通过注解@Autowired 成功地将 Dog 实例注入了 BussinessPerson 实例中。但是，这只是一个比较简单的例子，我们有必要继续探讨@Autowired。

3.3.1 注解@Autowired

@Autowired 是 Spring 中使用得最多的注解之一，在本节中需要进一步地进行探讨。@Autowired 的注入策略中最基本的一条是按类型，我们回顾 IoC 容器的顶级接口 BeanFactory，就可以知道 IoC 容器是通过 getBean()方法获取对应的 Bean 的，而 getBean()方法又支持按名称或者按类型。再回到上面的例子，我们只是创建了一个动物——狗，而实际上动物还可以有猫（Cat），猫可以为我们抓老鼠，于是我们又创建了一个猫类，如代码清单 3-15 所示。

代码清单 3-15　猫类

```java
package com.learn.chapter3.pojo;
import com.learn.chapter3.pojo.def.Animal;
import org.springframework.stereotype.Component;
@Component
```

```
public class Cat implements Animal {
   @Override
   public void use() {
      System.out.println("猫【" + Cat.class.getSimpleName()+"】是抓老鼠。");
   }
}
```

猫类创建完成了。如果我们还使用代码清单 3-14 中的 BussinessPerson 类，那么麻烦就来了，因为这个类只是定义了一个动物（Animal）属性，而我们却有两个动物——一只狗和一只猫，IoC 容器如何注入呢？如果重新进行测试，很快就可以看到 IoC 容器抛出异常，如下面的日志所示：

```
Caused by: org.springframework.beans.factory.NoUniqueBeanDefinitionException: No qualifying
bean of type 'com.learn.chapter3.pojo.def.Animal' available: expected single matching bean
but found 2: cat,dog at org.springframework.beans.factory.config.DependencyDescriptor.
resolveNotUnique(DependencyDescriptor.java:218) at org.springframework.beans.factory.support.
DefaultListableBeanFactory.doResolveDependency(DefaultListableBeanFactory.java:1350)
   ......
   ... 14 more
```

从加粗的日志可以看出，IoC 容器并不能知道你需要向 BussinessPerson 类对象注入什么动物（狗？猫？），从而引发错误。那么使用@Autowired 能处理这个问题吗？答案是肯定的。假设我们目前需要让狗提供服务，可以把属性名称转化为 dog，也就是把原来的

```
@Autowired
private Animal animal = null;
```

修改为

```
@Autowired
private Animal dog = null;
```

在上述代码中，我们只是将属性的名称从 animal 修改为了 dog，再次测试时，可以看到是采用狗来提供服务的。这是因为@Autowired 提供以下规则：按类型找到对应的 Bean，如果对应类型的 Bean 不是唯一的，那么它会根据其属性名称和 Bean 的名称进行匹配。如果匹配得上，就会使用该 Bean；如果还无法匹配，就会抛出异常。

注意，@Autowired 是一个默认必须找到对应 Bean 的注解，如果不能确定其标注属性一定会存在并且允许这个被标注的属性为 null，那么可以配置@Autowired 的 required 属性为 false，例如：

```
@Autowired(required = false)
```

当然，在大部分情况下，我都不推荐这样做，因为这样极其容易抛出"臭名昭著"的空指针异常（NullPointerException）。同样，它除了可以标注属性，还可以标注方法，如 setAnimal()方法：

```
@Override
@Autowired
public void setAnimal(Animal animal) {
   this.animal = animal;
}
```

这样@Autowired 也会使用 setAnimal()方法从 IoC 容器中找到对应的动物进行注入[1]，甚至我们还可

---

[1] 注意，新版的 Spring 规范建议将@Autowired 标注在 setter()方法上。本书只是为了节省篇幅，将@Autowired 标注在类的属性上。

以将@Autowired 标注在方法的参数上，3.3.3 节会再谈到这种情况。

3.3.2 消除歧义性——@Primary 和@Qualifier

当既有猫又有狗的时候，为了使@Autowired 能够继续使用，我们做了一个决定：将 BussinessPerson 的属性名称从 animal 修改为 dog。显然这不是一个好的做法，因为这里并不限制使用什么动物，而声明的属性名称却成了狗。产生注入失败问题的根本原因是按类型查找，正如动物可以有多种类型，这会造成 IoC 容器依赖注入的困扰，我们把这样的问题称为歧义性。那么，@Primary 和@Qualifier 这两个注解是从哪个角度解决问题的呢？这是本节要讲解的问题。

先来谈@Primary，它是一个修改优先权的注解，当既有猫、又有狗的时候，假设这次需要使用猫，那么只需要在猫类的定义上加入@Primary 就可以了，类似下面这样：

```
......
@Component
@Primary
public class Cat implements Animal {
    ......
}
```

在上述代码中，@Primary 告诉 IoC 容器："当发现有多个同样类型的 Bean 时，请优先使用我进行注入。"于是再次进行测试时会发现，系统将用猫提供服务。当 Spring 进行注入的时候，虽然发现存在多个动物，但因为 Cat 被标注为@Primary，所以优先采用 Cat 实例进行注入，这样就通过优先级变换使得 IoC 容器知道注入哪个具体的实例来满足依赖注入。

有时候@Primary 也可以使用在多个类上，无论是猫还是狗都可能带上注解@Primary，其结果是 IoC 容器还是无法区分采用哪个 Bean 的实例进行注入，因此我们需要更加灵活的机制来实现注入，@Qualifier 可以满足这个需求。@Qualifier 的配置项 value 需要用一个字符串定义，它将与@Autowired 组合在一起，通过名称和类型一起找到 Bean。我们知道 Bean 名称在 IoC 容器中是唯一的标识，利用它就可以消除歧义性了。此时你是否想起了 BeanFactory 接口中的这个 getBean() 方法呢？

```
<T> T getBean(String name, Class<T> requiredType) throws BeansException;
```

使用 getBean()方法就能够按名称和类型的组合找到 Bean 了。下面假设猫已经标注了@Primary，而我们需要狗提供服务，因此需要修改 BussinessPerson 的 animal 属性的标注，以适应我们的需要：

```
@Autowired
@Qualifier("dog")
private Animal animal = null;
```

一旦这样声明，IoC 容器将会按名称和类型来寻找对应的 Bean 进行依赖注入，显然也只能找到狗为我们服务了。

3.3.3 带有参数的构造方法类的装配

上述场景都是在不带参数的构造方法下实现依赖注入。但事实上，有些类只有带有参数的构造方法，于是上述场景都不再适用了。为了对构造方法的参数进行依赖注入，我们可以使用注解

@Autowired。例如，修改类 BussinessPerson 来实现这个功能，如代码清单 3-16 所示。

代码清单 3-16　带有参数的构造方法

```java
package com.learn.chapter3.pojo;

/******** imports ********/
@Component
public class BussinessPerson implements Person {
    private Animal animal = null;

    public BussinessPerson(@Autowired @Qualifier("dog") Animal animal) {
        this.animal = animal;
    }

    @Override
    public void service() {
        this.animal.use();
    }

    @Override
    public void setAnimal(Animal animal) {
        this.animal = animal;
    }
}
```

代码清单 3-16 中取消了注解@Autowired 对属性和方法的标注。注意，加粗的代码在方法的参数上加入了注解@Autowired 和注解@Qualifier，使得参数能够注入进来。这里使用@Qualifier 是为了按名称进行依赖注入，避免歧义性。当然，如果你的环境中不是既有猫、又有狗，完全可以不使用@Qualifier，只使用@Autowired 就可以了。

3.4　生命周期

在前文中，我们只关心如何正确地将 Bean 装配到 IoC 容器中，而没有关心 IoC 容器定义、发布、装配和销毁 Bean 的过程。有时候我们也需要自定义 IoC 容器初始化或者销毁 Bean 的过程，以满足一些 Bean 的特殊初始化和销毁的要求。Bean 的生命周期大致包括定义、初始化、生存期和销毁 4 个部分。

Bean 的定义过程大致如下。

（1）Spring 通过我们的配置，到@ComponentScan 定义的扫描路径中找到标注@Component 的类，这个过程就是一个资源定位的过程。

（2）一旦找到了资源，Spring 就会解析这些资源，并将其保存为 Bean 的定义（BeanDefinition）。注意，此时还没有初始化 Bean，也就没有 Bean 的实例，有的仅仅是 Bean 的定义。

（3）把 Bean 的定义发布到 IoC 容器中。此时，IoC 容器中装载的也只有 Bean 的定义，还没有生成 Bean 的实例。

这 3 步只是一个资源定位并将 Bean 的定义发布到 IoC 容器的过程，还没有生成 Bean 的实例，更没有完成依赖注入。在默认的情况下，Spring 会继续完成 Bean 的实例化和依赖注入，这样 IoC

容器就可以得到一个完成依赖注入的 Bean 的实例了。但是，有些 Bean 会受到变化因素的影响，这时我们希望在取出 Bean 的时候完成实例化和依赖注入。换句话说，就是让这些 Bean 将定义发布到 IoC 容器中，而不进行实例化和依赖注入，当取出 Bean 的时候才进行实例化和依赖注入等操作。

下面我们来了解 Bean 的初始化流程，如图 3-3 所示。

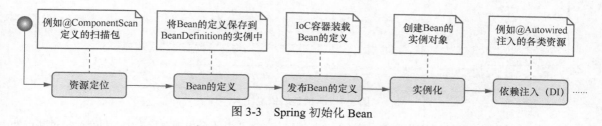

图 3-3　Spring 初始化 Bean

在代码清单 3-8 中，可以看到@ComponentScan 的源码中还有一个配置项 lazyInit，它是一个布尔（boolean）配置项，且默认值为 false，也就是默认不进行延迟初始化，此时 Spring 会对 Bean 进行实例化并通过依赖注入设置 Bean 的属性值。为了进行测试，先改造 BussinessPerson 类，如代码清单 3-17 所示。

代码清单 3-17　改造 BussinessPerson 类

```java
package com.learn.chapter3.pojo;
/******** imports ********/
@Component
public class BussinessPerson implements Person {

    private Animal animal = null;

    @Override
    public void service() {
        this.animal.use();
    }

    @Override
    @Autowired @Qualifier("dog")
    public void setAnimal(Animal animal) {
        System.out.println("延迟依赖注入");
        this.animal = animal;
    }
}
```

然后在没有配置 lazyInit 的情况下进行断点测试，如图 3-4 所示。

在断点处，我们并没有获取 Bean 的实例，而日志就已经打印出来了，可见在 IoC 容器初始化时就执行了实例化和依赖注入。为了改变这个情况，我们在配置类 AppConfig 的@ComponentScan 中加入 lazyInit 配置：

```java
@ComponentScan(basePackages = "com.learn.chapter3.*", lazyInit = true)
```

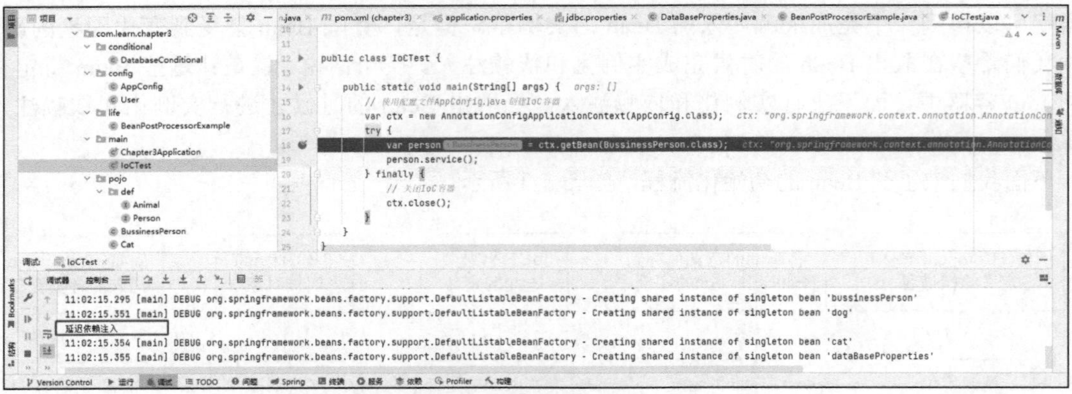

第 3 章 全注解下的 Spring IoC

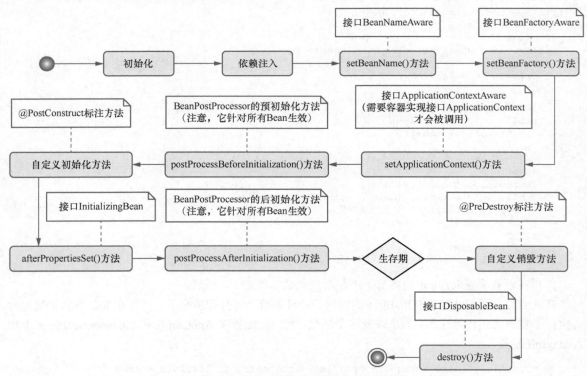

图 3-4 测试延迟依赖注入

然后进行测试，可以发现运行到断点处时，"延迟依赖注入"并不会出现在日志中，只有运行过断点处后，这行日志才会出现。这是因为我们设置了延迟初始化，Spring 并不会在发布 Bean 定义后马上完成实例化和依赖注入，只有在获取 Bean 的时候，也就是运行 getBean()方法时，Spring 才会进行对 Bean 的实例化。

IoC 容器用于管理 Bean。有时我们需要自定义 Bean 的初始化行为和销毁行为，为此有必要了解 Bean 在 IoC 容器中的生命周期，以及与之相关的接口和注解。Spring 在完成 Bean 的依赖注入后，还会按照图 3-5 所示的流程来管理 Bean 的生命周期。

图 3-5 Bean 的生命周期的管理流程

图 3-5 描述的是整个 IoC 容器管理 Bean 的生命周期的流程。除了这些流程，开发者还需要注意以下两点。

- 这些接口和方法是针对什么而言的。对于图 3-5，在没有注释的情况下，流程节点都是针对单个 Bean，但是 BeanPostProcessor 针对所有 Bean 生效。
- 即使实现了接口 ApplicationContextAware，但是有时候并不会调用，这要根据你的 IoC 容器来决定。我们知道，IoC 容器最低的要求是实现接口 BeanFactory，而不是实现接口 ApplicationContext。对于那些没有实现接口 ApplicationContext 的容器，在 Bean 生命周期中，对应的 ApplicationContextAware 定义的 setApplicationContext()方法也是不会被调用的，只有实现了接口 ApplicationContext 的容器，才会在生命周期调用 ApplicationContextAware 定义的 setApplicationContext()方法。

为了测试生命周期，先来改造 BussinessPerson 类，如代码清单 3-18 所示。

代码清单 3-18　加入生命周期接口和自定义

```java
package com.learn.chapter3.pojo;
/******** imports ********/
@Component
public class BussinessPerson implements Person, BeanNameAware, BeanFactoryAware,
        ApplicationContextAware, InitializingBean, DisposableBean {

    private Animal animal = null;

    @Override
    public void service() {
        this.animal.use();
    }

    @Override
    @Autowired
    @Qualifier("dog")
    public void setAnimal(Animal animal) {
        System.out.println("延迟依赖注入");
        this.animal = animal;
    }

    @Override
    public void setBeanName(String beanName) {
        System.out.println("【" + this.getClass().getSimpleName()
            + "】调用 BeanNameAware 的 setBeanName()方法");
    }

    @Override
    public void setBeanFactory(BeanFactory beanFactory) throws BeansException {
        System.out.println("【" + this.getClass().getSimpleName()
            + "】调用 BeanFactoryAware 的 setBeanFactory()方法");
    }

    @Override
    public void setApplicationContext(ApplicationContext applicationContext) throws
BeansException {
        System.out.println("【" + this.getClass().getSimpleName()
            + "】调用 ApplicationContextAware 的 setApplicationContext()方法");
```

```java
    @Override
    public void afterPropertiesSet() throws Exception {
        System.out.println("【" + this.getClass().getSimpleName()
            + "】调用 InitializingBean 的 afterPropertiesSet()方法");
    }

    @PostConstruct
    public void init() {
        System.out.println("【" + this.getClass().getSimpleName()
            + "】注解@PostConstruct 自定义的初始化方法");
    }

    @PreDestroy
    public void destroy1() {
        System.out.println("【" + this.getClass().getSimpleName()
            + "】注解@PreDestroy 自定义的销毁方法");
    }

    @Override
    public void destroy() throws Exception {
        System.out.println("【" + this.getClass().getSimpleName()
            + "】 DisposableBean()方法");
    }
}
```

这样，这个 Bean 就实现了生命周期中单个 Bean 可以实现的所有接口，并且通过注解@PostConstruct 自定义了初始化方法，通过注解@PreDestroy 自定义了销毁方法。为了测试 Bean 后置处理器，创建一个类 BeanPostProcessorExample，如代码清单 3-19 所示。

代码清单 3-19　Bean 后置处理器

```java
package com.learn.chapter3.life;
/******** imports ********/
@Component
public class BeanPostProcessorExample implements BeanPostProcessor {

    @Override
    public Object postProcessBeforeInitialization(Object bean, String beanName)
            throws BeansException {
        System.out.println("BeanPostProcessor 调用"
            + "postProcessBeforeInitialization()方法，参数【"
            + bean.getClass().getSimpleName() + "】【" + beanName + "】 ");
        return bean;
    }

    @Override
    public Object postProcessAfterInitialization(Object bean, String beanName)
            throws BeansException {
        System.out.println("BeanPostProcessor 调用"
            + "postProcessAfterInitialization()方法，参数【"
            + bean.getClass().getSimpleName() + "】【" + beanName + "】 ");
        return bean;
    }
}
```

注意，这个 Bean 后置处理器对所有 Bean 有效。接下来，我们用代码清单 3-20 进行测试。

代码清单 3-20　测试 Bean 的生命周期

```java
package com.learn.chapter3.main;
/**** imports ****/
public class IoCTest {

    public static void main(String[] args) {
        // 使用配置文件 AppConfig.java 创建 IoC 容器
        var ctx = new AnnotationConfigApplicationContext(AppConfig.class);
        try {
            var person = ctx.getBean(BusinessPerson.class);
            person.service();
        } finally {
            // 关闭 IoC 容器
            ctx.close();
        }
    }
}
```

运行日志如下：

```
......
# 创建 bussinessPerson 的 Bean
15:10:42.930 [main] DEBUG
org.springframework.beans.factory.support.DefaultListableBeanFactory - Creating shared
instance of singleton bean 'bussinessPerson'
# 创建 dog 的 Bean
15:10:42.954 [main] DEBUG
org.springframework.beans.factory.support.DefaultListableBeanFactory - Creating shared
instance of singleton bean 'dog'
# 对名称为 dog 的 Bean 调用 BeanPostProcessor 的两个方法，它们针对所有 Bean 有效
BeanPostProcessor 调用 postProcessBeforeInitialization()方法，参数【Dog】【dog】
BeanPostProcessor 调用 postProcessAfterInitialization()方法，参数【Dog】【dog】
延迟依赖注入
# 名称为 bussinessPerson 的 Bean 则依照图 3-5 所示的生命周期进行处理
【BusinessPerson】调用 BeanNameAware 的 setBeanName()方法
【BusinessPerson】调用 BeanFactoryAware 的 setBeanFactory()方法
【BusinessPerson】调用 ApplicationContextAware 的 setApplicationContext()方法
BeanPostProcessor 调用 postProcessBeforeInitialization()方法，参数【BusinessPerson】
【bussinessPerson】
【BusinessPerson】注解@PostConstruct 自定义的初始化方法
【BusinessPerson】调用 InitializingBean 的 afterPropertiesSet()方法
BeanPostProcessor 调用 postProcessAfterInitialization()方法，参数【BusinessPerson】
【bussinessPerson】
......
狗【Dog】是看门用的。
15:10:43.028 [main] DEBUG
org.springframework.context.annotation.AnnotationConfigApplicationContext - Closing
org.springframework.context.annotation.AnnotationConfigApplicationContext@e580929,
started on Fri May 12 15:10:42 CST 2023
【BusinessPerson】注解@PreDestroy 自定义的销毁方法
【BusinessPerson】 DisposableBean()方法
```

注意，加粗的日志是我加入的注释，目的是让读者更好地读懂日志。从日志可以看出，Bean 后置处理器（BeanPostProcessor）对所有 Bean 都有效，而其他的接口和方法则对单个 Bean 起作用。我

们还可以发现，BussinessPerson 执行的是图 3-5 所示的流程。有时候可能使用第三方的类来定义 Bean，此时可以使用注解@Bean 来配置自定义初始化方法和自定义销毁方法，如下所示：

```
@Bean(initMethod ="init", destroyMethod = "destroy" )
```

3.5 使用属性文件

当今使用属性文件进行 Java 开发十分普遍，所以本节谈谈这方面的内容。在 Spring Boot 中使用属性文件，可以采用其默认的 application.properties 文件，也可以使用自定义的配置文件。读取配置文件的方法很多，但没有必要面面俱到地介绍所有方法，本节就介绍那些最常用的方法。

在 Spring Boot 中，我们先在 Maven 配置文件中加载依赖，如代码清单 3-21 所示，这样 Spring Boot 将创建读取属性文件的上下文。

代码清单 3-21　属性文件依赖

```xml
<dependency>
   <groupId>org.springframework.boot</groupId>
   <artifactId>spring-boot-configuration-processor</artifactId>
   <optional>true</optional>
</dependency>
```

有了依赖，就可以直接使用 application.properties 文件工作了，例如，现在为它配置代码清单 3-22 所示的属性。

代码清单 3-22　配置属性

```
database.driverName=com.mysql.cj.jdbc.Driver
database.url=jdbc:mysql://localhost:3306/chapter3
database.username=root
database.password=123456
```

application.properties 是 Spring Boot 默认的配置文件，Spring Boot 启动时会将它读取到上下文中，这样就可以引用其定义的配置项了。对于配置项的引用，我们可以使用 Spring 表达式语言（Spring Expression Language，SpEL）。SpEL 还有运算功能，本节只限于读取属性而不涉及运算。关于运算功能，我会在 3.9 节讲解。我们先创建一个新的配置类 DataBaseProperties，如代码清单 3-23 所示。

代码清单 3-23　使用属性配置

```java
package com.learn.chapter3.pojo;
/******** imports ********/
@Component
public class DataBaseProperties {
   @Value("${database.driverName}")
   private String driverName = null;

   @Value("${database.url}")
   private String url = null;

   private String username = null;

   private String password = null;
```

```java
    public void setDriverName(String driverName) {
        System.out.println(driverName);
        this.driverName = driverName;
    }

    public void setUrl(String url) {
        System.out.println(url);
        this.url = url;
    }

    @Value("${database.username}")
    public void setUsername(String username) {
        System.out.println(username);
        this.username = username;
    }

    @Value("${database.password}")
    public void setPassword(String password) {
        System.out.println(password);
        this.password = password;
    }
    /**** getters ****/
}
```

这样我们就可以通过注解@Value，使用${......}这样的占位符读取配置在属性文件的内容。这里的@Value既可以加载属性，也可以加在方法上，启动Spring Boot就可以看到下面的日志了：

```
......
BeanPostProcessor 调用 postProcessAfterInitialization()方法，参数【Cat】【cat】
123456
root
BeanPostProcessor 调用 postProcessBeforeInitialization()方法，参数【DataBaseProperties】
【dataBaseProperties】 ......
```

可见读取属性成功了。有时候我们也可以使用注解@ConfigurationProperties 来减少配置，例如修改 DataBaseProperties 的代码，如代码清单 3-24 所示。

代码清单 3-24　使用注解@ConfigurationProperties

```java
package com.learn.chapter3.pojo;

/******** imports ********/
@Component
// 指明前缀，减少配置
@ConfigurationProperties("database")
public class DataBaseProperties {

    private String driverName = null;

    private String url = null;

    private String username = null;

    private String password = null;

    public void setDriverName(String driverName) {
        System.out.println(driverName);
```

```java
        this.driverName = driverName;
    }

    public void setUrl(String url) {
        System.out.println(url);
        this.url = url;
    }

    public void setUsername(String username) {
        System.out.println(username);
        this.username = username;
    }

    public void setPassword(String password) {
        System.out.println(password);
        this.password = password;
    }

    /**** getters ****/

}
```

在上述代码中，注解@ConfigurationProperties 中配置的字符串"database"将与 POJO 的属性名称组成完整的属性名称，然后我们可以去配置文件里查找对应的配置项。

如果将所有配置项都放在文件 application.properties 中，显然会使这个文件配置的内容太多。为了减少 application.properties 的内容，Spring 允许引入属性文件。例如，数据库的属性可以配置在 jdbc.properties 中，于是可以先把代码清单 3-22 中的配置从 application.properties 中迁移到 jdbc.properties 中，然后使用 @PropertySource 来定义对应的属性文件，把它加载到 Spring 的上下文中。只是这样做还不行，我们还需要在 Spring Boot 启动文件中加入注解@EnableConfigurationProperties，这个注解表示启用属性文件的配置机制，加入注解后才能将这些配置读入 POJO 中，如代码清单 3-25 所示。

代码清单 3-25　加载属性文件

```java
package com.learn.chapter3.main;
/******** imports ********/
@ComponentScan(basePackages = "com.learn.chapter3.*",
        // type 配置通过注解的方式进行过滤，classes 指定通过什么注解进行过滤
        excludeFilters = @ComponentScan.Filter(
                type= FilterType.ANNOTATION, classes = Service.class))
// 指定加载的配置文件，并设置为如果找不到文件则忽略，不会报错
@PropertySource(value={"classpath:jdbc.properties"}, ignoreResourceNotFound=true)
// 启用属性文件的配置机制
@EnableConfigurationProperties
public class Chapter3Application {
    public static void main(String[] args) {
        SpringApplication.run(Chapter3Application.class, args);
    }
}
```

value 可以配置多个配置文件。使用 classpath 前缀，意味着在类文件路径下找到属性文件；ignoreResourceNotFound 则表示是否忽略找不到配置文件的问题，其默认值为 false，也就是没有找到属性文件就会报错，这里配置为 true，也就是找不到文件则忽略，不会报错。

3.6 条件装配 Bean

有时候某些客观的因素会使一些 Bean 无法进行初始化。例如，漏掉数据源的一些配置会造成数据库无法连接。在这样的情况下，IoC 容器如果继续进行数据源的装配，系统将会抛出异常，导致应用无法继续运行。这时，我们希望 IoC 容器不要装配数据源。

为了应对这样的场景，Spring 提供了注解@Conditional，该注解需要配合另一个接口 Condition（org.springframework.context.annotation.Condition）来实现对应的功能。例如，在类 Chapter3Application 中添加代码，如代码清单 3-26 所示。

代码清单 3-26 使用属性初始化数据源
```
@Bean(name = "dataSource")
// 通过类 DatabaseConditional 来限制装配 Bean 的条件
@Conditional(DatabaseConditional.class)
public DataSource getDataSource(
      @Value("${database.url}") String url,
      @Value("${database.username}") String username,
      @Value("${database.password}") String password
      ) {
   System.out.println("初始化数据源");
   var dataSource = new MysqlDataSource();
   dataSource.setUrl(url);
   dataSource.setUser(username);
   dataSource.setPassword(password);
   return dataSource;
}
```

上述代码中加入了注解@Conditional，并配置了类 DatabaseConditional，那么这个类就必须实现 Condition 接口（org.springframework.context.annotation.Condition）的 matches()方法，matches()方法如代码清单 3-27 所示。

代码清单 3-27 定义初始化数据源的条件
```
package com.learn.chapter3.conditional;

/******** imports ********/
public class DatabaseConditional implements Condition {

   /**
    * 数据源装配条件
    *
    * @param context 条件上下文
    * @param metadata 注释类型的元数据
    * @返回 true 则装配 Bean，否则不装配
    */
   @Override
   public boolean matches(ConditionContext context, AnnotatedTypeMetadata metadata) {
      // 取出环境配置
      var env = context.getEnvironment();
      // 判断属性文件是否存在对应的数据源配置
      return env.containsProperty("database.url")
            && env.containsProperty("database.username")
```

```
                && env.containsProperty("database.password");
    }
}
```

matches()方法首先读取其上下文环境,然后判定是否已经配置了对应的数据源信息。在这些都已经配置好后,则返回 true。这个时候 IoC 容器会装配数据源的 Bean,否则不装配。

3.7 Bean 的作用域

在介绍 IoC 容器最顶级的接口——BeanFactory 的时候,可以看到 isSingleton()和 isPrototype()两个方法。其中,isSingleton()方法如果返回 true,则 Bean 在 IoC 容器中以单例模式存在,这也是 IoC 容器的默认值;如果 isPrototype()方法返回 true,则每次获取 Bean 时,IoC 容器都会创建一个新的 Bean 并返回给调用者,这两种情况显然存在很大的区别,这便是 Bean 的作用域的问题。在一般的容器中,Bean 都会存在单例(singleton)和原型(prototype)两种作用域,Jakarta EE 被广泛地使用在互联网中;而在 Web 容器中,存在页面(page)、请求(request)、会话(session)和应用(application)4 种作用域,但是页面作用域的范围是 JSP,在 Spring 中无法支持。为了满足其他各类作用域,Spring 创建了表 3-1 所示的几种作用域类型。

表 3-1 Bean 的作用域

作用域类型	使用范围	作用域描述
singleton	所有 Spring 应用	默认值,IoC 容器只存在单例模式的 Bean
prototype	所有 Spring 应用	每次从 IoC 容器中取出一个 Bean 时,创建一个新的 Bean
session	Spring Web 应用	HTTP 会话
application	Spring Web 应用	Web 工程生命周期
request	Spring Web 应用	Web 工程单次请求
globalSession	Spring Web 应用	在一个全局的 HTTP 会话中,一个 Bean 定义对应一个实例。实践中基本不使用

常用的作用域是表 3-1 中加粗的 4 种。application 完全可以被 singleton 替代。下面我们探讨单例和原型的区别,先定义一个作用域类,如代码清单 3-28 所示。

代码清单 3-28 定义作用域类
```
package com.learn.chapter3.scope.pojo;
/******** imports ********/
@Component
// @Scope(ConfigurableBeanFactory.SCOPE_PROTOTYPE)
public class ScopeBean {
}
```

这是一个简单的类,可以看到声明作用域的加粗代码已经被注释掉了,这样就会启用默认的单例作用域。为了证明作用域的存在,我们进行测试,如代码清单 3-29 所示。

代码清单 3-29 测试作用域
```
// 使用配置文件 AppConfig.java 创建 IoC 容器
var ctx = new AnnotationConfigApplicationContext(AppConfig.class);
```

```
try {
    var bean1 = ctx.getBean(ScopeBean.class);
    var bean2 = ctx.getBean(ScopeBean.class);
    System.out.println(bean1 == bean2);
} finally {
    // 关闭 IoC 容器
    ctx.close();
}
```

运行代码就可以看到打印出 true 的结果，说明 bean1 和 bean2 是同一个对象。因此，在默认的情况下，在 IoC 容器中，Bean 是以单例模式存在的。下面我们取消代码清单 3-28 中关于 @Scope 的注释，然后在代码清单 3-29 中加粗的代码处设置断点，进行调试，就可以看到图 3-6 所示的效果。

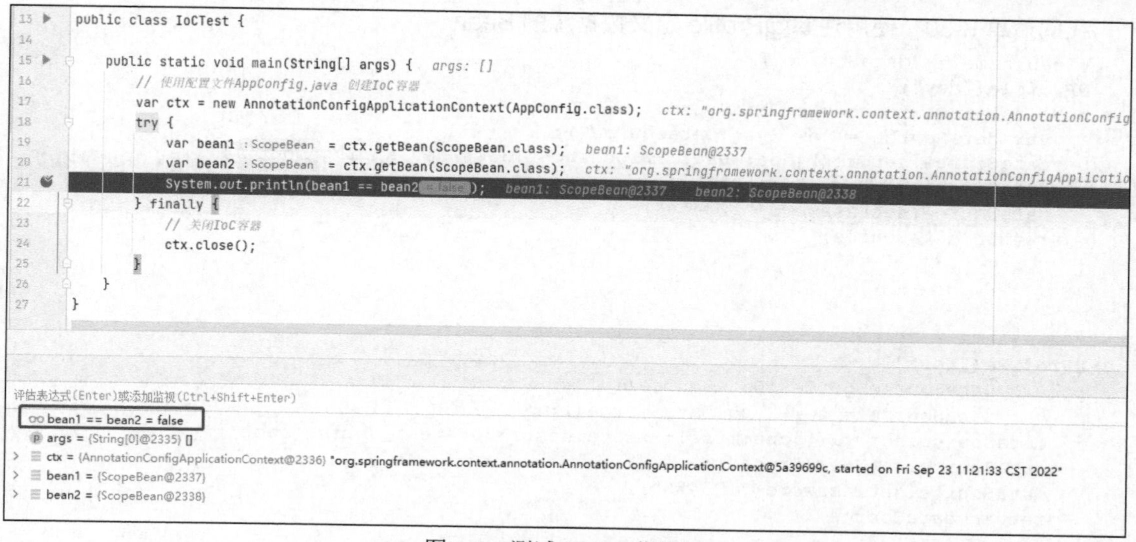

图 3-6 测试 Spring 作用域

从图 3-6 的测试结果来看，显然 bean1 和 bean2 这两个变量不是同一个对象，这是因为每次取出 Bean，IoC 容器就会创建一个新的 Bean 并返回。这说明 Bean 的作用域被成功修改了。

这里的 ConfigurableBeanFactory 只能提供单例（SCOPE_SINGLETON）和原型（SCOPE_PROTOTYPE）两种作用域供选择，如果是在 Spring MVC 环境中，还可以使用 WebApplicationContext 定义其他作用域，如请求（SCOPE_REQUEST）、会话（SCOPE_SESSION）和应用（SCOPE_APPLICATION）。例如，下面的代码定义了 Web 请求作用域：

```
package com.learn.chapter3.scope.pojo;
/******** imports ********/
@Component
@Scope(WebApplicationContext.SCOPE_REQUEST)
public class ScopeBean {
}
```

这样在同一个请求范围内获取这个 Bean 的时候，只会共用同一个 Bean，第二次请求就会产生新的 Bean。因此，两个不同的请求将获得不同的 Bean 实例，这一点是需要注意的。

3.8　使用注解@Profile

企业在项目开发过程中，往往要面临开发环境、测试环境、准生产环境[①]和生产环境的切换，这样在一个互联网企业中往往需要有 4 套环境，而每套环境的上下文是不一样的。例如，它们会有各自的数据库资源，这就要求我们在不同的数据库之间进行切换。为了方便，Spring 提供了 Profile 机制，使开发者可以很方便地实现各个环境之间的切换。

假设存在 dev_spring_boot 和 test_spring_boot 两个数据库，可以使用注解@Profile 定义两个 Bean，如代码清单 3-30 所示。

代码清单 3-30　使用注解@Profile 定义数据源的 Bean

```
@Bean(name = "dataSource")
@Profile("dev")
public DataSource getDevDataSource() {
   var dataSource = new MysqlDataSource();
   dataSource.setUrl("jdbc:mysql://localhost:3306/dev_spring_boot");
   dataSource.setUser("root");
   dataSource.setPassword("123456");
   return dataSource;
}


@Bean(name = "dataSource")
@Profile("test")
public DataSource getTestDataSource() {
   var dataSource = new MysqlDataSource();
   dataSource.setUrl("jdbc:mysql://localhost:3306/test_spring_boot");
   dataSource.setUser("root");
   dataSource.setPassword("123456");
   return dataSource;
}
```

在 Spring 中可以通过配置两个参数来启用 Profile 机制，一个是 spring.profiles.active，另一个是 spring.profiles.default。在这两个参数都没有配置的情况下，Spring 不会启用 Profile 机制，这就意味着被@Profile 标注的 Bean 将不会被 Spring 装配到 IoC 容器中。spring.profiles.active 的优先级大于 spring.profiles.default，Spring 先判断是否存在 spring.profiles.active 配置，再查找 spring.profiles.default 配置。

在启动 Java 项目时，只需要进行如下参数配置就能够启用 Profile 机制：

```
JAVA_OPTS="-Dspring.profiles.active=dev"
```

当然，也可以在 IDE 中切换环境。例如，在 IntelliJ IDEA 中，打开"运行/调试配置"对话框就能够配置这个参数，如图 3-7 所示。

Spring Boot 对于默认的属性文件 application.properties，还存在一个约定，可以帮助开发者很方便地切换配置环境。例如，现实中开发环境和测试环境的数据库是两个库，开发者进行测试可能会比较

[①] 一种无比接近生产环境的环境，它的配置和生产环境相同，一般采用的也是生产环境的数据库的最新备份，便于开发者在最类似生产环境的环境中重现遇到的问题，从而完善系统。

随意地增、删、查、改，而测试人员则不是，搭建数据库的测试数据往往也需要比较多的时间和精力，因此在很多情况下，测试人员希望有独立的数据库，这样配置数据库连接的文件就需要分开了。Spring Boot 可以很好地支持切换配置文件的功能，首先在配置文件目录新增 application-dev.properties 文件，然后将日志配置为 DEBUG 级别，这样启动 Spring Boot 时就会打印很详细的日志。配置内容如下：

```
logging.level.root=DEBUG
logging.level.org.springframework=DEBUG
```

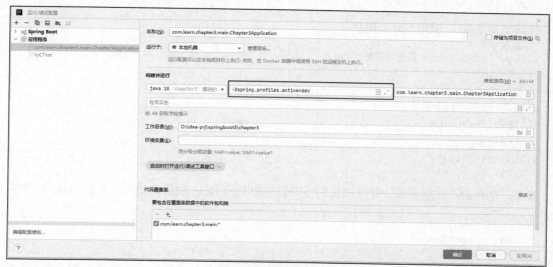

图 3-7　配置运行参数

这个时候需要注意，按照 Spring Boot 的规则，假设把选项-Dspring.profiles.active 配置的值记为 {profile}，则它会用 application-{profile}.properties 文件代替原来默认的 application.properties 文件，此时启动 Spring Boot 的程序，就可以看到以 DEBUG 级别打印出来的日志，非常详尽。使用这样的方法，就能够快速且有效地在开发环境、测试环境、准生产环境和生产环境等各类环境中切换。

3.9　使用 SpEL

在上述代码中，我们是在没有任何运算规则的情况下装配 Bean 的。为了更加灵活，Spring 还提供了表达式语言 SpEL[1]。通过 SpEL 可以让 Spring 拥有更为强大的运算规则来更好地装配 Bean。

最常用的应用当然是读取属性文件的值，例如：

```
@Value("${database.driverName}")
String driver
```

@Value 中的 ${......} 表示占位符，它会读取上下文的属性值并装配到属性中，这便是一个最简单的 SpEL。除此之外，它还能够调用方法，例如，我们记录一个 Bean 的初始化时间：

```
@Value("#{T(System).currentTimeMillis()}")
```

---

[1] Spring 表达式语言，英文全称为 Spring Expression Language，简称 SpEL。

```
private Long initTime = null;
```

上述代码采用#{......}表示启用 SpEL，它将具有运算的功能。T(.....)表示引入类。System 是 java.lang.* 包的类，这是 Java 默认加载的包，因此不必写全限定名，如果是其他的包，则需要写出全限定名才能引用类。currentTimeMillis()是 System 的静态（static）方法，也就是我们调用一次 System.currentTimeMillis() 方法来为属性赋值。

此外，还可以对属性直接赋值，如代码清单 3-31 所示。

代码清单 3-31　使用 SpEL 赋值
```
// 赋值字符串
@Value("#{'使用 SpEL 赋值字符串'}")
private String str = null;

// 科学记数法赋值
@Value("#{9.3E3}")
private double d;

// 赋值浮点数
@Value("#{3.14}")
private float pi;
```

显然，这种方法比较灵活。有时候我们还可以获取其他 Bean 的属性来对当前的 Bean 属性赋值，例如：

```
@Value("#{beanName.str}")
private String otherBeanProp = null;
```

注意，这里的 beanName 是 IoC 容器中的 Bean 的名称。str 是 Bean 的属性，表示引用对应的 Bean 的属性对当前属性赋值。有时候，我们还希望这个属性的字母全部变为大写，这个时候就可以写成：

```
@Value("#{beanName.str?.toUpperCase()}")
private String otherBeanProp = null;
```

注意，在上述 SpEL 中，引用 str 属性后，跟着是一个?，这个符号的含义是判断这个属性是否为空。如果不为空才会运行 toUpperCase()方法，进而把引用到的属性的字符串转换为大写并赋予当前属性。除此之外，还可以使用 SpEL 进行一定的运算，如代码清单 3-32 所示。

代码清单 3-32　使用 SpEL 进行运算
```
#数学运算
@Value("#{1+2}")
private int run;

#浮点数比较运算
@Value("#{beanName.pi == 3.14f}")
private boolean piFlag;

#字符串比较运算
@Value("#{beanName.str eq 'Spring Boot'}")
private boolean strFlag;

#字符串连接
```

```
@Value("#{beanName.str + '  连接字符串'}")
private String strApp = null;

#三元运算
@Value("#{beanName.d > 1000 ? '大于' : '小于'}")
private String resultDesc = null;
```

从上述代码可以看出，SpEL 能够支持的运算有很多，其中：等值比较如果是数字型的，可以使用==比较运算符；如果是字符串型的，可以使用 eq 比较运算符。当然，SpEL 的内容远不止这些，只是其他表达式的使用率没有那么高，所以就不再进一步介绍了。

第 4 章

开始约定编程——Spring AOP

初学 Spring 的大部分读者估计都会对于 Spring AOP 有些"恨之入骨"的感觉，因为它是那么难以理解。传统的 Spring 图书会先讲解 AOP 的基础概念，如切点、通知、连接点、引入和织入等，面对这些晦涩难懂的概念，初学者往往很容易陷入理解的困境。因此，我不打算从那些生涩的概念谈起，而是先介绍简单的约定编程。对于约定编程，开发者需要记住约定的流程是什么，哪些是需要开发者完成的内容，但不需要知道底层设计者是怎么将开发者完成的内容织入约定的流程中的。好吧，我承认这句话还是有点难懂，不过不要紧，让我们从一个简单的约定编程的实例开始吧。

4.1 约定编程

本节我们完全抛开 AOP 的概念，先来看一个约定编程的实例。当读者弄明白了这个实例后，也就能很容易地理解 AOP 的概念了，因为实质上 AOP 和约定编程是异曲同工的东西。不过，你仍然需要通过亲身实践来深入理解，如果只是眼高手低，效果就会差几个档次。

4.1.1 约定

首先来看一个非常简单的接口，如代码清单 4-1 所示。

代码清单 4-1　简单接口 HelloService
```
package com.learn.chapter4.service;

public interface HelloService {
   public void sayHello(String name);
}
```

这个接口很简单，就是定义一个 sayHello()方法，其中的参数 name 是名字，这样就可以对该名字说 hello 了。于是很快我们可以得到代码清单 4-2 所示的一个实现类。

代码清单 4-2　HelloService 的实现类 HelloServiceImpl
```
package com.learn.chapter4.service.impl;
```

```java
import com.learn.chapter4.service.HelloService;

public class HelloServiceImpl implements HelloService {

    @Override
    public void sayHello(String name) {
        if (name == null || "".equals(name.trim())) {
            throw new RuntimeException ("parameter is null!!");
        }
        System.out.println("hello " + name);
    }

}
```

这里的代码也很简单,方法 sayHello()先判断 name 是否为空。如果为空,则抛出异常,告诉调用者参数为空;如果不为空,则对该名字说 hello。这样,一个非常简单的服务就写好了。

接下来定义一个拦截器接口,它十分简单,只包含几个方法,如代码清单 4-3 所示。

代码清单 4-3 拦截器接口

```java
package com.learn.chapter4.intercept;

import org.aopalliance.intercept.Invocation;

/**** imports ****/
public interface Interceptor {
    // 事前方法
    public void before();

    // 事后方法
    public void after();

    /**
     * 取代原有事件方法
     * @param invocation -- 回调参数,可以通过它的 proceed()方法回调原有事件
     * @return 原有事件返回对象
     * @throws Throwable
     */
    public Object around(Invocation invocation) throws Throwable;

    // 事后返回方法,事件没有发生异常时运行
    public void afterReturning();

    // 事后异常方法,事件发生异常后运行
    public void afterThrowing();

    // 是否使用 around()方法取代整个流程,默认为 false
    public default boolean useAround() {
        return false;
    }
}
```

这个接口的定义也是经过精心设计的,它已经十分贴近 4.2 节要介绍的 AOP 了。接下来会给出约定,将这里定义的方法织入流程中。注意,around()方法的参数是 Invocation 对象,它和我们约定的流程有关,所以这里先给出约定的流程,再给出类 Invocation 的源码。

第 4 章　开始约定编程——Spring AOP

约定是本节的核心，也是 AOP 的本质。约定流程如图 4-1 所示，这里把开发者需要开发的方法（如类 HelloServiceImpl 的 sayHello()方法）称为目标方法。

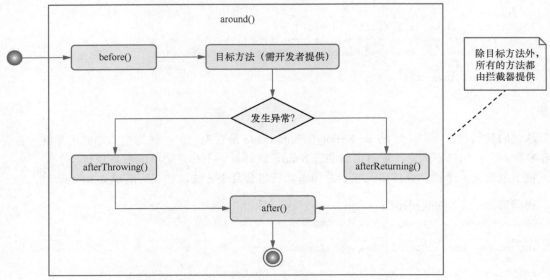

图 4-1　约定流程

图 4-1 所示的约定流程如下。
（1）调用拦截器的 before()方法；
（2）调用目标方法；
（3）调用目标方法时如果发生异常，则调用 afterThrowing()方法；
（4）调用目标方法时如果未发生异常，则调用 afterReturning()方法；
（5）调用 after()方法；
（6）如果拦截器的 useAround()方法返回 true，用拦截器的 around()方法取代上面的整个流程。

有了图 4-1 所示的流程，我们来实现类 Invocation 的源码，如代码清单 4-4 所示。

代码清单 4-4　Invocation 源码

```java
package com.learn.chapter4.invoke;
/**** imports ****/

public class Invocation {
    private Object[] params; // 参数
    private Method method; // 方法
    private Object target; // 目标对象
    private Interceptor interceptor; // 拦截器

    public Invocation(Object target,
        Method method, Object[] params, Interceptor interceptor) {
        this.target = target;
        this.method = method;
        this.params = params;
        this.interceptor = interceptor;
```

```java
        }
        // 反射方法
        public Object proceed() throws InvocationTargetException, IllegalAccessException {
            Object retObj = null; // 返回结果
            boolean exceptionFlag = false; // 异常标志位
            // 调用拦截器的before()方法
            this.interceptor.before();
            try {
                // 使用反射调用原有方法,并保存返回值
                retObj = method.invoke(target, params);
            } catch (Exception ex) {
                // 设置异常标志位
                exceptionFlag = true;
            }
            if (exceptionFlag) { // 发生异常则运行拦截器的afterThrowing()方法
                this.interceptor.afterThrowing();
            } else { // 未发生异常则运行拦截器的afterReturning()方法
                this.interceptor.afterReturning();
            }
            // 无论发生异常与否,都会运行的拦截器after()方法
            this.interceptor.after();
            return retObj;
        }

    /**** setters and getters ****/
}
```

注意,代码中的 proceed() 方法就是对图 4-1 所示流程的实现,具体的细节已经在注释中写清楚了。

接着,开发者可以根据拦截器接口的定义来开发一个自己的拦截器——MyInterceptor,如代码清单 4-5 所示。

代码清单 4-5　开发自己的拦截器

```java
package com.learn.chapter4.intercept;
/**** imports ****/

public class MyInterceptor implements Interceptor {

    @Override
    public void before() {
        System.out.println("before ......");
    }

    @Override
    public boolean useAround() {
        return true;
    }

    @Override
    public void after() {
        System.out.println("after ......");
    }

    @Override
    public Object around(Invocation invocation) throws Throwable {
```

```java
        System.out.println("around before ......");
        Object obj = invocation.proceed();
        System.out.println("around after ......");
        return obj;
    }

    @Override
    public void afterReturning() {
        System.out.println("afterReturning......");
    }

    @Override
    public void afterThrowing() {
        System.out.println("afterThrowing......");
    }
}
```

开发工作进行到这里，我们还有一个问题没有讨论，那就是如何把我们开发的目标方法和拦截器的方法织入图 4-1 所示的流程中。为此，我会提供一个类——ProxyBean 给读者使用，读者暂时不需要理解它是如何实现的，只需要了解它的一个静态方法：

```java
/**
 * 生成代理对象
 * @param target 目标对象
 * @param interceptor 拦截器
 * @return 代理对象
 */
public static Object getProxy(Object target, Interceptor interceptor)
```

这个方法的说明如下：

- 参数 target 是我们需要拦截的目标对象，如 HelloServiceImpl 对象，而 interceptor 对象则是代码清单 4-3 定义的拦截器接口对象；
- 这个方法将返回一个对象，我们把这个返回的对象记为 proxy，可以使用目标对象 target 实现的接口类型对它进行强制转换。

根据上述说明，就可以使用 getProxy()方法获取 proxy 了。例如：

```java
// 目标对象
var helloService = new HelloServiceImpl();
// 获取代理对象，绑定流程
var proxy = (HelloService) ProxyBean.getProxy(helloService, new MyInterceptor());
// 调用方法，该方法将被织入约定的流程中
proxy.sayHello("张三");
```

有了流程和绑定流程的方法，我们就可以进行约定编程了。下面使用代码清单 4-6 测试约定流程。

代码清单 4-6　测试约定流程

```java
package com.learn.chapter4.main;
/**** imports ****/
public class AopTest {

    public static void main(String[] args) {
        testProxy();
    }
```

```
    public static void testProxy() {
        // 目标对象
        var helloService = new HelloServiceImpl();
        // 获取代理对象，绑定流程
        var proxy = (HelloService) ProxyBean.getProxy(
                helloService, new MyInterceptor());
        // 调用方法，该方法将被织入约定的流程中
        proxy.sayHello("张三");
        System.out.println("###############测试异常###############");
        // 调用方法，测试异常情况
        proxy.sayHello(null);
    }
}
```

按照我们的约定，这段代码打印的信息如下：

```
around before ......
before ......
hello 张三
afterReturning......
after ......
around after ......
###############测试异常###############
around before ......
before ......
afterThrowing......
after ......
around after ......
```

可以看到，我们已经把目标方法和拦截器的方法织入约定的流程中了，只是还没有讨论如何实现这个功能，这就是 4.1.2 节要讨论的 ProxyBean 了。

4.1.2　ProxyBean 的实现

如何将目标方法和拦截器的方法织入对应的流程，是 ProxyBean 要实现的功能。为了理解这个问题，我们需要先了解一个重要的模式——动态代理模式。其实代理很简单，例如，当你需要采访一名儿童时，首先需要经过他的父母的同意，在一些问题上父母也许会替他回答，而敏感的问题，也许父母觉得不太适合这个小孩回答，那么就会拒绝掉，显然这时父母就是这名儿童的代理对象（proxy）了。通过代理可以控制或者增强对儿童这个目标对象（target）的访问，如图 4-2 所示。

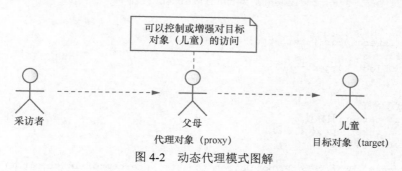

图 4-2　动态代理模式图解

Spring Boot 一般会采用两种动态代理——JDK 和 CGLIB，在 Spring Boot 应用中，默认使用的是 CGLIB 动态代理，因此在本节中我打算使用 CGLIB 来讲解动态代理技术。CGLIB 中存在一个增强者（Enhancer），通过它可以创建动态代理对象，例如：

```java
// 创建增强者
var enhancer = new Enhancer();
// 设置目标对象，target 为目标对象
enhancer.setSuperclass(target.getClass());
// 设置代理对象可以下挂到哪些接口下
enhancer.setInterfaces(target.getClass().getInterfaces());
// 指定代理对象
// methodInterceptor 对象实现了接口 MethodInterceptor 定义的 intercept()方法
enhancer.setCallback(methodInterceptor);
// 创建动态代理对象
var proxy = enhancer.create();
```

上述代码注释已经注明了这段代码的作用。注意，加粗代码中 setCallback()方法的作用是设置代理对象，参数是 methodInterceptor。它是一个 MethodInterceptor 接口的实例，实现了 intercept()方法，该方法的声明如代码清单 4-7 所示。

代码清单 4-7　MethodInterceptor 接口定义的 intercept()方法

```java
/**
 * 代理对象逻辑
 * @param proxy 代理对象
 * @param method 拦截器的方法
 * @param args 方法参数
 * @param mproxy 方法代理
 * @return 返回目标方法和对象
 */
@Override
public Object intercept(Object proxy, Method method, Object[] args, MethodProxy mproxy)
```

该方法的参数 method 表示目标方法，args 表示方法参数，如果我们还能取到目标对象，就可以使用反射调用目标方法了。根据上述接口的特点，我们可以实现类 ProxyBean，如代码清单 4-8 所示。

代码清单 4-8　实现类 ProxyBean

```java
package com.learn.chapter4.proxy;

/**** imports ****/
public class ProxyBean implements MethodInterceptor {

    // 拦截器
    private Interceptor interceptor = null;
    // 目标对象
    private Object target = null;

    /**
     * 生成代理对象
     * @param target 目标对象
     * @param interceptor 拦截器
     * @return 代理对象
     */
    public static Object getProxy(Object target, Interceptor interceptor) {
```

```java
            var proxyBean = new ProxyBean();
            // 创建增强者
            var enhancer = new Enhancer();
            // 设置代理的类
            enhancer.setSuperclass(target.getClass());
            // 设置代理对象可以下挂到哪些接口下
            enhancer.setInterfaces(target.getClass().getInterfaces());
            // 保存目标对象
            proxyBean.target = target;
            // 保存拦截器
            proxyBean.interceptor = interceptor;
            // 设置代理对象为 proxyBean，运行时会回调代理对象的 intercept()方法
            enhancer.setCallback(proxyBean); // ①
            // 创建动态代理对象
            var proxy = enhancer.create();
            return proxy;
        }

        /**
         * 代理对象逻辑
         * @param proxy 代理对象
         * @param method 拦截器的方法
         * @param args 方法参数
         * @param mproxy 方法代理
         * @return 返回目标方法和对象
         */
        @Override
        public Object intercept(Object proxy, Method method, Object[] args, MethodProxy mproxy)
                throws Throwable {
            // 回调对象
            Invocation invocation =
                    new Invocation(this.target, method, args, this.interceptor);
            Object result = null;
            if (this.interceptor.useAround()) { // 是否启用环绕通知
                result = this.interceptor.around(invocation);
            } else {
                result = invocation.proceed();
            }
            // 返回结果
            return result;
        }

}
```

这个 ProxyBean 实现了接口 MethodInterceptor 的 intercept()方法。其中，getProxy()方法会通过增强者来绑定被代理类和可下挂的接口，并且在代码①处设置回调 proxyBean 对象的 intercept()方法。因此在代码清单 4-6 中我们只需要通过以下两句代码：

```java
// 目标对象
var helloService = new HelloServiceImpl();
// 获取代理对象，绑定流程
var proxy = (HelloService) ProxyBean.getProxy(helloService, new MyInterceptor());
```

就可以获取动态代理对象了，当我们使用动态代理对象调用方法时，就会进入 ProxyBean 的 intercept()方法中，该方法就是按照图 4-1 所示的约定流程来实现的，这就是我们可以通过一定的规则完成约定

编程的原因。动态代理的概念比较抽象，不易掌握，这里我建议读者对 intercept()方法进行调试，一步步印证它运行的过程。编程是一门实践学科，通过动手实践会有更加深入的理解，图 4-3 就是我调试 intercept()方法的记录。

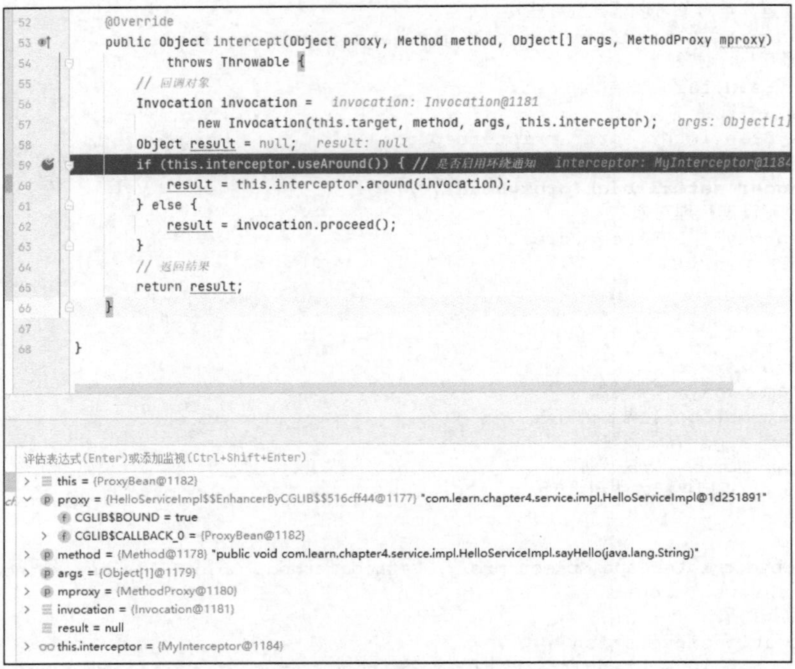

图 4-3　调试 intercept()方法

到现在为止，本书还没有讲述 AOP 的概念，而只是通过约定告诉读者，只要提供一定的约定规则，就可以按照规则把自己开发的代码织入事先约定的流程中。而在实际的开发工作中，开发者只需要知道框架给出的约定便可，而无须知道它是如何实现的。在现实中很多框架也是这么做的，换句话说，Spring 也是这么做的，它通过与我们的约定，使用动态代理技术把目标方法织入约定的流程中，这就是 Spring AOP 的本质。因此，掌握 Spring AOP 的根本在于掌握其约定规则，接下来我们开始学习 Spring AOP。

4.2　AOP 的知识

通过 4.1 节中约定编程的例子可以看到，只要提供一定的约定规则，就可以将自己开发的代码织入事先约定的流程中。实际上 Spring AOP 也是一种约定流程的编程。在 Spring 中可以使用多种方式配置 AOP，因为 Spring Boot 采用注解方式，所以为了保持一致，这里就只介绍使用注解@AspectJ 的方式。在开启对 AOP 的讲解前，我们先来讨论为什么要使用 AOP。

4.2.1　为什么要使用 AOP

AOP 最为典型的应用就是对数据库事务的管控。例如，当我们需要保存一个用户时，可能要连同它的角色信息一并保存到数据库中，流程如图 4-4 所示。

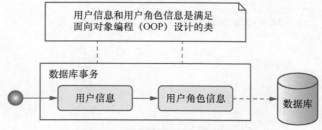

图 4-4　数据库事务的管控流程

用户信息和用户角色信息都可以使用面向对象编程（object-oriented programming，OOP）进行设计，但是它们在数据库事务提交时的要求是要么一起成功，要么一起失败，这样面向对象编程就无能为力了。数据库事务毫无疑问是企业级应用关注的核心问题之一，使用 AOP 不仅可以处理这些问题，还可以减少大量重复的工作。

在 Spring 流行之前，开发者往往使用 JDBC 代码实现很多的数据库操作，例如，我们可以用 JDBC 代码插入一个用户信息，如代码清单 4-9 所示。

代码清单 4-9　用 JDBC 代码插入用户信息
```
package com.learn.chapter4.jdbc;
/**** imports ****/
public class UserService {

    public int insertUser() {
        var userDao = new UserDao();
        var user = new User();
        user.setUsername("user_name_1");
        user.setNote("note_1");
        Connection conn = null;
        int result = 0;
        try {
            // 获取数据库事务连接
            Class.forName("com.mysql.cj.jdbc.Driver");
            conn = DriverManager.getConnection(
                "jdbc:mysql://localhost:3306/chapter4", "root", "123456");
            // 非自动提交事务
            conn.setAutoCommit(false);
            result = userDao.insertUser(conn, user);
            // 提交事务
            conn.commit();
        } catch (Exception e) {
            try {
                // 回滚事务
                conn.rollback();
            } catch (SQLException ex) {
                ex.printStackTrace();
            }
            e.printStackTrace();
        } finally {
            // 释放数据库事务连接资源
            if (conn != null) {
                try {
                    conn.close();
```

```
            } catch (SQLException e) {
                e.printStackTrace();
            }
        }
    }
    return result;
  }
}

package com.learn.chapter4.jdbc;
/**** imports ****/
public class UserDao {

    public int insertUser(Connection conn, User user) throws SQLException {
        PreparedStatement ps = null;
        try {
            ps = conn.prepareStatement("insert into t_user(user_name, note) values( ?, ?)");
            ps.setString(1, user.getUsername());
            ps.setString(2, user.getNote());
            return ps.executeUpdate();
        } finally {
            ps.close();
        }
    }
}
```

可以看到，在获取数据库事务连接、操控事务和释放数据库事务连接的过程中，都需要使用大量的try ... catch ... finally...语句进行操作，这显然存在大量重复的工作。是否可以替换这些没有必要重复的工作呢？答案是肯定的，因为这里存在着一个默认的运行 SQL 语句的流程，我们先描述一下这个流程。

（1）获取数据库事务连接，对其属性进行设置。
（2）运行 SQL 语句。
（3）如果没有发生异常，则提交事务；如果发生异常，则回滚事务。
（4）释放数据库事务连接。

这个流程可以用图 4-5 所示的流程图来描述。

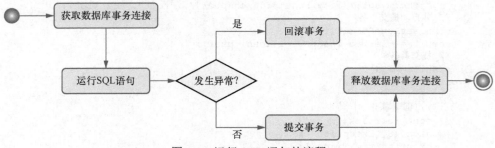

图 4-5 运行 SQL 语句的流程

虽然图 4-5 与图 4-1 有些不同，但两者还是接近的。如果我们将流程图设计成图 4-6 所示的样子，也许你就会更感兴趣了。

从图 4-6 可以看到，数据库事务连接的获取和释放，以及事务的提交和回滚等流程中的步骤都由框架提供默认的实现。换句话说，开发者不需要完成它们，而只需要完成运行 SQL 语句这一步，然后将其织入约定的流程。根据图4-6所示流程的设计，在现实的工作和学习中，你可以看到类似于下面这样操作数据库事务的Spring代码：

```
@Autowired
private UserDao = null;
......

@Transactional
public int insertUser(User user) {
    return userDao.insertUser(user);
}
```

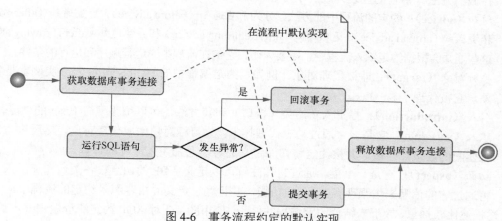

图4-6　事务流程约定的默认实现

对比JDBC的代码，可以看到上述Spring代码就很清爽，也大大地减少了代码量。代码中仅仅使用一个注解@Transactional表明该方法需要用事务运行，没有任何数据库事务连接获取和释放的代码，也没有事务提交和回滚的代码，却实现了数据库事务连接的获取和释放、事务的提交和回滚。那么Spring是怎么做到的呢？大致的流程是：Spring帮开发者把insertUser()方法织入与图4-6类似的流程中，而数据库事务连接的获取和释放以及事务管理都由流程默认实现，也就是约定的流程可以将大量重复的内容抽取出来，然后给予默认的实现。在Spring中，数据库事务连接的获取和释放、事务的提交和回滚，都有默认的实现，然后被织入AOP流程中，在进行数据库操作时，你再也不会看到那些让人厌恶的try...catch...finally...语句。

从上面的代码中，我们首先可以看到使用AOP可以处理一些无法使用面向对象编程实现的业务逻辑。其次，通过约定可以将一些业务逻辑织入流程中，并且可以将一些通用的逻辑抽取出来给予默认实现，开发者只需要完成部分功能。这样做可以使开发代码更加简短，同时可读性和可维护性也得到提高。在第6章和第7章中，我们还会再次看到AOP为我们带来的便捷。

4.2.2　AOP的术语和流程

本章已经介绍了约定编程的例子以及为什么要使用AOP，是时候介绍AOP的术语和流程了，相信读者学习了约定编程的概念之后，也会更加容易理解AOP的概念。只是需要注意的是，Spring提供的AOP是针对方法进行拦截和增强的，它只能应用在方法上。

下面我们先来讲解 AOP 术语。

- **连接点（join point）**：并非所有地方都需要启用 AOP，而连接点就是告诉 AOP 在哪里需要通过包装将方法织入流程。因为 Spring 只能支持方法，所以被拦截的往往就是指定的方法，例如，4.1.1 节提到的 HelloServiceImpl 的 sayHello() 方法需要被织入流程中，AOP 将通过动态代理技术把 sayHello() 方法包装成连接点并织入流程中。
- **切点（point cut）**：有时候需要启用 AOP 的地方不是单个方法，而是多个类的不同方法。这时，可以通过正则式和指示器的规则来定义切点，让 AOP 根据切点的定义匹配多个需要 AOP 拦截的方法，将它们包装为成一个个连接点。
- **通知（advice）**：约定的流程中的方法，分为前置通知（before advice）、后置通知（after advice）、环绕通知（around advice）、返回通知（afterReturning advice）和异常通知（afterThrowing advice），这些通知会根据约定织入流程中，需要弄明白它们在流程中的运行顺序和运行的条件。
- **目标对象（target）**：即被代理对象。例如，约定编程中的 HelloServiceImpl 实例就是目标对象，它被代理了。
- **引入（introduction）**：指引入新的类（接口）和其方法，可以增强现有 Bean 的功能。
- **织入（weaving）**：它是一个通过动态代理技术，为目标对象生成代理对象，然后将与切点定义匹配的连接点拦截，并按约定将切面定义的各类通知织入流程的过程。
- **切面（aspect）**：它是一个类，通过它和注解可以定义 AOP 的切点、各类通知和引入，AOP 将通过它的信息来增强现有 Bean 的功能，并且将它定义的内容织入约定的流程中。

上述描述比较抽象，接下来结合约定编程的例子，使用图 4-7 对 AOP 约定流程做进一步的说明。

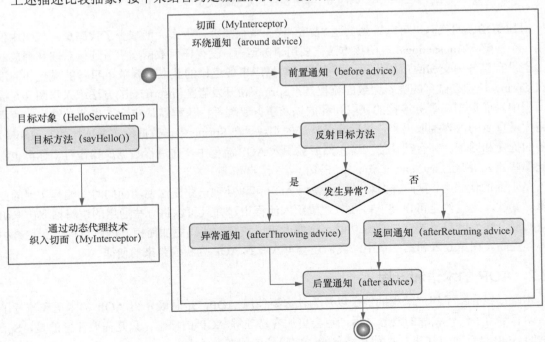

图 4-7　AOP 约定流程

显然，AOP 约定流程与 4.1 节所讲的约定编程比较相似，从图 4-7 可以知道通知、目标对象、织入和切面的概念，4.3 节还将讨论切点和引入的概念。为了能够使用 AspectJ 提供的注解，我们先在 Maven 中引入对应的包，如下。

```xml
<dependency>
    <groupId>org.springframework.boot</groupId>
    <artifactId>spring-boot-starter-aop</artifactId>
</dependency>
```

4.3 AOP 开发详解

本节采用注解@AspectJ 方式讨论 AOP 的开发。因为在 Spring 中，AOP 只能对方法进行拦截，所以要先确定需要拦截什么方法，让它能织入约定的流程中。

4.3.1 确定拦截目标

由于并非所有地方都需要启用 AOP，因此我们要先确定在什么地方需要 AOP，也就是需要确定拦截目标。因为 Spring 是基于拦截器的方法的 AOP，所以落实到 Spring 中，就是需要拦截什么类的什么方法。假设有一个用户服务接口 UserService，它有一个 printUser()方法，如代码清单 4-10 所示。

代码清单 4-10　用户服务接口

```java
package com.learn.chapter4.aspect.service;
import com.learn.chapter4.pojo.User;
public interface UserService {
    public void printUser(User user);
}
```

我们可以给出该接口的一个实现类，如代码清单 4-11 所示。

代码清单 4-11　用户服务接口的实现类

```java
package com.learn.chapter4.aspect.service.impl;
/**** imports ****/
@Service
public class UserServiceImpl implements UserService {
    @Override
    public void printUser(User user) {
        if (user == null) {
            throw new RuntimeException("检查用户参数是否为空......");
        }
        System.out.print("id =" + user.getId());
        System.out.print("\tusername =" + user.getUserName());
        System.out.println("\tnote =" + user.getNote());
    }
}
```

这样一个普通的用户服务接口和对应的实现类就实现了。下面我们将拦截 printUser()方法，让 AOP 将其包装为一个连接点，然后织入切面定义的通知等内容。

4.3.2 开发切面

有了连接点，我们还需要一个切面，通过它可以描述和编写需要织入流程的内容（主要是各类

AOP 的通知）。下面我们来创建一个切面类，如代码清单 4-12 所示。

代码清单 4-12　定义切面

```java
package com.learn.chapter4.aspect;
/**** imports ****/
// 声明为切面
@Aspect
// 将切面扫描到 IoC 容器中，这样切面类才能生效
@Component
public class MyAspect {
    // 通过正则式指定拦截器的方法
    private static final String aopExp = "execution(* "
        + "com.learn.chapter4.aspect.service.impl.UserServiceImpl.printUser(..))";

    @Before(aopExp) // 前置通知
    public void before() {
        System.out.println("before ......");
    }

    @After(aopExp) // 后置通知
    public void after() {
        System.out.println("after ......");
    }

    @AfterReturning(aopExp) // 返回通知
    public void afterReturning() {
        System.out.println("afterReturning ......");
    }

    @AfterThrowing(aopExp) // 异常通知
    public void afterThrowing() {
        System.out.println("afterThrowing ......");
    }
}
```

这里需要注意加粗的代码，主要是注解。首先 Spring 是以@Aspect 作为切面声明的，当以@Aspect 作为注解时，Spring 就会知道这是一个切面，然后我们就可以通过各类注解来描述各类通知了。只是用@Aspect 声明切面类还不够，我们必须将切面扫描到 IoC 容器中，这样切面类才能生效，所以类上面还标注了@Component。代码中的@Before、@After、@AfterReturning 和@AfterThrowing 等几个注解，通过 4.2 节对 AOP 术语和流程的介绍，相信大家也知道它们的作用就是定义流程中的方法（通知），并按照 AOP 给我们的约定将方法织入流程中。目前我们还没有讨论环绕通知的内容，这是因为环绕通知是最强大的通知，还要涉及别的知识，4.3.5 节会单独讨论它。下面我们先来讨论切点的问题。

4.3.3　定义切点

在代码清单 4-12 中，我们看到了@Before、@After、@AfterReturning 和@AfterThrowing 等注解，它们还会定义一个正则式，这个正则式的作用就是定义在什么地方启用 AOP，毕竟不是所有方法都需要启用 AOP 的。也就是说，Spring 会通过这个正则式来匹配对应的方法（连接点），从而决定是否启用 AOP。但是我们在代码清单 4-12 中可以看到，每个注解都定义同一个正则式，这显然比较冗余。为了克服这个问题，

Spring 定义了切点（PointCut），切点的作用就是向 Spring 描述哪些类的哪些方法需要启用 AOP。有了切点的概念，就可以把代码清单 4-12 修改为代码清单 4-13 的样子，从而把冗余的正则式定义排除在外。

代码清单 4-13 定义切点

```java
package com.learn.chapter4.aspect;

/**** imports ****/
// 声明为切面
@Aspect
// 将切面扫描到 IoC 容器中，这样切面类才能生效
@Component
public class MyAspect {
    // 通过正则式指定连接点（即哪些类的哪些方法）
    private static final String aopExp = "execution(* "
        + "com.learn.chapter4.aspect.service.impl.UserServiceImpl.printUser(..))";

    // 使用@Pointcut 定义切点，后续的通知注解就可以使用这个方法名来描述需要拦截的方法了
    @Pointcut(aopExp)
    public void pointCut() {
    }

    @Before("pointCut()")  // 使用切点
    public void before() {
        System.out.println("before ......");
    }

    @After("pointCut()")  // 使用切点
    public void after() {
        System.out.println("after ......");
    }

    @AfterReturning("pointCut()")  // 使用切点
    public void afterReturning() {
        System.out.println("afterReturning ......");
    }

    @AfterThrowing("pointCut()")  // 使用切点
    public void afterThrowing() {
        System.out.println("afterThrowing ......");
    }
}
```

上述代码使用注解@Pointcut 定义切点，它标注在 pointCut()方法上，后续的通知注解就可以使用这个方法名称来描述需要拦截的方法了。注意通知注解给出的表达式，其含义就是对这个切点的引用。

此时有必要对这个正则式做进一步的分析，我们来看下面的正则式：

```
execution(* com.learn.chapter4.aspect.service.impl.UserServiceImpl.printUser(..))
```

其中：

- execution 表示在执行时，拦截与正则式匹配的方法；
- * 表示任意返回类型的方法；
- com.learn.chapter4.aspect.service.impl.UserServiceImpl 指定目标对象的全限定名称；

- printUser 指定目标对象需要拦截的方法；
- (..)表示任意参数进行匹配。

通过这个正则式，Spring 就可以知道你需要对类 UserServiceImpl 的 printUser()方法进行拦截并增强，Spring 就会将与正则式匹配的方法和对应切面的方法织入图 4-7 所示的约定流程当中，从而完成 AOP。

对于这个正则式，我们还可以使用@AspectJ 的指示器来限定匹配的连接点。下面我们稍微讨论一下这些指示器，如表 4-1 所示。

表 4-1 @AspectJ 关于 AOP 切点的指示器

项 目 类 型	描 述
arg()	限定连接点（方法）的参数
@args()	通过连接点（方法）的参数上的注解进行限定
execution()	用于匹配是连接点的执行方法
this()	用于匹配当前 AOP 代理对象类型的运行方法
target	目标对象（即被代理对象）
@target()	用于匹配当前目标对象类型的运行方法，其中目标对象需要标注指定的注解
within	限制连接点匹配指定的类型
@within()	限定连接点带有匹配注解类型
@annotation()	限定带有指定注解的连接点

例如，上述服务类对象在 IoC 容器中的名称为 userServiceImpl，而我们只想将这个类的 printUser()方法织入 AOP 的流程中，那么我们可以做如下限定：

```
execution(* com.learn.chapter4.*.*.*.*. printUser(..) && bean('userServiceImpl')
```

正则式中的"&&"表示"并且"的意思，而 bean()中定义的字符串表示对 Bean 名称的限定，这样就限定具体的实例了。有关参数的限定，4.3.7 节还会谈到，这里不再赘述。

4.3.4 测试 AOP

前文确定了拦截器的方法，并定义了切面和切点等，接下来可以对 AOP 进行测试，为此创建一个配置类 AopConfig，如代码清单 4-14 所示。

代码清单 4-14 配置类——AopConfig

```
package com.learn.chapter4.config;
/**** imports ****/
@Configuration // 指定为配置类
@ComponentScan("com.learn.chapter4.*") // 指定扫描包
@EnableAspectJAutoProxy // 表示启用注解@AspectJ 方式的 AOP
public class AopConfig {

}
```

注意，注解@EnableAspectJAutoProxy 表示启用注解@AspectJ 方式的编程，这样 AOP 就会将对应的拦截器的方法织入对应的流程中。

然后给类 AopTest 添加一个方法 testAop()用于异常测试，如代码清单 4-15 所示。

代码清单 4-15　Spring Boot 配置启动文件

```java
public static void testAop() {
    // 创建 IoC 容器
    var ctx = new AnnotationConfigApplicationContext(AopConfig.class);
    try {
        // 获取 Bean
        var userService = ctx.getBean(UserService.class);
        User user = new User();
        user.setId(1L);
        user.setUserName("用户名1");
        user.setNote("备注1");
        userService.printUser(user);
        System.out.println("####################   测试异常   ####################");
        userService.printUser(null);
    } finally {
        ctx.close();
    }
}
```

调试运行这段代码，可以看到程序进入了断点中，如图 4-8 所示。

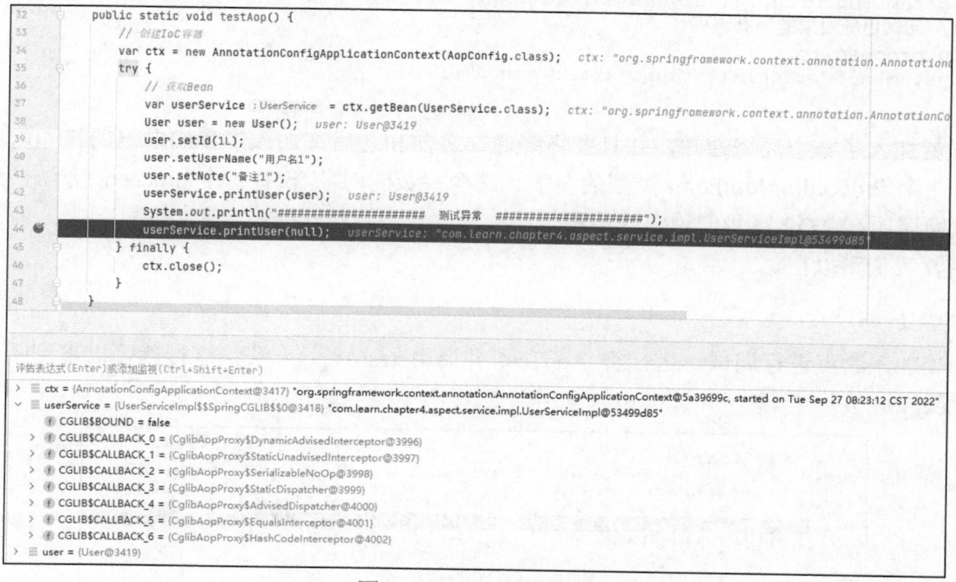

图 4-8　AOP 调试监控

从图 4-8 所示的调试监控中可以看到 userService 对象，它实际上是一个 CGLIB 动态代理对象，代理了目标对象 UserServiceImpl 实例。通过动态代理技术，Spring 会将我们定义的内容织入 AOP 的流程中，这样 AOP 就能成功运行了。与此同时，可以看到后台打印的日志：

```
before ......
id =1     username =用户名1   note =备注1
afterReturning ......
after ......
####################   测试异常   ####################
before ......
```

```
afterThrowing ......
after ......
```

显然这就是 Spring 与我们约定的流程，从打印的日志来看，测试成功了，也就是说 Spring 已经通过动态代理技术帮助我们把定义的切面和连接点织入约定的流程中了。通过异常测试，我们还可以看到，无论是否发生异常，后置通知（after advice）都会被流程运行。

4.3.5 环绕通知

环绕通知（around advice）是所有通知中最为强大的通知，但强大也意味着难以控制。一般而言，只有在需要大幅度修改原有目标对象的服务逻辑时才使用它，一般情况下尽量不要使用它。环绕通知是一个取代整个流程的通知，当然它也提供了回调原有流程的能力。

首先，在代码清单 4-13 中加入环绕通知，如代码清单 4-16 所示。

代码清单 4-16　加入环绕通知

```
@Around("pointCut()")
public void around(ProceedingJoinPoint jp) throws Throwable {
    System.out.println("around before......");
    // 回调目标对象的原有流程
    jp.proceed();
    System.out.println("around after......");
}
```

这样就加入了一个环绕通知，并且在环绕通知之前和之后都加入了我们自己的打印内容。环绕通知拥有一个 ProceedingJoinPoint 类型的参数。这个参数的对象 jp 有一个 proceed()方法，通过这个方法可以回调原有 AOP 跟我们约定的流程。

然后，我们可以在

```
jp.proceed();
```

这行代码处加入断点进行调试，运行类 AopTest 并调用 testAop()方法，这样就可以来到断点了，如图 4-9 所示。

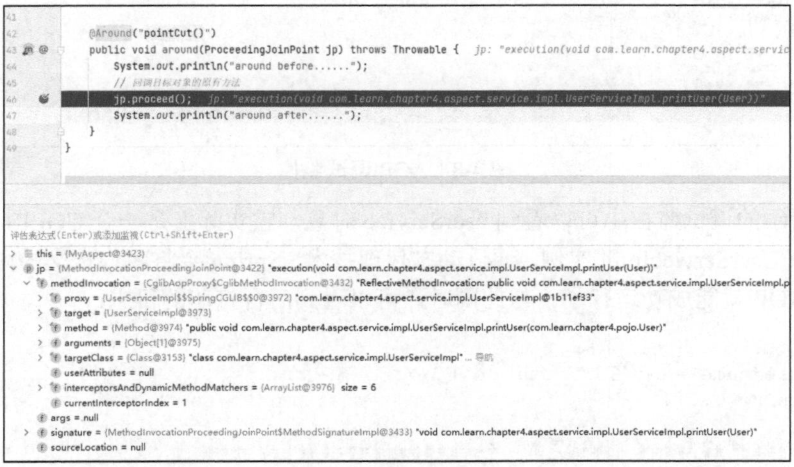

图 4-9　监控环绕通知

从调试的信息中可以看到环绕通知的参数 jp，它是一个被 Spring 封装过的对象，但是我们可以明显地看到它带有目标对象和方法参数的信息，并且 Spring 允许通过 jp 的 proceed()方法回调原有流程。测试的日志如下：

```
around before......
before ......
id =1      username =用户名 1   note =备注 1
afterReturning ......
after ......
around after......
####################   测试异常   ####################
around before......
before ......
afterThrowing ......
after ......
```

注意，环绕通知是覆盖全流程的，非常强大，但是操作不慎也会很危险，因此请慎重使用。

4.3.6 引入

在测试 AOP 的时候，我们打印了用户信息，如果用户信息为空，则抛出异常。事实上，我们还可以检测用户信息是否为空，如果为空则不再打印，这样就没有异常发生了。现有的 UserService 接口并没有提供这样的功能，这里假定 UserService 这个接口并不是自己编写的，而是别人提供的，我们不能修改它，在 Spring 中，允许增强某个接口的功能，我们可以通过给某个接口引入新的接口来达到这个目的。例如，引入一个用户检测接口 UserValidator，其定义如代码清单 4-17 所示。

代码清单 4-17　用户检测接口 UserValidator

```java
package com.learn.chapter4.aspect.validator;
import com.learn.chapter4.pojo.User;
public interface UserValidator {
    // 检测用户对象是否为空
    public boolean validate(User user);
}
```

这个接口的实现类也十分简单，如代码清单 4-18 所示。

代码清单 4-18　UserValidator 的实现类

```java
package com.learn.chapter4.aspect.validator.impl;
/**** imports ****/
public class UserValidatorImpl implements UserValidator {
    @Override
    public boolean validate(User user) {
        System.out.println("引入新的接口: " + UserValidator.class.getSimpleName());
        return user != null;
    }
}
```

下面，我们通过 AOP 的引入功能来增强 UserService 接口的功能，这个时候在代码清单 4-13 中加入代码清单 4-19。

代码清单 4-19　引入新的接口

```java
package com.learn.chapter4.aspect;
```

```java
/**** imports ****/
// 声明为切面
@Aspect
// 将切面扫描到 IoC 容器中，这样切面类才能生效
@Component
public class MyAspect {

    @DeclareParents( // 定义引入增强
            // 需要引入增强的 Bean
            value = "com.learn.chapter4.aspect.service.impl.UserServiceImpl",
            // 使用指定的类进行增强
            defaultImpl = UserValidatorImpl.class)
    // 增强接口
    public UserValidator userValidator;

    ......
}
```

注解@DeclareParents 的作用是通过引入新的类来增强 Bean，它有两个必须配置的属性——value 和 defaultImpl。

- **value**：指向增强功能的目标对象，这里要增强 UserServiceImpl 对象，因此可以看到配置全限定名为 com.learn.chapter4.aspect.service.impl.UserServiceImpl。
- **defaultImpl**：引入增强功能的类，这里配置为 UserValidatorImpl，用来提供校验用户是否为空的功能，也就是通过 UserValidatorImpl 实例来增强 UserServiceImpl 对象的功能。

为了验证注解@DeclareParents 的作用，在代码 AopTest 加入一个新的方法 testIntroduction()，如代码清单 4-20 所示。

代码清单 4-20　测试引入的类
```java
public static void testIntroduction() {
    // 创建 IoC 容器
    var ctx = new AnnotationConfigApplicationContext(AopConfig.class);
    try {
        // 获取 Bean
        var userService = ctx.getBean(UserService.class);
        User user = new User();
        user.setId(1L);
        user.setUserName("用户名 1");
        user.setNote("备注 1");
        // 强制转换为 UserValidator 接口对象
        var userValidator = (UserValidator) userService;
        // 检查 user 是否为空
        if (userValidator.validate(user)) {
            // user 不为空则打印用户信息
            userService.printUser(user);
        }
    } finally {
        ctx.close(); // 关闭 IoC 容器
    }
}
```

上述代码先把原来的 userService 对象强制转换为 UserValidator 接口对象，然后就可以使用验证

方法来验证用户对象是否为空了。运行代码后,可以得到下面的日志:

```
引入新的接口:UserValidator
around before......
before ......
id =1     username =用户名1 note =备注1
afterReturning ......
after ......
around after......
```

可见引入新的接口成功地增强了原有接口的功能。那么它是根据什么原理来增强原有接口功能的呢?回到代码清单 4-8,可以看到生成代理对象的代码为

```
// 设置代理对象可以下挂到哪些接口下
enhancer.setInterfaces(target.getClass().getInterfaces());
```

这里的 setInterfaces()方法可以设置将代理对象下挂到哪些接口下。也就是说当生成代理对象时,Spring 会把 UserService 和 UserValidator 这两个接口类型传递进去,让代理对象下挂到这两个接口下,这样这个代理对象就能够在两个接口之间强制转换并使用它们的方法了。

4.3.7 通知获取参数

在本章此前介绍的通知中,大部分情况下我们没有给通知传递参数。有时候我们希望能够给通知传递参数,这也是允许的,我们只需要在切点处修改对应的正则式和指示器就可以了。当然,对于非环绕通知还可以使用一个连接点(JoinPoint)类型的参数,通过这个参数我们也可以获取连接点(被 AOP 拦截的方法)的参数。在代码清单 4-13 中加入代码清单 4-21 所示的代码片段。

代码清单 4-21　在前置通知中获取参数

```
// 指示器 args(user) 表示传递的参数
@Before("pointCut() && args(user)")
public void beforeParam(JoinPoint jp, User user) {
    System.out.println("传参前置通知, before ......");
}
```

在正则式 pointCut() && args(user)中,pointCut()表示启用原来定义切点的规则,args(user)表示指示器指示将连接点(目标对象方法)的名称为 user 的参数传递进来。注意:对于非环绕通知,AOP 会自动地把 JoinPoint 类型的参数传递到通知中;对于环绕通知,则不能使用 JoinPoint 类型的参数,只能使用 ProceedingJoinPoint 类型的参数。下面,我们在 PrintIn()方法处加入断点并进行调试,如图 4-10 所示。

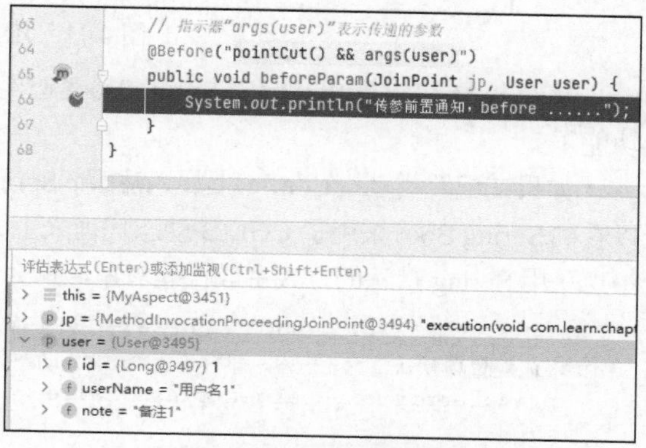

从图 4-10 的调试监控中可以看到,参数 user 被成功传递了。其他通知也是大同小异的,这里不再赘述。

图 4-10　监控通知参数

4.3.8 织入

织入是一个生成动态代理对象并且将切面和目标对象方法编入约定流程的过程，对于流程上的通知，前文已经有了比较完善的说明。本书中采用先声明接口再提供一个实现类的形式来提供服务类，这也是 Spring 推荐的方式，但是是否拥有接口并不是 AOP 的强制要求。在 Java 中，当前有多种方式实现动态代理，我们之前谈到的 CGLIB 只是其中的一种，业界比较流行的还有 JDK 和 Javassist 等。Spring 采用了 JDK 和 CGLIB，对于 JDK 动态代理的要求是被代理的目标对象必须拥有接口，而对于 CGLIB 动态代理则不做要求。因此，在默认的情况下，Spring 会按照这样的一条规则处理：当需要使用 AOP 的类拥有接口时，它会以 JDK 动态代理的方式运行，否则以 CGLIB 动态代理的方式运行。

这里需要做一些重要的说明：Spring Boot 和 Spring 不同，Spring Boot 默认使用的是 CGLIB 动态代理。前文之所以一直使用 CGLIB 动态代理，是因为 IDE 生成的 Chapter4Application 文件上标注了@SpringBootApplication。删掉这个注解，再调试 AopTest 的 testAop()方法，加入断点进行测试，可以看到图 4-11 所示的内容。

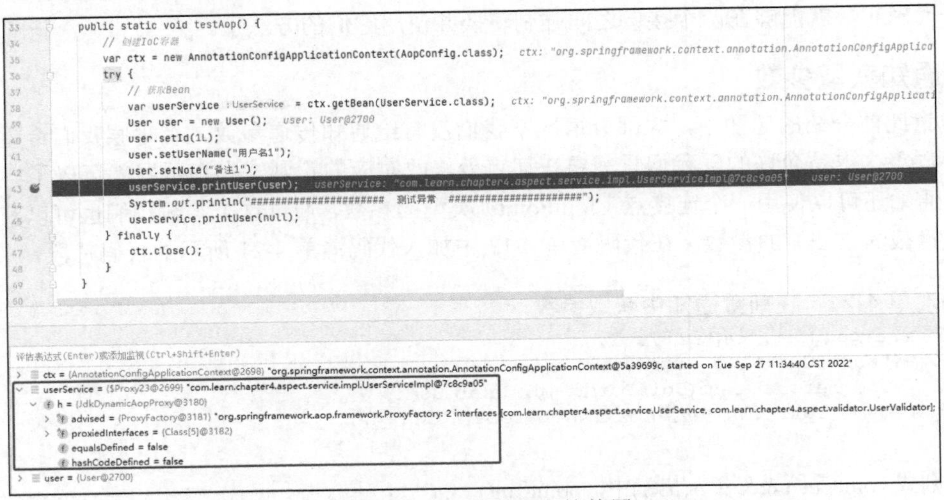

图 4-11 JDK 动态代理的使用

从图 4-11 可以看出，此时 Spring Boot 已经使用 JDK 动态代理生成代理对象，从而实现 AOP 的功能了。

如果在配置类 AopConfig 上加入注解@SpringBootApplication，重新进行图 4-11 所示的测试，就可以看到 Spring Boot 采用了 CGLIB 动态代理来生成对象。如果希望标注了@SpringBootApplication 的项目中也采用 Spring 默认的方式生成代理对象，那么可以在 application.properties 文件中添加如下配置：

```
# 让 Spring Boot 应用默认使用 AOP 时，对象拥有接口则采用 JDK 动态代理，否则采用 CGLIB 动态代理
# 该配置项默认值为 true，即只采用 CGLIB 动态代理
spring.aop.proxy-target-class=false
```

4.4 多个切面

前文讨论了一个切面的运行，而事实上 AOP 还可以支持多个切面的运行。在组织多个切面时，

4.4 多个切面

我们需要知道其运行的顺序。先创建 3 个切面类,如代码清单 4-22 所示。

代码清单 4-22 创建 3 个切面类

```java
/**
 * MyAspect1
 */
package com.learn.chapter4.aspect;

/**** imports ****/
// 声明为切面
@Aspect
// 让 IoC 容器扫描、装配
@Component
public class MyAspect1 {

    private static final String exp = "execution(* "
        + "com.learn.chapter4.aspect.service.impl.UserServiceImpl.multiAspects(..))";

    @Pointcut(exp)
    public void multiAspects() {
    }

    @Before("multiAspects()")
    public void before() {
        System.out.println("MyAspect1 before ......");
    }

    @After("multiAspects()")
    public void after() {
        System.out.println("MyAspect1 after ......");
    }

    @AfterReturning("multiAspects()")
    public void afterReturning() {
        System.out.println("MyAspect1 afterReturning ......");
    }

}

/**
 * MyAspect2
 */
package com.learn.chapter4.aspect;

/**** imports ****/
// 声明为切面
@Aspect
// 让 IoC 容器扫描、装配
@Component
public class MyAspect2 {
    private static final String exp = "execution(* "
        + "com.learn.chapter4.aspect.service.impl.UserServiceImpl.multiAspects(..))";

    @Pointcut(exp)
    public void multiAspects() {
    }
```

```java
    @Before("multiAspects()")
    public void before() {
        System.out.println("MyAspect2 before ......");
    }

    @After("multiAspects()")
    public void after() {
        System.out.println("MyAspect2 after ......");
    }

    @AfterReturning("multiAspects()")
    public void afterReturning() {
        System.out.println("MyAspect2 afterReturning ......");
    }
}

/**
 * MyAspect3
 */
package com.learn.chapter4.aspect;

/**** imports ****/
// 声明为切面
@Aspect
// 让 IoC 容器扫描、装配
@Component
public class MyAspect3 {
    private static final String exp = "execution(* "
        + "com.learn.chapter4.aspect.service.impl.UserServiceImpl.multiAspects(..))";

    @Pointcut(exp)
    public void multiAspects() {
    }

    @Before("multiAspects()")
    public void before() {
        System.out.println("MyAspect3 before ......");
    }

    @After("multiAspects()")
    public void after() {
        System.out.println("MyAspect3 after ......");
    }

    @AfterReturning("multiAspects()")
    public void afterReturning() {
        System.out.println("MyAspect3 afterReturning ......");
    }
}
```

这样就创建了 3 个切面，它们同时拦截 UserServiceImpl 的 multiAspects()方法。我们现在就来实现这个新的方法，如代码清单 4-23 所示。

代码清单 4-23　定义连接点

```java
package com.learn.chapter4.aspect.service.impl;
/**** imports ****/
```

```
@Service
public class UserServiceImpl implements UserService {
    ......

    @Override
    public void multiAspects() {
        System.out.println("测试多个切面顺序");
    }
}
```

同期需要在 UserService 接口定义 multiAspects()方法,这个过程比较简单,就不再赘述了。接着我们在类 AopTest 中加入新的 testMultiAspects()方法,对多个切面进行测试,如代码清单 4-24 所示。

代码清单 4-24 测试多个切面
```
public static void testMultiAspects() {
    // 创建 IoC 容器
    var ctx = new AnnotationConfigApplicationContext(AopConfig.class);
    try {
        // 获取 Bean
        var userService = ctx.getBean(UserService.class);
        // 测试多个切面
        userService.multiAspects();
    } finally {
        ctx.close();
    }
}
```

这样就调用了 UserServiceImpl 的 multiAspects()方法,运行日志如下:

```
MyAspect1 before ......
MyAspect2 before ......
MyAspect3 before ......
测试多个切面顺序
MyAspect3 afterReturning ......
MyAspect3 after ......
MyAspect2 afterReturning ......
MyAspect2 after ......
MyAspect1 afterReturning ......
MyAspect1 after ......
```

从运行日志可以看到,多个切面已经拦截了 multiAspects()方法。不过有时候我们想定义切面的顺序,例如希望最外层切面是 MyAspect3,中间层切面是 MyAspect2,最内层切面是 MyAspect1,而不是运行日志里的顺序。为此,可以使用 Spring 提供的注解@Order 或者接口 Ordered 来指定切面的顺序。

我们先使用注解@Order 指定切面的顺序。例如,指定 MyAspect1 的顺序为 3,如代码清单 4-25 所示。

代码清单 4-25 使用注解@Order 指定切面的顺序
```
package com.learn.chapter4.aspect;
  /**** imports ****/
    // 声明为切面
    @Aspect
// 让 IoC 容器扫描、装配
```

```
@Component
@Order(3) // 指定切面顺序
public class MyAspect1 {
    ......
}
```

同样，我们也可以指定 MyAspect2 的顺序为 2、MyAspect3 的顺序为 1，再次测试就可以得到下面的运行日志：

```
MyAspect3 before ......
MyAspect2 before ......
MyAspect1 before ......
测试多个切面顺序
MyAspect1 afterReturning ......
MyAspect1 after ......
MyAspect2 afterReturning ......
MyAspect2 after ......
MyAspect3 afterReturning ......
MyAspect3 after ......
```

可以看到，指定切面顺序后，前置通知都是按编号从小到大的顺序运行的，而后置通知和返回通知都是按编号从大到小的顺序运行的，这就是一个典型的责任链模式的顺序。

接下来我们使用接口 Ordered 指定切面的顺序。例如，可以对代码清单 4-25 进行代码清单 4-26 所示的修改。

代码清单 4-26　使用接口 Ordered 指定切面的顺序

```
package com.learn.chapter4.aspect;
  /**** imports ****/
    // 声明为切面
    @Aspect
// 让 IoC 容器扫描、装配
@Component
public class MyAspect1 implements Ordered {
    // 指定顺序
    @Override
    public int getOrder() {
        return 3;
    }
    ......
}
```

同样，MyAspect2 和 MyAspect3 的顺序也通过接口 Ordered 分别指定为 2 和 1。

使用接口 Ordered 不如使用注解@Order 方便，因此在实际的应用中，我还是推荐使用注解@Order。

第 5 章

访问数据库

数据库的开发一直以来都是 Java 开发的核心。在 Java 的发展历史中，数据库持久层的主流技术随着时代的变化也发生了变化。

在 Java 中访问数据库遵循 Sun 公司提出的 JDBC 规范，但是使用它会产生比较多的冗余代码，如烦琐的 try...catch...finally...语句，加上流程和资源开闭较难控制，使得当时 Jakarta EE 的开发受到了很大的质疑，因此使用 JDBC 开发的模式很快就走到了尽头。Sun 公司早年推出的 EJB 虽然能够支持持久化，但是因为配置极为烦琐，所以很快就被新兴的 Hibernate 框架取代。后来 Sun 公司为了简化持久层，吸收了很多 Hibernate 的成果，制定了 Java 持久层 API（Java Persistence API，JPA）规范，并且 JPA 规范在 EJB 3.0 中得以支持，到了 Hibernate 3.2 版本后，对 JPA 规范实现了完全支持。但是，EJB 3.0 同样是一个失败的产品，最终被埋没在历史的长河之中。

对于全映射框架 Hibernate，在以管理系统为主的时代，它的模型化十分有利于对公司业务的分析和理解，但是在移动互联网时代，这样的模式却走到了尽头。Hibernate 的模式看重模型和业务分析，而移动互联网的业务相对简单，人们更关注的是海量数据下的高并发、系统的灵活性和业务的多变性等问题。全表映射规则下的 Hibernate 无法应对 SQL 优化和互联网灵活多变的业务，近年来受到了新兴的持久框架 MyBatis 的严重冲击。现今 MyBatis 已经成为移动互联网时代的主流持久层框架，在一些新兴项目中的占有率不断提升，Hibernate 则不断萎缩。MyBatis 是一个不屏蔽 SQL 且提供动态 SQL、接口式编程和简易 SQL 绑定 POJO 的半自动化框架，它的使用十分简单，而且能非常容易地定制 SQL，从而提高网站性能，因此在移动互联网兴起的时代，它占据了强势的地位。鉴于这个趋势，本书的数据库持久层也是以 MyBatis 为主的。

Spring 自身提供了模板 JdbcTemplate，可以支持数据库的访问，但一直未被企业广泛采用。不过正如 Spring 倡导的理念，它并不排斥其他优秀的框架，而是通过模板把这些框架整合到 Spring 中来，便于开发者更轻松地使用。根据当前的时代背景，本书将介绍 JdbcTemplate 和 JPA（在 Spring Boot 中默认通过 Hibernate 实现 JPA）的简单结合，并详细阐述 MyBatis 的整合，在后续章节中将主要使用 MyBatis 整合数据库的应用。

在开始讲解这些内容之前，要先完成数据源的配置。Spring Boot 会自动配置默认数据源，下面我们来了解这方面的细节。在此之前,我们需要先新建项目,将相关的依赖导入项目中。

5.1 配置数据源

引入 Spring Boot 的 spring-boot-starter-data-jdbc 后,它就会为你配置默认数据源,这些默认数据源主要是内存数据库,如 H2、HSQLDB 和 Derby 等。有时候我们需要配置自己需要的数据源,所以下面先讲解如何配置数据源,这是使用数据库的第一步。

5.1.1 配置默认数据源

下面以 H2 数据库为例,在 Maven 中加入它的依赖,如代码清单 5-1 所示。

代码清单 5-1 配置 H2 默认数据库

```xml
<dependency>
   <groupId>org.springframework.boot</groupId>
   <artifactId>spring-boot-starter-data-jdbc</artifactId>
</dependency>
<dependency>
   <groupId>com.h2database</groupId>
   <artifactId>h2</artifactId>
   <scope>runtime</scope>
</dependency>
```

上述代码引入了对 JDBC 和 H2 数据库的依赖,这样我们就可以在不使用任何配置数据库的情况下运行 Spring Boot 项目了。H2 是内嵌式数据库,我们也可以将数据库类型配置为 HSQLDB 或者 Derby,这些内嵌式数据库会随着 Spring Boot 项目的启动而启用,并不需要任何的配置。但是,因为这些内存数据库的应用并不广泛,所以我们就不再探究这些内存数据库。更多的时候我们希望使用的是商用数据库,如 MySQL 和 Oracle 等,因此我们需要考虑如何配置其他数据库厂商的数据源。

当然,我们也可以选择让 Spring Boot 不自动装配数据源,此时加入如下配置即可:

```
@SpringBootApplication(exclude={DataSourceAutoConfiguration.class})
```

上述代码会取消对 DataSourceAutoConfiguration 作为 Java 配置文件的扫描,这样 Spring Boot 就不会自动装配数据源了。

5.1.2 配置自定义数据源

本节以 MySQL 作为数据库来配置数据源。首先删除代码清单 5-1 中对 H2 数据库的依赖,然后添加 MySQL 的驱动,如代码清单 5-2 所示。

代码清单 5-2 配置 MySQL 的依赖

```xml
<dependency>
   <groupId>mysql</groupId>
   <artifactId>mysql-connector-java</artifactId>
</dependency>
```

这显然还不足以连接到数据库,还需要配置相关的信息才能连接到数据库,这里可以通过配置 application.properties 文件来实现。在默认情况下,Spring Boot 会使用 Hikari 数据源,我们可以对其进行配置，如代码清单 5-3 所示。

代码清单 5-3　配置数据源
```
# 数据库连接 URL
spring.datasource.url=jdbc:mysql://localhost:3306/chapter5
# 数据库用户名
spring.datasource.username=root
# 数据库密码
spring.datasource.password=123456
# 数据库连接驱动类，即便不配置，Spring Boot 也会自动探测
#spring.datasource.driver-class-name=com.mysql.cj.jdbc.Driver

#### Spring Boot 在默认的情况下会使用 Hikari 数据源，下面是对数据源的配置 ####
# 数据源最大连接数量，默认为 10
spring.datasource.hikari.maximum-pool-size=20
# 最大连接生存期，默认为 1800000 ms（也就是 30 m）
spring.datasource.hikari.max-lifetime=1800000
# 最小空闲连接数，默认值为 10
spring.datasource.hikari.minimum-idle=10
```

这样就完成了 Spring Boot 的数据源配置，虽然上述代码注释掉了驱动类的配置，但是它还是可以连接数据源的，这是因为 Spring Boot 会尽可能地判断数据源是什么类型的，然后根据其默认的情况来匹配驱动类。在驱动类不能匹配的情况下，你可以明确地配置它，这样就不会使用默认的驱动类了。接着我们可以根据需要配置数据源的属性，因为使用的是默认的 Spring Boot 数据源，也就是 Hikari 数据源，所以可以看到很多配置项中带有"hikari"字样。

上述代码只是匹配了 Spring Boot 绑定的 Hikari 数据源，有时候我们希望使用第三方数据源，这也是允许的。例如，我们要使用 DBCP2（Database Connection Pool，数据库连接池）数据源，只需要在 Maven 中加入 DBCP2 的数据源依赖，如代码清单 5-4 所示。

代码清单 5-4　在 Maven 中加入 DBCP2 的数据源依赖
```
<dependency>
    <groupId>org.apache.commons</groupId>
    <artifactId>commons-dbcp2</artifactId>
</dependency>
```

这样项目就会把 DBCP2 对应的 jar 包加进来，我们只要将代码清单 5-3 修改为代码清单 5-5 就可以了。

代码清单 5-5　配置 DBCP2 数据源
```
spring.datasource.url=jdbc:mysql://localhost:3306/spring_boot_chapter5
spring.datasource.username=root
spring.datasource.password=123456
# spring.datasource.driver-class-name=com.mysql.cj.jdbc.Driver
# 指定数据源的类型
spring.datasource.type=org.apache.commons.dbcp2.BasicDataSource
# 最大等待连接中的数量，设为 0 表示没有限制
spring.datasource.dbcp2.max-idle=10
# 最大连接活动数
spring.datasource.dbcp2.max-total=50
# 最大等待时间，单位为毫秒（ms），超过时间会出错误信息
spring.datasource.dbcp2.max-wait-millis=10000
```

```
# 数据源初始化连接数
spring.datasource.dbcp2.initial-size=5
```

上述代码首先通过 spring.datasource.type 属性指定数据源的类型，然后使用 spring.datasource.dbcp2.* 配置数据源的属性，这样 Spring Boot 就会根据这些属性来配置对应的数据源，从而知道使用的是 DBCP2 数据源。

很多企业会使用阿里巴巴提供的优秀数据源——Druid，下面我们在 Maven 中引入它，如代码清单 5-6 所示。

代码清单 5-6　在 Maven 中引入阿里巴巴的 Druid 数据源

```xml
<!-- 阿里巴巴的 Druid 数据源 -->
<dependency>
    <groupId>com.alibaba</groupId>
    <artifactId>druid-spring-boot-starter</artifactId>
    <version>1.2.15</version>
</dependency>
```

接下来可以在 application.properties 文件中配置 Druid 数据源，如代码清单 5-7 所示。

代码清单 5-7　配置 Druid 数据源

```
# 指定数据源的类型
spring.datasource.type=com.alibaba.druid.spring.boot.autoconfigure.
    DruidDataSourceWrapper
# 数据库连接池最大值
spring.datasource.druid.max-active=20
# 数据库连接池初始值
spring.datasource.druid.initial-size=5
# 数据库连接池最小空闲值
spring.datasource.druid.min-idle=5
# 池中空闲连接大于 min-idle 且连接空闲时间大于该值，则释放该连接，单位为 ms(5 m，默认为 30 m)
spring.datasource.druid.min-evictable-idle-time-millis=300000
# 获取连接时最大等待时间，单位为 ms(1 m)
spring.datasource.druid.max-wait=60000
# 检测连接是否有效时运行的 SQL 语句
spring.datasource.druid.validation-query=select 1
# 借用连接时运行 validation-query 指定的 SQL 语句来检测连接是否有效，这个配置会降低性能
spring.datasource.druid.test-on-borrow=false
# 归还连接时运行 validation-query 指定的 SQL 语句来检测连接是否有效，这个配置会降低性能
spring.datasource.druid.test-on-return=false
# 连接空闲时检测，如果连接空闲时间大于 timeBetweenEvictionRunsMillis 指定的毫秒数，
# 运行 validation-query 指定的 SQL 语句来检测连接是否有效
spring.datasource.druid.test-while-idle=true
# 空闲连接检查、废弃连接清理、空闲连接池大小调整的操作时间间隔，单位是 ms(1 m)
spring.datasource.druid.time-between-eviction-runs-millis=60000
```

为了验证配置的结果，新建一个 Bean，如代码清单 5-8 所示。

代码清单 5-8　监测数据源类型

```java
package com.learn.chapter5.db;
/**** imports ****/
@Component
// 实现 Bean 生命周期接口 ApplicationContextAware
public class DataSourceShow implements ApplicationContextAware {
```

```java
      // Spring 容器会自动调用这个方法，注入 IoC 容器
      @Override
      public void setApplicationContext(ApplicationContext applicationContext)
              throws BeansException {
         var dataSource = applicationContext.getBean(DataSource.class);
         System.out.println("-------------------------------");
         System.out.println(dataSource.getClass().getName());
         System.out.println("-------------------------------");
      }
}
```

上述代码实现了接口 ApplicationContextAware 的 setApplicationContext()方法，依照 Bean 生命周期的规则，DataSourceShow 实例在 IoC 容器中初始化后，该方法就会被调用，从而获取 IoC 容器的上下文（applicationContext）。这时通过 getBean()方法获取数据源，然后打印数据源的全限定名，就可以知道使用的是哪种数据源了。启动 Spring Boot 程序，可以看到类似下面的日志：

```
......
-------------------------------
com.alibaba.druid.spring.boot.autoconfigure.DruidDataSourceWrapper
-------------------------------
......
```

显然这里是使用 Druid 数据源来提供服务的。通过类似的方法，我们就可以使用第三方数据源了。为了方便后续的学习，先在 MySQL 数据库中创建一张用户表，如代码清单 5-9 所示。

代码清单 5-9　建表 SQL 语句
```sql
create table t_user(
   id int(12) not null auto_increment,
   user_name varchar(60) not null,
   /**性别列，1-男，2-女**/
   sex int(3) not null default 1 check (sex in(1,2)),
   note varchar(256) null,
   primary key(id)
);
```

这样就创建了一张用户表，接着需要创建用户 POJO 来与这张表对应起来，如代码清单 5-10 所示。

代码清单 5-10　用户 POJO
```java
package com.learn.chapter5.pojo;
/**** imports ****/
public class User {
   private Long id = null;
   private String userName = null;
   private SexEnum sex = null;// 枚举
   private String note = null;
   /**** setters and getters ****/
}
```

这样就创建了用户 POJO。在这个用户 POJO 里，性别是使用枚举类（SexEnum）定义的。下面给出这个枚举类的源码，如代码清单 5-11 所示。

代码清单 5-11　性别枚举类

```java
package com.learn.chapter5.dic;
public enum SexEnum {
    MALE(1, "男"),
    FEMALE(2, "女");

    private int id ;
    private String name;
    SexEnum(int id, String name) {
        this.id = id;
        this.name= name;
    }

    public static SexEnum getSexById(int id) {
        for (SexEnum sex : SexEnum.values()) {
            if (sex.getId() == id) {
                return sex;
            }
        }
        return null;
    }
    /**** setters and getters ****/
}
```

有了这些，让我们开始 Spring 数据库编程的征程吧。

5.2　使用 JdbcTemplate 操作数据库

在配置数据源后，Spring Boot 通过其自动配置机制配置好了 JdbcTemplate。JdbcTemplate 模板是 Spring 框架提供的，准确来说，JdbcTemplate 也不算成功，在实际的工作中还是比较少使用的，使用得更多的是 Hibernate 和 MyBatis，因此本节只简单地交代 JdbcTemplate 的用法而并不会深入讲解。

先创建一个服务接口，定义一些方法，然后在编写服务接口的实现类时，把 Spring Boot 已经装配好的 JdbcTemplate 注入进来，就可以通过 JdbcTemplate 操作数据库了。这体现了 Spring Boot 的理念——约定优于配置，尽量减少开发者的配置。用户服务接口的定义如代码清单 5-12 所示。

代码清单 5-12　定义用户服务接口

```java
package com.learn.chapter5.service;
/**** imports ****/
public interface JdbcTmplUserService {

    public User getUser(Long id);

    public List<User> findUsers(String userName, String note);

    public int insertUser(User user);

    public int updateUser(User user) ;

    public int deleteUser(Long id);
}
```

然后我们可以给出它的实现类，如代码清单 5-13 所示。

代码清单 5-13　实现用户服务接口

```java
package com.learn.chapter5.service.impl;
/**** imports ****/
@Service
public class JdbcTmplUserServiceImpl implements JdbcTmplUserService {

    @Autowired
    private JdbcTemplate jdbcTemplate = null;

    // 获取映射关系
    private RowMapper<User> getUserMapper() {
        // 使用 Lambda 表达式创建用户映射关系
        return (ResultSet rs, int rownum) -> {
            var user = new User();
            user.setId(rs.getLong("id"));
            user.setUserName(rs.getString("user_name"));
            int sexId = rs.getInt("sex");
            var sex = SexEnum.getSexById(sexId);
            user.setSex(sex);
            user.setNote(rs.getString("note"));
            return user;
        };
    }

    // 获取对象
    @Override
    public User getUser(Long id) {
        // 运行的 SQL 语句
        var sql = " select id, user_name, sex, note from t_user where id = ?";
        var user = jdbcTemplate.queryForObject(sql, getUserMapper(), id);
        return user;
    }

    // 插入数据库
    @Override
    public int insertUser(User user) {
        var sql = """
                insert into t_user (user_name, sex, note)
                values( ? , ?, ?)
                """;
        return jdbcTemplate.update(sql,
            user.getUserName(), user.getSex().getId(), user.getNote());
    }

    // 删除数据
    @Override
    public int deleteUser(Long id) {
        // 运行的 SQL 语句
        var sql = "delete from t_user where id = ?";
        return jdbcTemplate.update(sql, id);
    }

    // 查询用户列表
    @Override
    public List<User> findUsers(String userName, String note) {
        // 运行的 SQL 语句
```

```
        var sql = """
                select id, user_name, sex, note from t_user
                where user_name like concat('%', ?, '%')
                and note like concat('%', ?, '%')
                """ ;
        // 使用匿名类实现
        var userList =jdbcTemplate.query(sql, getUserMapper(), userName, note);
        return userList;
    }

    // 更新数据库
    @Override
    public int updateUser(User user) {
        // 运行的 SQL 语句
        var sql = """
                update t_user set user_name = ?, sex = ?, note = ?
                where id = ?
                """;
        return jdbcTemplate.update(sql, user.getUserName(),
                user.getSex().getId(), user.getNote(), user.getId());
    }

}
```

使用 JdbcTemplate 时,数据库表和用户 POJO 的映射关系需要开发者自己开发,一般通过实现 RowMapper 接口完成,上述代码中的 getUserMapper()方法使用 Lambda 表达式来比较优雅地实现 RowMapper 接口。增、删、查、改的实现就更简单了,主要是传递参数,然后在运行 SQL 语句后返回影响数据库记录数。需要指出的是,上述代码中是比较简单的应用,只有一条 SQL 语句。有时我们需要运行多条 SQL 语句,JdbcTemplate 每调用一次便会生成一个数据库事务连接,例如:

```
var list = this.jdbcTemplate.query(sql1, rowMapper);
this.jdbcTemplate.update(sql2);
```

从表面上看,这两条 SQL 语句都在同一条数据库连接中完成,而实际从底层的角度来看,它们是使用不同的数据库连接完成的。当 JdbcTemplate 运行 query()方法时,会从数据源分配一条数据库连接资源,当其运行完后,会释放数据库连接。当运行 update()方法时,JdbcTemplate 又从数据源分配一条新的连接去运行 SQL 语句。这样做显然比较浪费数据库连接资源,大部分的情况下,我们更希望在一个连接里面运行多条 SQL 语句,为此我们可以使用 StatementCallback 接口或者 ConnectionCallback 接口实现回调,如代码清单 5-14 所示。

代码清单 5-14　使用 StatementCallback 接口和 ConnectionCallback 接口运行多条 SQL 语句

```
@Override
public User getUser2(Long id) {
    // 通过 Lambda 表达式使用 StatementCallback
    var result = this.jdbcTemplate.execute((Statement stmt) -> {
        var sql1 = "select count(*) total from t_user where id= " + id;
        var rs1 = stmt.executeQuery(sql1);
        while (rs1.next()) {
            var total = rs1.getInt("total");
            System.out.println(total);
        }
        // 运行的 SQL 语句
```

```java
        var sql2 =  "select id, user_name, sex, note from t_user where id = " + id;
        var rs2 = stmt.executeQuery(sql2);
        User user = null;
        while (rs2.next()) {
            var rowNum = rs2.getRow();
            user= getUserMapper().mapRow(rs2, rowNum);
        }
        return user;
    });
    return result;
}

@Override
public User getUser3(Long id) {
    // 通过 Lambda 表达式使用 ConnectionCallback 接口
    return this.jdbcTemplate.execute((Connection conn) -> {
        var sql1 = " select count(*) as total from t_user where id = ?";
        var ps1 = conn.prepareStatement(sql1);
        ps1.setLong(1, id);
        var rs1 = ps1.executeQuery();
        while (rs1.next()) {
            System.out.println(rs1.getInt("total"));
        }
        var sql2 = " select id, user_name, sex, note from t_user where id = ?";
        var ps2 = conn.prepareStatement(sql2);
        ps2.setLong(1, id);
        var rs2 = ps2.executeQuery();
        User user = null;
        while (rs2.next()) {
            var rowNum = rs2.getRow();
            user= getUserMapper().mapRow(rs2, rowNum);
        }
        return user;
    });
}
```

类似上面的代码就可以通过 StatementCallback 接口或者 ConnectionCallback 接口实现回调，从而在同一条数据库连接中运行多条 SQL 语句。

5.3 使用 JPA（Hibernate）操作数据库

Java 持久化 API（Java persistence API，JPA）是定义了对象关系映射（object relational mapping，ORM）以及实体 Bean 持久化的标准接口。JPA 是 JSR-220（EJB 3.0）规范的一部分，但是在 JSR-220 中规定，实体 Bean（entity Bean）由 JPA 进行支持，所以 JPA 不局限于 EJB 3.0，而是作为 POJO 持久化的标准规范，可以脱离容器独立运行、开发和测试，更加方便。然而，JPA 并未被企业广泛使用。

5.3.1 概述

在 Spring Boot 中，JPA 是依靠 Hibernate 才得以实现和应用的，Hibernate 3.2 版本已经对 JPA 实现了完全的支持，本节就以 Hibernate 方案来讨论 JPA 的应用。

JPA 维护的核心是实体，它是通过一个持久化上下文（persistence context）来使用的。持久化上下文包含以下 3 个部分。

- 对象关系映射（object relational mapping，简称 ORM、O/RM 或 O/R 映射）描述。JPA 支持注解或 XML 两种形式的描述，在 Spring Boot 中主要通过注解实现。
- 实体操作 API。通过 JPA 规范可以实现对实体的 CRUD[①]操作，以完成对象的持久化和查询。
- 查询语言。JPA 约定了面向对象的 Java 持久化查询语言（Java persistence query language，JPQL），利用这层关系可以实现比较灵活的查询。

5.3.2 开发 JPA

在 Maven 中引入 spring-boot-starter-data-jpa 后才能使用 JPA 编程，代码比较简单，就不再展示了。这里我们创建一个符合 JPA 规范的用户类，如代码清单 5-15 所示。

代码清单 5-15　定义用户 POJO

```
package com.learn.chapter5.pojo;

/**** imports ****/
// 标明是一个实体类
@Entity(name="user")
// 定义映射数据库的表
@Table(name = "t_user")
public class JpaUser {
    // 标明主键
    @Id
    // 主键策略：递增
    @GeneratedValue(strategy = GenerationType.IDENTITY)
    private Long id = null;

    // 定义属性和表的映射关系
    @Column(name = "user_name")
    private String userName = null;

    private String note = null;

    // 定义转换器
    @Convert(converter = SexConverter.class)
    private SexEnum sex = null;

    /**** setters and getters ****/
}
```

注解@Entity 标明 user 是一个实体类；注解@Table 配置的属性 name 定义它映射的数据库的表，这样实体就映射到了对应的表上；注解@Id 标注属性为表的主键；注解@GeneratedValue 配置生成主键的策略，这里采用 GenerationType.IDENTITY，这是一种依赖于数据库递增的策略；注解@Column 标注用户名，由于属性名称（userName）和数据库列名（user_name）不一致，因此需要特别声明，而其他属性名称和数据库列名保持一致，这样就能与数据库的表的字段一一对应，因此不需要特别声明。这里的性别需要进行特殊的转换，因此使用注解@Convert 指定 SexConverter 作为转换器，如代码清单 5-16 所示。

---

① CRUD 操作指新增（create）、查询（retrieve）、更新（update）和删除（delete）操作。

代码清单 5-16　性别转换器

```
package com.learn.chapter5.converter;
/**** imports ****/
public class SexConverter implements AttributeConverter<SexEnum, Integer>{
    // 将枚举转换为数据库列
    @Override
    public Integer convertToDatabaseColumn(SexEnum sex) {
        return sex.getId();
    }

    // 将数据库列转换为枚举
    @Override
    public SexEnum convertToEntityAttribute(Integer id) {
        return SexEnum.getSexById(id);
    }
}
```

显然 SexConverter 这个类定义了 JPA 实体和数据库用户表性别列的转换规则，这样就能在 JPA 中处理 Java 枚举类型了。

有了上述的用户 POJO 的定义，我们还需要一个 JPA 接口来定义对应的操作。为此 Spring 提供了 JpaRepository 接口，它本身也继承了其他的接口，各个接口的关系如图 5-1 所示。

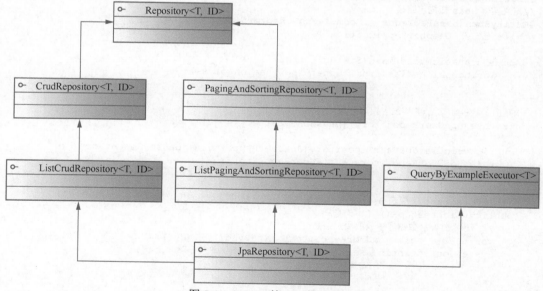

图 5-1　Spring 的 JPA 接口设计

从图 5-1 中可以看到，JPA 最顶级的接口是 Repository，该接口没有定义任何方法，定义方法的是它的子接口 CrudRepository 和 PagingAndSortingRepository。CrudRepository 定义实体最基本的增、删、改的操作，ListCrudRepository 扩展了 CrudRepository，提供对 Java 集合的增、删、查、改的操作；同样，PagingAndSortingRepository 提供了分页和排序的操作，ListPagingAndSortingRepository 则扩展了 PagingAndSortingRepository，提供对 Java 集合的分页和排序的操作。JpaRepository 通过扩展

ListCrudRepository 和 ListPagingAndSortingRepository 来获得它们的全部功能。注意，JpaRepository 还会扩展 QueryByExampleExecutor 接口，这样就可以拥有按例子（Example）查询的功能。一般而言，我们只需要在定义接口时扩展 JpaRepository，然后声明实体 Bean 和其主键的泛型，便可以获得 JPA 提供的方法了。例如，定义针对 JpaUser 类的 JPA 接口，如代码清单 5-17 所示。

代码清单 5-17　定义 JPA 接口

```
package com.learn.chapter5.repository;
/**** imports ****/
public interface JpaUserRepository extends JpaRepository<JpaUser, Long> {
}
```

由于上述 JPA 接口扩展了接口 JpaRepository，因此便拥有了 JPA 接口规范默认实现的方法。注意，我们并不需要提供任何实现类，Spring 会根据 JPA 接口规范替我们完成实现类。我们只需要修改 Spring Boot 启动文件以驱动 JPA 工作，并编写测试代码，如代码清单 5-18 所示。

代码清单 5-18　使用控制器测试接口

```
package com.learn.chapter5.main;
/**** imports ****/
@SpringBootApplication(scanBasePackages = "com.learn.chapter5")
//定义 JPA 接口扫描包路径
@EnableJpaRepositories(basePackages = "com.learn.chapter5.repository") // ①
//定义实体 Bean 扫描包路径
@EntityScan(basePackages = "com.learn.chapter5.pojo") // ②
public class Chapter5Application {

    public static void main(String[] args) {
        SpringApplication.run(Chapter5Application.class);
    }

    @Autowired // 注入 JPA 接口对象
    private JpaUserRepository jpaUserRepository = null;

    public void setJpaUserRepository(JpaUserRepository jpaUserRepository) {
        this.jpaUserRepository = jpaUserRepository;
    }

    @PostConstruct // 在 Bean 的生命周期中运行的方法
    public void testJpa() { // ③
        // 使用 JPA 从数据库中获取用户信息
        var user = this.jpaUserRepository.findById(1L).get();
        System.out.println(user.getUserName());
    }
}
```

代码①处使用注解@EnableJpaRepositories 启用 JPA 并指定扫描包，这样 Spring 就会将对应的 JPA 接口扫描进来，并且生成对应的 Bean 实例，装配在 IoC 容器中，后续就可以使用注解@Autowired 进行依赖注入了。代码②处使用注解@EntityScan 指定扫描实体类的包，这样就可以将对应的实体类扫描进来了。代码③处则使用注解@PostConstruct 标注 testJpa()方法，表示在 Bean 的生命周期中会运行该方法来进行测试。

为了更好地运行，还需要对 JPA 进行一定的配置。为此需要在 Spring Boot 的配置文件中加入一些配置，如代码清单 5-19 所示。

代码清单 5-19　配置 JPA 属性
```
# 使用 MySQL 数据库方言
spring.jpa.database-platform=org.hibernate.dialect.MySQLDialect
# 打印数据库的 SQL 语句
spring.jpa.show-sql=true
# 选择 Hibernate 数据定义语言（data definition language，DDL），策略为 update
spring.jpa.hibernate.ddl-auto=update
```

由于 JPA 并非主流技术，因此本书不再详细阐述有关 JPA 和 Hibernate 的配置。通过上述代码，我们就完成了所有开发 JPA 的工作，可以进行测试了。运行类 Chapter5Application 就可以看到日志，打印关于 Hibernate 的查询语句：

```
Hibernate: select u1_0.id,u1_0.note,u1_0.sex,u1_0.user_name from t_user u1_0 where u1_0.id=?
```

可见测试是成功的。但是，有时我们需要更加灵活的查询，这时可以使用 JPQL，它与 Hibernate 提供的 HQL 是十分接近的。这里可以使用注解@Query 标识语句，例如在代码清单 5-17 中加入新的查询方法，如代码清单 5-20 所示。

代码清单 5-20　使用 JPQL 加入新的查询方法
```
@Query("""
    from user where userName like concat('%', ?1, '%')
    and note like concat('', ?2, '%')
    """)
public List<JpaUser> findUsers(String userName, String note);
```

注意 JPQL 的写法，"from user"中的 user 是代码清单 5-15 中定义的实体类名称（注解@Entity 的 name 属性）；"userName like"中的 userName 表示实体的属性 userName，它和数据库用户表中的 user_name 对应，而"?1"和"?2"表示第 1 个参数和第 2 个参数。

除了可以使用 JPQL 定义查询方法，按照一定规则命名的方法也可以在不写任何代码的情况下完成逻辑。例如，我们在代码清单 5-17 中加入代码清单 5-21 所示的几个方法。

代码清单 5-21　JPA 的命名查询
```
/**
 * 按照主键查询
 * @param id -- 主键
 * @return 用户
 */
JpaUser getJpaUserById(Long id);

/**
 * 按照用户名模糊查询
 * @param userName 用户名
 * @return 用户列表
 */
List<JpaUser> findByUserNameLike(String userName);

/**
 * 按照用户名或者备注进行模糊查询
```

```
 * @param userName 用户名
 * @param note 备注
 * @return 用户列表
 */
List<JpaUser> findByUserNameLikeOrNoteLike(String userName, String note);
```

可以看到，上述代码中的命名是以动词（get/find）开始的，而 By 表示按照什么内容进行查询。例如：getJpaUserById()方法表示按照主键（id）对用户进行查询，这样 JPA 就会根据方法命名生成 SQL 语句来查询数据库了；findByUserNameLike()方法的命名则多了一个 Like，它表示采用模糊查询，也就是使用 like 关键字进行查询；findByUserNameLikeOrNoteLike()这样的命名则涉及两个条件，一个是用户名（userName），另一个是备注（note），它们都使用了 like 关键字，因此会执行模糊查询，而它们之间使用的连接词为 Or（或者），相当于 SQL 语句中的两个查询条件的连接词 or，表示或者的意思。下面我们在类 Chapter5Application 中增加几个方法进行测试，如代码清单 5-22 所示。

代码清单 5-22　测试 JPA 的命名查询
```
@PostConstruct
public void getJpaUserById() {
    // 使用 JPA 接口查询对象
    var user = jpaUserRepository.getJpaUserById(1L);
    System.out.println(user.getUserName());
}

@PostConstruct
public void findByUserNameLike() {
    // 使用 JPA 接口查询对象
    var userList = jpaUserRepository.findByUserNameLike("%user%");
    System.out.println(userList);
}

@PostConstruct
public void findByUserNameLikeOrNoteLike() {
    var userNameLike = "%user%";
    var noteLike = "%note%";
    // 使用 JPA 接口查询对象
    var userList
            = jpaUserRepository.findByUserNameLikeOrNoteLike(userNameLike, noteLike);
    System.out.println(userList);
}
```

有了这几个方法，我们直接运行 Chapter5Application，可以看到如下日志中的 SQL 语句：

```
Hibernate: select u1_0.id,u1_0.note,u1_0.sex,u1_0.user_name from t_user u1_0 where u1_0.user_name like ? escape '\\'
    [com.learn.chapter5.pojo.User@7fad28ac]
Hibernate: select u1_0.id,u1_0.note,u1_0.sex,u1_0.user_name from t_user u1_0 where u1_0.id=?
    user_name_1
Hibernate: select u1_0.id,u1_0.note,u1_0.sex,u1_0.user_name from t_user u1_0 where u1_0.id=?
    user_name_1
Hibernate: select u1_0.id,u1_0.note,u1_0.sex,u1_0.user_name from t_user u1_0 where u1_0.user_name like ? escape '\\' or u1_0.note like ? escape '\\'
    [com.learn.chapter5.pojo.User@74797b90]
```

显然 JPA 的命名查询成功了。除此之外，JPA 还提供了级联等内容，但是因为目前的技术趋势已经从 JPA（Hibernate）渐渐地转向 MyBatis，所以关于这些高级的话题，本书就不再论述了，有兴趣的读者可以根据需要研究这些内容。

5.4 整合 MyBatis 框架

目前 Java 持久层最为主流的技术是 MyBatis，它比 JPA 和 Hibernate 更为简单易用，也更加灵活。在以管理系统为主的时代，JPA 和 Hibernate 的模型化有助于系统的建模和分析，重点在于业务模型的分析和设计，属于表和业务模型分析的阶段。而现今已经是移动互联网的时代，业务面向公众，相对而言比较简单，但是网站往往会拥有大量的用户，面对的主要是大数据、高并发和性能问题。因此在这个时代，互联网企业业务开发更加关注系统的性能。互联网系统的迭代十分频繁，因此需要更加灵活的框架。JPA 规范比较死板，不利于系统的迭代；而 MyBatis 则更加灵活，更符合互联网系统的需要。

5.4.1 MyBatis 简介

MyBatis 的官方定义为：MyBatis 是一款优秀的持久层框架，它支持自定义 SQL 语句、存储过程以及高级映射。MyBatis 免除了几乎所有 JDBC 代码以及设置参数和获取结果集的工作。MyBatis 可以通过简单的 XML 或注解来配置和映射原始类型、接口和 Java POJO（Plain Old Java Objects，普通老式 Java 对象）为数据库中的记录。[1]

从官方定义可以看出，MyBatis 是一种实现数据库 SQL 映射到 POJO 的持久层框架，它需要我们提供 SQL、映射关系（XML 或者注解，目前以 XML 为主）和 POJO，但是对于 SQL 和 POJO 的映射关系，MyBatis 提供了自动映射和驼峰映射等，使开发者的开发工作大大减少。由于没有屏蔽 SQL，因此我们可以尽可能地通过 SQL 优化性能，也可以做少量的改变以适应灵活多变的互联网应用，这对互联网系统是十分重要的。MyBatis 还支持动态 SQL，以适应需求的变化。这样一个灵活的、高性能的持久层框架很符合当前互联网的需要，本书的数据库应用就基于 MyBatis 进行讲述，后面章节的数据库事务和相关应用也是如此。

MyBatis 的配置文件包括两类：一是基础配置文件；二是映射文件。MyBatis 也可以使用注解来实现映射，只是由于功能和可读性的限制，在实际的企业中使用得比较少，因此本书不介绍使用注解配置 SQL 的方式。严格来说，Spring 项目本身是不支持 MyBatis 的，因为在 Spring 3 即将发布时，MyBatis 3 还没有正式发布版本，所以 Spring 的项目中都没有考虑对 MyBatis 的整合。但是为了整合 Spring，MyBatis 社区自己开发了相应的开发包，因此在 Spring Boot 中，我们可以依赖 MyBatis 社区提供的 starter。例如，在 Maven 中加入依赖的包，如代码清单 5-23 所示。

代码清单 5-23　引入关于 MyBatis 的 starter

```
<dependency>
    <groupId>org.mybatis.spring.boot</groupId>
    <artifactId>mybatis-spring-boot-starter</artifactId>
    <version>3.0.1</version>
</dependency>
```

---

[1] 这段文字节选自 MyBatis 中文官网。

使用上述代码就成功加入了 mybatis-spring-boot-starter 依赖包。接下来介绍 MyBatis 的配置和基础的内容。

5.4.2 MyBatis 的配置

MyBatis 是一个基于 SqlSessionFactory 构建的框架。SqlSessionFactory 的作用是生成 SqlSession 接口对象，这个接口对象是 MyBatis 操作的核心。而在 MyBatis-Spring 的结合中，甚至可以"擦除"这个 SqlSession 接口对象，使其在代码中"消失"。这样做是很有意义的，因为 SqlSession 是功能性的代码，"擦除"它之后，就剩下了业务代码，这就使得代码更具可读性。SqlSessionFactory 的作用是单一的，只用于创建核心接口 SqlSession，在 MyBatis 应用的生命周期中理当只存在一个 SqlSessionFactory 对象，因此往往会使用单例模式。SqlSessionFactory 的构建是通过配置类 Configuration 来完成的，因此 mybatis-spring-boot-starter 会提供在配置文件 application.properties 中进行 Configuration 配置的相关内容。下面先来看看 Configuration 可以配置哪些内容，如图 5-2 所示。

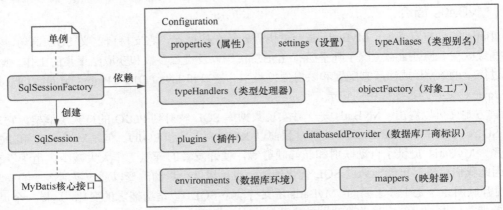

图 5-2　MyBatis 配置内容结构图

从图 5-2 中可以看到 MyBatis 可配置的内容。

- **properties**（属性）：MyBatis 的属性一般在 Spring 文件中进行配置，因此这里不再介绍它的使用。
- **settings**（设置）：它的配置将改变 MyBatis 的底层行为，可以配置映射规则，如自动映射和驼峰映射、执行器（Executor）类型、缓存等内容，比较复杂，具体配置项可参考 MyBatis 官方网站[①]。
- **typeAliases**（类型别名）：因为类全限定名比较长，所以 MyBatis 会对常用的类提供默认的别名，此外 MyBatis 还允许通过 typeAliases 配置自定义的别名。
- **typeHandlers**（类型处理器）：这是 MyBatis 的重要配置之一，在 MyBatis 写入和读取数据库的过程中，对不同类型的数据（对于 Java 是 JavaType，对于数据库则是 JdbcType）进行自定义转换，在大部分的情况下我们不需要使用自定义的 typeHandler，因为 MyBatis 自身

---
① 可通过搜索"mybatis-configuration-setting"，找到相应的网页。

就已经定义了很多 typeHandler，会自动识别 javaType 和 jdbcType，从而实现各种类型之间的转换。一般来说，自定义 typeHandler 的使用集中在枚举类型上。
- **objectFactory**（对象工厂）：这是一个在 MyBatis 生成返回的 POJO 时会调用的工厂类。一般情况下使用 MyBatis 默认提供的对象工厂类（DefaultObjectFactory）就可以了，而不需要进行任何配置，因此本书不讨论它。
- **plugins**（插件）：有时候也称为拦截器，它是 MyBatis 最强大也是最危险的组件，通过动态代理和责任链模式来完成，可以修改 MyBatis 底层的实现功能。掌握它需要比较多的 MyBatis 知识，可参考相关的图书和资料。
- **databaseIdProvider**（数据库厂商标识）：允许 MyBatis 配置多类型数据库支持，不常用，本书不再讨论。
- **environments**（数据库环境）：可以配置数据库连接内容和事务，只是一般我们会交由 Spring 托管，所以本书不再讨论它。
- **mappers**（映射器）：是 MyBatis 最核心的组件，它提供 SQL 和 POJO 的映射关系，是 MyBatis 开发的核心组件。

下面我们来看一个简单的例子。为了使用 MyBatis 的别名，先将代码清单 5-10 中的实体类改写为代码清单 5-24 所示的样子。

代码清单 5-24　在用户类使用 MyBatis 别名

```
package com.learn.chapter5.pojo;
/**** imports ****/
@Alias(value = "user")// MyBatis 指定别名
public class User  {
   private Long id = null;
   private String userName = null;
   // 性别枚举，这里需要使用 typeHandler 进行转换
   private SexEnum sex = null;
   private String note = null;
   public User() {
   }
   /**** setters and getters ****/
}
```

相比于代码清单 5-10，代码清单 5-24 只是加入了加粗的注解@Alias，通过注解指定了类的别名为 user。同时要注意，在 MyBatis 的体系中，这里的性别枚举需要通过自定义的 typeHandler 进行转换，为此开发一个关于性别的 typeHandler，如代码清单 5-25 所示。

代码清单 5-25　性别 typeHandler

```
package com.learn.chapter5.typehandler;
/**** imports ****/
// 声明 JdbcType 为数据库的整型
@MappedJdbcTypes(JdbcType.INTEGER)
// 声明 JavaType 为 SexEnum
@MappedTypes(SexEnum.class)
public class SexTypeHandler extends BaseTypeHandler<SexEnum> {

   // 通过列名读取性别
```

```
    @Override
    public SexEnum getNullableResult(ResultSet rs, String col)
            throws SQLException {
        var sex = rs.getInt(col);
        if (sex != 1 && sex != 2) {
            return null;
        }
        return SexEnum.getSexById(sex);
    }

    // 通过下标读取性别
    @Override
    public SexEnum getNullableResult(ResultSet rs, int idx)
            throws SQLException {
        var sex = rs.getInt(idx);
        if (sex != 1 && sex != 2) {
            return null;
        }
        return SexEnum.getSexById(sex);
    }


    // 通过存储过程读取性别
    @Override
    public SexEnum getNullableResult(CallableStatement cs, int idx)
            throws SQLException {
        var sex = cs.getInt(idx);
        if (sex != 1 && sex != 2) {
            return null;
        }
        return SexEnum.getSexById(sex);
    }

    // 设置非空性别参数
    @Override
    public void setNonNullParameter(PreparedStatement ps, int idx,
            SexEnum sex, JdbcType jdbcType) throws SQLException {
        ps.setInt(idx, sex.getId());
    }
}
```

在MyBatis中，对于typeHandler的要求是实现TypeHandler<T>接口，而MyBatis为了更加方便，还提供了抽象类BaseTypeHandler<T>，该类自身已经实现了TypeHandler<T>接口，因此我们直接继承抽象类BaseTypeHandler <T>，并实现其定义的抽象方法就可以了。注解@MappedJdbcTypes声明JdbcType为数据库的整型，@MappedTypes声明JavaType为SexEnum，这样MyBatis就可以完成数据库整型和枚举SexEnum之间的转换了。

为了使这个POJO能够与数据库的表对应起来，需要创建一个用户映射文件，并把它放在项目的resources文件夹下，其内容如代码清单5-26所示。

代码清单5-26　用户映射文件（/resources/mappers/userMapper.xml）

```xml
<?xml version="1.0" encoding="UTF-8" ?>
<!DOCTYPE mapper
  PUBLIC "-//mybatis.org//DTD Mapper 3.0//EN"
```

```
         "http://mybatis.org/dtd/mybatis-3-mapper.dtd">
<mapper namespace="com.learn.chapter5.dao.MyBatisUserDao">
    <select id="getUser" parameterType="long" resultType="user">
        select id, user_name as userName, sex, note from t_user where id = #{id}
    </select>
</mapper>
```

<mapper>元素的 namespace 属性指定一个接口,代码清单 5-27 会提供这个接口。<select>元素表示一个查询语句,其中 id 属性指代这条 SQL 语句,parameterType 属性配置为 long,表示是一个长整型(Long)参数,resultType 指定返回值类型,这里使用了 user,这是一个别名,因为在代码清单 5-24 中已经设置了指代,所以才能这样使用,也可以使用全限定名(com.learn.chapter5.pojo.User)。在 SQL 语句中,列名和 POJO 的属性名是保持一致的。注意,数据库表中的字段名为 user_name,而 POJO 的属名为 userName,这里的 SQL 语句是通过字段的别名(userName)来让它们保持一致的。在默认的情况下,MyBatis 会启用自动映射,将 SQL 语句中的字段名映射到 POJO 上,有时候也可以启用驼峰映射,这样就可以不使用 SQL 字段的别名了。为了启用这个映射,我们还需要一个接口,注意仅仅是一个接口,并不需要任何实现类,它就是<mapper>元素的 namespace 属性定义的 MyBatisUserDao,如代码清单 5-27 所示。

代码清单 5-27　定义 MyBatis 操作接口
```
package com.learn.chapter5.dao;
/**** imports ****/
@Mapper
public interface MyBatisUserDao {
    public User getUser(Long id);
}
```

注意,上述代码中加了一个注解@Mapper,后续我们会使用这个注解来限定 IoC 容器对 MyBatis 接口的扫描和装配。代码中的 getUser()方法和映射文件中定义的查询 SQL 语句的 id 是保持一致的,参数也是如此,这样就能够定义一个查询方法了。

现在我们开始配置 MyBatis。这里需要对映射文件、POJO 的别名和 typeHandler 进行配置,在配置文件 application.properties 中加入代码清单 5-28 所示的片段。

代码清单 5-28　配置映射文件和扫描别名
```
# MyBatis 映射文件通配
mybatis.mapper-locations=classpath:mappers/*.xml
# MyBatis 扫描别名包,和注解@Alias 联用
mybatis.type-aliases-package=com.learn.chapter5.pojo
# 配置 typeHandler 的扫描包
mybatis.type-handlers-package=com.learn.chapter5.typehandler
# 日志配置
logging.level.root=DEBUG
logging.level.org.springframework=DEBUG
logging.level.org.mybatis=DEBUG
```

上述代码配置了映射文件、别名包和 typeHandler 的扫描包,Spring 可以通过扫描或加载它们来定制对 MyBatis 框架的使用。日志配置为 DEBUG 级别,是为了更好地观察测试结果。其他项都不需要配置,因为 mybatis-spring-boot-starter 对 MyBatis 启动做了默认的配置,我们只修改需要的内容

即可。这便是 Spring Boot 的特性,让你在最少的配置下完成想实现的功能。至此,MyBatis 的配置就结束了,下面介绍如何在 Spring Boot 中整合它。

5.4.3　Spring Boot 整合 MyBatis

使用 Spring 时,应该"擦除"SqlSession 接口的使用,直接通过 IoC 容器获取 MyBatis 的 Mapper 接口实例,这样就能更加集中于对业务的开发,而不是对 MyBatis 功能性的开发。但是在 5.4.2 节中,我们可以看到 Mapper 是一个接口,不可以使用 new 为其生成对象实例。一般来说,在 Spring Boot 中可以使用以下 3 种方式创建 Mapper 接口的实例。

- **MapperFactoryBean**:创建单个 Mapper 接口实例;
- **MapperScannerConfigurer**:通过扫描将 Mapper 接口实例装配到 IoC 容器中;
- **@MapperScan**:通过注解定义扫描,将 Mapper 接口实例装配到 IoC 容器中。

MapperFactoryBean 单一处理某个 Mapper 接口,使用起来比较麻烦,目前使用不多,所以后续不再介绍这种方法。MapperScannerConfigurer 和@MapperScan 都可以通过扫描来装配 Mapper 接口实例,只是@MapperScan 更为简便,所以在大部分的情况下,我都建议使用@MapperScan。下面分别介绍 MapperScannerConfigurer 和@MapperScan 的使用方法。

MapperScannerConfigurer 的用法很简单,我们可以在类 Chapter5Application 中添加代码,如代码清单 5-29 所示。

代码清单 5-29　使用 MapperScannerConfigurer 扫描、装配 MyBatis 接口实例

```
/***
 * 配置 MyBatis 接口扫描
 * @return 返回扫描器
 */
@Bean
public MapperScannerConfigurer mapperScannerConfig() {
    // 定义扫描器实例
    var mapperScannerConfigurer = new MapperScannerConfigurer();
    // 设置 SqlSessionFactory, Spring Boot 会自动创建 SqlSessionFactory 实例
    mapperScannerConfigurer.setSqlSessionFactoryBeanName("sqlSessionFactory");
    // 定义扫描的包
    mapperScannerConfigurer.setBasePackage("com.learn.chapter5.*"); // ①
    // 限定被标注@Mapper 的接口才被扫描
    mapperScannerConfigurer.setAnnotationClass(Mapper.class); // ②
    // 通过继承某个接口限定扫描,一般使用不多
    // mapperScannerConfigurer.setMarkerInterface(......); // ③
    return mapperScannerConfigurer;
}
```

上述代码创建了 MapperScannerConfigurer,并设置了它的 SqlSessionFactoryBeanName,接下来在代码①处指定扫描包为"com.learn.chapter5.*",在代码②处限定只扫描标注为@Mapper 的接口,这个限制很重要,如果不配置则可能发生扫描错误。这样就能将我们开发的 Mapper 接口实例装配到 IoC 容器中了。当然,也可以使用接口继承的关系限定,如代码③处,但现实中很少使用这种方法,所以就不再探讨了。

为了测试 Mapper,我们来开发服务层,如代码清单 5-30 所示,分别给出了服务接口和其实现类。

代码清单 5-30　使用 MyBatis 接口

```
package com.learn.chapter5.service;
import com.learn.chapter5.pojo.User;
public interface MyBatisUserService {
    public User getUser(Long id);
}
--------------------------------------------------------
package com.learn.chapter5.service.impl;
/**** imports ****/
@Service
public class MyBatisUserServiceImpl implements MyBatisUserService {
    @Autowired
    private MyBatisUserDao myBatisUserDao = null;

    @Override
    public User getUser(Long id) {
        return myBatisUserDao.getUser(id);
    }
}
```

因为我们已经通过 MapperScannerConfigurer 扫描了 Mapper 接口实例，并将其装配到 IoC 容器中，所以可以采用上述加粗的代码进行依赖注入，把接口实例注入服务类中。接着实现了 getUser() 方法，这段代码也比较简单。下面我们添加类来进行测试，如代码清单 5-31 所示。

代码清单 5-31　使用控制器测试 MyBatis 接口

```
package com.learn.chapter5.test;

/**** imports ****/

@Component
public class MyBatisTest {

    // 注入服务接口
    @Autowired
    private MyBatisUserService myBatisUserService = null;

    public void setMyBatisUserService(MyBatisUserService myBatisUserService) {
        this.myBatisUserService = myBatisUserService;
    }

    @PostConstruct // 使用 Bean 生命周期方法进行测试
    public void testMyBatis() {
        var user = this.myBatisUserService.getUser(1L);
        System.out.println(user.getUserName());
    }
}
```

上述代码删除了 Chapter5Application 上关于 JPA 的配置注解和测试方法，然后运行它，可以看到如下日志：

```
......
Creating a new SqlSession
SqlSession [org.apache.ibatis.session.defaults.DefaultSqlSession@58164e9a] was not registered for synchronization because synchronization is not active
```

```
Fetching JDBC Connection from DataSource
JDBC Connection [com.mysql.cj.jdbc.ConnectionImpl@3c79088e] will not be managed by Spring
==>  Preparing: select id, user_name as userName, sex, note from t_user where id = ?
==> Parameters: 1(Long)
<==      Total: 1
Closing non transactional SqlSession [org.apache.ibatis.session.defaults.DefaultSqlSe
ssion@58164e9a]
user_name_1
......
```

显然到这里我们已经整合了 MyBatis，并且成功地打印了 SQL 语句和运行的结果。

使用 MapperScannerConfigurer 还是需要编写代码，实际上还有更为简单的方式，那就是注解 @MapperScan，我们可以删除代码清单 5-29，单独使用@MapperScan，然后修改 Chapter5Application 为代码清单 5-32 所示的样子。

代码清单 5-32　使用@MapperScan 定义扫描

```java
package com.learn.chapter5.main;

/**** imports ****/
// 定义 Spring Boot 扫描包路径
@SpringBootApplication(scanBasePackages = {"com.learn.chapter5"})
// 定义 MyBatis 的扫描策略
@MapperScan(
        // 指定扫描包
        basePackages = "com.learn.chapter5.*",
        // 指定 SqlSessionFactory，如果 sqlSessionTemplate 被指定，则作废
        sqlSessionFactoryRef = "sqlSessionFactory",
        // 指定 sqlSessionTemplate，将忽略 sqlSessionFactory 的配置
        sqlSessionTemplateRef = "sqlSessionTemplate",
        // 限定扫描的接口标注有@Mapper
        annotationClass = Mapper.class
        // markerInterface = XXX.class,// 限定扫描接口，不常用
)
public class Chapter5Application {

    public static void main(String[] args) {
        SpringApplication.run(Chapter5Application.class, args);
    }

}
```

注意，加粗代码中的@MapperScan 允许通过扫描来加载 MyBatis 的 Mapper 接口。配置项 basePackages 指定扫描包；sqlSessionFactoryRef 配置 SqlSessionFactory；sqlSessionTemplateRef 配置 SqlSessionTemplate；annotationClass 限定只扫描标注了注解@Mapper 的接口；markerInterface 不常用，它通过某个接口的扩展进行扫描限定。如果 Spring Boot 项目中不存在多个 SqlSessionFactory（或者 SqlSessionTemplate），那么完全可以不配置 sqlSessionFactoryRef（或者 sqlSessionTemplateRef），上述代码中关于它们的配置是可有可无的，但是如果存在多个时，就需要进行指定了，而且有一点需要注意：sqlSessionTemplateRef 的优先权是大于 sqlSessionFactoryRef 的，也就是如果我们将两者都进行了配置，Spring 会优先选择 sqlSessionTemplateRef，而把 sqlSessionFactoryRef 作废。

5.4.4 MyBatis 的其他配置

5.4.3 节已经完成了一个简单的整合 MyBatis 的例子，本节还需要进一步介绍 MyBatis 的一些常用配置，毕竟 MyBatis 的内容远远不是上述的那么少。代码清单 5-33 列出了 MyBatis 常用的配置项。

代码清单 5-33　MyBatis 常用的配置项

```
#定义 Mapper 的 XML 路径
mybatis.mapper-locations=......
#定义别名扫描的包，需要与@Alias 联合使用
mybatis.type-aliases-package=......
#MyBatis 配置文件，当你的配置比较复杂的时候可以使用它
mybatis.config-location=......
#具体类需要与@MappedJdbcTypes 联合使用
mybatis.type-handlers-package=......
#级联延迟加载属性配置
mybatis.configuration.aggressive-lazy-loading=......
#执行器（Executor），可以配置为 SIMPLE、REUSE、BATCH，默认为 SIMPLE
mybatis.executor-type=......
```

MyBatis 的配置项很多，上述配置项比较常用。当你遇到比较复杂的配置时，可以直接通过 mybatis.config-location 来指定 MyBatis 本身的配置文件，从而完成你需要的复杂配置。当你的项目不是太复杂时，使用 Spring Boot 提供的配置就可以了。下面我们再来看一个 Spring Boot 集成 MyBatis 插件的例子。

例如，现在开发一个 MyBatis 插件——MyPlugin，其内容如代码清单 5-34 所示。

代码清单 5-34　开发 MyBatis 插件——MyPlugin

```java
package com.learn.chapter5.plugin;
/**** imports ****/
//定义拦截签名
@Intercepts({
    @Signature(type = StatementHandler.class,
        method = "prepare",
        args = { Connection.class, Integer.class }) })
public class MyPlugin implements Interceptor {

    Properties properties = null;

    // 拦截方法逻辑
    @Override
    public Object intercept(Invocation invocation) throws Throwable {
        System.out.println("插件拦截方法......");
        return invocation.proceed();
    }

    // 设置插件属性
    @Override
    public void setProperties(Properties properties) {
        this.properties = properties;
    }
}
```

这样一个 MyBatis 插件就创建完成了，但是我们还没有把它配置到 MyBatis 的机制中。为了完成插件的配置，可以在 application.properties 文件指定 MyBatis 的配置文件，如下：

```
# 指定MyBatis配置文件
mybatis.config-location=classpath:mybatis/mybatis-config.xml
```

这样就指定了 MyBatis 的配置文件路径。然后我们在对应的位置上创建这个配置文件,其内容如代码清单 5-35 所示。

代码清单 5-35　MyBatis 配置文件（/resources/mybatis/mybatis-config.xml）

```xml
<?xml version="1.0" encoding="UTF-8" ?>
<!DOCTYPE configuration
  PUBLIC "-//mybatis.org//DTD Config 3.0//EN"
  "http://mybatis.org/dtd/mybatis-3-config.dtd">
<configuration>
    <plugins>
        <plugin interceptor="com.learn.chapter5.plugin.MyPlugin">
            <property name="key1" value="value1" />
            <property name="key2" value="value2" />
            <property name="key3" value="value3" />
        </plugin>
    </plugins>
</configuration>
```

这个文件只配置了 MyBatis 插件,开发者可以根据自己的需求进行自定义,因为 Spring Boot 已经默认生成了 MyBatis 的其他组件。

第 6 章

聊聊数据库事务处理

　　对于互联网数据库的使用，电商和金融网站最关注的内容毫无疑问就是数据库事务，因为热门商品的交易和库存以及金融产品的金额是不允许发生错误的。但是它们面临的问题是，热门商品或者金融产品上线销售的瞬间，可能面对高并发场景。例如，一款热门的商品即将以很低的价格出售，并且已经提前宣布在第二天 9 点发布进入抢购的阶段，那么该网站成千上万的会员会在第二天 9 点前打开手机、平板电脑和电脑准备疯狂地抢购，在商品发布的瞬间会有大量的请求到达服务器，此时因为存在高并发，所以数据库将在一个多事务的环境下运行，在没有采取一定手段的情况下，就会造成数据的不一致。与此同时，网站也面临巨大的性能压力。面对这样的高并发场景，掌握数据库事务机制是至关重要的，它能够帮助我们在一定程度上保证数据的一致性，并且有效提高系统性能，避免系统宕机，这对于互联网企业应用的成败是至关重要的。

　　在 Spring 中，数据库事务是通过 AOP 技术来实现的。在 JDBC 中存在着大量的 try....catch...finally... 语句，也存在着大量的冗余代码，如那些获取和释放数据库连接的代码以及事务回滚的代码。使用 AOP 后，就可以将它们擦除了，你将看到更为干净的代码。不过，在讨论那些高级话题之前，我们需要先从简单的知识入手，并了解数据库隔离级别，否则有些读者会很难理解后面的内容。

　　对互联网电商来说，商品库存的扣减、交易记录以及账户都必须要么同时成功，要么同时失败，这便是一种事务机制，数据库对这样的机制给予了支持。在一些特殊的场景下，如一个批处理，它将处理多个交易，但是当中的一些交易发生了异常，这个时候则不能将所有交易都回滚，而只能回滚那些发生异常的交易。典型的应用有银行信用卡还款的批量程序，在批量程序中，只会回滚那些发生还款异常的交易，而不会回滚那些还款正常的交易，因为回滚还款正常的交易将会影响用户征信，这显然是不允许的。通过 Spring 的数据库事务传播行为，可以很方便地处理这样的场景。

　　在使用数据库事务前，需要配置数据库信息。先在 application.properties 中进行代码清单 6-1 所示的配置。

代码清单 6-1　配置数据库信息

```
# 数据库连接 URL
spring.datasource.url=jdbc:mysql://localhost:3306/chapter6
```

```
# 数据库用户名
spring.datasource.username=root
# 数据库密码
spring.datasource.password=123456
# 数据库连接驱动类，即便不配置，Spring Boot 也会自动探测
#spring.datasource.driver-class-name=com.mysql.cj.jdbc.Driver

# 使用默认的 Hikari 数据源
# 数据源最大连接数量，默认为 10
spring.datasource.hikari.maximum-pool-size=50
# 最大连接生存期，默认为 1800000 ms（也就是 30 m）
spring.datasource.hikari.max-lifetime=1800000
# 最小空闲连接数，默认值为 10
spring.datasource.hikari.minimum-idle=10

# 日志配置
logging.level.root=DEBUG
logging.level.org.springframework=DEBUG
logging.level.org.mybatis=DEBUG
```

通过上述配置，项目中的数据源就定义好了，这样本章后面的内容就可以使用它了。在 Spring 数据库事务中可以使用编程式事务，也可以使用声明式事务。在大部分的情况下，我们会使用声明式事务，Spring Boot 也不推荐我们使用编程式事务，因此本书不再讨论编程式事务。这里将日志降低为 DEBUG 级别，就可以看到详细的日志了，这有助于观察 Spring 数据库事务机制的运行过程。

6.1 JDBC 的数据库事务

为了让读者对数据库事务有更加直观的认识，本节先从 JDBC 的代码入手。代码清单 6-2 是一段使用 JDBC 插入用户的代码。

代码清单 6-2　在 JDBC 中使用事务

```java
package com.learn.chapter6.service.impl;
/**** imports ****/
@Service
public class JdbcServiceImpl implements JdbcService {

    @Autowired
    private DataSource dataSource;

    @Override
    public int insertUser(String userName, String note) {
        Connection conn = null;
        var result = 0;
        try {
            // 获取数据库连接
            conn = dataSource.getConnection();
            // 启用事务
            conn.setAutoCommit(false);
            // 设置隔离级别
            conn.setTransactionIsolation(Connection.TRANSACTION_READ_COMMITTED);
            var sql = "insert into t_user(user_name, note ) values(?, ?)";
            // 运行 SQL 语句
            var ps = conn.prepareStatement(sql);
            ps.setString(1, userName);
            ps.setString(2, note);
```

```
        result = ps.executeUpdate();
        // 提交事务
        conn.commit();
    } catch (Exception e) {
        // 回滚事务
        if (conn != null) {
            try {
                conn.rollback();
            } catch (SQLException e1) {
                e1.printStackTrace();
            }
        }
        e.printStackTrace();
    } finally {
        // 关闭数据库连接
        try {
            if (conn != null && !conn.isClosed()) {
                conn.close();
            }
        } catch (SQLException e) {
            e.printStackTrace();
        }
    }
    return result;
}
```

在上述代码中，只有加粗部分是业务代码，其他都是有关 JDBC 的功能代码，我们看到了数据库连接的获取和释放、事务的提交和回滚，还有大量的 try...catch...finally...语句。要知道，上述代码只运行了一条 SQL 语句，倘若要运行多条 SQL 语句，代码将更加难以控制。

于是技术人员就开始不断地优化，使用 Hibernate、MyBatis 都可以减少这些代码，但是依旧不能减少获取/释放数据库事务连接和事务控制的代码，而 AOP 给这些功能的实现带来了福音。通过对第 4 章 AOP 知识的学习，可以知道 AOP 允许我们把公共的代码抽取出来单独实现。为了更好地论述，图 6-1 展示了代码清单 6-2 的数据库事务流程。

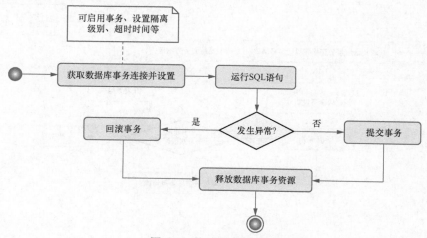

图 6-1　数据库事务流程

这个流程与 AOP 约定流程十分相似。在图 6-1 中，有业务逻辑的部分也只是"运行 SQL 语句"这个环节，其他的环节相对比较固定，按照 AOP 的设计思想就可以把除"运行 SQL 语句"这一步之外的步骤抽取出来单独实现，这便是 Spring 数据库事务编程的设计思想。

6.2　Spring 声明式事务的使用

第 4 章讲解了 AOP 的约定，AOP 会把我们的代码织入约定的流程中。同样，使用 AOP 的思维后，"运行 SQL 语句"这一环节就可以织入 Spring 约定的数据库事务流程中。因此，掌握 Spring 数据库事务的约定就显得至关重要了。

6.2.1　Spring 声明式事务约定

使用 AOP 时，只要我们遵循约定，就可以把自己开发的代码织入约定的流程中。为了"擦除"令人厌烦的 try...catch...finally...语句和减少那些获取/释放数据库事务连接以及控制事务回滚/提交的代码，Spring 利用其 AOP 提供了数据库事务约定流程。使用这个约定流程可以减少大量的冗余代码和一些没有必要的 try...catch...finally...语句，让开发者能够更加集中于业务的开发，而不必过多关注数据库事务连接资源和事务的功能开发，这样开发的代码的可读性就更高，也更好维护。

对于事务，需要通过标注告诉 Spring 在什么地方启用数据库事务功能。声明式事务是使用注解@Transactional 进行标注的，这个注解可以标注在类或者方法上，当它标注在类上时，表示这个类所有公共的（public）非静态的方法都将启用事务功能。@Transactional 允许配置很多属性，如事务的隔离级别和传播行为，这是本章的核心内容。@Transactional 还允许配置异常类型，从而确定方法在发生什么异常时回滚事务或者在发生什么异常时不回滚事务等。IoC 容器在加载时就会将这些配置信息解析出来，然后把这些信息存到事务定义（TransactionDefinition 接口的实现类）里，并且记录哪些类或者方法需要启用事务功能，以及采取什么策略执行事务。在这个过程中，我们需要做的只是给需要事务的类或者方法标注@Transactional 和配置其属性而已，并不是很复杂。

配置了@Transactional，Spring 就会知道在哪里启用事务机制，其约定流程如图 6-2 所示。

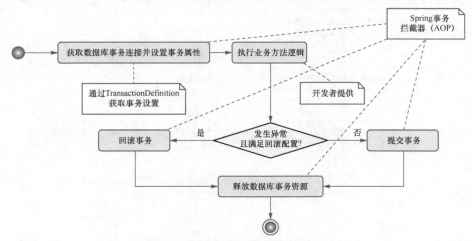

图 6-2　Spring 数据库事务约定流程

因为这个约定非常重要,所以这里做进一步的讨论。

当 Spring 的上下文开始调用被@Transactional 标注的类或者方法时,Spring 就会产生 AOP 的功能。注意,Spring 事务的底层需要启用 AOP 功能,这是 Spring 事务的底层实现方式,后面我们会看到一些陷阱。当 Spring 启用事务时,就会根据事务定义的配置来设置事务。首先是根据传播行为确定事务的策略,有关传播行为,我们会在 6.4 节再谈,这里暂且放下,然后是隔离级别、超时时间、只读等内容的设置,这些事务的设置并不需要开发者完成,而是由 Spring 事务拦截器根据注解@Transactional 配置来完成的。

在上述场景中,Spring 通过对注解@Transactional 的属性配置来设置数据库事务,接着 Spring 就会开始调用开发者编写的业务代码。运行业务代码时可能发生异常,也可能不发生异常。在 Spring 数据库事务约定流程中,Spring 会根据是否发生异常采取不同的策略:如果没有发生异常,Spring 事务拦截器就会帮助我们提交事务,这一步也并不需要我们进行干预;如果发生异常,就要判断@Transactional 的属性配置在该异常下是否满足回滚配置,如果是就回滚事务,如果不是则继续提交事务,这一步也是由事务拦截器完成的。

无论发生异常与否,Spring 都会释放数据库事务资源,这样就可以保证数据源正常可用了,这也是由 Spring 事务拦截器完成的。

在上述场景中,还有一个重要的事务配置属性没有介绍,那就是传播行为。它属于事务方法之间调用的行为,后文会对其做更为详细的介绍。但是无论如何,从图 6-2 所示的流程中我们可以看到开发者在整个流程中只需要完成业务代码,其他的步骤使用 Spring 数据库事务机制和其配置即可,这样就可以把 try...catch...finally...、数据库事务连接管理和事务提交/回滚的代码交由 Spring 完成了。因此,在使用 Spring 数据库事务后,我们可以经常看到代码清单 6-3 这样的简洁代码。

代码清单 6-3　使用 Spring 数据库事务机制

```
......
public class UserServiceImpl implements UserService {

    @Autowired
    private UserDao userDao = null;

    @Override
    @Transactional
    public int insertUser(User user) {
        return userDao.insertUser(user);
    }
    ......
}
```

上述代码仅仅使用一个注解@Transactional 来标识 insertUser()方法需要启用事务机制,那么 Spring 就会按照图 6-2 所示的流程,把 insertUser()方法织入约定的流程中,这样数据库事务连接的获取/释放、事务的提交/回滚就都不再需要编写任何代码了,这是十分便利的。

6.2.2　注解@Transactional 的配置项

数据库事务属性都可以由注解@Transactional 来配置,先来探讨它的源码,如代码清单 6-4 所示。

代码清单 6-4　@Transactional 源码分析

```java
package org.springframework.transaction.annotation;

/**** imports ****/
@Target({ElementType.TYPE, ElementType.METHOD})
@Retention(RetentionPolicy.RUNTIME)
@Inherited
@Documented
public @interface Transactional {
    // 同 transactionManager
    @AliasFor("transactionManager")
    String value() default "";

    // 配置数据管理器的名称
    @AliasFor("value")
    String transactionManager() default "";

    // 配置事务的标签
    String[] label() default {};

    // 配置数据库的隔离级别
    Isolation isolation() default Isolation.DEFAULT;

    // 配置方法的传播行为
    Propagation propagation() default Propagation.REQUIRED;

    // 设置事务的超时时间
    int timeout() default TransactionDefinition.TIMEOUT_DEFAULT;

    // 设置事务超时时间字符串
    String timeoutString() default "";

    // 设置事务是否只读
    boolean readOnly() default false;

    // 设置只在什么异常下回滚事务
    Class<? extends Throwable>[] rollbackFor() default {};

    // 设置只在什么异常名称下回滚事务
    String[] rollbackForClassName() default {};

    // 设置在什么异常下不回滚事务
    Class<? extends Throwable>[] noRollbackFor() default {};

    // 设置在什么异常名称下不回滚事务
    String[] noRollbackForClassName() default {};
}
```

value 和 transactionManager 属性用于配置一个 Spring 事务管理器，6.2.3 节将详细讨论它。timeout 表示事务的超时时间，单位为 s；readOnly 属性定义事务是不是只读事务。rollbackFor()、rollbackForClassName()、noRollbackFor()和 noRollbackForClassName()用于指定异常，在运行业务方法时，可能发生异常，通

过设置这些属性,可以指定在哪些异常情况下依旧提交事务,在哪些异常情况下回滚事务,这些属性可以根据自己的需要进行指定。

以上这些都比较好理解,真正麻烦的是 isolation 和 propagation 这两个属性。isolation 指的是隔离级别,propagation 指的则是传播行为,使用这两个属性需要了解数据库的特性,而这两个麻烦的属性就是本章的核心内容,也是互联网企业最为关心的内容之一。因此,本章需要花较大篇幅来讲解它们的内容和使用方法。由于本节使用了事务管理器,因此我们接下来先讨论一下 Spring 的事务管理器。

值得注意的是,注解@Transactional 可以放在接口上,也可以放在实现类上。但是 Spring 团队推荐将其放在实现类上,因为放在接口上将使得你的类基于接口的代理时才生效,这会限制使用。本书也是将@Transactional 放置在实现类上的。

6.2.3　Spring 事务管理器

在上述的事务约定流程中,事务的获取、提交和回滚是由事务管理器完成的。在 Spring 中,事务管理器的顶层接口为 TransactionManager,这个接口没有任何方法定义,这是因为这个接口下又可以划分两大类事务管理器:一类是响应式编程的事务管理器,另一类是非响应式编程的事务管理器。一般来说,编写 Web 应用使用的是非响应式编程的事务管理器,这类事务管理器的顶级接口是 PlatformTransactionManager。事务管理器之间的关系如图 6-3 所示。

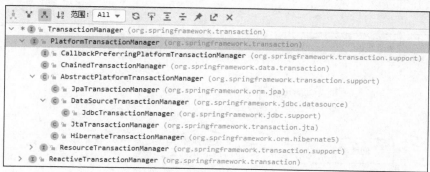

图 6-3　Spring 事务管理器

当我们引入其他框架时,还会用到其他的事务管理器的类。例如,我们引入 Hibernate,那么 Spring orm 包会提供与之对应的 HibernateTransactionManager 给我们使用。因为本书会基于 MyBatis 框架讨论 Spring 数据库事务方面的问题,因此本书使用的事务管理器是 JdbcTransactionManager。从图 6-3 可以看出,它也是一个实现了接口 PlatformTransactionManager 的类。为此,接下来分析 PlatformTransactionManager 接口的源码,如代码清单 6-5 所示。

代码清单 6-5　PlatformTransactionManager 源码分析

```
package org.springframework.transaction;

import org.springframework.lang.Nullable;
```

```
public interface PlatformTransactionManager extends TransactionManager {
    // 获取事务，返回事务状态
    TransactionStatus getTransaction(@Nullable TransactionDefinition definition)
        throws TransactionException;

    // 提交事务
    void commit(TransactionStatus status) throws TransactionException;

    // 回滚事务
    void rollback(TransactionStatus status) throws TransactionException;

}
```

这些方法并不难理解，只需要简单地介绍一下它们便可以了。Spring 做事务管理时，会将这些方法按照约定织入对应的流程中，其中 getTransaction()方法的参数是一个事务定义器（TransactionDefinition），它是依赖于我们配置的@Transactional 的配置项生成的，于是通过它就能够设置事务的属性了，而提交和回滚事务则是通过 commit()和 rollback()方法来执行的。这里需要注意的是事务状态（TransactionStatus），getTransaction()方法会返回一个事务状态，而 commit()方法和 rollback()方法的参数是事务状态，在 Spring 数据库事务机制中，事务状态会影响事务的传播行为，未来我们会看到这样的场景。

介绍了 Spring 事务管理器，重新绘制 Spring 数据库事务流程，如图 6-4 所示。

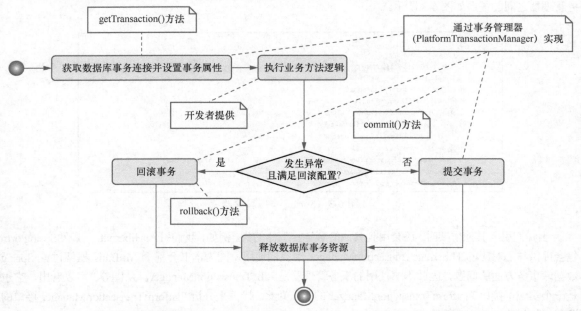

图 6-4　将事务管理器（PlatformTransactionManager）的方法织入约定流程中

在 Spring Boot 中，添加 Maven 依赖 mybatis-spring-boot-starter 之后，会自动创建 JdbcTransactionManager 对象作为事务管理器。如果依赖 spring-boot-starter-data-jpa，则会自动创建 JpaTransactionManager 对象作为事务管理器。可见事务管理器是 Spring Boot 自动创建的，我们不需要自己创建它，这就是 Spring Boot 的主导思想——约定优于配置。

6.2.4 测试数据库事务

首先创建一张用户表,其 SQL 语句如代码清单 6-6 所示。

代码清单 6-6 创建用户表
```sql
create table t_user (
id int(12) auto_increment,
user_name varchar(60) not null,
note varchar(512),
primary key(id)
);
```

为了与它映射起来,需要使用一个用户 POJO,其内容如代码清单 6-7 所示。

代码清单 6-7 用户 POJO
```java
package com.learn.chapter6.pojo;
/**** imports ****/
@Alias("user")
public class User {
   private Long id;
   private String userName;
   private String note;
   /**** setter and getter ****/
}
```

上述代码使用注解@Alias 定义了用户 POJO 的别名,这样就可以让 MyBatis 扫描到其上下文。然后给出一个 MyBatis 接口文件,如代码清单 6-8 所示。

代码清单 6-8 MyBatis 接口文件
```java
package com.learn.chapter6.dao;

/**** imports ****/
@Mapper
public interface UserDao {
   User getUser(Long id);
   int insertUser(User user);
}
```

接着创建 MyBatis 接口文件对应的一个用户映射文件,并放到项目的/resources/mappers 目录下,如代码清单 6-9 所示,它提供 SQL 语句与相关 POJO 的映射规则。

代码清单 6-9 用户映射文件(resources/mappers/userMapper.xml)
```xml
<?xml version="1.0" encoding="UTF-8" ?>
<!DOCTYPE mapper
  PUBLIC "-//mybatis.org//DTD Mapper 3.0//EN"
  "http://mybatis.org/dtd/mybatis-3-mapper.dtd">
<mapper namespace="com.learn.chapter6.dao.UserDao">
   <select id="getUser" parameterType="long" resultType="user">
      select id, user_name as userName, note from t_user where id = #{id}
   </select>

   <insert id="insertUser" useGeneratedKeys="true" keyProperty="id">
      insert into t_user(user_name, note) value(#{userName}, #{note})
```

```
        </insert>
</mapper>
```

上述代码中的<select>元素定义的 resultType 为 user,是一个别名,指向代码清单 6-7 定义的用户 POJO。而<insert>元素定义的属性 useGeneratedKeys 和 keyProperty 则表示在插入用户 POJO 之后使用数据库生成机制回填对象的主键。

我们还需要创建一个用户服务接口 UserService 和其实现类 UserServiceImpl,然后通过@Transactional 启用 Spring 数据库事务机制,如代码清单 6-10 所示。

代码清单 6-10　用户服务接口和其实现类

```
package com.learn.chapter6.service;
/**** imports ****/
public interface UserService {
    // 获取用户信息
    public User getUser(Long id);
    // 新增用户
    public int insertUser(User user) ;
}

/************************/

package com.learn.chapter6.service.impl;

/**** imports ****/
@Service
public class UserServiceImpl implements UserService {

    @Autowired
    private UserDao userDao = null;

    @Override
    // 在方法上启用事务,并且将事务超时时间设置为 1 s
    @Transactional(timeout = 1)
    public int insertUser(User user) {
        return userDao.insertUser(user);
    }

    @Override
    // 在方法上启用事务,并且将事务的隔离级别设置为读写提交,超时时间设置为 1 s
    @Transactional(isolation= Isolation.READ_COMMITTED, timeout = 1)
    public User getUser(Long id) {
        return userDao.getUser(id);
    }
}
```

上述代码中的两个方法中标注了注解@Transactional,意味着这两个方法将启用 Spring 数据库事务机制。在进行事务配置时,第二个@Transactional 采用了读写提交的隔离级别,6.3.2 节将讨论它的含义,上述代码还设置超时时间为 1 s。下面可以写一个类,用来测试数据库事务,如代码清单 6-11 所示。

代码清单 6-11　测试数据库事务

```
package com.learn.chapter6.main;

/**** imports ****/
```

```java
@Component
public class TestTrans {

   @Autowired // 注入服务对象
   private UserService userService = null;

   public void setUserService(UserService userService) {
      this.userService = userService;
   }

   @PostConstruct // 使用 Bean 生命周期方法
   public void test() {
      var user = this.userService.getUser(1L);
      System.out.println(user.getUserName());
      var user2 = new User();
      user2.setNote("note_2_new");
      user2.setUserName("user_name_2_new");
      this.userService.insertUser(user2);
      System.out.println(user2.getId());
   }
}
```

有了这个类，我们还需要为 Spring Boot 配置 MyBatis 框架的内容，于是需要在配置文件 application.properties 中加入代码清单 6-12。

代码清单 6-12　配置 MyBatis 框架

```
mybatis.mapper-locations=classpath:/mappers/*.xml
mybatis.type-aliases-package=com.learn.chapter6.pojo
```

这样 MyBatis 框架就配置完成了。添加 Maven 依赖 mybatis-spring-boot-starter 之后，Spring Boot 会自动创建事务管理器（JdbcTransactionManager）、MyBatis 的 SqlSessionFactory 和 SqlSessionTemplate 等内容。下面我们需要配置 Spring Boot 的启动文件来进行测试，如代码清单 6-13 所示。

代码清单 6-13　Spring Boot 的启动文件

```java
package com.learn.chapter6.main;

/**** imports ****/
// 指定扫描的包
@SpringBootApplication(scanBasePackages = "com.learn.chapter6")
// 扫描 MyBatis 的 Mapper 接口
@MapperScan(
     basePackages = "com.learn.chapter6", // 扫描包
     annotationClass = Mapper.class) // 限定扫描的注解
public class Chapter6Application {

   public static void main(String[] args) {
      SpringApplication.run(Chapter6Application.class, args);
   }

}
```

上述代码使用@MapperScan 来扫描对应的包，并限定只扫描被注解@Mapper 标注的接口，这样就可以把 MyBatis 对应的接口装配到 IoC 容器中了。按照 Spring 对事务的约定使用注解@Transactional

标注类和方法,则说明相关的方法运行时需要启用 Spring 事务流程。当运行这些需要启用事务流程的方法时,Spring 就会将方法织入流程中,如果方法发生异常,就会回滚事务,如果不发生异常,就会提交事务。这样我们就从大量的冗余代码中解放出来了,可以看到服务实现类(UserServiceImpl)的代码是很清爽的。运行类 Chapter6Application,可以看到如下运行日志:

```
......
Acquired Connection [HikariProxyConnection@1620041759 wrapping com.mysql.cj.jdbc.ConnectionImpl@7f1ef916] for JDBC transaction
Changing isolation level of JDBC Connection [HikariProxyConnection@1620041759 wrapping com.mysql.cj.jdbc.ConnectionImpl@7f1ef916] to 2
    Switching JDBC Connection [HikariProxyConnection@1620041759 wrapping com.mysql.cj.jdbc.ConnectionImpl@7f1ef916] to manual commit
    Creating a new SqlSession
    Registering transaction synchronization for SqlSession [org.apache.ibatis.session.defaults.DefaultSqlSession@5e1dde44]
    JDBC Connection [HikariProxyConnection@1620041759 wrapping com.mysql.cj.jdbc.ConnectionImpl@7f1ef916] will be managed by Spring
    ==>  Preparing: select id, user_name as userName, note from t_user where id = ?
    ==> Parameters: 1(Long)
    <==      Total: 1
    Releasing transactional SqlSession [org.apache.ibatis.session.defaults.DefaultSqlSession@5e1dde44]
    Transaction synchronization committing SqlSession [org.apache.ibatis.session.defaults.DefaultSqlSession@5e1dde44]
    Transaction synchronization deregistering SqlSession [org.apache.ibatis.session.defaults.DefaultSqlSession@5e1dde44]
    Transaction synchronization closing SqlSession [org.apache.ibatis.session.defaults.DefaultSqlSession@5e1dde44]
    Initiating transaction commit
Committing JDBC transaction on Connection [HikariProxyConnection@1620041759 wrapping com.mysql.cj.jdbc.ConnectionImpl@7f1ef916]
    Resetting isolation level of JDBC Connection [HikariProxyConnection@1620041759 wrapping com.mysql.cj.jdbc.ConnectionImpl@7f1ef916] to 4
    Releasing JDBC Connection [HikariProxyConnection@1620041759 wrapping com.mysql.cj.jdbc.ConnectionImpl@7f1ef916] after transaction

Creating new transaction with name [com.learn.chapter6.service.impl.UserServiceImpl.insertUser]: PROPAGATION_REQUIRED,ISOLATION_DEFAULT,timeout_1
    Acquired Connection [HikariProxyConnection@1849610076 wrapping com.mysql.cj.jdbc.ConnectionImpl@7f1ef916] for JDBC transaction
    Switching JDBC Connection [HikariProxyConnection@1849610076 wrapping com.mysql.cj.jdbc.ConnectionImpl@7f1ef916] to manual commit
    Creating a new SqlSession
    Registering transaction synchronization for SqlSession [org.apache.ibatis.session.defaults.DefaultSqlSession@71f1cc02]
    JDBC Connection [HikariProxyConnection@1849610076 wrapping com.mysql.cj.jdbc.ConnectionImpl@7f1ef916] will be managed by Spring
    ==>  Preparing: insert into t_user(user_name, note) value(?, ?)
    ==> Parameters: user_name_2_new(String), note_2_new(String)
    <==    Updates: 1
    Releasing transactional SqlSession [org.apache.ibatis.session.defaults.DefaultSqlSession@71f1cc02]
    Transaction synchronization committing SqlSession [org.apache.ibatis.session.defaults.DefaultSqlSession@71f1cc02]
```

```
Transaction synchronization deregistering SqlSession [org.apache.ibatis.session.
defaults.DefaultSqlSession@71f1cc02]
    Transaction synchronization closing SqlSession [org.apache.ibatis.session.defaults.
DefaultSqlSession@71f1cc02]
    Initiating transaction commit
    Committing JDBC transaction on Connection [HikariProxyConnection@1849610076 wrapping
com.mysql.cj.jdbc.ConnectionImpl@7f1ef916]
    Releasing JDBC Connection [HikariProxyConnection@1849610076 wrapping com.mysql.cj.jdbc.
ConnectionImpl@7f1ef916] after transaction
    8
    ......
```

从日志中我们可以看到，Spring 获取了数据库事务连接，并且修改了隔离级别，然后运行 SQL 语句，最后自动地提交数据库事务和释放数据库事务连接。这都是因为我们对方法标注了 @Transactional，Spring 会把对应方法的代码织入约定数据库事务流程中。

6.3 隔离级别

在前文中，我们只是简单地使用事务，本节将讨论 Spring 事务机制中非常重要的配置项——隔离级别。

互联网应用时刻面对着高并发的环境，例如，商品库存时刻都是被多个线程共享的数据，在多线程的环境中扣减商品库存，数据库中就会出现多个事务同时访问同一记录的情况，使用不当则会导致数据不一致，这便是数据库的丢失更新（lost update）问题。隔离级别是数据库的概念，有些难度，所以在使用它之前应该先了解数据库的相关知识。

6.3.1 数据库事务的要素

数据库事务具有以下 4 个基本要素，也就是著名的 ACID。

- **Atomic**（原子性）：事务中包含的操作被看作一个整体的业务单元，这个业务单元中的操作要么全部成功，要么全部失败，不会出现部分失败、部分成功的场景。
- **Consistency**（一致性）：事务在完成时，必须使所有数据都保持一致状态，在数据库中进行的所有修改都基于事务，保证了数据的完整性。
- **Isolation**（隔离性）：这是我们讨论的核心内容，正如上述，可能多个应用程序线程会同时访问同一数据，这样数据库的同一数据就会在各个不同的事务中被访问，会产生丢失更新。为了压制丢失更新的产生，数据库定义了隔离级别的概念，通过对隔离级别的选择，可以在不同程度上压制丢失更新的发生。因为互联网的应用常常面对高并发的场景，所以隔离性是需要掌握的重点内容。
- **Durability**（持久性）：事务结束后，所有数据会固化到一个地方，如保存到磁盘当中，即使断电重启后也可以提供给应用程序访问。

这 4 个要素，除了隔离性，都是比较好理解的，本节会更为深入地讨论隔离性。在多个事务同时操作数据的情况下，会引发丢失更新问题。以商品库存为例，一般而言，存在两种类型的丢失更新。

假设一种商品的库存还有 100，每次抢购都只能抢购 1 件商品，那么在抢购时就可能出现表 6-1 所示的场景。

表 6-1 第一类丢失更新

时刻	事务 1	事务 2
T1	初始库存 100	初始库存 100
T2	扣减库存,余 99	—
T3	—	扣减库存,余 99
T4	—	提交事务,库存变为 99
T5	回滚事务,库存 100	—

可以看到,T5 时刻事务 1 回滚,导致原本的库存 99 变为了 100,显然事务 2 的结果丢失了,这就是一个错误的结果。类似地,对于这样一个事务回滚而另一个事务提交所引发的数据不一致的情况,称为第一类丢失更新。第一类丢失更新没有讨论的价值,因为目前大部分数据库已经克服了这个问题,也就是现今数据库系统已经不会再出现表 6-1 所示的情况了。因此,对于这样的场景本书不再深入讨论,而是重点讨论第二类丢失更新,也就是多个事务都提交的场景。

多个事务并发提交,会出现怎样的不一致的场景呢?我们以表 6-2 所示场景为例进行分析。

表 6-2 第二类丢失更新

时刻	事务 1	事务 2
T1	初始库存 100	初始库存 100
T2	扣减库存,余 99	—
T3	—	扣减库存,余 99
T4	—	提交事务,库存变为 99
T5	**提交事务,库存变为 99**	—

注意 T5 时刻提交的事务,由于事务 1 无法感知事务 2 的操作,事务 1 不知道事务 2 已经修改了数据,因此它依旧认为只是发生了一笔扣减库存业务,所以库存变为了 99,这个结果又是错误的。这样,T5 时刻事务 1 提交的结果,就会引发事务 2 提交结果的丢失,我们把这样的多个事务提交引发的丢失更新称为**第二类丢失更新**。这是互联网系统需要关注的重点内容。为了克服这些问题,数据库提出了事务隔离级别的概念。

6.3.2 详解隔离级别

6.3.1 节讨论了第二类丢失更新。为了压制丢失更新,数据库标准提出了 4 类隔离级别——未提交读、读写提交、可重复读和串行化,它们能在不同的程度上压制丢失更新。

也许你会有一个疑问,全部消除丢失更新不就好了吗,为什么只是在不同的程度上压制丢失更新呢?其实这个问题是从两个角度来看的:一个是数据的一致性,另一个是性能。数据库现有的技术完全可以避免丢失更新,但是这样做就要付出锁的代价了。在互联网应用系统中,不单单要考虑数据的一致性,还要考虑系统的性能。试想,在互联网应用系统中使用过多的锁,一旦出现商品抢购这样的场景,必然会导致大量的线程被挂起和恢复,使用锁之后,一个时刻只能有一个线程访问数据,系统的响应就会变得十分缓慢。当系统被数千甚至数万用户同时访问时,过多的锁会引发宕机,大部分用户线程被挂起,等待持有锁事务的完成。这样的用户体验十分糟糕,当互联网系统响应时间超过 5 秒后，就会让用户觉得很不友好，进而引发用户忠诚度下降的问题。总体来说，选择隔离级别的时候，既需要考虑数据的一致性，避免脏数据，又要考虑系统性能的问题。下面我们通过商品抢购的场景来讲述这 4 种隔离级别的区别。

1. 未提交读（read uncommitted）

未提交读是最低的隔离级别，其含义是允许一个事务读取另一个事务没有提交的数据。未提交读是一种危险的隔离级别，所以在实际的开发中应用不广，但是它的优点在于并发能力高，适合那些对数据一致性没有要求而追求高并发的场景，它的最大坏处是可能发生脏读。表 6-3 展示了可能发生的脏读现象。

表 6-3 脏读现象

时 刻	事 务 1	事 务 2	备 注
T0	—	—	商品库存初始化为 2
T1	读取库存为 2	—	—
T2	扣减库存	—	库存为 1
T3	—	扣减库存	库存为 0，读取事务 1 未提交的库存
T4	—	提交事务	库存保存为 0
T5	回滚事务	—	因为第一类丢失更新已经克服，所以不会回滚为 2，库存为 0，结果错误

在表 6-3 所示的 T3 时刻，因为采用未提交读，所以事务 2 可以读取事务 1 未提交的库存 1，事务 2 扣减库存后则库存为 0，然后事务 2 提交事务，库存就变为了 0，而事务 1 在 T5 时刻回滚事务，因为第一类丢失更新已经被克服，所以它不会将库存回滚到 2，那么最后的库存就变为了 0，这样就出现了错误。

为了克服脏读的问题，数据库标准提供了读写提交的级别。

2. 读写提交（read committed）

读写提交隔离级别，是指一个事务只能读取另一个事务已经提交的数据，不能读取未提交的数据。例如，表 6-3 的场景在限制为读写提交隔离级别后，就变为表 6-4 描述的场景了。

表 6-4 克服脏读

时 刻	事 务 1	事 务 2	备 注
T0	—	—	商品库存初始化为 3
T1	读取库存为 3	—	—
T2	扣减库存	—	库存为 2
T3	—	读取库存为 3	读取不到事务 1 未提交的库存
T4	—	扣减库存	库存为 2
T5	—	提交事务	库存保存为 2
T6	回滚事务	—	因为第一类丢失更新已经克服，所以不会回滚为 3，库存为 2，结果正确

在 T3 时刻，由于采用了读写提交的隔离级别，因此事务 2 读取不到事务 1 中未提交的库存 2，T4 时刻扣减库存的结果依旧为 2，然后事务 2 提交事务，在 T5 时刻库存就变为了 2。在 T6 时刻，事务 1 回滚，因为第一类丢失更新已克服，所以最后库存为 2，这是一个正确的结果。但是读写提交也会产生表 6-5 所描述的不可重复读现象。

表 6-5　不可重复读现象

时刻	事务 1	事务 2	备注
T0	—	—	商品库存初始化为 1
T1	读取库存为 1	—	—
T2	扣减库存	—	事务未提交
T3	—	读取库存为 1	认为可扣减
T4	提交事务	—	库存变为 0
T5	—	扣减库存	失败，因为此时库存为 0，无法扣减

在 T3 时刻，事务 2 读取库存，因为事务 1 未提交事务，所以读出的库存为 1，于是事务 2 认为当前可扣减库存。在 T4 时刻，因为事务 1 已经提交事务，所以在 T5 时刻，事务 2 扣减库存的时候就发现库存为 0，于是就无法扣减库存了。这里的问题在于事务 2 之前认为可以扣减，而到扣减那一步却发现已经不可以扣减，于是库存对事务 2 而言是一个可变化的值，这样的现象称为不可重复读，这就是读写提交的一个不足之处。为了克服这个不足，数据库的标准还提供了可重复读的隔离级别，它能够克服不可重复读的问题。

3. 可重复读（repeatable read）

可重复读的目标是克服读写提交中出现的不可重复读的现象，因为在读写提交的时候，可能出现一些值的变化，影响当前事务的运行，如上述的库存是一个变化的值。这个时候数据库标准提出了可重复读的隔离级别，能够克服不可重复读的问题，如表 6-6 所示。

表 6-6　克服不可重复读

时刻	事务 1	事务 2	备注
T0	—	—	商品库存初始化为 1
T1	读取库存为 1	—	—
T2	扣减库存	—	事务未提交
T3	—	尝试读取库存	不允许读取，等待事务 1 提交
T4	提交事务	—	库存变为 0
T5	—	读取库存	库存为 0，无法扣减

可以看到，事务 2 在 T3 时刻尝试读取库存，但是此时这个库存已经被事务 1 读取，所以这个时候数据库就阻塞事务 2 的读取，直至事务 1 提交，事务 2 才能读取库存的值。此时已经是 T5 时刻，而读取到的值为 0，这时就已经无法扣减了，显然在读写提交中出现的不可重复读的现象被消除了。但是，这样做也会引发新的问题——幻读。假设现在商品交易正在进行中，而后台有人也在进行查询和打印的业务，让我们看看可能出现的场景，如表 6-7 所示。

表 6-7 幻读现象

时刻	事务 1	事务 2	备注
T1	读取库存为 50	—	商品库存初始化为 100，现在已经销售 50 件，库存为 50
T2	—	查询交易记录为 50	—
T3	扣减库存	—	—
T4	插入 1 笔交易记录	—	—
T5	提交事务	—	库存为 49，交易记录为 51
T6	—	打印交易记录为 51	这里与查询的结果不一致，在事务 2 看来有 1 笔是虚幻的，与之前查询的不一致

这便是幻读现象。可重复读和幻读是读者比较难以理解的内容，这里简单解释一下。这里的交易记录数不是数据库存储的值，而是一个统计值，商品库存则是数据库存储的值，这一点是要注意的。也就是说，幻读是针对多条记录而言的，例如，T6 时刻打印的 51 笔交易记录就是多条数据库记录。可重复读是针对数据库的一条记录而言的，例如，商品的库存是以数据库里面的一条记录存储的，它可以产生可重复读，而不能产生幻读。

4. 串行化（serializable）

串行化是数据库最高的隔离级别，它会要求所有 SQL 语句都按照顺序运行，这样就可以克服上述隔离级别出现的各种问题，能够完全保证数据的一致性。

5. 使用合理的隔离级别

通过上面的讲述，读者应该对隔离级别有了更多的认识，使用它能够在不同程度上压制丢失更新，上述内容可以总结成如表 6-8 所示的一张表。

表 6-8 隔离级别和可能发生的现象

项目类型	脏读	不可重复读	幻读
未提交读	√	√	√
读写提交	×	√	√
可重复读	×	×	√
串行化	×	×	×

作为互联网应用开发者，在开发高并发业务时需要时刻记住隔离级别的各种概念和可能发生的相关现象，这是数据库事务的核心内容，也是互联网企业关注的重要内容。在企业的生产实践中，选择隔离级别一般会以读写提交为主，它能够防止脏读，但不能避免不可重复读和幻读。为了克服数据不一致和性能问题，程序开发者还设计了乐观锁，甚至使用其他数据库，例如使用 Redis 作为数据载体。对于隔离级别，不同的数据库的支持也是不一样的。例如，Oracle 只能支持读写提交和串行化，而 MySQL 则能够支持 4 种，Oracle 默认的隔离级别为读写提交，MySQL 默认的隔离级别则是可重复读。

只要掌握了隔离级别的概念，使用隔离级别就很简单，只需要使用注解@Transactional 配置即可，如代码清单 6-14 所示。

代码清单 6-14　使用隔离级别

```
@Transactional(isolation=Isolation.SERIALIZABLE)
public int insertUser(User user) {
    return userDao.insertUser(user);
}
```

上述代码使用串行化的隔离级别来保证数据的一致性，这使它将阻塞其他的事务进行并发，因此它只能运用在那些低并发而又需要保证数据一致性的场景下。对于高并发而又要保证数据一致性的场景，则需要另行处理。

有时候一个个地指定隔离级别很不方便，Spring Boot 可以通过配置文件指定默认的隔离级别。例如，当我们需要把隔离级别设置为读写提交时，可以在 application.properties 文件中加入数据库隔离级别的默认配置，如代码清单 6-15 所示。

代码清单 6-15　配置默认隔离级别

```
#### Hikari 数据源默认隔离级别，Hikari 是 Spring Boot 的默认数据源 ####
# TRANSACTION_READ_UNCOMMITTED 未提交读
# TRANSACTION_READ_COMMITTED 读写提交
# TRANSACTION_REPEATABLE_READ 可重复读
# TRANSACTION_SERIALIZABLE 串行化
spring.datasource.hikari.transaction-isolation=TRANSACTION_READ_COMMITTED


#### 常见其他数据源隔离级别配置 ####
# 隔离级别配置数字的含义：
# -1 数据库默认隔离级别
#  1 未提交读
#  2 读写提交
#  4 可重复读
#  8 串行化

# Tomcat 数据源默认隔离级别
# spring.datasource.tomcat.default-transaction-isolation=2
# DBCP2 数据源默认隔离级别
# spring.datasource.dbcp2.default-transaction-isolation=2
# 阿里巴巴 Druid 数据源默认隔离级别
# spring.datasource.druid.default-transaction-isolation=2
```

因为在默认的情况下，Spring Boot 使用 Hikari 数据源，本章的例子也是，所以这里将 Hikari 数据源默认隔离级别设置为读写提交（TRANSACTION_READ_COMMITTED）。此外，上述代码还给出了其他常见数据源的配置，供读者参考，这些数据源的默认隔离级别都配置为数字 2，表示将默认隔离级别设置为读写提交，当然你也可以根据自己的项目需要进行修改。

6.4　传播行为

传播行为是方法之间调用事务所采取的策略。在绝大部分情况下，我们会认为数据库事务要么全部成功，要么全部失败。但现实中也会有特殊的情况，例如，执行一个批量任务，它会处理很多的交易，绝大部分交易可以顺利完成，但是也有极少数的交易因为特殊原因不能完成而发生异常，这时我们不应该因为极少数的交易不能完成而回滚批量任务调用的其他交易，使得那些本能完成的交易也不能完成了。此时，我们真实的需求是：在执行一个批量任务的过程中，调用多个交易时，如果有一些交易发生异常，只回滚那些出现异常的交易，而不回滚整个批量任务，这样就能够使得那些没有问题的交易顺利完成，而有问题的交易则不做任何事情，如图 6-5 所示。

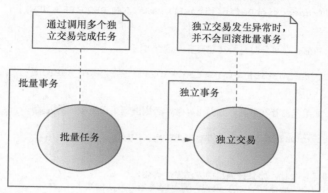

图 6-5　事务的传播行为

在 Spring 中，当一个方法调用另一个方法时，可以让事务采取不同的策略工作，如新建事务或者挂起当前事务等，这便是事务的传播行为。这样讲还是有点抽象，我们再回到图 6-5 中，将批量任务称为当前方法，那么批量事务就被称为当前事务，把独立交易称为子方法。当前方法调用子方法的时候，让每个子方法不在当前事务中运行，而是创建一个新的事务来运行，那么当前方法调用子方法的传播行为就是新建事务。此外，还可能让子方法在无事务、独立事务中运行，这完全取决于你的业务需求。

6.4.1　传播行为

在 Spring 事务机制中，通过枚举类 Propagation 对数据库定义了 7 种传播行为。下面先来研究它的源码，如代码清单 6-16 所示。

代码清单 6-16　传播行为枚举

```
package org.springframework.transaction.annotation;
/**** imports ****/
public enum Propagation {
   /**
    * 需要事务，它是默认传播行为。如果当前存在事务，就沿用当前事务；否则新建一个事务运行该方法
    */
   REQUIRED(TransactionDefinition.PROPAGATION_REQUIRED),

   /**
    * 支持事务。如果当前存在事务，就沿用当前事务；否则继续采用无事务的方式运行该方法
    */
   SUPPORTS(TransactionDefinition.PROPAGATION_SUPPORTS),

   /**
    * 必须使用事务。如果当前没有事务，则会抛出异常；如果存在当前事务，则沿用当前事务运行该方法
    */
   MANDATORY(TransactionDefinition.PROPAGATION_MANDATORY),
```

```java
    /**
     * 无论当前事务是否存在，都会创建新事务运行该方法，
     * 这样新事务就可以拥有新的锁和隔离级别等特性，与当前事务相互独立
     */
    REQUIRES_NEW(TransactionDefinition.PROPAGATION_REQUIRES_NEW),

    /**
     * 不支持事务，当前存在事务时，将挂起事务，运行方法
     */
    NOT_SUPPORTED(TransactionDefinition.PROPAGATION_NOT_SUPPORTED),

    /**
     * 不支持事务，如果当前存在事务，则抛出异常，否则继续采用无事务的方式运行该方法
     */
    NEVER(TransactionDefinition.PROPAGATION_NEVER),

    /**
     * 在当前方法调用方法时，如果被调用的方法发生异常，
     * 只回滚被调用的方法运行过的 SQL 语句，而不回滚当前方法的事务
     */
    NESTED(TransactionDefinition.PROPAGATION_NESTED);

    private final int value;

    Propagation(int value) { this.value = value; }

    public int value() { return this.value; }
}
```

上述代码中的中文注释解释了每种传播行为的含义。传播行为一共分为 7 种，但是常用的只有代码清单 6-16 中加粗的 3 种，其他的传播行为使用率比较低。基于实用的原则，本书只讨论这 3 种传播行为。6.4.2 节将对这 3 种传播行为进行测试。

6.4.2 测试传播行为

本节继续沿用 6.2.4 节的代码来测试 REQUIRED、REQUIRES_NEW 和 NESTED 这 3 种最常用的传播行为。新建批量用户服务接口 UserBatchService 及其实现类 UserBatchServiceImpl，用来批量更新用户，UserBatchService 接口如代码清单 6-17 所示。

代码清单 6-17　UserBatchService

```java
package com.learn.chapter6.service;
/**** imports ****/
public interface UserBatchService {

    public int insertUsers(List<User> userList);
}
```

UserBatchService 的实现类如代码清单 6-18 所示。

代码清单 6-18　批量用户服务实现类 UserBatchServiceImpl

```java
package com.learn.chapter6.service.impl;
/**** imports ****/
```

```java
@Service
public class UserBatchServiceImpl implements UserBatchService {
    @Autowired
    private UserService userService = null;

    @Override
    @Transactional(isolation = Isolation.READ_COMMITTED, propagation=Propagation.REQUIRED)
    public int insertUsers(List<User> userList) {
        var count = 0;
        for (var user : userList) {
            // 调用子方法，将使用子方法@Transactional定义的传播行为
            count += userService.insertUser(user);
        }
        return count;
    }
}
```

注意上述加粗的代码，它将调用代码清单 6-10 所示的 insertUser()方法，但是 insertUser()方法中没有定义传播行为，那么 Spring 就会默认采用 REQUIRED，也就是沿用当前事务，因此它将与 insertUsers()方法使用同一个事务。下面修改类 TestTrans 的 test()方法，如代码清单 6-19 所示。

代码清单 6-19　测试传播行为

```java
@PostConstruct // 使用 Bean 生命周期方法
public void test2() {
    var user1 = new User();
    user1.setUserName("user_REQUIRED_1");
    user1.setNote("note_REQUIRED_1");
    var user2 = new User();
    user2.setUserName("user_REQUIRED_2");
    user2.setNote("note_REQUIRED_2");
    var userList = List.of(user1, user2);
    // 结果会回填主键，返回插入条数
    var rowCount = userBatchService.insertUsers(userList);
    System.out.println(rowCount);
}
```

这样就可以通过 test()方法来测试用户的批量插入了。运行类 Chapter6Application，可以观察到如下日志：

```
Acquired Connection [HikariProxyConnection@399683701 wrapping com.mysql.cj.jdbc.ConnectionImpl@75d366c2] for JDBC transaction
Changing isolation level of JDBC Connection [HikariProxyConnection@399683701 wrapping com.mysql.cj.jdbc.ConnectionImpl@75d366c2] to 2
Switching JDBC Connection [HikariProxyConnection@399683701 wrapping com.mysql.cj.jdbc.ConnectionImpl@75d366c2] to manual commit
Participating in existing transaction
Creating a new SqlSession
Registering transaction synchronization for SqlSession [org.apache.ibatis.session.defaults.DefaultSqlSession@13803a94]
JDBC Connection [HikariProxyConnection@399683701 wrapping com.mysql.cj.jdbc.ConnectionImpl@75d366c2] will be managed by Spring
==>  Preparing: insert into t_user(user_name, note) value(?, ?)
==>  Parameters: user_REQUIRED_1(String), note_REQUIRED_1(String)
<==  Updates: 1
Releasing transactional SqlSession [org.apache.ibatis.session.defaults.DefaultSqlSession@13803a94]
```

第 6 章　聊聊数据库事务处理

```
Participating in existing transaction
Fetched SqlSession [org.apache.ibatis.session.defaults.DefaultSqlSession@13803a94]
from current transaction
    ==>  Preparing: insert into t_user(user_name, note) value(?, ?)
    ==> Parameters: user_REQUIRED_2(String), note_REQUIRED_2(String)
    <==    Updates: 1
Releasing transactional SqlSession [org.apache.ibatis.session.defaults.
DefaultSqlSession@13803a94]
    Transaction synchronization committing SqlSession [org.apache.ibatis.session.defaults.
DefaultSqlSession@13803a94]
    Transaction synchronization deregistering SqlSession [org.apache.ibatis.session.
defaults.DefaultSqlSession@13803a94]
    Transaction synchronization closing SqlSession [org.apache.ibatis.session.defaults.
DefaultSqlSession@13803a94]
    Initiating transaction commit
```

通过加粗的日志我们可以看到，运行 UserService 的 insertUser() 方法都是在沿用已经存在的当前事务。接着我们对代码清单 6-10 中的 insertUser() 方法的注解进行修改，如代码清单 6-20 所示。

代码清单 6-20　使用 REQUIRES_NEW 传播行为

```java
@Override
@Transactional(isolation= Isolation.READ_COMMITTED,
       propagation = Propagation.REQUIRES_NEW)
public int insertUser(User user) {
   return userDao.insertUser(user);
}
```

再次进行测试，可以得到如下日志：

```
# 当前方法获取事务（UserBatchService 的 insertUser()方法）
Acquired Connection [HikariProxyConnection@1369206732 wrapping com.mysql.cj.jdbc.
ConnectionImpl@7f42e06e] for JDBC transaction
Changing isolation level of JDBC Connection [HikariProxyConnection@1369206732 wrapping
com.mysql.cj.jdbc.ConnectionImpl@7f42e06e] to 2
Switching JDBC Connection [HikariProxyConnection@1369206732 wrapping com.mysql.cj.jdbc.
ConnectionImpl@7f42e06e] to manual commit
# 挂起当前事务
Suspending current transaction, creating new transaction with name [com.learn.chapter6.
service.impl.UserServiceImpl.insertUser]
   TLSHandshake: localhost:3306, TLSv1.3, TLS_AES_256_GCM_SHA384, 1288712075
HikariPool-1 - Added connection com.mysql.cj.jdbc.ConnectionImpl@6c40f9e9
# 子方法（UserService 的 insertUser()方法）获取新的事务
Acquired Connection [HikariProxyConnection@903794242 wrapping com.mysql.cj.jdbc.
ConnectionImpl@6c40f9e9] for JDBC transaction
Switching JDBC Connection [HikariProxyConnection@903794242 wrapping com.mysql.cj.jdbc.
ConnectionImpl@6c40f9e9] to manual commit
Creating a new SqlSession
Registering transaction synchronization for SqlSession [org.apache.ibatis.session.
defaults.DefaultSqlSession@623e0631]
JDBC Connection [HikariProxyConnection@903794242 wrapping com.mysql.cj.jdbc.
ConnectionImpl@6c40f9e9] will be managed by Spring
    ==>  Preparing: insert into t_user(user_name, note) value(?, ?)
    ==> Parameters: user_REQUIRED_1(String), note_REQUIRED_1(String)
    <==    Updates: 1
 TLSHandshake: localhost:3306, TLSv1.3, TLS_AES_256_GCM_SHA384, 1288712075
HikariPool-1 - Added connection com.mysql.cj.jdbc.ConnectionImpl@2d7df3d2
```

```
    Releasing transactional SqlSession [org.apache.ibatis.session.defaults.
DefaultSqlSession@623e0631]
    Transaction synchronization committing SqlSession [org.apache.ibatis.session.defaults.
DefaultSqlSession@623e0631]
    Transaction synchronization deregistering SqlSession [org.apache.ibatis.session.
defaults.DefaultSqlSession@623e0631]
    Transaction synchronization closing SqlSession [org.apache.ibatis.session.defaults.
DefaultSqlSession@623e0631]
    Initiating transaction commit
    Committing JDBC transaction on Connection [HikariProxyConnection@903794242 wrapping
com.mysql.cj.jdbc.ConnectionImpl@6c40f9e9]
    Releasing JDBC Connection [HikariProxyConnection@903794242 wrapping com.mysql.cj.jdbc.
ConnectionImpl@6c40f9e9] after transaction
    Resuming suspended transaction after completion of inner transaction
    # 挂起当前事务
    Suspending current transaction, creating new transaction with name [com.learn.chapter6.
service.impl.UserServiceImpl.insertUser]
    # 子方法（UserService 的 insertUser()方法）获取新的事务
    Acquired Connection [HikariProxyConnection@190550835 wrapping com.mysql.cj.jdbc.
ConnectionImpl@6c40f9e9] for JDBC transaction
    Switching JDBC Connection [HikariProxyConnection@190550835 wrapping com.mysql.cj.jdbc.
ConnectionImpl@6c40f9e9] to manual commit
    Creating a new SqlSession
    Registering transaction synchronization for SqlSession [org.apache.ibatis.session.
defaults.DefaultSqlSession@52b959df]
    JDBC Connection [HikariProxyConnection@190550835 wrapping com.mysql.cj.jdbc.
ConnectionImpl@6c40f9e9] will be managed by Spring
    ==>  Preparing: insert into t_user(user_name, note) value(?, ?)
    ==> Parameters: user_REQUIRED_2(String), note_REQUIRED_2(String)
    <==    Updates: 1
    Releasing transactional SqlSession [org.apache.ibatis.session.defaults.
DefaultSqlSession@52b959df]
    Transaction synchronization committing SqlSession [org.apache.ibatis.session.defaults.
DefaultSqlSession@52b959df]
    Transaction synchronization deregistering SqlSession [org.apache.ibatis.session.
defaults.DefaultSqlSession@52b959df]
    Transaction synchronization closing SqlSession [org.apache.ibatis.session.defaults.
DefaultSqlSession@52b959df]
    Initiating transaction commit
    Committing JDBC transaction on Connection [HikariProxyConnection@190550835 wrapping
com.mysql.cj.jdbc.ConnectionImpl@6c40f9e9]
    Releasing JDBC Connection [HikariProxyConnection@190550835 wrapping com.mysql.cj.jdbc.
ConnectionImpl@6c40f9e9] after transaction
    Resuming suspended transaction after completion of inner transaction
    Initiating transaction commit
    Committing JDBC transaction on Connection [HikariProxyConnection@1369206732 wrapping
com.mysql.cj.jdbc.ConnectionImpl@7f42e06e]
    Resetting isolation level of JDBC Connection [HikariProxyConnection@1369206732 wrapping
com.mysql.cj.jdbc.ConnectionImpl@7f42e06e] to 4
    Releasing JDBC Connection [HikariProxyConnection@1369206732 wrapping com.mysql.cj.jdbc.
ConnectionImpl@7f42e06e] after transaction
```

为了更好地让读者理解，我在日志中加入了加粗的注释。从日志中可以看到，Spring 挂起当前事务，然后创建新的子事务来运行每个 insertUser()方法，并且独立提交，这样就完全脱离了原有事务的管控，每个事务都可以拥有自己独立的上下文（例如隔离级别和超时时间）。

最后，我们再测试 NESTED 隔离级别，它是一个在子方法发生异常时只回滚子方法而不回滚当前方法的传播行为。于是我们再把代码清单 6-20 修改为代码清单 6-21，进行测试。

代码清单 6-21 测试 NESTED 传播行为

```
@Override
@Transactional(isolation = Isolation.READ_COMMITTED, propagation = Propagation.NESTED)
public int insertUser(User user) {
    return userDao.insertUser(user);
}
```

再次运行程序，可以看到如下日志：

```
Acquired Connection [HikariProxyConnection@1792110618 wrapping com.mysql.cj.jdbc.
ConnectionImpl@6ad179b4] for JDBC transaction
 Changing isolation level of JDBC Connection [HikariProxyConnection@1792110618 wrapping
com.mysql.cj.jdbc.ConnectionImpl@6ad179b4] to 2
 Switching JDBC Connection [HikariProxyConnection@1792110618 wrapping com.mysql.cj.jdbc.
ConnectionImpl@6ad179b4] to manual commit
Creating nested transaction with name [com.learn.chapter6.service.impl.UserServiceImpl.
insertUser]
 Creating a new SqlSession
 Registering transaction synchronization for SqlSession [org.apache.ibatis.session.
defaults.DefaultSqlSession@69a024a0]
 JDBC Connection [HikariProxyConnection@1792110618 wrapping com.mysql.cj.jdbc.
ConnectionImpl@6ad179b4] will be managed by Spring
 ==>  Preparing: insert into t_user(user_name, note) value(?, ?)
 ==> Parameters: user_REQUIRED_1(String), note_REQUIRED_1(String)
 <==    Updates: 1
 Releasing transactional SqlSession [org.apache.ibatis.session.defaults.
DefaultSqlSession@69a024a0]
Releasing transaction savepoint
Creating nested transaction with name [com.learn.chapter6.service.impl.UserServiceImpl.
insertUser]
 Fetched SqlSession [org.apache.ibatis.session.defaults.DefaultSqlSession@69a024a0]
from current transaction
 ==>  Preparing: insert into t_user(user_name, note) value(?, ?)
 ==> Parameters: user_REQUIRED_2(String), note_REQUIRED_2(String)
 <==    Updates: 1
 Releasing transactional SqlSession [org.apache.ibatis.session.defaults.
DefaultSqlSession@69a024a0]
Releasing transaction savepoint
 Transaction synchronization committing SqlSession [org.apache.ibatis.session.defaults.
DefaultSqlSession@69a024a0]
 Transaction synchronization deregistering SqlSession [org.apache.ibatis.session.
defaults.DefaultSqlSession@69a024a0]
 Transaction synchronization closing SqlSession [org.apache.ibatis.session.defaults.
DefaultSqlSession@69a024a0]
 Initiating transaction commit
Committing JDBC transaction on Connection [HikariProxyConnection@1792110618 wrapping
com.mysql.cj.jdbc.ConnectionImpl@6ad179b4]
 Resetting isolation level of JDBC Connection [HikariProxyConnection@1792110618 wrapping
com.mysql.cj.jdbc.ConnectionImpl@6ad179b4] to 4
 Releasing JDBC Connection [HikariProxyConnection@1792110618 wrapping com.mysql.cj.jdbc.
ConnectionImpl@6ad179b4] after transaction
```

在大部分的数据库中，一段 SQL 语句中可以设置一个标志位，运行后面的 SQL 语句时如果有问题，只回滚到这个标志位的数据状态，而不会让这个标志位之前的 SQL 语句也回滚。这个标志位在数据库概念中被称为保存点（save point）。从加粗日志部分可以看到，Spring 生成了 nested 事务，也可以看到保存点的释放，可见 Spring 也是使用保存点技术来完成让子事务回滚而不致使当前事务回滚的工作。注意，并不是所有数据库都支持保存点技术，因此 Spring 内部有这样的规则：当数据库支持保存点技术时，就启用保存点技术；如果不能支持，就新建一个事务来运行代码，即等价于 REQUIRES_NEW 传播行为。

NESTED 传播行为和 REQUIRES_NEW 传播行为是有区别的：NESTED 传播行为会沿用当前事务，以保存点技术为主；REQUIRES_NEW 传播行为则创建新的事务，事务的提交和回滚也是独立的，它拥有独立上下文（例如隔离级别和超时时间等），这是在应用中需要注意的地方。

6.4.3 事务状态

当我们谈论事务管理器 PlatformTransactionManager 时，谈到了获取事务的方法，如下：

```
TransactionStatus getTransaction(@Nullable TransactionDefinition definition)
        throws TransactionException;
```

这个方法会返回一个事务状态（TransactionStatus）的对象，这个对象会记录事务执行过程中的状态，从而决定 Spring 将提交或者回滚事务。为了让读者更好地理解 Spring 事务状态的使用，我们在 UserBatchServiceImpl 类中添加一个方法，对应接口也做修改，比较简单，就不再赘述了，如代码清单 6-22 所示。

代码清单 6-22　在 UserBatchServiceImpl 类添加一个方法

```java
@Override
@Transactional(isolation = Isolation.READ_COMMITTED, propagation = Propagation.REQUIRED)
public int insertUsers2(List<User> userList) {
    int count = 0;
    for (User user : userList) {
        try { // 捕捉异常，使得 insertUsers2() 方法不会感知调用子方法带来的异常
            // 调用子方法，将使用子方法@Transactional 定义的传播行为
            count += userService.insertUser(user);
        } catch(Exception ex) {
            ex.printStackTrace();
        }
    }
    return count;
}
```

注意，添加的 insertUsers2() 方法调用了 userService 对象的 insertUser() 方法，但将其包装在 try...catch...语句里，这样 insertUsers2() 方法就不会感知调用 insertUser() 方法带来的异常了。那么如果我们调用 insertUser2() 方法，其中有一个 userService 对象的 insertUser() 方法发生了异常，Spring 会提交事务还是回滚事务呢？为了探讨这个问题，我们修改代码清单 6-19 中的 test2() 方法进行测试，如代码清单 6-23 所示。

代码清单 6-23　测试捕捉异常下的事务异常

```java
@PostConstruct // 使用 Bean 生命周期方法
public void test3() {
    var user1 = new User();
```

```
   user1.setUserName("user_REQUIRED_1");
   user1.setNote("note_REQUIRED_1");
   var user2 = new User();
   // 设置用户名为 null，使得插入发生异常，回滚事务
   user2.setUserName(null);
   user2.setNote("note_REQUIRED_2");
   var userList = List.of(user1, user2);
   // 结果会回填主键，返回插入条数
   var rowCount = userBatchService.insertUsers2(userList);
   System.out.println(rowCount);
}
```

注意，上述加粗代码设置用户名为 null，这就意味着插入数据库时会发生异常。接下来我们修改 UserServiceImpl 的 insertUser() 方法的传播行为为 REQUIRED，然后进行测试，可以看到如下日志。

Caused by: org.springframework.transaction.UnexpectedRollbackException: Transaction rolled back because it has been marked as rollback-only at org.springframework.transaction.support.AbstractPlatformTransactionManager.processRollback(AbstractPlatformTransactionManager.java:870) ~[spring-tx-6.0.2.jar:6.0.2] at org.springframework.transaction.support.AbstractPlatformTransactionManager.commit(AbstractPlatformTransactionManager.java:707) ~[spring-tx-6.0.2.jar:6.0.2]
        ... 18 common frames omitted

从上述日志中可以看到存在异常的抛出，为什么会产生这个结果呢？加粗的日志告诉我们加入事务失败了，因为事务被标注为了只能回滚。这就是事务状态的作用，当我们的子方法的传播行为不为 REQUIRES_NEW 或者 NESTED 时，如果出现异常，Spring 就会记录这个事务状态为只能回滚，于是就出现了上述日志所示的结果。

可见如果子方法的传播行为不是 REQUIRES_NEW 或 NESTED 时，Spring 会根据当前事务状态来决定提交或者回滚事务，所以即便我们在代码清单 6-22 中调用子方法时加入了捕捉异常的机制，也不会改变 Spring 回滚事务，因为 Spring 在调用子方法产生异常时，已经将事务状态设置为只能回滚。只有在子方法的事务传播行为为 REQUIRES_NEW 或 NESTED 时，子方法发生异常，才会只回滚子方法，而不会回滚当前事务。

6.5　Spring 数据库事务实战

由于数据库事务的重要性，因此本节通过数据库事务实战来讲解那些需要注意的场景，以便大家避免在实际应用中犯下错误。

6.5.1　准确启用 Spring 数据库事务

在我工作的时候，有时候会看到很多错误地启用 Spring 数据库事务的代码，一些经验丰富的程序员编写的代码也是如此。例如，对代码清单 6-23 中的 test3() 方法进行代码清单 6-24 所示的修改。

代码清单 6-24　错误启用事务

```
@PostConstruct // 使用 Bean 生命周期方法
public void test3() {
   var user1 = new User();
   user1.setUserName("user_REQUIRED_1");
   user1.setNote("note_REQUIRED_1");
```

```
    var user2 = new User();
    user2.setUserName("user_REQUIRED_2");
    user2.setNote("note_REQUIRED_2");
    // test3()方法无事务,而后续的两个 insert()方法分别创建不同的事务来运行
    userService.insertUser(user1);
    userService.insertUser(user2);
}
```

注意,test3()方法是一个没有事务的方法,它调用了两次 UserService 接口的 insertUser()方法,但是这两个方法都是以独立的事务来运行的,也就是说如果插入 user1 对象成功,而插入 user2 对象发生异常,只会回滚插入 user2 对象的事务,而不会影响到 user1 对象的插入成功。这样就会造成事务无法一起失败或者成功的错误,正确的使用事务的方法可以参考代码清单 6-18,使用一个批量服务类进行处理,这样就能保证各个方法都在同一个事务下运行,要么同时成功,要么同时失败。

6.5.2 占用事务时间过长

在开发的过程中,有些开发者不注意,在带有事务的方法中添加了耗时操作,该方法占用事务过长时间,导致系统运行缓慢甚至宕机,以如下伪代码为例:

```
@Override
@Transactional(isolation = Isolation.READ_COMMITTED)
public int insertUser(User user) {
    var result = userDao.insertUser(user);
    // 耗时且不需要数据库事务操作
    doSomethings();
    return result;
}
```

在上述伪代码中,假设 doSomethings()是一个耗时且不需要数据库事务操作(例如操作文件、等待连接其他服务器等)的方法,这会导致这个方法耗时很久。由于方法短时间不会结束,数据库事务资源就长时间得不到释放。如果此时有多个请求到达服务器来调用这个方法,系统很快就会出现卡顿,因为数据源提供的事务连接资源被占用完了。insertUser()方法运行的时间过长,导致数据库事务连接资源得不到释放。因此,那些需要耗费较长时间且与事务无关的操作,就不应该考虑放入需要启用事务的方法中。

6.5.3 @Transactional 自调用失效问题

注意,@Transactional 在某些场景下会失效。我们在 6.4.2 节中测试传播行为时,使用了一个 UserBatchServiceImpl 类来调用 UserServiceImpl 类的方法。如果不创建 UserBatchServiceImpl 类,而只是使用 UserServiceImpl 类来批量插入用户会怎么样呢?下面我们改造 UserServiceImpl 类,如代码清单 6-25 所示。

代码清单 6-25 改造 UserServiceImpl 类以测试传播行为
```
@Autowired
private UserDao userDao = null;

@Override
// 插入多个用户信息
@Transactional(propagation = Propagation.REQUIRED)
```

```java
public int insertUsers(List<User> userList) {
    int count = 0;
    for (User user : userList) {
        // 调用自己类自身的方法，产生自调用问题
        count += insertUser(user);
    }
    return count;
}

@Override
// 传播行为为 REQUIRES_NEW,每次调用产生新事务
@Transactional(propagation = Propagation.REQUIRES_NEW)
public int insertUser(User user) {
    return userDao.insertUser(user);
}
```

上述代码中新增了 insertUsers()方法，对应的接口也需要改造，这一步比较简单，就不再演示了。对于 insertUser()方法，我们把传播行为修改为 REQUIRES_NEW，也就是每次调用产生新事务，而 insertUsers()方法就调用了这个方法。这是一个类自身方法之间的调用，称为"自调用"。改造后能够成功地每次调用都产生新事务吗？测试日志如下。

```
Acquired Connection [HikariProxyConnection@1862552664 wrapping com.mysql.cj.jdbc.ConnectionImpl@330c1f61] for JDBC transaction
Switching JDBC Connection [HikariProxyConnection@1862552664 wrapping com.mysql.cj.jdbc.ConnectionImpl@330c1f61] to manual commit
Creating a new SqlSession
Registering transaction synchronization for SqlSession [org.apache.ibatis.session.defaults.DefaultSqlSession@6abdec0e]
JDBC Connection [HikariProxyConnection@1862552664 wrapping com.mysql.cj.jdbc.ConnectionImpl@330c1f61] will be managed by Spring
==>  Preparing: insert into t_user(user_name, note) value(?, ?)
==> Parameters: user_REQUIRED_1(String), note_REQUIRED_1(String)
<==    Updates: 1
Releasing transactional SqlSession [org.apache.ibatis.session.defaults.DefaultSqlSession@6abdec0e]
Fetched SqlSession [org.apache.ibatis.session.defaults.DefaultSqlSession@6abdec0e] from current transaction
==>  Preparing: insert into t_user(user_name, note) value(?, ?)
==> Parameters: note_REQUIRED_2(String), note_REQUIRED_2(String)
<==    Updates: 1
Releasing transactional SqlSession [org.apache.ibatis.session.defaults.DefaultSqlSession@6abdec0e]
Transaction synchronization committing SqlSession [org.apache.ibatis.session.defaults.DefaultSqlSession@6abdec0e]
Transaction synchronization deregistering SqlSession [org.apache.ibatis.session.defaults.DefaultSqlSession@6abdec0e]
Transaction synchronization closing SqlSession [org.apache.ibatis.session.defaults.DefaultSqlSession@6abdec0e]
Initiating transaction commit
Committing JDBC transaction on Connection [HikariProxyConnection@1862552664 wrapping com.mysql.cj.jdbc.ConnectionImpl@330c1f61]
Releasing JDBC Connection [HikariProxyConnection@1862552664 wrapping com.mysql.cj.jdbc.ConnectionImpl@330c1f61] after transaction
```

通过日志可以看到，Spring 在运行过程中并没有创建任何新事务来独立地运行 insertUser()方法。

换句话说，注解@Transactional 失效了，为什么会这样呢？

6.2.1 节谈过 Spring 数据库事务约定，其实现原理是 AOP，而 AOP 的原理是动态代理，在自调用的过程中，是类自身调用，而不是代理对象调用，那么就不会启用 AOP，Spring 也就不能把你的代码织入约定的流程中，于是就出现了现在看到的失败场景。为了克服这个问题，我们可以像 6.4.2 节那样，用一个服务类调用另一个服务类，这样就是代理对象的调用，Spring 才会将你的代码织入事务流程。当然，也可以从 IoC 容器中获取代理对象来启用 AOP，例如，我们再次对 UserServiceImpl 类进行改造，如代码清单 6-26 所示。

代码清单 6-26 使用代理对象插入用户，克服自调用问题

```java
package com.learn.chapter6.service.impl;
/**** imports ****/
@Service
public class UserServiceImpl implements UserService, ApplicationContextAware {

   ......

   // IoC 容器
   private ApplicationContext applicationContext = null;

   @Override // 设置 IoC 容器
   public void setApplicationContext(ApplicationContext applicationContext)
        throws BeansException {
      this.applicationContext = applicationContext;
   }

   @Autowired
   private UserDao userDao = null;

   @Override
   // 传播行为为 REQUIRES_NEW,每次调用产生新事务
   @Transactional(propagation = Propagation.REQUIRES_NEW)
   public int insertUser(User user) {
      return userDao.insertUser(user);
   }

   @Override
   // 插入多个用户信息
   @Transactional(propagation = Propagation.REQUIRED)
   public int insertUsers(List<User> userList) {
      // 从 IoC 容器中获取代理对象
      var userService = this.applicationContext.getBean(UserService.class);
      int count = 0;
      for (User user : userList) {
         // 使用代理对象调用方法，启用 AOP 的功能
         count += userService.insertUser(user);
      }
      return count;
   }
}
```

上述代码实现了 ApplicationContextAware 接口的 setApplicationContext()方法，这样便能够把 IoC 容器设置到这个类中来，于是在 insertUsers()方法中，我们可以通过 IoC 容器获取 UserService 的接口

对象。注意，这是一个动态代理对象，并且使用它调用了传播行为为 REQUIRES_NEW 的 insertUser() 方法，这样就能启用 AOP 的功能。

对代码进行调试，监控获取的 UserService 对象，如图 6-6 所示。

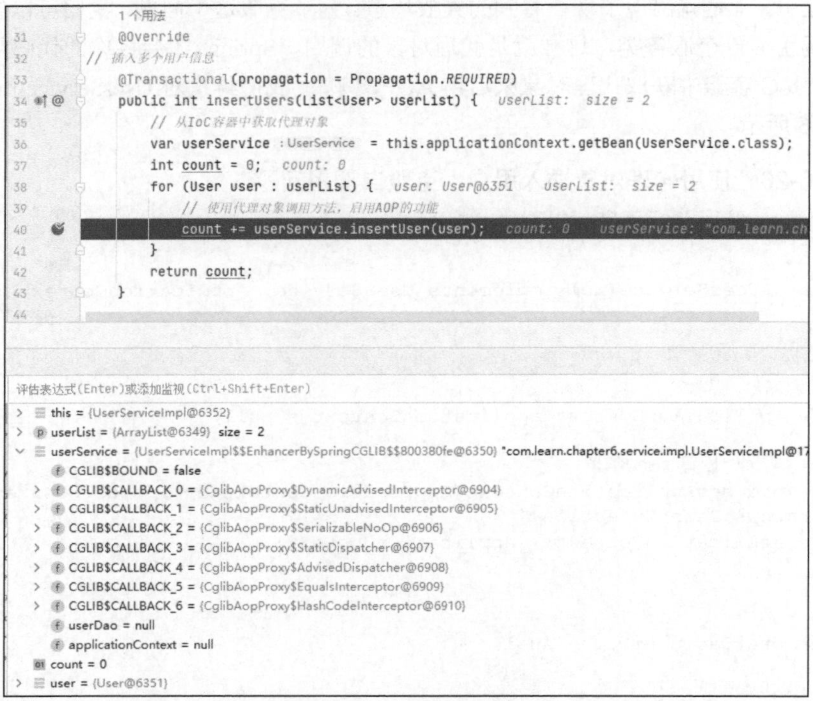

```
31          @Override
32          // 插入多个用户信息
33          @Transactional(propagation = Propagation.REQUIRED)
34  ●↑ @    public int insertUsers(List<User> userList) {    userList: size = 2
35              // 从 IoC 容器中获取代理对象
36              var userService : UserService = this.applicationContext.getBean(UserService.class);
37              int count = 0;    count: 0
38              for (User user : userList) {    user: User@6351    userList: size = 2
39                  // 使用代理对象调用方法，启用AOP的功能
40  ●              count += userService.insertUser(user);    count: 0    userService: "com.learn.ch
41              }
42              return count;
43          }
44
```

评估表达式(Enter)或添加监视(Ctrl+Shift+Enter)
- this = {UserServiceImpl@6352}
- userList = {ArrayList@6349} size = 2
- userService = {UserServiceImpl$$EnhancerBySpringCGLIB$$800380fe@6350} "com.learn.chapter6.service.impl.UserServiceImpl@17
  - CGLIB$BOUND = false
  - CGLIB$CALLBACK_0 = {CglibAopProxy$DynamicAdvisedInterceptor@6904}
  - CGLIB$CALLBACK_1 = {CglibAopProxy$StaticUnadvisedInterceptor@6905}
  - CGLIB$CALLBACK_2 = {CglibAopProxy$SerializableNoOp@6906}
  - CGLIB$CALLBACK_3 = {CglibAopProxy$StaticDispatcher@6907}
  - CGLIB$CALLBACK_4 = {CglibAopProxy$AdvisedDispatcher@6908}
  - CGLIB$CALLBACK_5 = {CglibAopProxy$EqualsInterceptor@6909}
  - CGLIB$CALLBACK_6 = {CglibAopProxy$HashCodeInterceptor@6910}
  - userDao = null
  - applicationContext = null
- count = 0
- user = {User@6351}

图 6-6　使用动态代理对象调用克服自调用问题

从图 6-6 中可以看到，从 IoC 容器取出的对象是一个动态代理对象，通过它能够克服自调用无法启用 AOP 的问题。下面是这段代码的运行日志：

```
Acquired Connection [HikariProxyConnection@236055802 wrapping com.mysql.cj.jdbc.
ConnectionImpl@1806bc4c] for JDBC transaction
    ......
    Registering transaction synchronization for SqlSession [org.apache.ibatis.session.
defaults.DefaultSqlSession@1e236278]
    JDBC Connection [HikariProxyConnection@1454922150 wrapping com.mysql.cj.jdbc.
ConnectionImpl@de3a643] will be managed by Spring
    ==>  Preparing: insert into t_user(user_name, note) value(?, ?)
    ==> Parameters: user_REQUIRED_1(String), note_REQUIRED_1(String)
    <==    Updates: 1
    Releasing transactional SqlSession [org.apache.ibatis.session.defaults.
DefaultSqlSession@1e236278]
    Transaction synchronization committing SqlSession [org.apache.ibatis.session.defaults.
DefaultSqlSession@1e236278]
    Transaction synchronization deregistering SqlSession [org.apache.ibatis.session.
defaults.DefaultSqlSession@1e236278]
    Transaction synchronization closing SqlSession [org.apache.ibatis.session.defaults.
DefaultSqlSession@1e236278]
```

```
Initiating transaction commit
Committing JDBC transaction on Connection [HikariProxyConnection@1454922150 wrapping
com.mysql.cj.jdbc.ConnectionImpl@de3a643]
Releasing JDBC Connection [HikariProxyConnection@1454922150 wrapping com.mysql.cj.
jdbc.ConnectionImpl@de3a643] after transaction
Resuming suspended transaction after completion of inner transaction
```
**Suspending current transaction, creating new transaction with name [com.learn.chapter6.
service.impl.UserServiceImpl.insertUser]**
**Acquired Connection [HikariProxyConnection@912584968 wrapping com.mysql.cj.jdbc.
ConnectionImpl@de3a643] for JDBC transaction**
```
Switching JDBC Connection [HikariProxyConnection@912584968 wrapping com.mysql.cj.jdbc.
ConnectionImpl@de3a643] to manual commit
Creating a new SqlSession
Registering transaction synchronization for SqlSession [org.apache.ibatis.session.
defaults.DefaultSqlSession@77dba4cd]
JDBC Connection [HikariProxyConnection@912584968 wrapping com.mysql.cj.jdbc.
ConnectionImpl@de3a643] will be managed by Spring
==>  Preparing: insert into t_user(user_name, note) value(?, ?)
==> Parameters: note_REQUIRED_2(String), note_REQUIRED_2(String)
<==    Updates: 1
Releasing transactional SqlSession [org.apache.ibatis.session.defaults.
DefaultSqlSession@77dba4cd]
Transaction synchronization committing SqlSession
……
Releasing JDBC Connection [HikariProxyConnection@236055802 wrapping com.mysql.cj.jdbc.
ConnectionImpl@1806bc4c] after transaction
```

从上述加粗的日志可以看出，Spring 已经为我们的方法创建了新的事务，这样自调用的问题就被克服了，只是这样做的话，代码需要依赖于 Spring 的 API，会造成代码的侵入。使用 6.4.2 节中的一个类调用另一个类的方法则不会有依赖，只是相对麻烦一些。

第 7 章

使用性能利器——Redis

在现今互联网应用中，NoSQL 数据库[①]已经广为应用，能够起到提高系统性能和减少响应时间的作用。其中，有两种 NoSQL 数据库使用最为广泛，那就是 Redis 和 MongoDB。本章将介绍如何通过 Spring Boot 整合 Redis。

Redis 是一个开源、使用 ANSI C 标准编写、遵守 BSD 协议、支持网络、可基于内存亦可持久化的日志型、键值数据库，运行在内存中，支持多种数据类型的存储，并提供多种语言的 API。由于 Redis 是基于内存的，所以它的运行速度很快，是关系数据库几倍到几十倍的速度。在我的本机的测试中，Redis 可以在 1 秒内完成 10 万数量级别的读写，十分高效。如果我们将常用的数据存储在 Redis 中，用来代替关系数据库的查询访问，网站性能将得到大幅提高。

在现实中，查询数据的频率要远远高于更新数据，一个正常的网站，更新数据和查询数据的比例是 1∶9 到 3∶7，在查询数据频率较高的网站使用 Redis 可以数倍地提升网站的性能。例如，当一个会员登录网站，我们就把其常用数据从数据库一次性查询出来存储在 Redis 中，那么之后大部分的查询只需要基于 Redis 完成，将很大程度上提高网站的性能，同时降低数据库的负荷。除此之外，Redis 还提供了简单的事务机制，事务机制可以有效保证在高并发场景下的数据一致性。Redis 自身的数据类型比较少，命令功能也比较有限，运算能力一直不强，但是 Redis 在 2.6 版本之后开始增加对 Lua 脚本语言的支持，这样 Redis 的运算能力就大大提高了，而且在 Redis 中 Lua 脚本的运行是原子性的，也就是当 Redis 运行 Lua 脚本时不会被其他命令打断，这样就能够保证在高并发场景下的数据一致性。

要使用 Redis，需要先加入关于 Redis 的开发依赖，同样，Spring Boot 也会为其提供启动器（starter），并允许我们通过配置文件 application.properties 进行配置，这样就能够以最快的速度配置并且使用 Redis 了。先在 Maven 中增加依赖，如代码清单 7-1 所示。

代码清单 7-1　引入 spring-boot-starter-data-redis

```
<dependency>
    <groupId>org.springframework.boot</groupId>
```

[①] 一般情况下，人们谈到的数据库是指类似 MySQL、Oracle 和 SQL Server 等关系数据库，而不是 NoSQL 数据库。本书也是如此，在没有谈到 NoSQL 时，谈到的数据库都指代关系数据库。

```xml
    <artifactId>spring-boot-starter-data-redis</artifactId>
</dependency>
<dependency>
    <groupId>org.apache.commons</groupId>
    <artifactId>commons-pool2</artifactId>
</dependency>
```

这样就引入了 Spring 对 Redis 的 starter，只是在默认的情况下，spring-boot-starter-data-redis 会依赖 Lettuce 作为 Redis 客户端。从引入的依赖来看，我们还引入了 commons-pool2，引入它主要是为了配置连接池，在使用 Lettuce 时，启用连接池需要用到这个包。Spring 是通过 spring-data-redis 项目对 Redis 开发进行支持的。在讨论 Spring Boot 如何使用 Redis 之前，有必要简单地介绍一下这个项目，这样才能更好地在 Spring Boot 中使用 Redis。

Redis 是一种键值非关系数据库，而且是以字符串类型为中心的，当前它能够支持多种数据类型，包括字符串、哈希、列表（链表）、集合、有序集合、位图、基数、地理位置和流。本章只讨论字符串、哈希、列表、集合和有序集合的使用，因为这些数据类型使用率最高，其他数据类型的使用率则比较低。

7.1 spring-data-redis 项目简介

本节先讨论在一个普通的 Spring 项目中如何使用 Redis，学习一些底层的内容对于讨论如何在 Spring Boot 中集成 Redis 是很有帮助的。因为 Spring Boot 的配置虽然已经简化，但是如果不了解底层原理，读者很快就会备感迷茫，很多特性也将无法清晰地讨论。

7.1.1 spring-data-redis 项目的设计

在 Java 中有很多种与 Redis 连接的驱动，目前使用比较广泛的是 Lettuce 和 Jedis，它们是类似的，不过自 Spring Boot 2.0 发布以来，默认使用的是 Lettuce，因此本书仅介绍 Lettuce 的使用。Lettuce 与 Jedis 的主要区别如下。

- Lettuce 是基于 Netty 框架的事件驱动的 Redis 客户端，其方法调用是异步的，其 API 也是线程安全的，因此多个线程可以操作单个 Lettuce 连接来完成各种操作，并且 Lettuce 支持连接池。Lettuce 线程可以被多个请求公用，且不会产生频繁创建和关闭 Lettuce 连接的开销，因此比较适合应用于高并发网站。
- Jedis 是同步的，不支持异步，Jedis 客户端连接不是线程安全的，需要为每个请求创建和关闭一个 Jedis 连接，所以一般通过连接池来使用 Jedis 客户端连接。Jedis 不太适合在高并发网站使用，当遇到高并发场景时，Jedis 连接池无法避免频繁创建和关闭 Jedis 连接，因为这会造成十分大的系统开销。

Spring 提供了一个 RedisConnectionFactory 接口，通过它可以生成一个 RedisConnection 接口对象，而 RedisConnection 接口对象是 Spring 对 Redis 底层接口的封装。例如，本章使用 Lettuce，那么 Spring 就会提供 RedisConnection 接口的实现类 LettuceConnection 来封装原有的 RedisAsyncCommands（io.lettuce.core.api.async.RedisAsyncCommands）接口对象。图 7-1 展示了上述提到的类和接口之间的关系。

第 7 章 使用性能利器——Redis

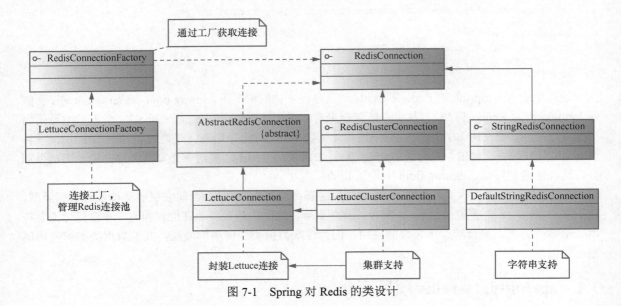

图 7-1 Spring 对 Redis 的类设计

从图 7-1 可以看出，Spring 通过 RedisConnection 接口来操作 Redis，而 RedisConnection 则对原生的 Lettuce 连接进行了封装。RedisConnection 接口对象是通过 RedisConnectionFactory 接口生成的，所以首先要配置的便是这个工厂。配置这个工厂主要是配置 Redis 的连接池，可以限定其最大连接数、超时时间等属性。代码清单 7-2 创建了一个简单的 RedisConnectionFactory 接口对象。

代码清单 7-2 创建 RedisConnectionFactory 对象

```
package com.learn.chapter7.cfg;

/**** imports ****/
@Configuration
public class RedisConfig {

    // 创建 Redis 连接工厂
    @Bean(name = "RedisConnectionFactory")
    public RedisConnectionFactory initRedisConnectionFactory() {
        // Redis 配置
        var redisCfg = new RedisStandaloneConfiguration("192.168.80.137", 6379);
        // 设置密码
        redisCfg.setPassword("abcdefg");
        // 配置连接池
        var poolConfig = new GenericObjectPoolConfig<Object>();
        // 最大空闲数
        poolConfig.setMaxIdle(30);
        // 最大连接数
        poolConfig.setMaxTotal(50);
        // Lettuce 连接池客户端配置，这里使用建造者模式
        var lettuceCfg = LettucePoolingClientConfiguration.builder()
                .commandTimeout(Duration.ofSeconds(2)) // 命令超时时间为 2s
```

```
        .poolConfig(poolConfig) // 配置连接池
        .build(); // 创建配置
    // 创建连接工厂
    var connectionFactory = new LettuceConnectionFactory(redisCfg, lettuceCfg);
    return connectionFactory;
}
```

上述代码创建了 RedisConnectionFactory 对象（实为 LettuceConnectionFactory），通过它就能够获取 RedisConnection 接口对象了。但是，我们在使用一条连接时，要先从 RedisConnectionFactory 工厂获取，在使用完成后还要自己关闭这条连接。为了进一步简化开发，Spring 提供了 RedisTemplate 和 StringRedisTemplate。

7.1.2 RedisTemplate 和 StringRedisTemplate

RedisTemplate 和 StringRedisTemplate 都是常用的类，因此它们也是 Spring 操作 Redis 的主要方式。StringRedisTemplate 是 RedisTemplate 的子类，从名称就可以看出，StringRedisTemplate 专门用于操作字符串。本节先来讨论 RedisTemplate，它是一个强大的类，会自动从 RedisConnectionFactory 工厂中获取连接，然后执行对应的 Redis 命令，最后还会关闭 Redis 的连接。这些操作都被封装在 RedisTemplate 中，所以开发者并不需要关注 Redis 连接的闭合问题。不过为了更好地使用 RedisTemplate，我们还需要掌握它内部的一些细节。我们需要先创建 RedisTemplate，在代码清单 7-2 的基础上进行代码清单 7-3 所示的修改。

代码清单 7-3　创建 RedisTemplate

```java
// 创建 RedisTemplate
@Bean(name="redisTemplate")
public RedisTemplate<Object, Object> initRedisTemplate(
        @Autowired RedisConnectionFactory redisConnectionFactory) {
    var redisTemplate = new RedisTemplate<Object, Object>();
    // 设置 Redis 连接工厂
    redisTemplate.setConnectionFactory(redisConnectionFactory);
    return redisTemplate;
}
```

然后测试它，如代码清单 7-4 所示。

代码清单 7-4　测试 RedisTemplate

```java
package com.learn.chapter7.main;
/**** imports ****/
public class RedisMain {
    public static void main(String[] args) {
        // 创建 IoC 容器
        var ctx = new AnnotationConfigApplicationContext(RedisConfig.class);
        try {
            // 获取 RedisTemplate
            var redisTemplate = ctx.getBean(RedisTemplate.class);
            // 执行 Redis 命令
            redisTemplate.opsForValue().set("key1", "value1");
            redisTemplate.opsForHash().put("hash", "field", "hvalue");
        } finally {
```

```
            ctx.close(); // 关闭 IoC 容器
        }
    }
}
```

上述代码使用 Java 配置文件 RedisConfig 来创建 IoC 容器，然后从中获取 RedisTemplate 对象，接着设置一个键为"key1"而值为"value1"的键值（key-value）对。运行这段代码后，可以在 Redis 客户端输入命令 keys *，如图 7-2 所示。

可以看到，Redis 存入的并不是类似"key1"这样的字符串，这是怎么回事呢？需要清楚的是，Redis 是一个基于字符串存储的 NoSQL 数据库，而 Java 是基于对象的语言，对象是无法存储到 Redis 中的。

图 7-2 使用 Redis 命令查询键信息

为此，Java 提供了序列化机制，在 Java 中只要类实现了 java.io.Serializable 接口，就表示类对象能够进行序列化，通过将类对象进行序列化就能够得到各类序列化后的字符串，这样 Redis 就可以将这些类对象以字符串形式进行存储。Java 也可以将那些序列化后的字符串通过反序列化转换为 Java 对象。根据这个原理，Spring 提供了序列化器（RedisSerializer）的机制，并实现了几个序列化器，如图 7-3 所示。

图 7-3 Spring 关于 Redis 的序列化器设置

从图 7-3 可以看出，对于序列化器，Spring 提供了 RedisSerializer 接口。该接口定义了两个方法：一个是 serialize()，它能把那些可以序列化的对象转换为序列化后的字符串；另一个是 deserialize()，它能够通过反序列化把序列化后的字符串转换为 Java 对象。这里主要讨论最常用的两种序列化器——StringRedisSerializer 和 JdkSerializationRedisSerializer，其中 JdkSerializationRedisSerializer 是 RedisTemplate 默认的序列化器，代码清单 7-4 中的"key1"字符串就是被 JdkSerializationRedisSerializer 序列化为一个比较奇怪的字符串的，其原理如图 7-4 所示。

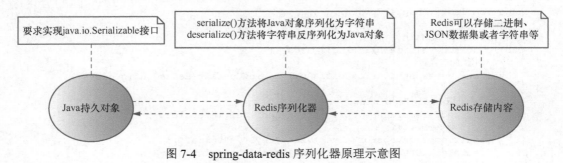

图 7-4 spring-data-redis 序列化器原理示意图

RedisTemplate 提供了 6 个可以配置的属性来设置序列化器，如表 7-1 所示。

表 7-1 RedisTemplate 中的序列化器属性

属性	描述	备注
defaultSerializer	默认序列化器	如果没有设置，则使用 JdkSerializationRedisSerializer
keySerializer	Redis 键序列化器	如果没有设置，则使用默认序列化器
valueSerializer	Redis 值序列化器	如果没有设置，则使用默认序列化器
hashKeySerializer	Redis 哈希键序列化器	如果没有设置，则使用默认序列化器
hashValueSerializer	Redis 哈希值序列化器	如果没有设置，则使用默认序列化器
stringSerializer	字符串序列化器	自动赋值为 StringRedisSerializer 对象

通过表 7-1 我们可以知道，在代码清单 7-4 中，由于我们什么都没有配置，因此会默认使用 JdkSerializationRedisSerializer 将 Java 对象通过序列化存储到 Redis 中，也能将 Redis 存储的内容反序列化为 Java 对象，这就是图 7-2 得到那些复杂字符串的原因。这样使用会给 Redis 数据的查询带来很大的困难。为了克服这个困难，我们希望 RedisTemplate 可以将 Redis 的键和哈希键作为普通字符串保存。为了达到这个目的，可以对代码清单 7-3 进行代码清单 7-5 所示的修改。

代码清单 7-5 使用字符串序列化器

```
// 创建 RedisTemplate
@Bean(name="redisTemplate")
public RedisTemplate<Object, Object> initRedisTemplate(
        @Autowired RedisConnectionFactory redisConnectionFactory) {
    var redisTemplate = new RedisTemplate<Object, Object>();
    redisTemplate.setConnectionFactory(redisConnectionFactory);
    // Redis 键序列化器设置为 StringRedisSerializer
    redisTemplate.setKeySerializer(RedisSerializer.string());
    // Redis 哈希键序列化器设置为 StringRedisSerializer
    redisTemplate.setHashKeySerializer(RedisSerializer.string());
    // Redis 值序列化器设置为 JdkSerializationRedisSerializer
    redisTemplate.setValueSerializer(RedisSerializer.java());
    // Redis 哈希值序列化器设置为 JdkSerializationRedisSerializer
    redisTemplate.setHashValueSerializer(RedisSerializer.java());
    return redisTemplate;
}
```

上述代码对 RedisTemplate 做了如下修改：将键序列化器和哈希键序列化器设置为 StringRedisSerializer；将值序列化器和哈希值序列化器设置为 JdkSerializationRedisSerializer。运行代码清单 7-4 中的代码后，再次查询 Redis 的数据，就可以看到图 7-5 的结果了。

从图 7-5 可以看到，Redis 的键和哈希键已经从复杂的编码变为简单的字符串了，这是因为我们设置了使用 StringRedisSerializer 序列化器来操作它们。

值得注意的是代码清单 7-4 中的如下两行代码：

图 7-5 查询 Redis 服务器

```
redisTemplate.opsForValue().set("key1", "value1");
redisTemplate.opsForHash().put("hash", "field", "hvalue");
```

这两行代码中存在一些值得探讨的细节。例如，上述的两个操作并不是在同一个 Redis 连接下完成的。这是什么意思呢？我们对代码运行的过程进行更详细的分析：在操作 key1 时，redisTemplate 会先从连接工厂（RedisConnectionFactory）中获取一个连接，然后执行对应的 Redis 命令，再释放这条连接；在操作 hash 时，redisTemplate 也会先从连接工厂中获取另一条连接，然后执行命令，再释放该连接，这个过程是对两条连接的操作。这样显然存在资源的浪费，我们更加希望的是在同一条连接中就执行两个命令。为了克服这个问题，Spring 提供了 SessionCallback 和 RedisCallback 两个接口。不过在学习这两个接口前，我们需要先了解 Spring 对 Redis 数据类型操作的封装。

Redis 使用得最多的是字符串，因此在 spring-data-redis 项目中，还提供了一个 StringRedisTemplate 类，它继承了 RedisTemplate，并将表 7-1 所示的相关属性序列化器设置为 StringRedisSerializer，因此它只能提供对字符串的操作。

7.1.3 Spring 对 Redis 数据类型操作的封装

Redis 支持多种类型的数据结构，Spring 为它们提供了多种操作接口。不过常用的只有 5 种数据结构，即字符串、哈希、列表（链表）、集合和有序集合，因此本节只介绍这 5 种相关的操作接口，如表 7-2 所示。

表 7-2　spring-data-redis 数据类型封装操作接口

操作接口	功能
ValueOperations	字符串操作接口
HashOperations	哈希操作接口
ListOperations	列表（链表）操作接口
SetOperations	集合操作接口
ZSetOperations	有序集合操作接口

它们都可以通过 RedisTemplate 得到，方法很简单，如代码清单 7-6 所示。

代码清单 7-6　获取 Redis 数据类型操作接口

```
// 获取字符串操作接口
redisTemplate.opsForValue();
// 获取哈希操作接口
redisTemplate.opsForHash();
// 获取列表（链表）操作接口
redisTemplate.opsForList();
// 获取集合操作接口
redisTemplate.opsForSet();
// 获取有序集合操作接口
redisTemplate.opsForZSet();
```

这样就可以通过各类操作接口来操作不同的数据类型了，当然这需要开发者熟悉 Redis 的各种命令。有时我们可能需要对某一个键值对做连续的操作，例如，有时需要连续操作一个哈希数据类型多次，这时 Spring 也提供支持，它提供了对应的 BoundXXXOperations 接口，如表 7-3 所示。

7.1 spring-data-redis 项目简介

表 7-3 对某个键操作进行封装

接口	说明
BoundValueOperations	绑定一个字符串数据类型的键操作
BoundHashOperations	绑定一个哈希数据类型的键操作
BoundListOperations	绑定一个列表（链表）数据类型的键操作
BoundSetOperations	绑定一个集合数据类型的键操作
BoundZSetOperations	绑定一个有序集合数据类型的键操作

同样，RedisTemplate 也对获取它们提供了对应的方法，如代码清单 7-7 所示。

代码清单 7-7　获取绑定键的操作类

```
// 获取字符串绑定键操作接口
redisTemplate.boundValueOps("string");
// 获取哈希绑定键操作接口
redisTemplate.boundHashOps("hash");
// 获取列表（链表）绑定键操作接口
redisTemplate.boundListOps("list");
// 获取集合绑定键操作接口
redisTemplate.boundSetOps("set");
// 获取有序集合绑定键操作接口
redisTemplate.boundZSetOps("zset");
```

获取其中的操作接口后，就可以对某个键的数据进行多次操作了。

7.1.4　SessionCallback 和 RedisCallback 接口

7.1.2 节的最后谈到了 SessionCallback 和 RedisCallback 接口，它们的作用是让 RedisTemplate 进行回调，通过这两个接口可以在同一条 Redis 连接下执行多个命令。SessionCallback 提供了良好的封装，对开发者比较友好，因此在实际的开发中应该优先选择使用它。相对而言，RedisCallback 接口位于更底层，需要处理的内容也比较多，可读性较差，所以在非必要的时候尽量不选择使用它。下面使用这两个接口实现代码清单 7-4 的功能，如代码清单 7-8 所示。

代码清单 7-8　使用 SessionCallback 和 RedisCallback 接口

```
public void useSessionCallback(RedisTemplate redisTemplate) { // SessionCallback 接口
    var sessionCallback = new SessionCallback<Object>() {
        @Override
        public Object execute(RedisOperations operations) throws DataAccessException {
            operations.opsForValue().set("key1", "value1");
            operations.opsForHash().put("hash", "field", "hvalue");
            return null;
        }
    };
    redisTemplate.execute(sessionCallback);
}

public void useRedisCallback(RedisTemplate redisTemplate) { // RedisCallback 接口
    redisTemplate.execute((RedisConnection rc) -> {
        rc.stringCommands().set("key1".getBytes(), "value1".getBytes());
        rc.hashCommands().hSet("hash".getBytes(),
```

```
            "field".getBytes(), "hvalue".getBytes());
        return null;
    });
}
```

上面代码在 useRedisCallback() 中使用了 Lambda 表达式，更为清晰明了。但是因为 useSessionCallback() 方法中使用 SessionCallback 接口，且该方法的参数 RedisOperations<K, V>是一个带泛型的参数，所以该方法中无法使用 Lambda 表达式，于是采用了匿名类的形式。SessionCallback 和 RedisCallback 接口都能够让 RedisTemplate 使用同一条 Redis 连接进行回调，从而可以在同一条 Redis 连接下执行多个命令，避免 RedisTemplate 多次获取不同的连接。7.3 节介绍事务和流水线时，我们还会看到它们的身影。

7.2 在 Spring Boot 中配置和操作 Redis

通过对上述 spring-data-redis 项目的讨论，相信读者对 Spring 如何集成 Redis 已经有了更为深入的理解，虽然在 Spring Boot 中配置没有那么烦琐，但是了解更多的底层细节能帮助开发者更好地处理问题。本节开始讨论 Spring Boot 如何整合和使用 Redis。

7.2.1 在 Spring Boot 中配置 Redis

在 Spring Boot 中集成 Redis 比在 Spring 中集成更为简单。例如，要配置代码清单 7-2 中的 Redis 服务器，只需要在配置文件 application.properties 中加入代码清单 7-9 所示的代码即可。

代码清单 7-9　在 Spring Boot 中配置 Redis
```
######## 配置 Redis 服务器属性 ########
spring.data.redis.port=6379
# 服务器 IP
spring.data.redis.host=192.168.80.137
# 密码
spring.data.redis.password=abcdefg
# Redis 连接超时时间为 30 s
spring.data.redis.timeout=30s

######## 配置连接池属性（需依赖 commons-pool2 包） ########
# 最小空闲连接数，默认为 0
spring.data.redis.lettuce.pool.min-idle=5
# 最大活动连接数，默认为 8
spring.data.redis.lettuce.pool.max-active=15
# 最大空闲连接数，默认为 8
spring.data.redis.lettuce.pool.max-idle=10
# 最大阻塞等待时间，默认为-1ms，表示无限等待
spring.data.redis.lettuce.pool.max-wait=5s
```

上述代码配置了服务器和连接池的属性，用于连接 Redis 服务器，这样 Spring Boot 的自动装配机制就会读取这些配置来生成有关 Redis 的操作对象，上述代码会自动生成 RedisConnectionFactory、RedisTemplate 和 StringRedisTemplate 等常用的 Redis 对象。我们知道，RedisTemplate 会默认使用 JdkSerializationRedisSerializer 序列化键值，这样便能够将 Java 对象序列化后存储到 Redis 服务器中，Redis 服务器存入的便是一个经过序列化的特殊字符串，有时候对于追踪数据并不是很友好。如果我们在 Redis 中只是使用字符串，那么使用其自动生成的 StringRedisTemplate 即可，但是这样就只能支

持字符串，而不能支持 Java 对象的存储。为了克服这个问题，可以设置 RedisTemplate 的序列化器。下面我们在 Spring Boot 的启动文件中修改 RedisTemplate 的序列化器，如代码清单 7-10 所示。

代码清单 7-10　修改 RedisTemplate 的序列化器

```
package com.learn.chapter7.main;

/**** imports ****/
@SpringBootApplication(scanBasePackages = "com.learn.chapter7")
public class Chapter7Application implements ApplicationContextAware {

    // 设置 RedisTemplate 的序列化器
    private void initRedisTemplate(RedisTemplate redisTemplate) {
        var stringSerializer = RedisSerializer.string();
        // 键
        redisTemplate.setKeySerializer(stringSerializer);
        // 哈希键
        redisTemplate.setHashKeySerializer(stringSerializer);
    }

    @Override
    public void setApplicationContext(ApplicationContext applicationContext)
            throws BeansException {
        /**
         * 从 IoC 容器中取出 RedisTemplate，但 Spring Boot 会同时初始化 StringRedisTemplate
         * 而 StringRedisTemplate 是 RedisTemplate 的子类，因此需要通过名称获取 Bean
         */
        var redisTemplate = applicationContext
            .getBean("redisTemplate", RedisTemplate.class); // ①
        this.initRedisTemplate(redisTemplate);
    }
    ......
}
```

这个类实现了 ApplicationContextAware 接口的 setApplicationContext()方法，这样在 Bean 的生命周期中就会调用这个方法了。代码①处从 IoC 容器中取出 RedisTemplate，但是请注意，这里需要通过名称 redisTemplate 来获取 Bean，这是因为 Spring Boot 会自动装配名称为 redisTemplate 的 RedisTemplate 对象和名称为 stringRedisTemplate 的 StringRedisTemplate 对象，而 StringRedisTemplate 是 RedisTemplate 的子类，那么按@Autowired 的注入机制，如果仅仅声明需要注入的类型为 RedisTemplate，Spring Boot 将会产生歧义性的问题。initRedisTemplate()方法将 RedisTemplate 的键和哈希键设置为字符串序列化器（StringRedisSerializer），这样就可以达到目的了。

7.2.2　操作 Redis 数据类型

7.2.1 节主要讨论如何在 Spring Boot 中集成 Redis，本节开始进行实践。本节主要演示常用 Redis 数据类型（如字符串、哈希、列表、集合和有序集合）的操作，但主要是从 RedisTemplate 的角度，而不是从 SessionCallback 和 RedisCallback 接口的角度进行演示。这是因为在大部分的场景下，并不需要对 Redis 进行很复杂的操作，只需要操作一次 Redis，这个时候一般会使用 RedisTemplate。如果需要多次执行 Redis 命令，可以选择使用 SessionCallback 或者 RedisCallback 接口。7.3 节介绍 Redis

特殊用法时，我们会再次看到这两个接口。

为了不影响后续的测试，取消将类 RedisConfig 作为配置文件，即注释或删除其注解 @Configuration。下面我们先来看如何操作 Redis 字符串和哈希数据类型，这是 Redis 最为常用的数据类型，如代码清单 7-11 所示。

代码清单 7-11　操作 Redis 字符串和哈希数据类型

```java
package com.learn.chapter7.main;

/**** imports ****/

@Component
public class RedisTest {
    // 注入 RedisTemplate
    @Autowired
    private RedisTemplate redisTemplate = null;

    // 注入 StringRedisTemplate
    @Autowired
    private StringRedisTemplate stringRedisTemplate = null;

    @PostConstruct // 声明为构建对象后运行的方法，这样 Spring Boot 会自动调用它
    public void testRedis() {
        testStringAndHash();
    }

    private void testStringAndHash() {
        redisTemplate.opsForValue().set("key1", "value1");
        // 注意，这里使用了 JDK 序列化器，所以 Redis 保存的键不是整数，不能运算
        redisTemplate.opsForValue().set("int_key", "1");
        stringRedisTemplate.opsForValue().set("int", "1");
        // 使用运算
        stringRedisTemplate.opsForValue().increment("int", 1);
        // 获取底层连接
        var commands = (RedisAsyncCommands) stringRedisTemplate.getConnectionFactory()
                .getConnection().getNativeConnection();
        // 减 1 运算，RedisTemplate 不支持这个命令，所以先获取底层的连接再操作
        commands.decr("int");
        // 关闭连接
        commands.quit();
        var hash = new HashMap<String, String>();
        hash.put("field1", "value1");
        hash.put("field2", "value2");
        // 存入一个哈希数据类型
        stringRedisTemplate.opsForHash().putAll("hash", hash);
        // 新增一个字段
        stringRedisTemplate.opsForHash().put("hash", "field3", "value3");
        // 绑定哈希操作的键，这样可以连续对同一个哈希数据类型进行操作
        var hashOps = stringRedisTemplate.boundHashOps("hash");
        // 删除两个字段
        hashOps.delete("field1", "field2");
        // 新增一个字段
        hashOps.put("field4", "value4");
    }
}
```

上述代码中的@Autowired注入了Spring Boot自动初始化的RedisTemplate和StringRedisTemplate对象。testStringAndHash()方法首先使用 RedisTemplate 存入两个键"key1"和"int_key",但是请注意,将"int_key"存入 Redis 服务器时,因为值采用了 JDK 序列化器(JdkSerializationRedisSerializer),所以"int_key"不是整数,而是一个被 JDK 序列化器序列化后的二进制字符串,是没有办法使用 Redis 命令进行运算的。为了克服这个问题,使用 StringRedisTemplate 对象保存一个键为"int"的整数,这样就能够运算了。接着进行减 1 运算,但是因为 RedisTemplate 并不能支持底层所有 Redis 命令,所以这里先获取原始的 Redis 连接的 RedisAsyncCommands 对象,用它来做减 1 运算。之后操作哈希数据类型,在插入多个哈希键时可以采用 Map,为了方便对同一个数据类型进行操作,上述代码还获取了 BoundHashOperations 对象进行操作。

列表也是常用的数据类型。在 Redis 中,列表是一种链表结构,这就意味着其查询性能不高,而增删节点的性能高,这是它的特性。在 Redis 中存在从左到右或者从右到左的操作,为了方便测试,我们在代码清单 7-11 中插入代码清单 7-12 所示的代码。

代码清单 7-12 操作列表(链表)数据类型
```
private void testList() {
    // 插入两个列表,注意它们在链表的顺序
    // 链表从右到左顺序为v10,v8,v6,v4,v2
    stringRedisTemplate.opsForList().leftPushAll(
        "list1", "v2", "v4", "v6", "v8", "v10");
    // 链表从左到右顺序为v1,v2,v3,v4,v5,v6
    stringRedisTemplate.opsForList().rightPushAll(
        "list2", "v1", "v2", "v3", "v4", "v5", "v6");
    // 绑定 list2 链表操作
    var listOps = stringRedisTemplate.boundListOps("list2");
    // 从右边弹出一个成员
    var result1 = listOps.rightPop();
    // 获取定位元素,Redis 从 0 开始计算,这里值为v2
    var result2 = listOps.index(1);
    // 从左边插入链表
    listOps.leftPush("v0");
    // 求链表长度
    var size = listOps.size();
    // 求链表下标区间成员,整个链表下标范围为0~size-1,这里不取最后一个元素
    var elements = listOps.range(0, size-2);
}
```

因为上述操作是基于 StringRedisTemplate 的,所以保存到 Redis 服务器的都是字符串类型。这里有两点需要注意:一是列表元素的顺序是从左到右还是从右到左,这是容易混淆的问题;二是 Redis 中的下标是从 0 开始的,这与 Java 中的数组类似。

接下来介绍集合数据类型的操作。Redis 不允许集合成员重复,集合在数据结构上是一个哈希表,所以是无序的。对于两个或者以上的集合,Redis 还提供了交集、并集和差集的运算。为了进行测试,我们可以在代码清单 7-11 中插入代码清单 7-13 所示的代码。

代码清单 7-13 操作集合数据类型
```
private void testSet() {
    // 注意,这里 v1 重复两次,因为集合不允许重复,所以只插入 5 个成员到集合中
    stringRedisTemplate.opsForSet().add("set1",
```

```
            "v1","v1","v2","v3","v4","v5");
    stringRedisTemplate.opsForSet().add("set2", "v2","v4","v6","v8");
    // 绑定 set1 集合操作
    var setOps = stringRedisTemplate.boundSetOps("set1");
    // 增加两个元素
    setOps.add("v6", "v7");
    // 删除两个元素
    setOps.remove("v1", "v7");
    // 返回所有元素
    var set1 = setOps.members();
    // 求成员数
    Long size = setOps.size();
    // 求交集
    var inter = setOps.intersect("set2");
    // 求交集,并且用新集合 inter 保存
    setOps.intersectAndStore("set2", "inter");
    // 求差集
    var diff = setOps.difference("set2");
    // 求差集,并且用新集合 diff 保存
    setOps.differenceAndStore("set2", "diff");
    // 求并集
    var union = setOps.union("set2");
    // 求并集,并且用新集合 union 保存
    setOps.unionAndStore("set2", "union");
}
```

上述代码在添加集合 set1 时,存在两个一样的 v1 元素。因为集合不允许重复,所以实际上在集合中只有一个 v1 元素。然后可以看到对一个集合的各类操作,以及交集、差集和并集的操作,这些是集合常用的操作。

在一些网站中,经常会有排名的场景,如最热门的商品或者"十大买家"。这类排名往往需要及时刷新,也涉及较大的统计量,使用数据库太慢且耗费资源,这时可以考虑使用 Redis 的有序集合(zset)。有序集合与集合的差异并不大,它也使用哈希表存储的方式,同时它的有序性只是靠它在数据结构中增加一个 score(分数)属性得以支持。为了支持这个变化,Spring Boot 提供了 TypedTuple 接口,该接口定义了两个方法,Spring Boot 还提供了其默认的实现类 DefaultTypedTuple,其内容如图 7-6 所示。

图 7-6 Spring Boot 有序集合元素设计

在 TypedTuple 接口的设计中,value 是用于保存有序集合的值,score 则用于保存分数。Redis 使用分数来完成集合的排序,把买家作为一个有序集合,而把买家花的钱作为分数,这样就可以进行快速排序了。下面我们在代码清单 7-11 中插入代码清单 7-14 所示的代码。

代码清单 7-14 操作有序集合数据类型
```
private void testZset() {
    var typedTupleSet = new HashSet<ZSetOperations.TypedTuple<String>>();
    for (int i=1; i<=9; i++) {
```

```
            // 分数
            var score = i*0.1;
            // 创建 TypedTuple 对象，存入值和分数
            var typedTuple = ZSetOperations.TypedTuple.of("value"+i, score);
            typedTupleSet.add(typedTuple);
        }
        // 向有序集合中插入元素
        stringRedisTemplate.opsForZSet().add("zset1", typedTupleSet);
        // 绑定 zset1 有序集合操作
        var zsetOps = stringRedisTemplate.boundZSetOps("zset1");
        // 增加一个元素
        zsetOps.add("value10", 0.26);
        var setRange = zsetOps.range(1, 6);
        // 按分数排序获取有序集合
        var setScore = zsetOps.rangeByScore(0.2, 0.6);
        // 开始值, exclusive()方法表示不包含该值
        var lower = Range.Bound.exclusive("value3");
        // 结束值, inclusive()方法表示包含该值
        var upper = Range.Bound.inclusive("value8");
        // 定义值范围
        var range = Range.of(lower, upper);
        // 按值排序，注意这个排序是按字符串排序
        var setLex = zsetOps.rangeByLex(range);
        // 删除元素
        zsetOps.remove("value9", "value2");
        // 求分数
        var score = zsetOps.score("value8");
        // 在下标区间下，按分数排序，同时返回 value 和 score
        var rangeSet = zsetOps.rangeWithScores(1, 6);
        // 在分数区间下，按分数排序，同时返回 value 和 score
        var scoreSet = zsetOps.rangeByScoreWithScores(0.2, 0.6);
        // 按从大到小排序
        var reverseSet = zsetOps.reverseRange(2, 8);
    }
```

上述代码使用 TypedTuple 来保存有序集合的元素。有序集合默认是从小到大排序的，按下标、分数和值进行排序来获取有序集合的元素，或者连同分数一起返回，有时候还可以进行从大到小排序。在使用值排序时，可以使用 Spring 创建的 Range 类（org.springframework.data.domain.Range），它可以定义值的范围，还可以定义大于、等于、大于等于、小于等于等范围，方便我们筛选对应的元素。

7.3 Redis 的一些特殊用法

除了操作数据类型的功能，Redis 还支持事务、流水线、发布/订阅和 Lua 脚本等功能，这些也是 Redis 常用的功能。在高并发场景中往往需要保证数据的一致性，这时考虑使用 Redis 事务或者利用 Redis 运行 Lua 脚本的原子性来保证数据一致性。在需要大批量执行 Redis 命令的时候，可以使用流水线来执行命令，这样可以避免网络延时，极大地提升客户端向 Redis 服务器传送命令的速度。本节就对这些功能展开讨论。

7.3.1 使用 Redis 事务

Redis 是支持一定事务能力的 NoSQL 数据库，在 Redis 中使用事务，通常的命令组合是 watch...

multi...exec，也就是要在一个 Redis 连接中执行多个命令，这时可以考虑使用 SessionCallback 接口来达到这个目的。watch 命令可以监控 Redis 的一些键。multi 命令的作用是开启事务，开启事务后，当前客户端的命令不会马上被执行，而是被存储在一个队列里。例如，这时我们执行一些返回数据的命令，Redis 并不会马上执行命令，而是把命令存储在一个队列里。因此，此时调用 Redis 的命令会返回 null，这是初学者容易犯的错误。exec 命令的作用是执行事务，它在队列命令执行前会判断被 watch 监控的 Redis 的键的数据是否发生过变化（即使赋予与之前相同的值也会被认为变化过），如果它认为发生了变化，那么 Redis 就会取消事务，否则就会执行事务。Redis 在执行事务时，要么全部执行，要么全部不执行，而且不会被其他客户端打断，这样就保证了 Redis 执行事务时数据的一致性。图 7-7 展示了 Redis 的事务执行过程。

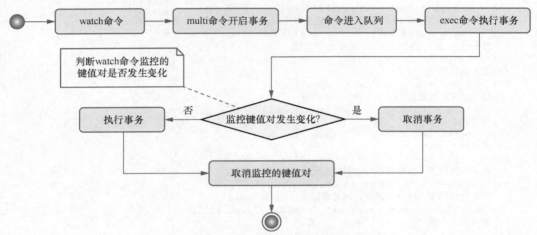

图 7-7　Redis 的事务执行过程

下面我们就测试这样的一个过程，这里需要保证 RedisTemplate 的键和哈希结构的域（field）使用字符串序列化器（StringRedisSerializer），如代码清单 7-15 所示。

代码清单 7-15　通过 Spring 使用 Redis 事务机制
```java
public void testMulti() {
    redisTemplate.opsForValue().set("key1", "value1");
    var list = (List)redisTemplate.execute(new SessionCallback() {
        @Override
        public Object execute(RedisOperations operations) throws DataAccessException {
            // 设置要监控 key1
            operations.watch("key1");
            // 开启事务，在 exec 命令执行前，将命令存储在队列里
            operations.multi();
            operations.opsForValue().set("key2", "value2");
            // operations.opsForValue().increment("key1", 1);// ①
            // 获取的值为空，因为 Redis 只是把命令放入队列里
            var value2 = operations.opsForValue().get("key2");
            System.out.println("命令在队列，所以 value 为 null【"+ value2 +"】");
            operations.opsForValue().set("key3", "value3");
            var value3 = operations.opsForValue().get("key3");
            System.out.println("命令在队列，所以 value 为 null【"+ value3 +"】");
```

```java
            // 执行exec命令，将先判别key1是否在监控后被修改过，如果是则取消事务，否则就执行事务
            return operations.exec();// ②
        }
    });
    System.out.println(list);
}
```

为了揭示 Redis 事务的特性，对上述代码做以下两种测试。

（1）先在 Redis 客户端清空 key2 和 key3 这两个键的数据，然后在代码②处设置断点，在调试的环境下让请求到达断点。此时修改 Redis 的 key1 的值，然后跳过断点。在请求完成后，在 Redis 上查询 key2 和 key3 值，可以发现 key2、key3 返回的值都为空（nil）。因为程序中用 Redis 的 watch 命令监控了 key1 的值，而后用 multi() 方法让之后的命令进入队列，而在 exec() 方法运行前，我们修改了 key1，根据 Redis 事务的规则，exec() 方法会探测 key1 是否被修改过，如果没有修改过则会执行事务，否则就取消事务，所以 key2 和 key3 没有被保存到 Redis 服务器中。

（2）继续把 key2 和 key3 这两个值清空，把代码①处的注释取消，让代码可以运行。因为 key1 是一个字符串，所以这里的代码要对字符串加 1 显然是不能运算的。运行这段代码后，同样可以看到服务器抛出了异常，然后我们去 Redis 服务器查询 key2 和 key3，可以发现它们已经有了值。注意，这就是 Redis 事务和数据库事务的不同之处，Redis 事务先让命令进入队列，所以一开始它并没有检测这个加 1 命令是否能够成功，只有 exec 命令执行时才能发现错误，对于出错的命令，Redis 只是报出错误，后面的命令依旧被执行，所以 key2 和 key3 都存在数据，这就是使用 Redis 事务需要特别注意的地方。为了克服这个问题，一般我们要在执行 Redis 事务前严格地检查数据，避免这样的情况发生。

7.3.2 使用 Redis 流水线

在默认的情况下，Redis 客户端把命令逐条发送到 Redis 服务器，这样做显然性能不高。在关系数据库中我们可以批量运行语句，也就是只有需要运行 SQL 语句时，才一次性地发送所有 SQL 语句去运行，这样性能就提高了许多。类似地，Redis 也可以批量执行命令，这便是流水线（pipeline）技术，在很多情况下并不是 Redis 性能不佳，而是网络传输的速度慢造成瓶颈，使用流水线技术可以在需要执行很多命令时大幅度地提升 Redis 的性能。

下面我们测试用 Redis 流水线技术进行 10 万次读写的性能，如代码清单 7-16 所示。

代码清单 7-16　测试 Redis 流水线性能

```java
private void testPipeline() {
    var start = System.currentTimeMillis();
    var list = (List)redisTemplate.executePipelined(new SessionCallback() {
        @Override
        public Object execute(RedisOperations operations) throws DataAccessException{
            for (int i=1; i<=100000; i++) {
                operations.opsForValue().set("pipeline_" + i, "value_" + i);
                String value = (String) operations.opsForValue().get("pipeline_" + i);
                if (i % 10000 == 0) {
                    System.out.println("命令只是进入队列，所以值为空【" + value +"】");
                }
            }
            return null;
```

```
    }
});
var end = System.currentTimeMillis();
System.out.println("耗时: " + (end - start) + "ms。");
}
```

上述代码通过 Lambda 表达式创建了 SessionCallback 接口对象，用于执行 Redis 的读出和写入命令各 10 万次。为了测试性能，上述代码记录了开始执行时间和结束执行时间，并且打印了耗时。在我的测试中，这 10 万次读写的耗时基本为 300～600 ms，平均值为 400～500 ms，也就是不到 1 s 就能执行 10 万次读写命令，这个速度是非常快的。在不使用流水线的情况下，我的测试每秒只能执行 2 万～3 万条命令，可见使用流水线后可以加快大约 10 倍的速度，它十分适合大数据量的命令的执行。

这里需要注意以下两点。

- 代码清单 7-16 只用于测试，在执行如此多的命令时，需要考虑的另一个问题是内存空间的消耗，因为对程序而言，它最终会返回一个列表对象，如果过多的命令执行所返回的结果都保存到这个列表中，显然会造成内存消耗过大，尤其在那些高并发的网站中就很容易造成 JVM 内存溢出的异常，这个时候应该考虑使用迭代的方法执行 Redis 命令。
- 与事务一样，使用流水线的过程中，所有命令也只是进入队列而没有执行，因此执行的命令的返回值也为 null，这也是需要注意的地方。

7.3.3 使用 Redis 发布/订阅

发布/订阅是消息的一种常用模式。例如，企业分配任务之后，可以通过短信、微信或者邮件通知到相关的责任人，这就是一种典型的发布/订阅模式。Redis 提供一个渠道，让消息能够发送到这个渠道上，而多个系统可以监听这个渠道，如短信、微信和邮件系统都可以监听这个渠道，当一条消息发送到渠道，渠道就会通知它的监听者，这样短信、微信和邮件系统就能够得到这个渠道给它们的消息了，这些监听者会根据自己的需要处理这个消息，于是我们就可以得到各种各样的通知了，其原理如图 7-8 所示。

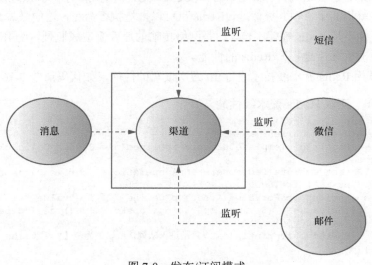

图 7-8 发布/订阅模式

为了接收 Redis 渠道发送过来的消息，我们先定义一个消息监听器（MessageListener），如代码清单 7-17 所示。

代码清单 7-17　Redis 消息监听器

```java
package com.learn.chapter7.listener;
/**** imports ****/
@Component
public class RedisMessageListener implements MessageListener {
    @Override
    public void onMessage(Message message, byte[] pattern) {
        // 消息体
        var body = new String(message.getBody());
        // 渠道名称
        var topic = new String(pattern);
        System.out.println(body);
        System.out.println(topic);
    }
}
```

上述代码中的 onMessage()方法是得到消息后的处理方法，其中 message 参数表示 Redis 发送过来的消息，pattern 是渠道名称，onMessage()方法里打印了它们的内容。因为 onMessage()方法标注了注解@Component，所以 Spring Boot 扫描后会把该方法自动装配到 IoC 容器中。

接着在 Spring Boot 的启动文件中配置其他信息，让系统能够监听 Redis 的消息，如代码清单 7-18 所示。

代码清单 7-18　监听 Redis 发布的消息

```java
package com.learn.chapter7.main;
/**** imports ****/
@SpringBootApplication(scanBasePackages = "com.learn.chapter7")
public class Chapter7Application {
    public static void main(String[] args) throws InterruptedException {
        SpringApplication.run(Chapter7Application.class);
        // 主线程插入等线程池后运行，避免线程终止
        Thread.currentThread().join();
    }

    ......

    // RedisTemplate
    @Autowired
    private RedisTemplate redisTemplate = null;

    // Redis 连接工厂
    @Autowired
    private RedisConnectionFactory connectionFactory = null;

    // Redis 消息监听器
    @Autowired
    private MessageListener redisMsgListener = null;

    // 任务池
    private ThreadPoolTaskScheduler taskScheduler = null;
```

```java
/**
 * 创建任务池，运行线程，等待处理 Redis 的消息
 * @return
 */
@Bean
public ThreadPoolTaskScheduler initTaskScheduler() {
    if (taskScheduler != null) {
        return taskScheduler;
    }
    taskScheduler = new ThreadPoolTaskScheduler();
    taskScheduler.setPoolSize(20);
    return taskScheduler;
}

/**
 * 定义 Redis 的监听容器
 * @return 监听容器
 */
@Bean
public RedisMessageListenerContainer initRedisContainer() {
    var container = new RedisMessageListenerContainer();
    // Redis 连接工厂
    container.setConnectionFactory(connectionFactory);
    // 设置任务池
    container.setTaskExecutor(initTaskScheduler());
    // 定义监听渠道，名称为 topic1
    var topic = new ChannelTopic("topic1");
    // 使用监听器监听 Redis 的消息
    container.addMessageListener(redisMsgListener, topic);
    return container;
}
```

上述代码中的 RedisTemplate 和 RedisConnectionFactory 对象都是由 Spring Boot 自动创建的，因此这里只是把它们注入进来，只需要使用注解@Autowired 即可。然后定义一个任务池，并设置任务池大小为 20，这样它将可以运行线程，并进行阻塞，等待 Redis 消息的传入。接着再定义一个 Redis 消息的监听容器 RedisMessageListenerContainer，并且设置容器的 Redis 连接工厂和任务池，定义接收 topic1 渠道的消息，这样系统就可以监听 Redis 关于 topic1 渠道的消息了。

启动 Spring Boot 项目后，在 Redis 客户端输入命令：

```
publish topic1 msg
```

在 Spring 中，我们也可以使用 RedisTemplate 来发送消息，例如：

```
redisTemplate.convertAndSend(channel, message);
```

其中，channel 表示渠道，message 表示消息，这样就能够得到 Redis 发送过来的消息了。对代码进行调试，结果如图 7-9 所示。

从图 7-9 可知，监听者对象（RedisMessageListener）已经获取了 Redis 发送过来的消息，并且将消息进行了转换。

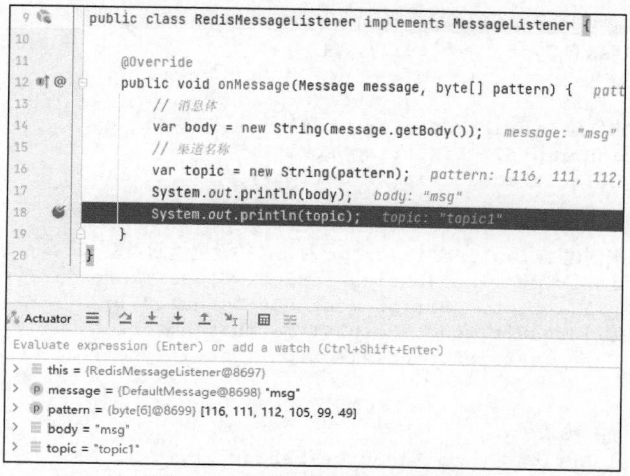

```
 9      public class RedisMessageListener implements MessageListener {
10
11          @Override
12          public void onMessage(Message message, byte[] pattern) {  patt
13              // 消息体
14              var body = new String(message.getBody());  message: "msg"
15              // 渠道名称
16              var topic = new String(pattern);  pattern: [116, 111, 112,
17              System.out.println(body);   body: "msg"
18              System.out.println(topic);  topic: "topic1"
19          }
20      }
```

图 7-9　处理 Redis 发送的消息

7.3.4　使用 Lua 脚本

Redis 中有很多的命令，但是严格来说 Redis 提供的计算能力是比较有限的。为了增强计算能力，Redis 在 2.6 版本后提供了对 Lua 脚本的支持。在 Redis 中运行 Lua 脚本具备原子性，且 Lua 脚本具备更加强大的计算能力，在高并发环境中需要保证数据一致性时，使用 Lua 脚本方案比使用 Redis 自身提供的事务更好。

Redis 提供了两种运行 Lua 的方法：一种是直接发送 Lua 脚本到 Redis 服务器运行；另一种是先把 Lua 脚本发送给 Redis 服务器，Redis 服务器对 Lua 脚本进行缓存，然后返回一个 32 位的 SHA1 编码，之后只需要发送 SHA1 和相关参数给 Redis 服务器便可以运行了。这里需要解释为什么会存在通过 32 位编码运行 Lua 脚本的方法。如果 Lua 脚本很长，那么就需要通过网络传递脚本给 Redis 服务器运行，而现实的情况是网络的传递速度往往跟不上 Redis 的运行速度，因此网络速度就会成为 Redis 运行的瓶颈。如果只传递 32 位编码和参数，那么需要通过网络传输的消息就少了许多，这样就可以提高系统的性能。

为了支持 Redis 的 Lua 脚本，Spring 提供了 RedisScript 接口，与此同时也提供了一个 DefaultRedisScript 实现类。RedisScript 接口的源码如代码清单 7-19 所示。

代码清单 7-19　RedisScript 接口定义

```
package org.springframework.data.redis.core.script;

/**** imports ****/
public interface RedisScript<T> {

    String getSha1();

    @Nullable
    Class<T> getResultType();

    String getScriptAsString();
```

```java
default boolean returnsRawValue() {
    return getResultType() == null;
}

// 通过 Lua 脚本来创建 DefaultRedisScript 对象
static <T> RedisScript<T> of(String script) {
    return new DefaultRedisScript<>(script);
}

// 通过 Lua 脚本来创建 DefaultRedisScript 对象,并设置返回类型
static <T> RedisScript<T> of(String script, Class<T> resultType) {
    Assert.notNull(script, "Script must not be null");
    Assert.notNull(resultType, "ResultType must not be null");
    return new DefaultRedisScript<>(script, resultType);
}

// 从资源中读取 Lua 脚本
static <T> RedisScript<T> of(Resource resource) {
    Assert.notNull(resource, "Resource must not be null");
    DefaultRedisScript<T> script = new DefaultRedisScript<>();
    script.setLocation(resource);
    return script;
}

// 从资源中读取 Lua 脚本,并设置返回类型
static <T> RedisScript<T> of(Resource resource, Class<T> resultType) {
    Assert.notNull(resource, "Resource must not be null");
    Assert.notNull(resultType, "ResultType must not be null");
    DefaultRedisScript<T> script = new DefaultRedisScript<>();
    script.setResultType(resultType);
    script.setLocation(resource);
    return script;
}
```

在上述代码中,Spring 会将 Lua 脚本发送到 Redis 服务器进行缓存,Redis 服务器会返回一个 32 位的 SHA1 编码,此时通过 getSha1()方法就可以得到 Redis 返回的这个编码。getResultType()方法的作用是获取 Lua 脚本返回的 Java 类型。getScriptAsString()方法的作用是返回脚本的字符串,以便我们观看脚本。其他的 of()方法都是静态的,用来创建 DefaultRedisScript 对象。

下面采用 RedisScript 接口运行一个简易 Lua 脚本,这个脚本只简单地返回一个字符串,如代码清单 7-20 所示。

代码清单 7-20 运行简易 Lua 脚本

```java
private void testLua() {
    // Lua 脚本
    var luaScript = "return 'Hello Redis'";
    // 创建 RedisScript 对象
    var rs = RedisScript.of(luaScript, String.class);
    // 字符串序列化器
    var strSerializer = RedisSerializer.string();
    // 运行 Lua 脚本
    var result = stringRedisTemplate.execute(rs, strSerializer, strSerializer, null);
    System.out.println(result);
}
```

在上述代码中，首先 Lua 脚本只是定义了一个简单的字符串，然后就返回了，返回类型定义为字符串。这里必须定义返回类型，否则会引发异常。接着创建字符串序列化器（StringRedisSerializer），而后使用 RedisTemplate 的 execute() 方法运行 Lua 脚本。在 RedisTemplate 中，execute() 方法运行 Lua 脚本的方法有以下两种：

```
public <T> T execute(RedisScript<T> script, List<K> keys, Object... args)
public <T> T execute(RedisScript<T> script, RedisSerializer<?> argsSerializer,
        RedisSerializer<T> resultSerializer, List<K> keys, Object... args)
```

在这两个方法中，通过参数的名称可以知道，script 就是我们定义的 RedisScript 接口对象，keys 表示 Redis 的键，args 是这段 Lua 脚本的参数。两个方法的最大区别是后者存在序列化参数，而前者不存在。对于不存在序列化参数的方法，Spring 将采用 RedisTemplate 提供的 valueSerializer 序列化器对传递的键和参数进行序列化。代码清单 7-20 采用第二个方法来调用 Lua 脚本，并且设置字符串序列化器，其中第一个序列化器是键序列化器，第二个是参数序列化器，这样键和参数就在字符串序列化器中被序列化了。图 7-10 展示了对代码清单 7-20 的测试结果。

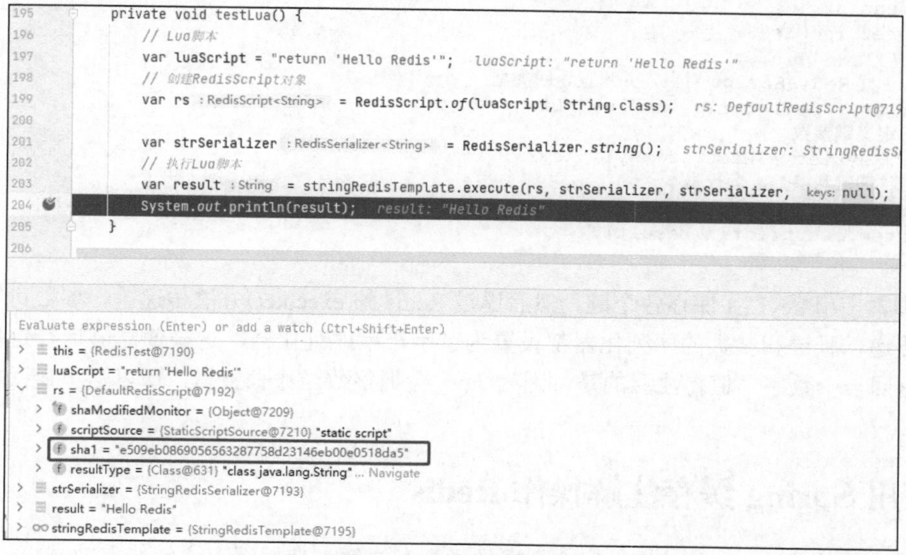

图 7-10 测试 Lua 脚本

从断点处的监控来看，RedisScript 对象中已经存储了对应的 SHA1 的字符串对象，这样就可以通过它运行 Lua 脚本了。返回是"Hello Redis"，显然测试是成功的。

下面我们再考虑带有参数的情况。例如，写一段 Lua 脚本用来判断两个字符串是否相同，如代码清单 7-21 所示。

代码清单 7-21　带有参数的 Lua 脚本
```
redis.call('set', KEYS[1], ARGV[1])
redis.call('set', KEYS[2], ARGV[2])
local str1 = redis.call('get', KEYS[1])
local str2 = redis.call('get', KEYS[2])
```

```
if str1 == str2 then
return 1
end
return 0
```

上述脚本使用两个键来保存两个参数，然后对这两个参数进行比较，如果相等则返回 1，否则返回 0。注意脚本中 KEYS[1] 和 KEYS[2] 的写法，它们分别表示客户端传递的第一个键和第二个键，而 ARGV[1] 和 ARGV[2] 分别表示客户端传递的第一个参数和第二个参数。用代码清单 7-22 测试这个脚本。

代码清单 7-22　测试带有参数的 Lua 脚本

```
private void testLua2(String key1, String key2, String value1, String value2) {
    // 定义 Lua 脚本
    var lua = """
        redis.call('set', KEYS[1], ARGV[1])\s
        redis.call('set', KEYS[2], ARGV[2])\s
        local str1 = redis.call('get', KEYS[1])\s
        local str2 = redis.call('get', KEYS[2])\s
        if str1 == str2 then \s
        return 1\s
        end\s
        return 0\s
        """;
    // 创建 RedisScript 对象，并设置返回类型
    var rs = RedisScript.of(lua, Long.class);
    // 定义键参数
    var keyList = List.of(key1, key2);
    // 传递键和参数，运行脚本
    var result = stringRedisTemplate.execute(rs, keyList, value1, value2);
    System.out.println(result);
}
```

上述脚本使用 keyList 保存各个键，然后通过 Redis 的 execute() 方法传递键，参数可以使用可变化的方式传递，且键和参数的序列化器都设置为了字符串序列化器，这样便能够运行这段脚本了。上述脚本返回一个数字，值得注意的是，因为 Java 会把整数当作长整型，所以这里返回类型设置为 Long。

7.4　使用 Spring 缓存注解操作 Redis

为了进一步简化 Redis 的使用，Spring 提供了缓存注解，使用缓存注解能有效减少代码量。

7.4.1　缓存管理器和缓存的启用

Spring 在使用缓存注解前，需要配置缓存管理器，缓存管理器将提供一些重要的信息，如缓存类型、超时时间等。Spring 支持多种缓存，存在多种缓存处理器，并提供缓存处理器的接口 CacheManager 和与之相关的类，如图 7-11 所示。

从图 7-11 可以看出，Spring 支持多种缓存管理机制，但是因为当前 Redis 已经被广泛使用，所以基于实用原则，本书只介绍 Redis 缓存的应用，毕竟其他的缓存技术没有得到广泛使用。使用 Redis 缓存主要是使用类 RedisCacheManager。

Spring Boot 的 starter 机制允许通过配置文件生成缓存管理器，它提供的配置如代码清单 7-23 所示。

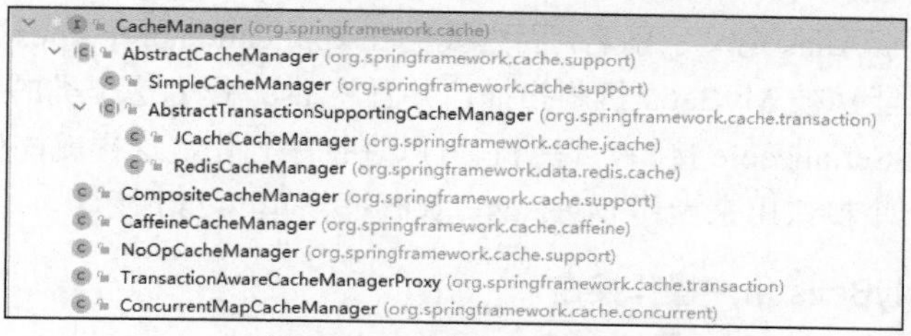

```
                    CacheManager (org.springframework.cache)
                      AbstractCacheManager (org.springframework.cache.support)
                        SimpleCacheManager (org.springframework.cache.support)
                        AbstractTransactionSupportingCacheManager (org.springframework.cache.transaction)
                          JCacheCacheManager (org.springframework.cache.jcache)
                          RedisCacheManager (org.springframework.data.redis.cache)
                      CompositeCacheManager (org.springframework.cache.support)
                      CaffeineCacheManager (org.springframework.cache.caffeine)
                      NoOpCacheManager (org.springframework.cache)
                      TransactionAwareCacheManagerProxy (org.springframework.cache.transaction)
                      ConcurrentMapCacheManager (org.springframework.cache.concurrent)
```

图 7-11　缓存管理器设计

代码清单 7-23　缓存管理器配置

```
# SPRING CACHE (CacheProperties)
# 如果由底层的缓存管理器支持创建，用以逗号分隔的列表来缓存名称
spring.cache.cache-names=
# 缓存类型，在默认的情况下，Spring 会自动根据上下文探测
spring.cache.type=
# caffeine 缓存配置
spring.cache.caffeine.spec=
# couchbase 缓存超时时间，默认是永不超时
spring.cache.couchbase.expiration=0ms
# infinispan 缓存配置文件
spring.cache.infinispan.config=
# jcache 缓存配置文件
spring.cache.jcache.config=
# jcache 缓存提供者配置
spring.cache.jcache.provider=
# 是否允许 Redis 缓存空值
spring.cache.redis.cache-null-values=true
# Redis 的键前缀
spring.cache.redis.key-prefix=
# 缓存超时时间戳，配置为 0 则不设置超时时间
spring.cache.redis.time-to-live=0ms
# 是否启用 Redis 的键前缀
spring.cache.redis.use-key-prefix=true
# 是否启用性能分析功能
spring.cache.redis.enable-statistics=false
```

因为使用的是 Redis，所以我们不需要关注其他的缓存技术，这里只关注加粗的 7 个配置项。下面我们来讨论如何使用缓存注解。

7.4.2　开发缓存注解

我们先整合 MyBatis 框架，为此定义一个用户 POJO，如代码清单 7-24 所示。

代码清单 7-24　用户 POJO

```
package com.learn.chapter7.pojo;
/*** imports ***/
@Alias("user")
public class User implements Serializable {
   private static final long serialVersionUID = 7760614561073458247L;
   private Long id;
   private String userName;
   private String note;
   /**setters and getters **/
}
```

上述代码中的注解@Alias 定义了别名,因为我们在 application.properties 文件中定义了这个类作为别名的扫描,所以它能够被 MyBatis 机制扫描,并且将 user 作为这个类的别名载入 MyBatis 的体系中。这个类还实现了 Serializable 接口,说明它可以进行序列化,这样就能保存到 Redis 中。

接下来需要设计一个接口用来操作 MyBatis,如代码清单 7-25 所示。

代码清单 7-25　MyBatis 用户操作接口

```java
package com.learn.chapter7.dao;
/**** imports ****/
@Mapper
public interface UserDao {
    // 获取单个用户
    User getUser(Long id);

    // 新增用户
    int insertUser(User user);

    // 删除用户
    int deleteUser(Long id);

    // 查询用户,指定 MyBatis 的参数名称
    List<User> findUsers(@Param("userName") String userName,
                         @Param("note") String note);

    // 修改用户
    int updateUser(User user);
}
```

上述代码中的注解@Mapper 是 MyBatis 标注数据访问对象(data access object,DAO)接口的注解,将来我们可以通过定义扫描来使这个接口被扫描为 Spring 的 Bean 并装配到 IoC 容器中。上述代码中还有增、删、查、改的方法,通过它们就可以测试 Spring 的缓存注解了,为了配合这个接口一起使用,需要使用一个 XML 来定义用户 SQL、映射关系、参数和返回等信息,如代码清单 7-26 所示。

代码清单 7-26　定义用户 SQL 和映射关系等信息(/resources/mapper/userMapper.xml)

```xml
<?xml version="1.0" encoding="UTF-8" ?>
<!DOCTYPE mapper
     PUBLIC "-//mybatis.org//DTD Mapper 3.0//EN"
     "http://mybatis.org/dtd/mybatis-3-mapper.dtd">
<mapper namespace="com.learn.chapter7.dao.UserDao">

   <select id="getUser" parameterType="long" resultType="user">
      select id, user_name as userName, note from t_user
      where id = #{id}
   </select>

   <insert id="insertUser" useGeneratedKeys="true" keyProperty="id"
        parameterType="user">
      insert into t_user(user_name, note)
      values(#{userName}, #{note})
   </insert>

   <update id="updateUser">
      update t_user
      <set>
```

```xml
            <if test="userName != null">user_name =#{userName},</if>
            <if test="note != null">note =#{note}</if>
        </set>
        where id = #{id}
    </update>

    <select id="findUsers" resultType="user">
        select id, user_name as userName, note from t_user
        <where>
            <if test="userName != null">
                and user_name = #{userName}
            </if>
            <if test="note != null">
                and note = #{note}
            </if>
        </where>
    </select>

    <delete id="deleteUser" parameterType="long">
        delete from t_user where id = #{id}
    </delete>
</mapper>
```

注意，加粗的代码将属性 useGeneratedKeys 设置为 true，表示将通过数据库生成主键，而将 keyProperty 设置为 POJO 的 id 属性，表示 MyBatis 会将数据库生成的主键回填到 POJO 的 id 属性中，这样 MyBatis 就可以运行了。为了整合 MyBatis，我们还需要使用 Spring 的机制，为此定义一个 Spring 的用户服务接口 UserService，如代码清单 7-27 所示。

代码清单 7-27　用户服务接口

```java
package com.learn.chapter7.service;
/**** imports ****/
public interface UserService {
    // 获取单个用户
    User getUser(Long id);

    // 新增用户
    User insertUser(User user);

    // 删除用户
    int deleteUser(Long id);

    // 查询用户，指定MyBatis的参数名称
    List<User> findUsers(String userName, String note);

    // 修改用户，指定MyBatis的参数名称
    User updateUserName(Long id, String userName);
}
```

这样就定义了 Spring 用户服务接口的方法，接着需要实现这个接口。在这个接口里将使用缓存注解，因此 UserService 的实现类就是本节最重要的代码，如代码清单 7-28 所示。

代码清单 7-28　用户实现类使用 Spring 缓存注解

```java
package com.learn.chapter7.service.impl;
/**** imports ****/
```

```java
@Service
public class UserServiceImpl implements UserService {

    @Autowired
    private UserDao userDao = null;

    // 新增用户，最后MyBatis机制会回填id值，取结果id缓存用户
    @Override
    @Transactional
    @CachePut(value ="redisCache", key = "'redis_user_'+#result.id")
    public User insertUser(User user) {
        userDao.insertUser(user);
        return user;
    }

    // 获取id，取参数id缓存用户
    @Override
    @Transactional
    @Cacheable(value ="redisCache", key = "'redis_user_'+#id")
    public User getUser(Long id) {
        return userDao.getUser(id);
    }

    // 更新数据后，更新缓存，如果condition配置项使结果返回为null，不缓存
    @Override
    @Transactional
    @CachePut(value ="redisCache",
            condition="#result != 'null'", key = "'redis_user_'+#id")
    public User updateUserName(Long id, String userName) {
        // 此处调用getUser()方法，该方法缓存注解失效
        // 所以还会运行SQL语句，将查询到数据库中的最新数据
        var user =this.getUser(id);
        if (user == null) {
            return null;
        }
        user.setUserName(userName);
        userDao.updateUser(user);
        return user;
    }

    // 命中率低，所以不采用缓存机制
    @Override
    @Transactional
    public List<User> findUsers(String userName, String note) {
        return userDao.findUsers(userName, note);
    }

    // 移除缓存
    @Override
    @Transactional
    @CacheEvict(value ="redisCache", key = "'redis_user_'+#id",
            beforeInvocation = false)
    public int deleteUser(Long id) {
        return userDao.deleteUser(id);
    }
}
```

上述代码有比较多的地方值得探讨,需要注意的地方都进行了加粗处理,下面我们逐个进行讨论。先来了解注解@CachePut、@Cacheable 和@CacheEvict 的含义。

- @CachePut 表示将方法返回的结果存储到缓存中。
- @Cacheable 表示先通过定义的键从缓存中查询,如果可以查询到数据则返回,否则运行该方法,返回数据,并且将返回的结果存储到缓存中。
- @CacheEvict 通过定义的键移除缓存,它有一个 Boolean 类型的配置项 beforeInvocation,表示在运行方法之前或者之后移除缓存。因为其默认值为 false,所以默认为在运行方法之后移除缓存。

上述 3 个缓存中都配置了 value ="redisCache",我们在 Spring Boot 中配置对应的缓存名称为 redisCache(见代码清单 7-29)后,值配置项就能够引用到对应的缓存管理器了,而键配置项则是一个 SpEL,很多时候可以看到配置为'redis_user_'+#id,其中#id 表示参数,由于它是通过参数名称来匹配的,所以要求方法存在一个参数且名称为 id,通过这样定义,Spring 就会用表达式返回字符串作为键来操作缓存了。除此之外,还可以这样引用参数:如#a[0]或者#p[0]表示第一个参数,#a[1]或者#p[1]表示第二个参数……但是这样引用的可读性较差,所以我们一般不这么写。

有时候我们希望使用返回结果的一些属性缓存数据,如 insertUser()方法。在将用户插入数据库前,对应的用户是没有 id 的,这个 id 值会在新增后由 MyBatis 的机制回填,因此我们希望使用返回结果,这样使用#result 就表示返回的结果对象了,#result 是一个 User 对象,#result.id 的作用是取出它的属性 id,这样就可以引用这个由数据库生成的 id 了。

updateUserName()方法可能返回 null,如果为 null,则不需要缓存数据。为了实现此功能,在注解@CachePut 中加入了 condition 配置项,它也是一个 SpEL,这个表达式要求返回 Boolean 类型值,如果为 true,则使用缓存操作,否则不使用。这里的表达式为#result != 'null',意味着如果返回 null,则方法结束后不再进行缓存。同样,@Cacheable 和@CacheEvict 也具备这个配置项。

更新数据需要慎重一些,一般情况下我们不要轻易地相信缓存,因为缓存存在脏读的可能性,在需要更新数据时我们往往考虑先从数据库查询出最新数据,再进行操作,因此 updateUserName()方法先调用了 getUser()方法。由于上述代码中的 getUser()方法标注了注解@Cacheable,所以很多读者可能会认为 getUser()方法会从缓存中读取数据,进而受到脏数据的影响。然而,这里的事实是这个注解@Cacheable 失效了,也就是说使用 updateUserName()方法调用 getUser()方法的逻辑并不存在读取缓存的可能,它每次都会运行 SQL 语句来查询数据库中的最新数据。关于这个缓存注解失效的问题,7.4.4 节会再进行说明,这里只是提醒读者,更新数据时应该谨慎一些,尽量避免读取缓存数据,因为缓存会存在脏数据的可能。

findUsers()方法并没有使用缓存,因为查询结果会随着用户给出的查询条件的变化而变化,导致命中率很低。对于命中率很低的场景,使用缓存并不能有效提高系统性能,所以 findUsers()方法并不采用缓存机制。此外,对于大量数据,使用缓存也应该谨慎一些,防止缓存溢出。

下面我们来配置 application.properties 文件,它主要包含数据库、MyBatis、日志、Redis 和缓存等信息,如代码清单 7-29 所示。

代码清单 7-29　配置文件配置

```
# MySQL 配置
spring.datasource.url=jdbc:mysql://localhost:3306/chapter7
```

```
spring.datasource.username=root
spring.datasource.password=123456

# 数据库事务连接驱动类，即便不配置，Spring Boot 也会自动探测
#spring.datasource.driver-class-name=com.mysql.cj.jdbc.Driver

#### Spring Boot 在默认的情况下会使用 Hikari 数据源，下面是对数据源的配置 ####
# 数据源最大连接数量，默认为 10
spring.datasource.hikari.maximum-pool-size=20
# 最大连接生存期，默认为 1800000 ms (也就是 30 m)
spring.datasource.hikari.max-lifetime=1800000
# 最小空闲连接数，默认值为 10
spring.datasource.hikari.minimum-idle=10

# MyBatis 配置
mybatis.mapper-locations=classpath:mapper/*.xml
mybatis.type-aliases-package=com.learn.chapter7.pojo

# 日志配置
logging.level.root=info
logging.level.org.springframework=info
logging.level.org.mybatis=info

# Redis 配置
spring.redis.data.port=6379
spring.data.redis.password=abcdefg
spring.data.redis.host=192.168.80.137
spring.data.redis.lettuce.pool.min-idle=5
spring.data.redis.lettuce.pool.max-active=10
spring.data.redis.lettuce.pool.max-idle=10
spring.data.redis.lettuce.pool.max-wait=2s

#缓存配置
spring.cache.type=REDIS
spring.cache.cache-names=redisCache
```

这样就配置好了各类资源。

7.4.3 测试缓存注解

本节使用 Spring MVC 来测试缓存注解，先在 Maven 中引入 spring-boot-start-web 包，然后编写用户控制器，如代码清单 7-30 所示。

代码清单 7-30 使用用户控制器测试缓存注解

```java
package com.learn.chapter7.controller;
/****imports ****/
@Controller
@RequestMapping("/user")
public class UserController {

    @Autowired
    private UserService userService = null;

    @RequestMapping("/getUser")
    @ResponseBody
    public User getUser(Long id) {
```

```java
        return userService.getUser(id);
    }

    @RequestMapping("/insertUser")
    @ResponseBody
    public User insertUser(String userName, String note) {
        var user = new User();
        user.setUserName(userName);
        user.setNote(note);
        userService.insertUser(user);
        return user;
    }

    @RequestMapping("/findUsers")
    @ResponseBody
    public List<User> findUsers(String userName, String note) {
        return userService.findUsers(userName, note);
    }

    @RequestMapping("/updateUserName")
    @ResponseBody
    public Map<String, Object> updateUserName(Long id, String userName) {
        User user = userService.updateUserName(id, userName);
        boolean flag = user != null;
        var message = flag? "更新成功" : "更新失败";
        return resultMap(flag, message);
    }

    @RequestMapping("/deleteUser")
    @ResponseBody
    public Map<String, Object> deleteUser(Long id) {
        var result = userService.deleteUser(id);
        boolean flag = result == 1;
        var message = flag? "删除成功" : "删除失败";
        return resultMap(flag, message);
    }

    private Map<String, Object> resultMap(boolean success, String message) {
        var result = new HashMap<String, Object>();
        result.put("success", success);
        result.put("message", message);
        return result;
    }
}
```

我们需要修改一下 Spring Boot 的启动文件以驱动缓存机制的运行，如代码清单 7-31 所示。

代码清单 7-31 修改 Spring Boot 的启动文件

```java
package com.learn.chapter7.main;
/**** imports ****/
@SpringBootApplication(scanBasePackages = "com.learn.chapter7")
@MapperScan(basePackages = "com.learn.chapter7", annotationClass = Mapper.class)
@EnableCaching
public class Chapter7Application implements ApplicationContextAware {

    public static void main(String[] args) throws InterruptedException {
```

```java
        SpringApplication.run(Chapter7Application.class);
    }

    // 设置 RedisTemplate 的序列化器
    private void initRedisTemplate(RedisTemplate redisTemplate) {
        var stringSerializer = RedisSerializer.string();
        // 键
        redisTemplate.setKeySerializer(stringSerializer);
        // 哈希键
        redisTemplate.setHashKeySerializer(stringSerializer);
    }

    @Override
    public void setApplicationContext(ApplicationContext applicationContext)
            throws BeansException {
        /**
         * 从 IoC 容器中取出 RedisTemplate，但 Spring Boot 会同时初始化 StringRedisTemplate
         * 而 StringRedisTemplate 是 RedisTemplate 的子类，因此需要通过名称获取 Bean
         */
        var redisTemplate = applicationContext
                .getBean("redisTemplate", RedisTemplate.class);
        this.initRedisTemplate(redisTemplate);
    }

}
```

上述代码定义了 MyBatis Mapper 的扫描包，并限定了标注有@Mapper 的接口才会被扫描。注意，我们还需要使用@EnableCaching 驱动 Spring 缓存机制运行，否则 Spring 的缓存机制是不启用的。上述代码还通过 initRedisTemplate()方法来修改 RedisTemplate 的序列化器，以满足我们的需要。

运行 Spring Boot 的启动文件后，通过请求代码清单 7-30 中的方法就能够测试缓存注解了。在使用编号 1 作为参数来测试 getUser()方法后，打开 Redis 客户端进行查询，可以看到对应的缓存信息，如图 7-12 所示。

图 7-12　测试缓存注解

从图 7-12 中可以看到，Redis 缓存机制会使用#{cacheName}:#{key}的形式作为键保存数据，并且这个缓存是永远不超时的，这会带来缓存不会被刷新的问题，导致某些时候刷新不及时，未来我们需要克服这些问题。

7.4.4　缓存注解自调用失效问题

在代码清单 7-28 中，使用 updateUserName()方法调用 getUser()方法，7.4.2 节说明过这会使得在

getUser()方法上的缓存注解失效,为什么会这样呢？其实 6.5.3 节在讨论@Transactional 自调用问题时已经探讨过其原理,这是因为 Spring 的缓存机制也是基于 AOP 的,而在 Spring 中 AOP 是通过动态代理技术来实现的,updateUserName()方法调用 getUser()方法是类内部的自调用,并不存在代理对象的调用,这样便不会出现 AOP,也就不会使用标注在 getUser()上的缓存注解来获取缓存的值了。要克服缓存注解失效的问题,可以参考 6.5.3 节,像数据库事务那样用两个服务类（Service）相互调用,或者直接从 IoC 容器中获取代理对象来操作。在实际的工作和学习中我们需要注意这些问题。

7.4.5 缓存脏数据说明

使用缓存可以大幅度地提高系统性能,但是也会引发很多问题,其中最为严重的问题就是脏数据问题,表 7-4 演示了这个过程。

表 7-4 缓存引发的脏数据问题

时刻	动作 1	动作 2	备注
T1	修改 id 为 1 的用户		
T2	更新数据库数据		
T3	使用 key_1 为键来保存数据		
T4		修改 id 为 1 的用户	与动作 1 操作同一数据
T5		更新数据库数据	此时修改数据库数据
T6		使用 key_id_1 为键来保存数据	这样 key_1 为键缓存的数据就已经是脏数据

从表 7-4 中可以看到,T6 时刻因为使用了 key_id_1 为键来缓存数据,所以动作 1 以 key_1 为键缓存的数据成为脏数据,此时使用 key_1 为键读取数据时,就只能获取脏数据了。这只是存在脏数据的可能性之一,还存在别的可能,如 Redis 事务问题,或者有其他系统操作而没有刷新 Redis 缓存等诸多问题。对缓存来说,一般我们对数据的读和写所采取的策略是不同的。

数据的读操作可以不是实时的,例如一些电商网站中存在一些排名榜单,而这个榜单往往不是实时的,它会存在延迟。查询是可以存在延迟的,也就是允许存在脏数据,但是数据一直都不更新就说不通了,这样会造成比较严重的数据失真。对缓存来说,我们可以给定一个时间让它失效,也就是说在 Redis 中可以设置超时时间,当缓存超过超时时间后,应用不再能够从缓存中获取数据,而只能从数据库中重新获取最新数据,以保证数据及时刷新。对于那些实时性要求比较高的数据,我们可以把缓存时间设置得短一些,这样就会更加频繁地刷新缓存,但不利的是会增加数据库的压力。对于那些要求不是那么高的数据,则可以把超时时间设置得长一些,这样可以降低数据库的压力。

相比于读操作,数据的写操作采取的策略就完全不一样,需要谨慎一些。一般会认为缓存不可信,所以会考虑先从数据库中读取最新数据,再更新数据,以免将缓存的脏数据写入数据库中,导致业务问题的出现。

上文讲解读操作时谈到了超时时间,而在 Spring Boot 中,如果采取代码清单 7-29 所示的配置,则 RedisCacheManager 会采用永不超时的机制,不利于数据的及时更新。从图 7-12 所示的测试结果来看,有时候我们并不采用 Redis 缓存机制定义的键的生成规则,而可以采用自定义缓存管理器的方法。

7.4.6 节将讨论如何自定义缓存管理器。

7.4.6 自定义缓存管理器

有时候使用缓存会出现很多问题,例如,我们并不希望采用 Redis 缓存机制定义的键命名方式,也不希望缓存永不超时,这时可以自定义缓存管理器。Spring 有两种定制缓存管理器的方法:一种是像代码清单 7-23 那样通过配置消除缓存键的前缀和自定义超时时间的属性来定制生成 RedisCacheManager;另一种是不采用 Spring Boot 生成的方式,而是完全通过自己的代码创建缓存管理器,尤其是当需要进行比较多的自定义的时候,更加推荐开发者采用自定义的代码。

自定义缓存管理器时,首先在代码清单 7-29 的配置基础上增加对应的新配置,使得 Spring Boot 生成 RedisCacheManager 对象的时候,消除前缀的配置并且设置超时时间,如代码清单 7-32 所示。

代码清单 7-32　重置 Redis 缓存管理器

```
# 是否前缀,默认为 true
spring.cache.redis.use-key-prefix=false
# 是否允许保存空值,默认为 true
spring.cache.redis.cache-null-values=true
# 自定义前缀
# spring.cache.redis.key-prefix=
# 定义超时时间为 600 s,即 10 m
spring.cache.redis.time-to-live=600s
```

上述代码通过 spring.cache.redis.use-key-prefix=false 的配置消除了前缀的配置,并通过属性 spring.cache.redis.time-to-live=600 s 将超时时间设置为 10 m,这样 10 分钟过后 Redis 的键就会超时,就不能从 Redis 中读取到数据了,只能重新从数据库读取数据,这样就能有效刷新数据了。

经过上面的修改后,接下来清除 Redis 的数据,重启 Spring Boot 应用,重新测试控制器的 getUser() 方法,然后在 10 分钟内打开 Redis 客户端,依次输入以下命令:

```
keys *                  #查看 Redis 存在的键值对
get redis_user_1        #获取 id 为 1 的用户信息
ttl redis_user_1        #查询键的剩余超时秒数
```

就可以看到类似图 7-13 所示的结果了。

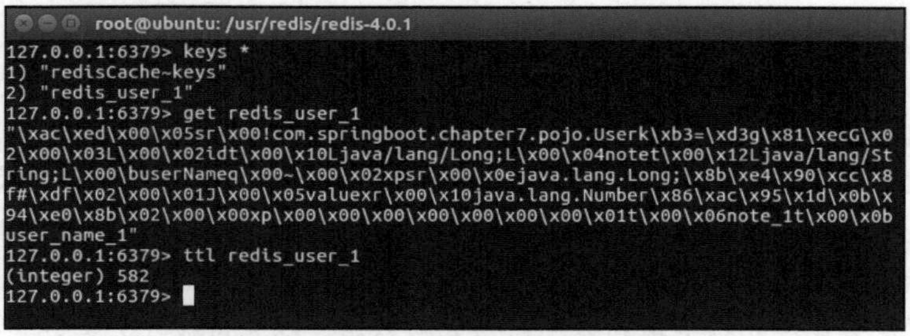

图 7-13　测试自定义缓存管理器

Spring Boot 自定义的前缀消失了,也成功地设置了超时时间。

有时候缓存管理器需要做比较多的配置,在这种情况下可以不采用 Spring Boot 自动配置的缓存管理器,而使用自定义的缓存管理器。首先需要删除代码清单 7-29 和代码清单 7-32 中关于 Redis 缓存管理器的配置，然后在代码清单 7-31 中添加代码清单 7-33 所示的代码，给 IoC 容器增加缓存管理器。

代码清单 7-33　自定义缓存管理器

```
// 注入连接工厂，由 Spring Boot 自动配置生成
@Autowired
private RedisConnectionFactory connectionFactory = null;

// 自定义 Redis 缓存管理器
@Bean(name = "redisCacheManager" )
public RedisCacheManager initRedisCacheManager() {
   //不加锁的 Redis 写入器
   var writer= RedisCacheWriter.nonLockingRedisCacheWriter(connectionFactory);
   // 启用 Redis 缓存的默认设置
   var config = RedisCacheConfiguration.defaultCacheConfig()
         // 设置值采用 JDK 序列化器
       .serializeValuesWith(
            RedisSerializationContext.java().getValueSerializationPair())
       // 设置键采用 String 序列化器
       .serializeKeysWith(
            RedisSerializationContext.string().getValueSerializationPair())
       // 禁用前缀
       .disableKeyPrefix()
       //设置 10 m 的键超时时间
       .entryTtl(Duration.ofMinutes(10));
   // 创建缓 Redis 存管理器
   var redisCacheManager = new RedisCacheManager(writer, config);
   return redisCacheManager;
}
```

上述代码先注入 RedisConnectionFactory 对象，该对象是由 Spring Boot 自动生成的。然后在创建 Redis 缓存管理器对象 RedisCacheManager 的时候进行如下操作：

（1）创建不加锁的 RedisCacheWriter 对象；

（2）使用 RedisCacheConfiguration 对 RedisCacheWriter 对象属性进行配置，上述代码设置了禁用前缀，并且超时时间为 10 m；

（3）使用 RedisCacheWriter 对象和 RedisCacheConfiguration 对象来构建 RedisCacheManager 对象。

这样就完成了对 Redis 缓存管理器的自定义。

第 8 章

文档数据库——MongoDB

第 7 章介绍了如何使用 Redis 流水线进行测试。Redis 是一个每秒能够读写 10 万次以上操作的 NoSQL 数据库,其速度远超关系数据库,可以极大地提高互联网系统的性能,但是它有一些致命的缺陷,其中最为严重的就是计算功能十分有限,例如,在一个 10 万数据量的列表(List)中,我只需要满足特定条件的元素。在 Redis 中使用集合或者列表,只能先把元素取出,然后才能通过条件筛选一个个得到想要的数据,这显然存在比较大的问题。这时你可能想到通过 Lua 脚本去完善,虽然也是可以的,但开发者的工作量就大大增加了。对于那些需要缓存而且经常需要统计、查询和分析的数据,使用 Redis 这样简单的 NoSQL 数据库显然就不是那么便捷了,这时另一个 NoSQL 数据库就派上用场了,它就是本章的主题 MongoDB。MongoDB 对于需要统计、按条件查询和分析的数据提供了支持,可以说是一个最接近关系数据库的 NoSQL 数据库。

MongoDB 是一个用 C++语言编写的 NoSQL 数据库,是一个基于分布式文件存储的开源数据库系统。MongoDB 在负载高时可以添加更多的节点,以保证服务器性能,MongoDB 的目的是为 Web 应用提供可扩展的高性能数据存储解决方案。MongoDB 将数据存储为一个文档,数据结构由键值对组成。这里所说的 MongoDB 文档类似于 JSON 数据集,所以很容易转化为 POJO 或者 JavaScript 对象,键值对的字段值还可以包含其他文档、数组及文档数组。例如,我们完全可以存储代码清单 8-1 所示的这个 JSON 数据集。

代码清单 8-1　MongoDB 文档示例

```
{
   "_id": 1,
   "note": "张三是个好同志",
   "user_name": "张三",
   "roles": [
      {id : 1, role_name : "高级工程师"},
      {id : 2, role_name : "高级项目经理"}
   ]
}
```

这个文档很接近 JSON 数据集,取出这个文档就可以将其直接映射为 POJO,使用很方便。与

Redis 一样，Spring Boot 的配置文件也提供了许多关于 MongoDB 的配置，便于进行配置。不过，这一切的开始都需要引入 Spring Boot 关于 MongoDB 的 starter，如代码清单 8-2 所示。

代码清单 8-2　Maven 引入 spring-boot-starter-data-mongodb

```xml
<dependency>
    <groupId>org.springframework.boot</groupId>
    <artifactId>spring-boot-starter-data-mongodb</artifactId>
</dependency>
```

8.1　配置 MongoDB

引入了 spring-boot-starter-data-mongodb 依赖，就意味着 Spring Boot 已经提供了关于 MongoDB 的配置，其默认的可配置项如代码清单 8-3 所示。

代码清单 8-3　Spring Boot 关于 MongoDB 的默认配置

```
# MONGODB (MongoProperties)
# MongoDB 服务器名称或者 IP
spring.data.mongodb.host=
# MongoDB 数据库名称
spring.data.mongodb.database=
# MongoDB 数据库用户名和密码
spring.data.mongodb.username=
spring.data.mongodb.password=
# MongoDB 服务端口
spring.data.mongodb.port=
# MongoDB 网格文件数据库名称
spring.data.mongodb.gridfs.database=
# MongoDB 网格文件桶名称
spring.data.mongodb.gridfs.bucket=
# MongoDB 其他服务器名称，如果当前服务器连接不上就选用这些备用服务器
spring.data.mongodb.additional-hosts=
# MongoDB 签名数据库名称
spring.data.mongodb.authentication-database=
# 是否让 MongoDB 自动生成索引
spring.data.mongodb.auto-index-creation=true
# MongoDB 字段命名策略
spring.data.mongodb.field-naming-strategy=
# MongoDB 数据库复制集合名称
spring.data.mongodb.replica-set-name=
# 连接 MongoDB 的 URI，将服务上面配置的服务器、用户名、密码和端口等值
spring.data.mongodb.uri=
# 是否启用 MongoDB 关于 JPA 规范的编程
spring.data.mongodb.repositories.type=auto
#　将 UUID 转换为 BSON 二进制值时使用的标识。
spring.data.mongodb.uuid-representation=java_legacy
```

为了后续介绍的方便，这里先给出本章关于 MongoDB 的配置，如代码清单 8-4 所示。

代码清单 8-4　本章的开发配置

```
# MongoDB 服务器名称或者 IP
spring.data.mongodb.host=localhost
# MongoDB 数据库名称
spring.data.mongodb.database=spring
```

```
# MongoDB 数据库用户名和密码
spring.data.mongodb.username=admin
spring.data.mongodb.password=123456
# MongoDB 服务端口
spring.data.mongodb.port=27017
```

显然这些配置十分便利，有了这些配置，Spring Boot 就会为你自动创建关于 MongoDB 的 Bean。为了正确地进行开发，我们有必要了解这些 Bean，如表 8-1 所示。

表 8-1　Spring Boot 自动创建的关于 MongoDB 的 Bean

Bean 类型	描　　述
MongoClientImpl	MongoDB 客户端
MongoProperties	Spring Boot 关于 MongoDB 的自动配置属性
MongoDataAutoConfiguration	Spring Boot 关于 MongoDB 的自动配置类
SimpleMongoClientDatabaseFactory	简单的 MongoDB 的工厂，由它生成 MongoDB 的会话，可通过属性 spring.data.mongodb.grid-fs-database 的配置转变为 GridFsMongoDbFactory
MongoTemplate	MongoDB 的操作模板，Spring 主要通过它对 MongoDB 进行操作
MappingMongoConverter	关于 MongoDB 的类型转换器
MongoMappingContext	MongoDB 关于 Java 实体的映射内容配置
MongoCustomConversions	自定义类型转换器
MongoRepositoriesAutoConfiguration	MongoDB 关于仓库的自动配置

后续我们会再讨论其中一些 Bean 的用法，如 MongoTemplate 的用法，这里只需要稍微了解这些 Bean 的功能就可以了。

8.2　使用 MongoTemplate 实例

Spring Data MongoDB 主要是通过 MongoTemplate 来操作数据的，从表 8-1 中我们可以看到，Spring Boot 会根据配置自动生成相应的 MongoDataAutoConfiguration 对象，不需要我们主动创建，我们只需要遵循"拿来主义"就可以了。下面举例说明如何通过 MongoTemplate 来操作数据，在此之前需要先准备好 MongoDB 的文档。

8.2.1　准备 MongoDB 的文档

MongoDB 的文档往往是一些简单的 POJO 加上一些简单的注解。下面创建一个用户 POJO，如代码清单 8-5 所示。

代码清单 8-5　用户 POJO

```
package com.learn.chapter8.pojo;
import java.io.Serializable;
import java.util.List;
import org.springframework.data.annotation.Id;
import org.springframework.data.mongodb.core.mapping.Document;
import org.springframework.data.mongodb.core.mapping.Field;
// 标识为 MongoDB 文档
@Document
```

```java
public class User implements Serializable {
    private static final long serialVersionUID = -7895435231819517614L;

    // MongoDB 文档编号，主键
    @Id
    private Long id;

    // 在 MongoDB 中使用 user_name 保存属性
    @Field("user_name")
    private String userName = null;

    private String note = null;

    // 角色列表
    private List<Role> roles = null;
    /**** setters and getters ****/
}
```

User 类被标识为@Document，这说明它将作为 MongoDB 的文档存在。注解@id 则将对应的字段设置为主键，因为 MongoDB 的规范采用下画线分隔，而 Java 一般采用驼峰式命名，所以这里使用了@Field 进行设置，这样属性 userName 就与 MongoDB 中的 user_name 属性对应起来了。上述代码里还有一个角色列表（属性 roles），如果只是想保存其引用，可以使用@DBRef 标注，这样它只会保存引用信息，而不会保存具体的角色信息。此外，还需要注意，User 类实现了 Serializable 接口，这说明对象可以序列化。这里引入了角色列表，我们再来看角色类的定义，如代码清单 8-6 所示。

代码清单 8-6　角色 POJO

```java
package com.learn.chapter8.pojo;
/**** imports ****/
@Document
public class Role implements Serializable {
    private static final long serialVersionUID = -6843667995895038741L;
    private Long id;
    @Field("role_name")
    private String roleName = null;
    private String note = null;
    /**** setters and getters ****/
}
```

上述代码中的@Document 标明可以把角色 POJO 当作一个 MongoDB 的文档单独使用。如果你只是在 User 类中使用角色，那么也可以不使用@Document 标明对象为 MongoDB 的文档，而@Field 依旧用于转换字段之间的命名规则。

8.2.2　使用 MongoTemplate 操作文档

本节将演示如何使用 MongoTemplate 操作 MongoDB 的文档。MongoTemplate 的操作内容繁多，本节只展示那些最为常用的方法，包括增、删、查、改和分页等较为常用的功能。这里需要开发一个用户服务接口（UserService），以方便访问文档，如代码清单 8-7 所示。

代码清单 8-7　用户服务接口——UserService

```java
package com.learn.chapter8.service;
/**** imports ****/
```

```java
public interface UserService {
    public void saveUser(User user);

    public User getUser(Long id);

    public List<User> findUser(String userName, String note, int skip, int limit);

    public DeleteResult deleteUser(Long id);

    public UpdateResult updateUser(Long id, String userName, String note);
}
```

上述方法的含义比较简单,这里就不再赘述了,在它的接口设计里已经包含最为常用的增、删、查、改等功能,本节将讨论如何实现这些功能。

首先介绍查询功能,这里的查询包括获取用户(getUser()方法)和查询用户(findUser()方法),它们的实现方法如代码清单 8-8 所示。

代码清单 8-8　用户服务实现类及其查询方法

```java
package com.learn.chapter8.service.impl;
/**** imports ****/
@Service
public class UserServiceImpl implements UserService {

    // 注入 MongoTemplate 对象
    @Autowired
    private MongoTemplate mongoTmpl = null;

    @Override
    public void saveUser(User user) {
        mongoTmpl.save(user);
    }

    @Override
    public User getUser(Long id) {
        return mongoTmpl.findById(id, User.class);
        /**
         // 如果只需要获取第一个,也可以采用如下查询方法
         var criteriaId = Criteria.where("id").is(id);
         var queryId = Query.query(criteriaId);
         return mongoTmpl.findOne(queryId, User.class);
         */
    }

    @Override
    public List<User> findUser(
            String userName, String note, int skip, int limit) {
        // 将用户名和备注设置为模糊查询准则
        var criteria = Criteria.where("userName").regex(userName)
                .and("note").regex(note);
        // 构建查询条件,并设置分页跳过前 skip 个,至多返回 limit 个
        var query = Query.query(criteria).limit(limit).skip(skip);
        // 运行 MongoDB 的查询并返回结果
        var userList = mongoTmpl.find(query, User.class);
```

```
            return userList;
        }
        ......
}
```

UserServiceImpl 类标注了@Service，因此在定义好扫描包后，Spring 会把它自动装配进来。我们不需要自己创建 MongoTemplate，只要在配置文件中配置好 MongoDB 的内容，Spring Boot 就会自动创建它，这样就可以执行"拿来主义"了，使用@Autowired 将其注入服务类中。getUser()方法直接调用了 findById()方法来查询结果，如果你并不是使用主键进行查询的，那么可以参考被注释的代码部分，这里使用准则（Criteria）来构建查询条件，其中的

```
var criteriaId = Criteria.where("id").is(id);
```

表示构建一个用户主键为变量 id 的查询准则，然后通过

```
var queryId = Query.query(criteriaId);
```

构建查询条件，有了它们就可以通过 findOne()方法查询唯一的用户信息了。再来看 findUser()方法，该方法首先构建了一个查询准则：

```
var criteria = Criteria.where("userName").regex(userName).and("note").regex(note);
```

其中，where()方法的参数设置为"userName"，这个字符串表示 User 类的属性 userName；regex()方法表示正则式匹配，即执行模糊查询；and()方法表示连接字，表示同时满足。然后通过

```
var query = Query.query(criteria).limit(limit).skip(skip);
```

构建查询条件，其中 limit()方法表示限制至多返回 limit 个文档，而 skip()方法则表示跳过 skip 个文档。最后使用 find()方法，将结果查询为一个列表，返回给调用者。

接下来验证代码清单 8-8 中的两个方法，如代码清单 8-9 所示。

代码清单 8-9　测试 UserService 服务接口

```
package com.learn.chapter8.main;
/**** imports ****/
@Component
public class MongoTest {

   @Autowired
   private UserService userService;

   @PostConstruct // 在 Bean 生命周期内调用
   public void test() {
      saveUser();
      findUsers();
   }

   private void saveUser() {
      for(var i=1L; i<=10L; i++) {
         var user = new User();
         // 用户信息
         user.setId(i);
         user.setUserName("user_name_" + i);
```

```java
            user.setNote("user_note_" + i);
            // 角色信息
            var role1 = new Role();
            role1.setId(i);
            role1.setRoleName("role_name_" + i);
            role1.setNote("role_note_" + i);
            var role2 = new Role();
            role2.setId(i+1);
            role2.setRoleName("role_name_" + (i+1));
            role2.setNote("role_note_" + (i+1));
            // 设置角色信息
            var roleList = List.of(role1, role2);
            user.setRoles(roleList);
            // 保存用户信息
            userService.saveUser(user);
        }
    }

    private void findUsers() {
        // 查找用户信息
        var userList = userService.findUser("user", "note", 3, 5);
        for (var user : userList) {
            System.out.println("【id】=" + user.getId()
                + ",\t【user_name】=" + user.getUserName());
        }
    }

    /**** setters and getters ****/
}
```

配置好 Spring Boot 启动文件的扫描包并且运行它,就能得到如下日志:

【id】=4,【user_name】=user_name_4
【id】=5,【user_name】=user_name_5
【id】=6,【user_name】=user_name_6
【id】=7,【user_name】=user_name_7
【id】=8,【user_name】=user_name_8

用 MongoDB 可视化工具查看结果,如图 8-1 所示。

图 8-1 MongoDB 内的文档结构

从图 8-1 框选的内容可以看到,用户会多一个_class 属性,这个属性保存的是类的全限定名,通过这个类的全限定名就可以依赖 Java 的反射机制来创建类对象了。

有时候我们可能需要删除或者更新文档,这里先讨论更为简单的删除,为此在 UserServiceImpl 类内添加代码,如代码清单 8-10 所示。

代码清单 8-10　删除文档数据

```
@Override
public DeleteResult deleteUser(Long id) {
    // 构建 id 相等的条件
    var criteriaId = Criteria.where("id").is(id);
    // 查询对象
    var queryId = Query.query(criteriaId);
    // 删除用户
    var result = mongoTmpl.remove(queryId, User.class);
    return result;
}
```

删除功能与查询功能一样,使用主键构建了一个准则,然后使用 remove()方法删除数据,删除后会返回一个 DeleteResult 对象来记录此次操作的结果。通过断点来查看这个对象的结构,如图 8-2 所示。

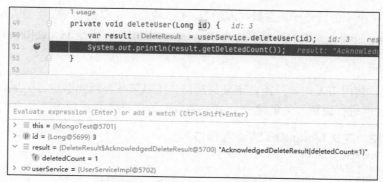

图 8-2　DeleteResult 对象结构

图 8-2 所示的属性 deletedCount 表示删除文档的条数。有了删除操作,也会有更新记录,不过更新操作略微有点复杂,下面先看看代码清单 8-11。

代码清单 8-11　更新文档操作

```
@Override
public UpdateResult updateUser(Long id, String userName, String note) {
    // 确定要更新的对象
    var criteriaId = Criteria.where("id").is(id);
    var query = Query.query(criteriaId);
    // 定义更新对象
    var update = Update.update("userName", userName);
    update.set("note", note); //设置更新属性
    // 更新第一个文档
    var result = mongoTmpl.updateFirst(query, update, User.class);
    // 更新多个文档
    // var result = mongoTmpl.updateMulti(query, update, User.class);
```

```
        // 如果不存在文档，则新建文档，否则只更新文档
        // mongoTmpl.upsert(query, update, User.class);
        return result;
    }
```

首先，上述更新方法与之前一样，通过构建 Query 对象确认更新什么内容，这里是通过主键确认对应的文档。然后，定义一个 Update 更新对象，在创建它的时候，使用构造方法设置对用户名的更新，同时，使用 set()方法设置备注的更新，这就表明我们只对这两个属性进行更新，其他属性并不更新，这相当于在 MongoDB 中使用了"$set"设置。构造好了 Query 对象和 Update 对象后，就可以使用 MongoTemplate 运行更新方法了。MongoTemplate 又有 updateFirst()、updateMulti()和 upsert()这 3 个方法，其中 updateFirst()方法表示只更新第一个文档，updateMulti()方法表示更新多个满足 Query 对象限定的文档，upsert()方法表示如果不存在文档，则新建文档，否则只更新文档。运行更新方法后会返回一个 UpdateResult 对象，它有 3 个属性，分别是 matchedCount、modifiedCount 和 upsertedId，其中 matchedCount 表示与 Query 对象匹配的文档数，modifiedCount 表示被更新的文档数，upsertedId 表示如果存在因为更新而新建文档的情况，会返回新建文档的 id。

8.3 使用 JPA

MongoDB 是一个十分接近于关系数据库的 NoSQL 数据库，它还允许使用 JPA 编程，只是与关系数据库不一样的是，Spring 提供的接口不是 JpaRepository<T, ID>，而是 MongoRepository<T, ID>。

8.3.1 基本用法

5.3 节讨论过，使用 JPA 时，只需自定义其接口，按照其名称就能够进行扩展，而无须实现接口的方法。下面以实例进行讲解，先创建一个 JPA 接口，如代码清单 8-12 所示。

代码清单 8-12 定义 MongoDB 的 JPA 接口

```
package com.learn.chapter8.repository;
/**** imports ****/
// 标识为 JPA 接口
@Repository
// 扩展 MongoRepository 接口
public interface UserRepository extends MongoRepository<User, Long> {
    /**
     * 符合 JPA 规范命名方法，则不需要再实现该方法也可用
     * 意在对满足条件的文档按照用户名进行模糊查询
     * @param userName -- 用户名
     * @return 满足条件的用户信息
     */
    List<User> findByUserNameLike(String userName);
}
```

这个接口先使用@Repository 进行标识，表示这是一个 JPA 接口，而接口扩展了 MongoRepository 接口，MongoRepository 接口指定了两个泛型：一个是实体类型，这个实体类型要求标注@Document，另一个是其主键的类型，这个类型要求标注@Id，这里指定为 User 类和 Long。这与代码清单 8-5 中的 User 类的声明是对应的，首先该类标注了@Document，其次该类的 id 属性上标注了注解@Id，说明它是文档的主键，且类型为 Long。findByUserNameLike()方法是一个符合 JPA 命名方式的接口方

法，表示对用户名进行模糊查询。

一旦定义的 JPA 接口对 MongoRepository<T, ID>进行了扩展，那么你将自动获得如表 8-2 所示的方法。

表 8-2 MongoRepository 定义的方法

项 目 类 型	描 述
long count()	统计文档总数
void delete(Iterable<? extends T>)	删除多个文档
void delete(T)	删除指定的文档
void delete(id)	根据 id 删除文档
boolean exists(Object)	判断是否存在对应的文档
boolean exists(id)	根据 id 判断是否存在对应的文档
List<T> findAll()	无条件查询所有文档
List<T> findAll(Iterable<? extends T>)	根据给出的文档类型查询文档
List<T> findAll(Pageable)	根据分页条件查询文档
List<T> findAll(Sort)	查询所有文档并返回排序结果
T findOne(ID)	根据 id 查询文档
S save(S extends T)	保存文档（如果已经存在文档，则更新文档，否则新建文档）
List<S> save(Iterable<S extends T>)	保存文档列表（如果已经存在文档，则更新文档，否则新建文档）
S insert(S extends T)	新建文档
List<S> insert(Iterable<S extends T>)	新建文档列表

注意，表 8-2 只罗列了一些常用的方法，而不是全部方法。接下来的问题是如何将定义的接口转变为一个 Bean。为此，spring-boot-starter-data-mongodb 提供了一个注解——@EnableMongoRepositories，通过它可以指定扫描对应的接口。代码清单 8-13 展示了这个过程。

代码清单 8-13　@EnableMongoRepositories 的使用

```
package com.learn.chapter8.main;
/**** imports ****/
// 指定扫描的包
@SpringBootApplication(scanBasePackages = "com.learn.chapter8")
// 指定扫描的包，用于扫描扩展了 MongoRepository 的接口
@EnableMongoRepositories(basePackages="com.learn.chapter8.repository")
public class Chapter8Application {

    public static void main(String[] args) {
        SpringApplication.run(Chapter8Application.class, args);
    }
}
```

上述代码定义了注解@EnableMongoRepositories，并且通过 basePackages 配置项指定了 JPA 接口所在的包，这样 Spring 就能够将 UserRepository 接口扫描为对应的 Bean 并装配到 IoC 容器中。为了进行测试，我们在 MongoTest 类中添加代码，如代码清单 8-14 所示。

代码清单 8-14 测试 JPA 接口

```java
@Autowired // 注入服务接口
private UserRepository userRepository = null;

public void findByUserNameLike(String userName) {
    // 使用服务接口查询
    var userList = userRepository.findByUserNameLike(userName);
    for (var user : userList) {
        System.out.println("【id】=" + user.getId()
            + ",\t【user_name】=" + user.getUserName());
    }
}
```

运行 Spring Boot 启动文件后，运行这个方法，可以看到如下日志：

```
【id】=1,    【user_name】=user_name_new_1
【id】=2,    【user_name】=user_name_2
【id】=4,    【user_name】=user_name_4
【id】=5,    【user_name】=user_name_5
【id】=6,    【user_name】=user_name_6
【id】=7,    【user_name】=user_name_7
【id】=8,    【user_name】=user_name_8
【id】=9,    【user_name】=user_name_9
【id】=10,   【user_name】=user_name_10
```

显然对数据的访问已经成功了。接下来读者还需要掌握更多的内容，以达到实际应用的要求。

8.3.2 使用自定义查询

JPA 的规范虽然可以自动生成查询的逻辑，但是严格来说存在很多瑕疵。例如，假设我们的查询需要 10 个字段，或者需要进行较为复杂的查询，显然简陋的 JPA 规范并不能很好地实现这样的功能，这时就需要使用自定义查询了。Spring 提供了简单的注解@Query，用于进行自定义查询。例如，如果需要按用户编号（id）和用户名（userName）进行查询，可以编写如代码清单 8-15 所示的代码。

代码清单 8-15 使用@Query 自定义查询

```java
/**
 * 使用 id 和 userName 查询
 * 注解@Query 中的阿拉伯数字指定参数的下标，以 0 开始
 * @param id -- 编号
 * @param userName
 * @return 用户信息
 */
@Query("{'id': ?0, 'userName' : ?1}")
User find(Long id, String userName);
```

上述代码中的 find()方法并不符合 JPA 的规范，但是我们使用注解@Query 标注了方法，并且配置了一个字符串 JSON 参数，这个参数中带有?0 和?1 这样的占位符，其中?0 表示方法的第一个参数 id，?1 表示方法的第二个参数 userName，这样就可以自定义一个简单的查询了。

当然，有时候@Query 还是不能满足需求，我们需要定义更加灵活的查询。首先在 UserRepository 接口中加入一个方法，如代码清单 8-16 所示。

代码清单 8-16　使用自定义方法
```
/**
 * 根据编号或者用户名查找用户
 * @param id -- 编号
 * @param userName -- 用户名
 * @return 用户信息
 */
User findUserByIdOrUserName(Long id, String userName);
```

接下来我们需要使用一个具体的方法来实现这个接口定义的 findUserByIdOrUserName()方法，只是这里的 UserRepository 接口扩展了 MongoRepository 接口，实现 UserRepository 接口就要实现 MongoRepository 接口定义的诸多方法，非常麻烦，而 JPA 自动生成方法逻辑的优势就荡然无存了。这个时候 Spring 提供了新的约定，在 Spring 中只要定义一个名称为"接口名称+Impl"的类并且提供与接口定义相同的方法，Spring 就会自动找到这个类对应的方法来作为 JPA 接口定义方法的实现，如代码清单 8-17 所示。

代码清单 8-17　实现自定义方法
```
package com.learn.chapter8.repository.impl;

/****imports ****/
// 定义为数据访问层
@Repository
// 注意这里的类名称，由于接口名称为UserRepository，按要求定义，类名称则为"接口名称+Impl"
// JPA会自动找到这个类对应的方法，作为JPA接口定义方法的实现
public class UserRepositoryImpl {
    @Autowired// 注入 MongoTemplate
    private MongoTemplate mongoTmpl = null;

    // 注意，方法名称与接口定义也需要保持一致
    public User findUserByIdOrUserName(Long id, String userName) {
        // 构造 id 查询准则
        var criteriaId = Criteria.where("id").is(id);
        // 构造用户名查询准则
        var criteriaUserName = Criteria.where("userName").is(userName);
        var criteria = new Criteria();
        // 使用$or 操作符关联两个条件，形成或关系
        criteria.orOperator(criteriaId, criteriaUserName);
        var query = Query.query(criteria);
        // 执行查询，返回结果
        return mongoTmpl.findOne(query, User.class);
    }
}
```

上述代码并没有实现 UserRepository 接口，JPA 之所以能够找到这个类的 findUserByIdOrUserName() 方法，是因为类的名称是"接口名称+Impl"，而方法名称也是相同的。JPA 提供默认的约定，按照这个约定就能够找到对应的实现类和方法。当然，有时候我们并不喜欢 Impl 这样的后缀，例如，现在我们喜欢用 Stuff 作为实现类的后缀，那么就需要修改默认的配置了，这也十分简便，让我们回到代码清单 8-13 中的注解@EnableMongoRepositories，只需要给它增加一个配置项即可，如代码清单 8-18 所示。

代码清单 8-18　使用自定义类的后缀名称

```
package com.learn.chapter8.main;
/**** imports ****/
// 指定扫描的包
@SpringBootApplication(scanBasePackages = "com.learn.chapter8")
// 指定扫描的包，用于扫描 JPA 接口
@EnableMongoRepositories(
        // 扫描包
        basePackages = "com.learn.chapter8.repository"
        // 使用自定义后缀，其默认值为 Impl
        // 此时需要修改类名：UserRepositoryImpl-->UserRepositoryStuff
        , repositoryImplementationPostfix = "Stuff"
)
public class Chapter8Application {

    public static void main(String[] args) {
        SpringApplication.run(Chapter8Application.class, args);
    }
}
```

上述代码重新配置注解@EnableMongoRepositories 的 repositoryImplementationPostfix 属性，这样在定义后缀时就可以用 Stuff 而不是 Impl 了。

第 9 章 初识 Spring MVC

随着技术的发展，当今 Java 的开发已经从管理系统时代迈向了互联网系统时代。在管理系统时代，业务主要发生在浏览器页面，所以对 JSP 的要求较高，当时流行的 Struts 框架对 JSP 提供了良好的支持，也因此耦合了大量的页面方面的内容。而在互联网系统时代，大部分业务已经不再发生在个人计算机（personal computer，PC）的浏览器端，而是发生在手机、平板电脑和其他的移动终端，而且这些终端的业务占比已经达到 70%以上。在移动互联网的时代，进一步要求前后端分离，因此当今互联网系统对 JSP 的依赖正在不断地下降，Struts 耦合的页面相关的内容已无太大的用武之地，甚至显得相当冗余，加之 Struts 近年爆出的漏洞问题使其声望和使用率急剧下降，目前已经处于被淘汰的境地。

Spring MVC 一开始就定位为一个较为松散的组合，展示给用户的视图（View）、控制器返回的数据模型（Model）、定位视图的视图解析器（ViewResolver）和处理器适配器（HandlerAdapter）等内容都是相对独立的。换句话说，通过 Spring MVC 很容易把后台的数据转换为各种类型的数据，从而满足移动互联网对数据多样化的要求。例如，Spring MVC 可以十分方便地把后台数据转换为目前最常用的 JSON 数据集，也可以转换为 PDF、Excel 和 XML 等格式。加之 Spring MVC 是基于 Spring 基础框架派生出来的 Web 框架，所以它天然就可以十分方便地整合到 Spring 框架中，而 Spring 整合 Struts 还是比较繁复的。

基于这些趋势，Spring MVC 已经成为当前主流的 Web 开发框架之一。学习 Spring MVC 时，要先学习 MVC 的分层的思想。为了引入 Spring MVC，我们在 Maven 中加入依赖：

```xml
<!-- Thymeleaf 模板 -->
<dependency>
    <groupId>org.springframework.boot</groupId>
    <artifactId>spring-boot-starter-thymeleaf</artifactId>
</dependency>
<!-- Spring Boot Web 依赖，会引入 Spring MVC -->
<dependency>
    <groupId>org.springframework.boot</groupId>
    <artifactId>spring-boot-starter-web</artifactId>
</dependency>
```

这里使用的是 Thymeleaf 模板，我们也可以使用其他页面框架，如传统的 JSP 等。

9.1 Spring MVC 框架的设计

当今 MVC（Model-View-Controller，模型、视图和控制）框架已经盛行，它不单单被应用于 Java 应用的开发，也被广泛应用于其他系统的开发，甚至近年来在互联网前端开发中也是如此。MVC 设计的成功在于它的理念，所以我们有必要先认识一下 MVC 框架。为了更好地介绍 MVC 框架的设计理念，我先绘制出 Spring MVC 的框架设计图，如图 9-1 所示。

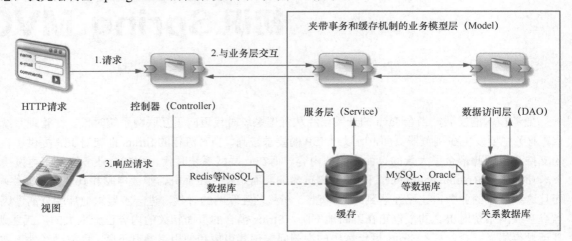

图 9-1　Spring MVC 的框架设计图

在图 9-1 中，带有阿拉伯数字的说明表示 MVC 框架的运行流程。处理请求先到达控制器（Controller），控制器的作用是调用业务模型层（Model）处理业务。在现今的互联网系统中，数据主要来源于关系数据库和 NoSQL 数据库，而且对关系数据库，往往还存在事务机制，为了适应这样的变化，设计者一般会把业务模型层再细分为两层，即服务层（Service）和数据访问层（data access object，DAO）。当控制器获取由模型层返回的数据后，Spring MVC 将数据渲染到视图（View）中，这样就能够将数据展现给用户了。

本节只是一个比较粗略的说明，还有很多细节需要完善，例如如何接受请求参数、请求如何分发到具体的控制器方法上、如何定位视图、视图又有哪些类型等，这些问题都需要进一步阐述。

9.2 Spring MVC 流程

尽管在 Spring Boot 的开发中，我们可以很快速地通过配置实现 Spring MVC 的开发，但为了解决实际的问题，我们很有必要了解 Spring MVC 的运行流程和组件，否则很难理解 Spring Boot 自动为我们配置了什么，生成了什么对象，而这些又有什么用。流程和组件是 Spring MVC 的核心（如图 9-2 所示），Spring MVC 的流程是围绕 DispatcherServlet 工作的，所以 DispatcherServlet 就是 Spring MVC 中的核心类，DispatcherServlet 是通过 Spring MVC 的流程和组件完成业务处理的。

9.2 Spring MVC 流程

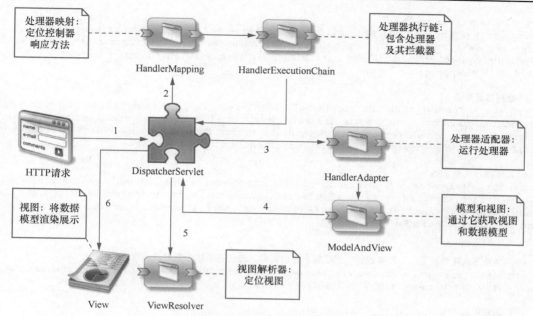

图 9-2 Spring MVC 全流程

图 9-2 十分重要，它展示了 Spring MVC 运行的全流程，其中的阿拉伯数字表示运行的顺序，这是 Spring MVC 开发的基础。但是，严格地说，Spring MVC 处理请求并非一定需要经过全流程，有时候一些流程并不存在。例如，在我们加入 @ResponseBody 将返回结果转变为 JSON 数据集时，没有经过视图解析器和视图渲染。在开始阶段我们不讨论得那么深入，本章主要介绍一些简单的实例，让读者对 Spring MVC 的流程和组件有一定了解。

在 Web 服务器启动的过程中，Spring MVC 就自动初始化一些重要的组件，如 DispatcherServlet、HandlerAdapter 的实现类 RequestMappingHandlerAdapter 等。关于这些组件的初始化，我们可以在 spring-webmvc-xxx.jar 的 org.springframework.web.servlet 包下的属性文件 DispatcherServlet.properties 中看到，该文件中定义的对象都在 Spring MVC 开始时初始化，并且存储在 IoC 容器中，其源码如代码清单 9-1 所示。

代码清单 9-1　DispatcherServlet.properties 源码

```
# Default implementation classes for DispatcherServlet's strategy interfaces.
# Used as fallback when no matching beans are found in the DispatcherServlet context.
# Not meant to be customized by application developers.

# 国际化解析器
org.springframework.web.servlet.LocaleResolver=org.springframework.web.servlet.i18n.AcceptHeaderLocaleResolver

# 主题解析器
org.springframework.web.servlet.ThemeResolver=org.springframework.web.servlet.theme.FixedThemeResolver
```

```
# HandlerMapping 实例
org.springframework.web.servlet.HandlerMapping=org.springframework.web.servlet.\
handler.BeanNameUrlHandlerMapping,\org.springframework.web.servlet.mvc.method.annotation.\
RequestMappingHandlerMapping,\org.springframework.web.servlet.function.support.\
RouterFunctionMapping

# 处理器适配器
org.springframework.web.servlet.HandlerAdapter=org.springframework.web.servlet.mvc.\
HttpRequestHandlerAdapter,\org.springframework.web.servlet.mvc.SimpleControllerHandlerAdapter,\
org.springframework.web.servlet.mvc.method.annotation.RequestMappingHandlerAdapter,\org.\
springframework.web.servlet.function.support.HandlerFunctionAdapter

# 处理器异常解析器
org.springframework.web.servlet.HandlerExceptionResolver=org.springframework.web.servlet.\
mvc.method.annotation.ExceptionHandlerExceptionResolver,\org.springframework.web.servlet.\
mvc.annotation.ResponseStatusExceptionResolver,\org.springframework.web.servlet.mvc.support.\
DefaultHandlerExceptionResolver

# 策略视图名称转换器，当没有返回视图逻辑名称的时候，通过它可以生成默认的视图名称
org.springframework.web.servlet.RequestToViewNameTranslator=org.springframework.web.\
servlet.view.DefaultRequestToViewNameTranslator

# 视图解析器
org.springframework.web.servlet.ViewResolver=org.springframework.web.servlet.view.\
InternalResourceViewResolver

# FlashMap 管理器。不常用，后文不再讨论
org.springframework.web.servlet.FlashMapManager=org.springframework.web.servlet.support.\
SessionFlashMapManager
```

在上述代码中，中文是我加入的注释，这些组件会被 Spring MVC 初始化，所以我们并不需要进行太多的配置就能够基于 Spring MVC 进行开发。在 Spring Boot 中，还可以通过配置来定制 Spring MVC 的组件，从而满足实际业务的需要。下面一边开发一边讲解 Spring MVC 的流程。

先开发控制器，如代码清单 9-2 所示。

代码清单 9-2　控制器

```java
package com.learn.chapter9.controller;

/**** imports ****/
@Controller
@RequestMapping("/user")
public class UserController {

    @Autowired // 注入服务类
    private UserService userService = null;

    public void setUserService(UserService userService) {
        this.userService = userService;
    }

    // 欢迎页面
    @RequestMapping("/hello")
    public ModelAndView details(Long id) {
        // 创建视图和模型（ModelAndView），并且设置视图名称为"user/hello"
```

```java
        var mav = new ModelAndView("user/hello");
        var user = userService.getUser(id);
        // 设置属性user
        mav.addObject("user", user);
        // 返回视图和模型（ModelAndView）
        return mav;
    }
}
```

上述代码中的注解@Controller 表明这是一个控制器，@RequestMapping 配置请求路径和控制器（或其方法）的映射关系。在 Web 服务器启动 Spring MVC 时，映射关系就会被扫描到处理器映射（HandlerMapping）机制中存储，之后在用户发起请求被 DispatcherServlet 拦截后，根据 URI 和其他的条件，通过 HandlerMapping 机制就能找到对应的控制器（或其方法）进行响应。但是，通过 HandlerMapping 机制返回的是一个 HandlerExecutionChain 对象，其源码如代码清单 9-3 所示。

代码清单 9-3　HandlerExecutionChain 源码
```java
public class HandlerExecutionChain {
    // 日志
    private static final Log logger = LogFactory.getLog(HandlerExecutionChain.class);
    // 处理器，它会封装控制器逻辑
    private final Object handler;
    // 拦截器列表
    private final List<HandlerInterceptor> interceptorList = new ArrayList<>();
    // 拦截器索引
    private int interceptorIndex = -1;

    ......
}
```

从源码可以看出，HandlerExecutionChain 对象包含一个处理器（handler），处理器会封装好控制器方法。处理器还会处理请求参数的转换，并且在控制器方法返回后，处理器也可以对返回值进行进一步的处理。从这段描述可以看出，处理器包含控制器方法的逻辑，并且增强了控制器的功能。此外，HandlerExecutionChain 包含处理器的拦截器（HandlerInterceptor），这样就能够通过拦截处理器来增强功能了。

得到了处理器，还需要运行，但是我们有普通的 HTTP 请求或者别的请求（如 WebSocket 的请求），还需要一个处理器适配器来运行 HandlerExecutionChain 对象，这就是适配器机制，在 Spring MVC 中是通过 HandlerAdapter 接口定义的。在代码清单 9-1 中，我们可以看到在 Spring MVC 中最常用的 HandlerAdapter 接口的实现类，即 HttpRequestHandlerAdapter，根据请求的类型，DispatcherServlet 会找到这个实现类来运行请求的 HandlerExecutionChain 对象包含的内容，这样就能够运行处理器了。HandlerAdapter 接口运行 HandlerExecutionChain 对象这个步骤比较复杂，本章暂时不进行深入讨论，放到第 10 章再谈。

在控制器中，首先通过模型层得到数据，然后将数据放入数据模型中，最后返回模型和视图（ModelAndView）对象，这里控制器返回的视图名称为 "user/hello"，这样就进入视图解析器的阶段，去解析视图逻辑名称了。

在代码清单 9-1 中，我们可以看到视图解析器的自动初始化。而实际上，当我们引入了 Thymeleaf

依赖后，Spring Boot 就会自动初始化 Thymeleaf 视图解析器（ThymeleafViewResolver），它默认的配置会读取放置在 templates 目录下且后缀为.html 的模板。当控制器方法返回"user/hello"时，Spring MVC 就会找到项目下的/templates/user/hello.html 作为视图，这样就能够定位到我们的 Thymeleaf 模板了。严格地说，这一步也不是必需的，因为有些视图并不需要逻辑名称，此时就不再需要视图解析器了。关于这点，后文会再给出例子进行说明。

视图解析器定位视图资源后，视图的作用是将数据模型渲染展示，这样就能够响应应用户的请求。按照控制器方法的返回，就是将/templates/user/hello.html 作为视图，其代码如代码清单 9-4 所示。

代码清单 9-4　Thymeleaf 视图（/templates/user/hello.html）

```html
<html lang="en" xmlns:th="http://www.thymeleaf.org">
<head>
    <meta charset="UTF-8">
    <title>欢迎学习 Spring MVC</title>
</head>
<body>
<!-- "th:text"表示获取请求属性的值来渲染页面 -->
<span th:text="${user.userName}"/>，欢迎学习 Spring MVC!
</body>
</html>
```

注意，因为我们开发的控制器在绑定数据模型的时候，属性名称为 user，而属性为 User 对象，所以上述代码中就有了${user.userName}，它表示 User 对象的 userName 属性，这样就能够将数据模型的数据渲染到 Thymeleaf 视图上来展示了。

接着我们修改 Spring Boot 的启动文件，如代码清单 9-5 所示。

代码清单 9-5　Spring Boot 的启动文件

```java
package com.learn.chapter9.main;
/**** imports ****/
@SpringBootApplication(scanBasePackages = "com.learn.chapter9")
// MyBatis 操作
@MapperScan(basePackages = "com.learn.chapter9", annotationClass = Mapper.class)
public class Chapter9Application {
    public static void main(String[] args) {
        SpringApplication.run(Chapter9Application.class, args);
    }
}
```

运行这个启动文件就可以查看结果了,通过请求 http://localhost:8080/user/hello?id=1 以及 HandlerMapping 的匹配机制就可以找到处理器的方法来提供服务。这个处理器包含我们开发的控制器，那么进入这个控制器后，它就执行控制器的逻辑，通过模型和视图（ModelAndView）绑定数据模型，并把视图名称修改为"user/hello"，随后返回。

返回模型和视图（ModelAndView）后，视图名称为"user/hello"，Thymeleaf 视图解析器（ThymeleafViewResolver）默认的前缀为/templates/，且后缀为.html，这样它便能够映射为/templates/user/hello.html，进而找到 HTML 文件作为视图，这便是视图解析器的作用。将数据模型渲染到视图中，这样就能够看到图 9-3 所示的结果了。

图 9-3　用户详情视图

因为Spring MVC流程和组件非常重要,所以为了让读者有更深刻的认识,再次绘制实例在Spring MVC里运行的流程图,如图9-4所示。

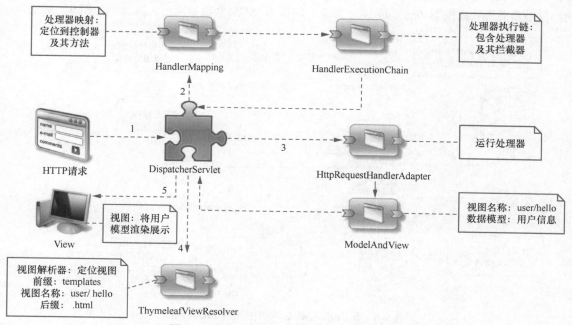

图9-4 实例在Spring MVC里的运行流程图

我们从图9-4中的阿拉伯数字就能看出该实例运行的顺序,从而更好地理解Spring MVC运行的过程。但是有时候,我们需要的可能只是JSON数据集,因为在目前前后端分离的趋势下,使用JSON已经是主流的方式。本节先用MappingJackson2JsonView转换出JSON数据集,为此我们在类UserController中添加代码,如代码清单9-6所示。

代码清单9-6 使用JSON视图

```
@RequestMapping("/details/Json")
public ModelAndView detailsForJson(Long id) {
    // 访问模型层得到数据
    var user = userService.getUser(id);
    // 模型和视图
    var mv = new ModelAndView();
    // 生成JSON视图
    var jsonView = new MappingJackson2JsonView();
    mv.setView(jsonView);
    // 加入模型
    mv.addObject("user", user);
    return mv;
}
```

在控制器方法中,模型和视图(ModelAndView)捆绑了JSON视图(MappingJackson2JsonView)和数据模型(User对象),然后返回,其结果也会转变为JSON数据集。需要注意的是,这一步与我们使用Thymeleaf模板作为视图是不一样的。在代码清单9-2中,我们给视图设置了名称,它会根据视图解析器（ThymeleafViewResolver）的定位找到 Thymeleaf 模板作为视图，然后将数据渲染到视图中，从而展示最后的结果。这里的 JSON 视图没有视图解析器的定位视图，因为它不是一个逻辑视图，只是需要将数据模型（这里是 User 对象）转换为 JSON 数据集而已，其流程如图 9-5 所示。

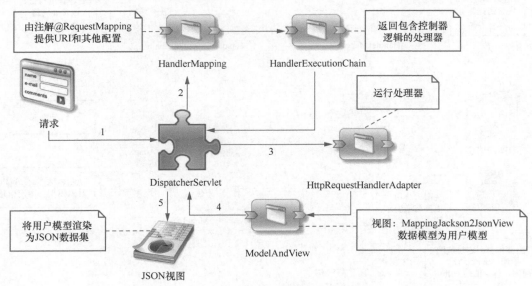

图 9-5 在 Spring MVC 流程中使用 JSON 视图

图 9-5 中并没有视图解析器，这是因为 MappingJackson2JsonView 是一个非逻辑视图。非逻辑视图并不需要使用视图解析器进行定位，它的作用只是将数据模型渲染为 JSON 数据集来响应请求。由此可见，Spring MVC 中不是每个步骤都是必需的，根据不同的需要，有不同的流程。

在实际的应用中，视图 MappingJackson2JsonView 几乎不会被使用，这里只是为了介绍 SpringMVC 的流程和组件而已。更为常用的做法是使用注解@ResponseBody 标注方法，声明需要将方法返回的结果转换为 JSON 数据集，9.4 节会展示关于它的例子。

9.3 定制 Spring MVC 的初始化

正如 Spring Boot 承诺的那样，它会尽可能地配置 Spring。Spring MVC 也是如此，如果默认的配置满足不了我们的需求，那么就需要对 Spring MVC 进行定制了。

在 Servlet 3.0 规范中，web.xml 不再是一个必需的配置文件。为了适应这个规范，Spring MVC 从 3.1 版本开始不再需要通过任何的 XML 来配置 Spring MVC 的运行。为了支持对 Spring MVC 的配置，Spring 提供了接口 WebMvcConfigurer，其大部分方法都是 default 类型的空实现，这样开发者只需要实现这个接口，重写需要自定义的方法即可。在 Spring Boot 中，自定义是通过配置类 WebMvcAutoConfiguration 实现的，WebMvcAutoConfiguration 有一个静态的且实现了 WebMvcConfigurer 接口的内部类 WebMvcAutoConfigurationAdapter，Spring Boot 通过它就可以自定义配置 Spring MVC 的初始化，WebMvcConfigurer 和 WebMvcAutoConfigurationAdapter 之间的关系如图 9-6 所示。

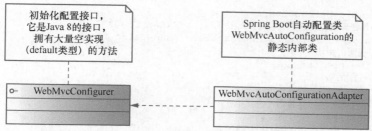

图 9-6 Spring MVC 在 Spring Boot 中初始化的配置类图

WebMvcAutoConfigurationAdapter 类会读入 Spring Boot 配置 Spring MVC 的属性来初始化对应组件，这样便能够在一定程度上实现自定义。不过应该首先明确可以配置哪些内容，代码清单 9-7 展示了 Spring Boot 关于 Spring MVC 可以配置的内容。

代码清单 9-7　Spring MVC 可配置项

```
# SPRING MVC (WebMvcProperties)
# 异步请求超时时间（单位为ms）
spring.mvc.async.request-timeout=
# 是否使用请求参数（默认参数为"format"）来确定请求的媒体类型
spring.mvc.contentnegotiation.favor-parameter=false
# 是否使用URL中的路径扩展来确定请求的媒体类型
spring.mvc.contentnegotiation.favor-path-extension=false
# 设置内容协商向媒体类型映射文件扩展名。例如，YML 文本/YAML
spring.mvc.contentnegotiation.media-types.*=
# 当启用favor-parameter参数时自定义参数名
spring.mvc.contentnegotiation.parameter-name=
# 日期格式配置，如 yyyy-MM-dd
spring.mvc.format.date=
# 是否启用FrameworkServlet doService()方法支持TRACE请求
spring.mvc.dispatch-trace-request=false
# 是否启用 FrameworkServlet doService()方法支持OPTIONS请求
spring.mvc.dispatch-options-request=true
# Servlet 规范要求表格数据可用于HTTP POST而不是HTTP PUT 或PATCH请求，这个选项将使得过滤器拦截
# 内容类型是application/x-www-form-urlencoded 的 HTTP PUT 和PATCH请求
# 并将其转换为POST请求
spring.mvc.formcontent.filter.enabled=true
# 如果配置为default，那么它将忽略模型重定向的场景
spring.mvc.ignore-default-model-on-redirect=true
# 默认国际化选项，默认取Accept-Language
spring.web.locale=
# 国际化解析器，如果需要固定可以使用fixed
spring.web.locale-resolver=accept-header
# 是否启用警告日志异常解决
spring.mvc.log-resolved-exception=false
# 消息代码的格式化策略。例如，' prefix_error_code '
spring.mvc.message-codes-resolver-format=
# 是否对spring.mvc.contentnegotiation.media-types.*注册的扩展采用后缀模式匹配
spring.mvc.pathmatch.use-registered-suffix-pattern=false
# 当匹配模式到请求时，是否使用后缀模式匹配（.*）
spring.mvc.pathmatch.use-suffix-pattern=false
# 启用Spring Web 服务 Serlvet 的优先顺序配置
spring.mvc.servlet.load-on-startup=-1
# 指定静态资源路径
```

```
spring.mvc.static-path-pattern=/**
# 如果请求找不到处理器，是否抛出 NoHandlerFoundException 异常
spring.mvc.throw-exception-if-no-handler-found=false
# Spring MVC 视图前缀
spring.mvc.view.prefix=
# Spring MVC 视图后缀
spring.mvc.view.suffix=
# 设置 JSON 时间时区，这里设置为东八区
spring.jackson.time-zone=GMT+8
# JSON 日期格式，如 yyyy-MM-dd HH:mm:ss
Spring.jackson.date-format=

# Thymeleaf 模板常用配置项
# 是否启用 Thymeleaf 模板机制
spring.thymeleaf.enabled=true
# Thymeleaf 模板前缀
spring.thymeleaf.prefix=classpath:/templates/
# Thymeleaf 模板后缀
spring.thymeleaf.suffix=.html
```

这些配置项将会以 Spring Boot 的机制读入，然后使用 WebMvcAutoConfigurationAdapter 定制初始化。一般而言，我们只需要配置少数的选项就能够使 Spring MVC 工作了。

如果上述配置还不能满足自定义的要求，我们还可以参考图 9-6，通过实现接口 WebMvcConfigurer，重写自定义的方法来定制 Spring MVC 的初始化。

9.4　Spring MVC 实例

本节将展示一个实例，帮助读者进一步熟悉 Spring MVC 的开发。应该说在 Spring Boot 中开发 Spring MVC 还是比较简易的。Spring MVC 的开发核心是控制器开发，分为以下几步：

（1）定义请求分发，让 Spring MVC 能够产生 HandlerMapping；
（2）接收请求并获取参数；
（3）处理业务逻辑并获取数据模型；
（4）绑定视图和数据模型并返回。

定位视图和将数据模型渲染到视图中，则不属于控制器开发的步骤。

下面我们演示一个用户列表查询的页面。假设可以通过用户名（userName）进行查询，但是一开始进入页面需要载入所有数据并展示给用户查看。这里分为两种常见的场景：一种是刚进入页面时的查询，一般不允许存在异步请求，因为异步请求会造成数据的刷新，对用户不友好；另一种是进入页面后的查询，这时可以考虑使用 Ajax 异步请求，只刷新数据而不刷新页面，这才是良好的 UI 体验设计。

9.4.1　开发控制器

下面先编写控制器的代码，如代码清单 9-8 所示。

代码清单 9-8　用户控制器

```
package com.learn.chapter9.controller;
/****import****/
@Controller
@RequestMapping("/user")
```

```java
public class UserController {

    @Autowired
    private UserService userService = null;

    ......

    @RequestMapping("/list")
    public ModelAndView allUsers(Long id) {
        // 访问模型层，得到数据
        var userList = userService.findAllUsers();
        // 模型和视图
        var mv = new ModelAndView("user/list");
        // 加入模型
        mv.addObject("users", userList);
        return mv;
    }

    @RequestMapping("/search")
    @ResponseBody
    public List<User> search(String userName) {
        // 访问模型层，得到数据
        var userList = userService.findUsers(userName);
        return userList;
    }
}
```

上述代码主要进行控制器的开发。先指定请求分发，这个任务是交由注解@RequestMapping 完成的，这个注解可以标注类或者方法。当一个类被标注的时候，所有关于它的请求都需要放在@RequestMapping 定义的 URL 下。这个注解还可以标注方法，当方法被标注后，就可以定义类后的部分 URL，这样就能让请求的 URL 找到对应的控制器方法去响应。配置了扫描路径之后，Spring MVC 启动时，就会将控制器及其方法的映射关系扫描并装配到 HandlerMapping 机制中，以备后面使用。

上述代码中的控制器存在两个方法。先看 allUsers()方法，这个方法的任务是进入页面时先查询所有用户，这是一个没有条件的查询，当它查询出所有用户数据后，创建模型和视图（ModelAndView），然后指定视图名称为"user/list"，接着将查询到的用户列表捆绑到模型和视图中，最后返回模型和视图。这里继续沿用 Thymeleaf 视图解析器，这样在 Spring MVC 的机制中就会通过视图解析器找到 /templates/user/list.html 作为视图，然后将数据模型渲染出来。search()方法标注了注解@ResponseBody，该注解表示要将控制器方法返回的结果转换为 JSON 数据集。

9.4.2 视图和视图渲染

在 9.4.1 节中，我们已经开发了控制器，接着我们需要将控制器返回的视图渲染出来，以展示给请求者，其内容如代码清单 9-9 所示。

代码清单 9-9　用户列表视图（/templates/user/list.html）

```html
<html lang="en" xmlns:th="http://www.thymeleaf.org">
<head>
    <meta charset="UTF-8">
    <title>用户列表</title>
    <!-- -->
```

```html
        <script charset="UTF-8" src="https://unpkg.com/axios/dist/axios.min.js"></script>
        <script type="text/javascript" src="../js/user/list.js"></script> <!-- ① -->
    </head>
    <body>
        <div>
            <table>
                <tr>
                    <td>用户名：<input id="userName" name="userName"></td>
                    <td><button onclick="doSearch();">查询</button></td>
                </tr>
            </table>
            <table th:border="1px">
                <thead>
                    <tr>
                        <th>编号</th>
                        <th>姓名</th>
                        <th>备注</th>
                    </tr>
                </thead>
                <tbody id="table-body">
                    <tr th:each="user:${users}"> <!--②-->
                        <td th:text="${user.id}"></td>
                        <td th:text="${user.userName}"></td>
                        <td th:text="${user.note}"></td>
                    </tr>
                </tbody>
            </table>
        </div>
    </body>
</html>
```

代码①处引入了 JavaScript 脚本，因此后续我们还需要开发这个脚本。代码②处则使用 Thymeleaf 的循环把控制器返回的数据模型（即所有用户列表）通过遍历渲染出来。启动服务，然后访问 http://localhost:8080/user/list，结果如图 9-7 所示。

图 9-7 只展示了页面，但是我们还没有开发查询功能。为此，编写代码清单 9-9 引入的../js/

图 9-7　用户列表

user/list.js 脚本，这个 JavaScript 脚本放置在 static 目录的子目录/js/user 下（在 Spring Boot 默认的配置中，static 目录一般是放置静态资源的，因此我们一般会将 CSS 样式文件、图片和 JavaScript 脚本放置到这个目录中），其内容如代码清单 9-10 所示。

代码清单 9-10　查询脚本（/static/js/user/list.js）

```javascript
function doSearch() {
    // 获取和处理参数
    let userName = document.getElementById("userName").value;
    let param = "";
    // 参数为不空
    if (userName != null) {
        userName = userName.trim();
```

```
        param = userName== ""? "": "?userName=" + userName;
    }
    // Ajax 异步请求
    axios.get("./search" + param).then(function(response) { // ①
        // 获取请求结果
        let users = response.data;
        // 表格内的 HTML 内容
        let contents = "";
        for (var i=0; i<users.length; i++) {
            var user = users[i];
            contents +="<tr>";
            contents += "<td>" + user.id + "</td>";
            contents += "<td>" + user.userName + "</td>";
            contents += "<td>" + user.note + "</td>";
            contents += "</tr>";
        }
        // 修改表格的内容显示，展示查询结果
        document.getElementById("table-body").innerHTML =contents;
    });
}
```

回顾代码清单 9-8 中的 search()方法，它标注了注解@ResponseBody，因此 Spring MVC 就知道最终需要把返回的结果转换为 JSON 数据集。因此，在代码①处，我们发出请求后就能获取服务端提供的后端数据，然后修改表格的内容，展示请求得到的数据，用户就可以看到查询后的结果了。这是一个 Ajax 异步请求，允许我们在不刷新页面的情况下，通过请求后端数据改变页面，这样能有效增强用户的体验。下面，在图 9-7 所示的页面文本框中输入 "1"，然后点击 "查询" 按钮，结果如图 9-8 所示。

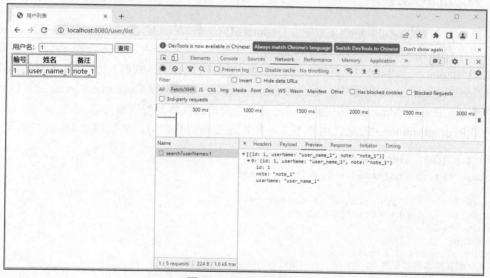

图 9-8　测试用户查询

从图 9-8 可以看出，点击 "查询" 按钮后，就会执行 Ajax 异步请求，获取后台数据并显示在表格中。通过上述操作，在互联网系统中第一次进入一个新的页面时，可以无刷新地显示数据，而在查询等操作中可以使用 Ajax 异步请求，在不刷新数据的前提下获取数据，从而有效地增强用户的体验。

第 10 章

深入 Spring MVC 开发

第 9 章只是简单地讨论了 Spring MVC 的大体流程，本章的任务是更加深入地讨论 Spring MVC 的开发细节，也就是熟悉开发 Spring MVC 的主要步骤、功能和组件。在 Spring MVC 的开发中，控制器的开发是最重要的一步，而开发控制器的第一步就是让控制器方法能够与请求的 URL 对应起来，这就是注解@RequestMapping 的功能，我们从这个注解开始讨论。

10.1 处理器映射

正如第 9 章所谈到的，如果 Web 工程使用了 Spring MVC，那么它在启动阶段就会将注解@RequestMapping 配置的内容保存到处理器映射（HandlerMapping）机制中，然后等待请求的到来，通过拦截请求信息与 HandlerMapping 进行匹配，找到对应的处理器（处理器包装了控制器），并将处理器及其拦截器保存到 HandlerExecutionChain 对象中，返回给 DispatcherServlet，这样 DispatcherServlet 就可以运行它们了。可以看到，HandlerMapping 的主要任务是将请求定位到具体的处理器上。

关于@RequestMapping 的配置项并不多，我们通过源码来学习，如代码清单 10-1 所示。

代码清单 10-1　RequestMapping 源码分析

```
package org.springframework.web.bind.annotation;
/**** imports ****/
@Target({ElementType.METHOD, ElementType.TYPE})
@Retention(RetentionPolicy.RUNTIME)
@Documented
@Mapping
public @interface RequestMapping {
    // 配置请求映射名称
    String name() default "";

    // 通过路径映射
    @AliasFor("path")
    String[] value() default {};

    // 通过路径映射，同 value 配置项
```

```
    @AliasFor("value")
    String[] path() default {};

    // 限定只响应 HTTP 请求类型，如 GET、POST、HEAD、OPTIONS、PUT 和 TRACE 等
    // 默认的情况下，可以响应所有请求类型
    RequestMethod[] method() default {};

    // 限定当存在对应的 HTTP 参数时才响应请求
    String[] params() default {};

    // 限定请求头存在对应的参数时才响应请求
    String[] headers() default {};

    // 限定 HTTP 请求体提交类型，如 application/json、text/html
    String[] consumes() default {};

    // 限定返回的内容类型，HTTP 请求头中的类型中包含该指定类型时才返回
    String[] produces() default {};
}
```

上述代码对所有配置项加入了中文说明。可以通过配置项 value 或者 path 来设置请求 URL，从而让对应的请求映射到控制器或其方法上，在此基础上还可以通过其他配置项来缩小请求映射的范围。当然，配置项 value 和 path 也可以通过正则式来让方法匹配多个请求，但是从现实的角度来说，如非必要，尽量不要这么做，因为这样做请求的匹配规则就复杂了，会对后续开发造成一定的困扰。因此，在明确的场景下，建议一个路径对应一个方法，或者保证正则式的匹配规则简单明了，这样就能够提高程序的可读性，有利于后续的维护和改造。路径是必需的配置项，上述代码中的 method 配置项可以限定 HTTP 的请求类型，这是最常用的配置项，可以区分 HTTP 的 GET、POST 等不同的请求。

在 Spring 4.3 版本之后，为了简化 method 配置项的配置，新增了几个注解，如@PostMapping、@GetMapping、@PutMapping、@PatchMapping 和@DeleteMapping。本章只讨论@PostMapping 和@GetMapping 的使用，第 11 章才会讨论@PutMapping、@PatchMapping 和@DeleteMapping。从名称可以看出，@PostMapping 对应的是 HTTP 的 POST 方法，@GetMapping 对应的是 HTTP 的 GET 方法，其他的配置项则与@RequestMapping 并无太大的区别，通过它们就可以不再设置@RequestMapping 的 method 配置项了。

10.2 获取控制器参数

第 9 章谈过，处理器是对控制器的包装，处理器在运行的过程中会调用控制器方法。处理器在调度控制器方法之前会对 HTTP 参数和上下文进行解析，将它们转换为控制器所需的参数。这一步是处理器首先需要做的事情，只是在大部分的情况下我们不需要自己开发这一步，因为 Spring MVC 已经提供了大量的转换规则，使用这些规则就能非常轻松地获取大部分的参数。正如之前章节一样，在大部分情况下，我们并没有太在意如何获取参数，那是因为之前的场景都比较简单，但是在实际的开发中可能会遇到一些复杂的场景，参数的获取就会变得复杂。例如，可能前端需要传递一个格式化的日期参数，又如需要传递复杂的对象给控制器，这个时候就需要对 Spring MVC 参数的获取做进一步的学习了。

10.2.1 在无注解的情况下获取参数

在无注解的情况下，Spring MVC 也可以获取参数，且允许参数为空，唯一的要求是参数名称和 HTTP 参数名称一致，如代码清单 10-2 所示。

代码清单 10-2 无注解获取参数

```
package com.learn.chapter10.controller;

/**** imports ****/

@RequestMapping("/my")
@Controller
public class MyController {
    /**
     * 在无注解的情况下获取参数，要求参数名称和 HTTP 参数名称一致，此时允许参数为空
     * @param intVal  -- 整数
     * @param longVal -- 长整型
     * @param strVal  --字符串
     * @return 响应 JSON 参数
     */
    // HTTP GET 请求
    @GetMapping("/no/annotation")
    @ResponseBody
    public Map<String, Object> noAnnotation(
            Integer intVal, Long longVal, String strVal) {
        var paramsMap = new HashMap<String, Object>();
        paramsMap.put("intVal", intVal);
        paramsMap.put("longVal", longVal);
        paramsMap.put("str", strVal);
        return paramsMap;
    }
}
```

启动 Spring Boot 应用后，在浏览器中请求如下 URL：

```
http://localhost:8080/my/no/annotation?intVal=10&longVal=200
```

从上述代码可以看出，控制器方法参数中还有一个字符串参数 strVal，但因为参数在默认的规则下可以为空，所以这个请求并不会报错。因为方法标注了@ResponseBody，所以控制器方法返回的结果就会转化为 JSON 数据集。

10.2.2 使用@RequestParam 获取参数

10.2.1 节谈到过，在无注解的情况下，控制器方法的参数名称和要求 HTTP 参数名称保持一致。然而，在前后端分离的趋势下，前端的命名规则可能与后端的规则不同，这时需要把前端的参数与后端的参数对应起来。Spring MVC 提供了注解@RequestParam 来确定前后端参数名称的映射关系，下面用实例给予说明。在代码清单 10-2 中加入新的方法，如代码清单 10-3 所示。

代码清单 10-3 使用@RequestParam 获取参数

```
/**
 * 通过注解@RequestParam 获取参数
 * @param intVal  -- 整数
 * @param longVal -- 长整型
```

```
 * @param strVal --字符串
 * @return 响应 JSON 数据集
 */
@GetMapping("/annotation")
@ResponseBody
public Map<String, Object> requestParam(
        @RequestParam("int_val") Integer intVal,
        @RequestParam("long_val") Long longVal,
        @RequestParam("str_val") String strVal) {
    var paramsMap = new HashMap<String, Object>();
    paramsMap.put("intVal", intVal);
    paramsMap.put("longVal", longVal);
    paramsMap.put("strVal", strVal);
    return paramsMap;
}
```

从上述代码可以看出，在方法参数处使用了注解@RequestParam，其目的是指定 HTTP 参数和方法参数的映射关系，这样处理器就会按照其配置的映射关系来获取参数，然后调用控制器方法。启动 Spring Boot 应用后，在浏览器地址栏输入 http://localhost:8080/my/annotation?int_val=1&long_val=2&str_val=str，就能够看到请求的结果了。但是，如果把 3 个 HTTP 参数中的任意一个删去，就会得到异常报错的信息，因为在默认的情况下@RequestParam 标注的参数是不能为空的，如果允许参数为空，可以配置其属性 required 为 false，例如，把代码清单 10-3 中的字符串参数 strVal 修改为

```
@RequestParam(value="str_val", required = false) String strVal
```

这样，对应的参数就允许为空了。不过在大部分情况下，我都不推荐这么做，因为参数为空很容易发生"臭名昭著"的空指针异常（NullPointerException）。

10.2.3 传递数组

在 Spring MVC 中，除了可以像上面那样传递一些简单的值，还可以传递数组。Spring MVC 内部已经支持用逗号分隔的数组参数，下面在代码清单 10-2 中新增方法，如代码清单 10-4 所示。

代码清单 10-4 使用数组

```
@GetMapping("/request/array")
@ResponseBody
public Map<String, Object> requestArray(
        int [] intArr, Long []longArr, String[] strArr) {
    var paramsMap = new HashMap<String, Object>();
    paramsMap.put("intArr", intArr);
    paramsMap.put("longArr", longArr);
    paramsMap.put("strArr", strArr);
    return paramsMap;
}
```

上述方法定义了采用数组，那么前端就需要依照一定的规则将数组传递给这个方法。例如，输入 http://localhost:8080/my/request/array?intArr=1,2,3&longArr=4,5,6&strArr=str1,str2,str3，可以看到需要传递数组参数时，每个参数的数组元素只需要通过逗号分隔即可。

10.2.4 传递 JSON 数据集

在当前前后端分离的趋势下，JSON 的使用已经十分普遍了。对于前端页面或者手机应用，可以

通过请求后端获取 JSON 数据集，这样就能很方便地将数据渲染到视图中。有时前端也需要向后端提交较为复杂的数据，为了更好组织代码和提高代码的可读性，可以将数据转换为 JSON 数据集，通过 HTTP 请求体提交给后端，对此 Spring MVC 也提供了良好的支持。

下面使用新增用户信息的例子来演示这个过程。先搭建一个表单（HTML 文件），将它放入文件夹/templates/user 下，其内容如代码清单 10-5 所示。

代码清单 10-5　新增用户表单（/templates/user/add.html）

```html
<html lang="en" xmlns:th="http://www.thymeleaf.org">
<head>
    <meta charset="UTF-8">
    <title>新增用户</title>
    <!-- -->
    <script charset="UTF-8" src="https://unpkg.com/axios/dist/axios.min.js"></script>
    <script type="text/javascript">
        // 提交请求
        function doCommit() {
            // 获取文本框的值
            let userName = document.getElementById("userName").value;
            let note = document.getElementById("note").value;
            // 组织为 JSON 数据集
            let user = {
                "userName": userName,
                "note": note
            };
            // Ajax 异步请求
            axios({
                method: "post", // POST 请求
                url: "./insert", // 请求路径
                data: JSON.stringify(user), // 转化为字符串
                headers: { // 设置请求体为 JSON 数据类型
                    'Content-Type': 'application/json;charset=UTF-8'
                }
            }).then(resp => {
                // 请求响应结果
                var result = resp.data;
                if (result == null || result.id == null) {
                    alert("插入失败");
                    return;
                }
                alert("插入成功");
            })
        }
    </script>
</head>
<body>
<form id="insertForm">
    <table>
        <tr>
            <td>用户名：</td>
            <td><input id="userName" name="userName"></td>
        </tr>
        <tr>
            <td>备注</td>
```

```html
            <td><input id="note" name="note"></td>
        </tr>
        <tr>
            <td></td>
            <td style="text-align: center">
                <input id="submit" onclick="doCommit()" type="button" value="提交" />
            </td>
        </tr>
    </table>
</form>
</body>
</html>
```

上述代码定义了一个简易的表单,它使用 Axios 进行 Ajax 提交。注意加粗的代码,它指定了提交的请求路径(url)、数据(data)、提交类型(contentType)和事后事件(then)。上述脚本先组织了一个 JSON 数据集,而且把提交类型也设置为 JSON 数据类型,然后才通过 POST 请求将 JSON 数据集作为请求体提交到控制器。

为了打开这个表单,需要在用户控制器(UserController)中编写一个 add()方法,该方法将返回一个视图名称,这样就能通过视图解析器(ViewResolver)找到这个表单作为视图了。然后编写一个用于新增用户的 insert()方法,该方法将从 HTTP 请求体中读出这个 JSON 数据集,如代码清单 10-6 所示。

代码清单 10-6 用户的 add()方法和 insert()方法

```java
package com.learn.chapter10.controller;

/**** imports ****/
@Controller
@RequestMapping("/user")
public class UserController {
    // 注入用户服务类
    @Autowired
    private UserService userService = null;

    /**
     * 打开请求页面
     * @return 字符串,指向页面
     */
    @GetMapping("/add")
    public String add() {
        return "/user/add";
    }

    /**
     * 新增用户
     * @param user 通过注解@RequestBody 得到 JSON 参数
     * @return 回填 id 后的用户信息
     */
    @PostMapping("/insert")
    @ResponseBody
    public User insert(@RequestBody User user) {
        userService.insertUser(user);
        return user;
    }
}
```

通过请求 add() 方法就能请求到对应表单。接着录入表单，点击"提交"按钮，这样通过 JavaScript 脚本提交 JSON 消息，就可以调用控制器的 insert() 方法。insert() 方法的参数标注为@RequestBody，意味着它将接收前端提交的 JSON 数据集的请求体并将其转换为 User 类对象，其测试结果如图 10-1 所示。

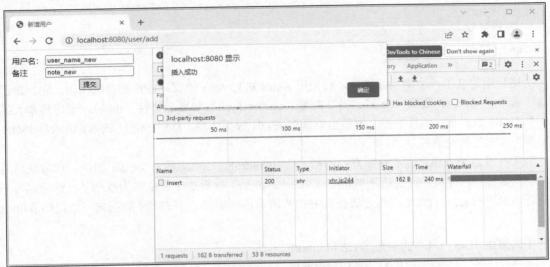

图 10-1　接收 JSON 参数，新增用户

从图 10-1 可以看到，运行 add() 方法能够打开页面，录入表单后，启动浏览器的监测功能，然后点击"提交"按钮，就可以看到对话框告知我们插入数据成功了。

10.2.5　通过 URL 传递参数

有一些网站使用了 REST 风格，这时往往通过 URL 传递参数。例如，获取编号为 1 的用户，URL 就要写为/user/1，这里的 1 表示用户编号（id）。Spring MVC 对此也提供了良好的支持，可以通过处理器映射和注解@PathVariable 的组合来获取 URL 参数。先通过处理器映射定位参数的位置和名称，然后通过@PathVariable 依靠 URL 定制的参数名称来获取参数。下面演示通过 URL 传递参数获取用户信息的例子。在 UserController 中加入新的方法，如代码清单 10-7 所示。

代码清单 10-7　通过 URL 传递参数
```
// {......}表示占位符，还可以配置参数名称
@GetMapping("/{id}")
// 响应为 JSON 数据集
@ResponseBody
// @PathVariable 通过参数名称来获取参数
public User get(@PathVariable("id") Long id) {
    return userService.getUser(id);
}
```

上述代码首先通过@GetMapping 指定一个 URL，然后用{......}来标明参数的位置和名称。这里指定名称为 id，这样 Spring MVC 就会根据请求来匹配这个方法。@PathVariable 配置的字符串为 id，

它对应 URL 的参数声明，这样 Spring 就知道如何从 URL 中获取参数，于是请求 http://localhost:8080/user/1，控制器就能够获取参数了，其结果如图 10-2 所示。

图 10-2　测试通过 URL 传递参数

10.2.6　获取格式化参数

在一些应用中，往往需要格式化数据，其中最为典型的当属日期和货币数据。例如，在一些系统中日期格式约定为 yyyy-MM-dd，金额约定为用逗号分隔的货币符号，如 100 万人民币写作￥1,000,000.00。为了处理这些格式化的数据，Spring MVC 提供了两个注解——@DateTimeFormat 和@NumberFormat。其中，@DateTimeFormat 是针对日期进行格式化的，@NumberFormat 则是针对数字类型进行格式化的。为了进行测试，新建表单，如代码清单 10-8 所示。

代码清单 10-8　格式化测试表单（/templates/format/formatter.html）

```html
<html lang="en" xmlns:th="http://www.thymeleaf.org">
<head>
    <meta charset="UTF-8">
    <title>格式化的数据</title>
</head>
<body>
<form action="./commit" method="post">
    <table>
        <tr>
            <td>日期（yyyy-MM-dd）</td>
            <td>
                <input type="text" name="date" value="2022-10-24" />
            </td>
        </tr>
        <tr>
            <td>金额（#,###.##）</td>
            <td>
                <input type="text" name="number" value="1,234,567.89" />
            </td>
        </tr>
        <tr>
            <td colspan="2" style="text-align: right">
                <input type="submit" value="提交"/>
            </td>
        </tr>
    </table>
</form>
</body>
</html>
```

上述表单中存在一个日期文本框和一个金额文本框，它们都采用了对应的格式化约定。然后在 MyController 中加入两个方法，如代码清单 10-9 所示。

代码清单10-9　控制器打开页面和提交方法（MyController）

```java
// 映射页面
@GetMapping("/format/form")
public String showFormat() {
    return "/format/formatter";
}

// 获取提交参数
@PostMapping("/format/commit")
@ResponseBody
public Map<String, Object> format(
        @DateTimeFormat(iso=ISO.DATE) Date date,
        @NumberFormat(pattern = "#,###.##") Double number) {
    var dataMap = new HashMap<String, Object>();
    dataMap.put("date", date);
    dataMap.put("number", number);
    return dataMap;
}
```

上述代码中的 showFormat()方法将请求映射到表单上。format()方法中加粗的参数使用了注解@DateTimeFormat 和@NumberFormat，它们配置了格式化所约定的格式，Spring 会根据约定的格式对数据进行转换，这样就可以完成参数的转换。启动 Spring Boot 后，请求 http://localhost:8080/my/format/form，就可以看到图 10-3 所示的表单。

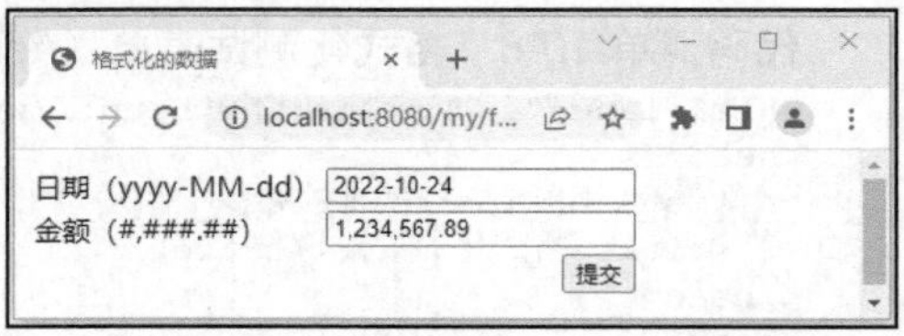

图 10-3　格式化表单

提交表单后可以看到对应的 JSON 数据集输出，这样就可以获取那些格式化的参数了。

在 Spring Boot 中，日期和时间参数的格式化也可以不使用@DateTimeFormat，而只在配置文件 application.properties 中加入如下配置项：

```
# 日期格式化
spring.mvc.format.date=yyyy-MM-dd
# 时间格式化
spring.mvc.format.date-time=yyyy-MM-dd HH:mm:ss
```

10.3　自定义参数转换规则

10.2 节讨论了常用的获取参数的方法，但获取参数并没有那么简单。例如，我们可能与第三方公司合作，这个时候第三方公司会以密文的形式传递参数，或者其所定义的参数规则是现有 Spring MVC 不能支持的，这时需要通过自定义参数转换规则来满足这些特殊的要求。

回顾 10.2 节，你是否会惊讶于在 Spring MVC 中只需要用简单的注解，甚至不用任何注解就能够得到参数。这是因为 Spring MVC 提供的处理器会先以一套规则来实现参数的转换，而大部分的情况下开发者并不需要知道那些转换的细节。但是，在开发自定义参数转换规则时，就很有必要掌握这套转换规则了。处理器的转换规则实际上还包含控制器返回后的处理，本节先讨论处理器如何获取和转换参数，其他内容则留到 10.10.1 节再讨论，到时会揭开为什么使用注解@ResponseBody 标注方法后，就能够把控制器返回转变为 JSON 数据集的秘密。

HTTP 请求包含请求头（Header）、请求体（Body）、URL 和参数等内容，服务器还包含其上下文环境和客户端交互会话（session）机制，而这里的参数转换是指请求体的转换。下面我们讨论 Spring MVC 是如何从这些 HTTP 请求中获取参数的。

10.3.1 处理器转换参数逻辑

本章已经讨论过，控制器会被 Spring MVC 的机制包装成为处理器，在执行控制器逻辑前，会通过处理器方法参数解析器（HandlerMethodArgumentResolver）来转换参数。处理器方法参数解析器的设计如图 10-4 所示。

图 10-4　处理器方法参数解析器（HandlerMethodArgumentResolver）和其实现类

从图 10-4 中可以看到，Spring MVC 已经提供了很多的参数转换的处理机制。但是，如果要转换 HTTP 请求体（Body），就会调用 RequestResponseBodyMethodProcessor 的方法对请求体的信息进行转换，而这一步又会调用 HttpMessageConverter 接口对象，因此我们有必要来研究 HttpMessageConverter 接口的源码，如代码清单 10-10 所示。

代码清单 10-10　HttpMessageConverter 接口源码
```
package org.springframework.http.converter;
/**** imports ****/
public interface HttpMessageConverter<T> {
    // 是否可读，其中 clazz 为 Java 类型，mediaType 为 HTTP 请求类型
    boolean canRead(Class<?> clazz, MediaType mediaType);

    // 判断 clazz 类型是否能够转换为媒体类型（mediaType）
```

```
    // 其中 clazz 为 java 类型，mediaType 为 HTTP 响应类型
    boolean canWrite(Class<?> clazz, MediaType mediaType);

    // 可支持的媒体类型列表
    List<MediaType> getSupportedMediaTypes();

    // 在 canRead()方法验证通过后，读入 HTTP 请求信息
    T read(Class<? extends T> clazz, HttpInputMessage inputMessage)
            throws IOException, HttpMessageNotReadableException;

    // 在 canWrite()方法验证通过后，写入响应
    void write(T t, MediaType contentType, HttpOutputMessage outputMessage)
            throws IOException, HttpMessageNotWritableException;
}
```

上述代码中需要讨论的是 canRead()和 read()方法，canWrite()和 write()方法将在 10.10.1 节讨论。回到代码清单 10-6，代码中控制器方法的参数标注了@RequestBody，处理器会采用请求体（Body）的内容进行参数转换，前端的请求体为 JSON 数据类型，于是会选中 MappingJackson2HttpMessageConverter 进行处理，而 MappingJackson2HttpMessageConverter 则实现了 HttpMessageConverter 接口。先调用 canRead()方法来判定能否从 JSON 数据类型转换为对象，如果可以，就会使用 read()方法，将前端提交的用户 JSON 数据类型的请求体转换为控制器的 User 类参数，这样控制器就能够得到参数了。

上面的 HttpMessageConverter 接口只是将 HTTP 的请求体转换为对应的 Java 对象，而对于 HTTP 参数和其他内容，本章还没有进行讨论。例如，对性别参数来说，前端传递给控制器的可能是一个整数，而控制器参数却是一个枚举，这就需要提供自定义的参数转换规则。

HandlerMethodArgumentResolver 机制会通过调用 WebDataBinder 机制来转换参数，WebDataBinder 机制的主要作用是在调用控制器方法之前转换参数并提供验证的功能，为调用控制器方法做准备。处理器会从 HTTP 请求中读取数据，然后通过 5 种接口来进行各类参数转换，这 5 种接口是 Converter、Formatter、GenericConverter、Printer 和 Parser，Printer 和 Parser 使用得不多，所以就不再讨论了。在 Spring MVC 的机制中，对 Converter、Formatter 和 GenericConverter 接口的实现类都采用注册机的机制，并且默认的情况下系统已经在注册机内注册了许多的转换器，这样就可以实现大部分数据类型的转换，这就是控制器方法参数可以是整型（Integer）、长整型（Long）、字符串（String）等各种各样参数的原因。当需要自定义转换规则时，只需要在注册机上注册自己的转换器就可以了。

WebDataBinder 机制还提供了一个重要的功能，那就是参数的合法性验证，关于这一点，10.4.2 节会再讨论。通过参数的转换和验证机制，最终控制器就可以得到合法的参数。得到这些参数后，就可以调用控制器方法了。为了更好地理解这段话，用图 10-5 展示这个过程。

从图 10-5 中可以看出，控制器的参数类型是处理器通过 Converter、Formatter、GenericConverter、Printer 和 Parser 这 5 个接口转换出来的。其中，Converter、Formatter 和 GenericConverter 的不同之处如下。

- **Converter**：普通的转换器，例如，有一个 Integer 类型的控制器参数，而 HTTP 请求发过来的是字符串，此时 Converter 就会将字符串转换为 Integer 类型。
- **Formatter**：格式化转换器，类似日期和货币等字符串就是通过它按照约定的格式转换出来的。
- **GenericConverter**：数组转换器，可将 HTTP 参数转换为数组或者集合类型。

这就是前文的例子通过比较简单的注解就能够得到各类参数的原因。Spring MVC 提供了一个转

换服务机制来管理数据转换器,即 ConversionService 接口。在默认的情况下,Spring Boot 会使用这个接口的子类 WebConversionService 对象来管理这些转换类,其关系如图 10-6 所示。

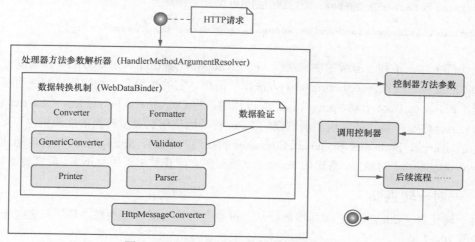

图 10-5　Spring MVC 处理器参数转换原理

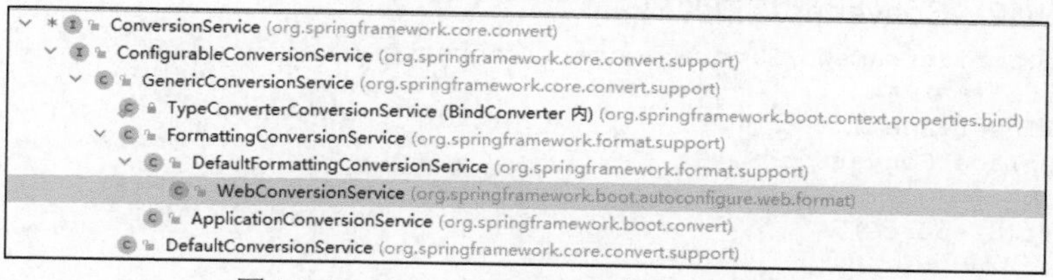

图 10-6　ConversionService 转化机制设计

从图 10-6 中可以看出,WebConversionService 实现了 ConversionService 接口。WebConversionService 类还会实现对 Converter、Formatter 和 GenericConverter 的注册机制,因此我们可以通过它来注册对应的转换器。

除了上述普通的 Spring MVC 参数转换规则,Spring Boot 还提供了管理这些转换器的特殊机制。Spring Boot 的自动配置类 WebMvcAutoConfiguration 定义了一个内部类 WebMvcAutoConfigurationAdapter,它的 configureMessageConverters()和 addFormatters()方法实现如代码清单 10-11 所示。

代码清单 10-11　Spring Boot 的自动注册机制

```
// 注册 HttpMessageConverter 对象,实现请求体到 HTTP 参数的转换
@Override
public void configureMessageConverters(List<HttpMessageConverter<?>> converters) {
    this.messageConvertersProvider
        .ifAvailable((customConverters) ->
            converters.addAll(customConverters.getConverters()));
}

......

//注册数据转换器,可注册的类型为 Converter、Formatter、GenericConverter、Printer 和 Parser
@Override
```

```java
public void addFormatters(FormatterRegistry registry) {
    /**
     * 深入读这个方法的源码，可以看到它会自动将 IoC 容器中实现了 Converter、Formatter、GenericConverter、
     * Printer 和 Parser 接口的 Bean 都注册到注册机中
     */
    ApplicationConversionService.addBeans(registry, this.beanFactory);
}
```

上述代码中加入了利于理解的中文注释，configureMessageConverters()方法可以帮助开发者自定义对请求体的处理。注意，addFormatters()方法比较简单，它的作用是在类型转换的注册机中注册数据转换器，在 Spring Boot 启动 Spring MVC 的过程中，将 Converter、Formatter、GenericConverter、Printer 和 Parser 这 5 个接口的实现类所创建的 Bean 自动地注册到类型转换的注册机中。开发者只需要自定义 Converter、Formatter 和 GenericConverter 的接口的 Bean，Spring Boot 就会自动地将它们注册到 ConversionService 对象中。格式化 Formatter 接口在实际开发中使用得不多，后文就不再论述了。

10.3.2 一对一转换器

一对一转化器（Converter）就是将数据从一种类型转换为另一种类型，其接口定义十分简单，如代码清单 10-12 所示。

代码清单 10-12　Converter 接口源码

```java
package org.springframework.core.convert.converter;
/**** import ****/
@FunctionalInterface
public interface Converter<S, T> {
    @Nullable
    T convert(S source);

    default <U> Converter<S, U> andThen(Converter<? super T, ? extends U> after) {
        Assert.notNull(after, "'after' Converter must not be null");
        return (s) -> {
            T initialResult = this.convert(s);
            return initialResult != null ? after.convert(initialResult) : null;
        };
    }
}
```

这个接口的类型有源类型（S）和目标类型（T）两种，它们通过 convert()方法进行转换。例如，HTTP 的参数类型为字符串（String）型，而控制器的参数类型为 Long 型，那么就可以通过 Spring 内部提供的 StringToNumber<T extends Number>进行转换。假设前端要传递一个用户信息，这个用户信息的格式是{id}-{userName}-{note}，而控制器的参数是 User 类对象。因为这个格式比较特殊，Spring 当前并没有对应的转换器可以进行转换，因此需要自定义转换器。这里需要的是一个从字符串转换为用户的转换器，可以使用代码清单 10-13 来创建。

代码清单 10-13　字符串用户转换器

```java
package com.learn.chapter10.converter;
/**** imports ****/
/**
 * 自定义字符串用户转换器
 */
```

```
@Component
public class StringToUserConverter implements Converter<String, User> {
    /**
     * 转换方法
     */
    @Override
    public User convert(String userStr) {
        var user = new User();
        var strArr = userStr.split("-");
        var id = Long.parseLong(strArr[0]);
        var userName = strArr[1];
        var note = strArr[2];
        user.setId(id);
        user.setUserName(userName);
        user.setNote(note);
        return user;
    }
}
```

上述代码中的转换类标注为@Component，并且实现了 Converter 接口，这样 Spring 就会将这个类扫描并装配到 IoC 容器中，Spring Boot 就会在 Spring MVC 初始化时，把这个类自动地注册到转换机制中。上述代码中的泛型指定为 String 和 User，Spring MVC 会通过 HTTP 的参数类型（String）和控制器的参数类型（User）进行匹配，从而可以从注册机制中发现这个转换类，从而对参数进行转换。下面编写一个控制器方法对其进行验证，如代码清单 10-14 所示。

代码清单 10-14　使用控制器方法接收用户参数（UserController）

```
@GetMapping("/converter")
@ResponseBody
public User getUserByConverter(User user) {
    return user;
}
```

在上述代码中设置断点，然后打开浏览器，在地址栏中输入 http://localhost:8080/user/converter?user=1-user_name_1-note_1 便能够看到监控的数据，如图 10-7 所示。

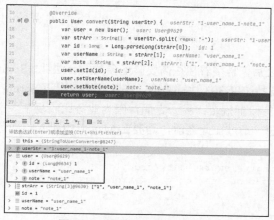

图 10-7　监控转换器转换结果

从图 10-7 可以看出，参数已经成功被自定义的转换器 StringToUserConverter 转换了。

10.3.3 GenericConverter 集合和数组转换

因为 Spring MVC 自身提供了一些集合转换器，需要自定义的并不多，所以本节只介绍 Spring MVC 自定义的集合转换器。假设需要同时新增多个用户，便需要传递一个用户列表（List<User>）给控制器。此时，Spring MVC 会使用类 StringToCollectionConverter 对参数进行转换，这个类实现了 GenericConverter 接口。GenericConverter 是 Spring MVC 内部已经注册的集合转换器，它首先会用逗号把字符串分隔为一个个的子字符串，然后根据原类型泛型为 String、目标类型泛型为 User 类，找到对应的 Converter，将子字符串转换为 User 对象。代码清单 10-13 节已经自定义了一对一的转换器 StringToUserConverter，这样 GenericConverter 就可以发现 StringToUserConverter 这个一对一的转换器，从而将字符串转换为 User 类。这样控制器就能够得到 List<User> 类型的参数，如图 10-8 所示。

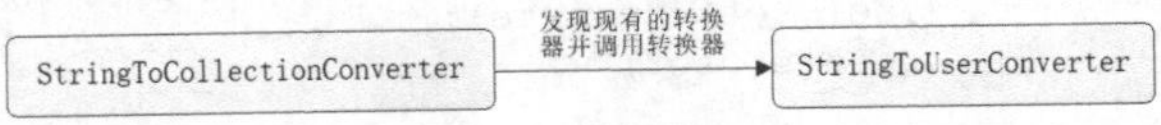

根据这样的场景，可以使用代码清单 10-15 进行验证。

图 10-8 用户列表转换原理

代码清单 10-15 使用列表（List）传递多个用户

```
@GetMapping("/list")
@ResponseBody
public List<User> list(List<User> userList) {
    return userList;
}
```

接下来在浏览器地址栏中请求如下 URL：

```
http://localhost:8080/user/list?userList=1-user_name_1-note_1,2-user_name_2-note_2,3-user_name_3-note_3
```

上述 URL 中的参数使用一个个逗号进行分隔，StringToCollectionConverter 在处理时也就通过逗号分隔，然后通过自定义的转换器 StringToUserConverter 将参数变为 User 类对象，再组成一个列表（List）传递给控制器。

10.4 数据验证

使用处理器转换参数之后，紧接着往往需要验证参数的合法性，Spring MVC 也提供了验证参数的机制：一方面，它可以支持 JSR-303 注解验证，在默认的情况下 Spring Boot 会引入关于 Hibernate 的验证机制来支持 JSR-303 验证规范；另一方面，因为业务比较复杂，所以需要自定义验证规则。这便是本节需要讨论的问题。不过在此之前，需要在 Maven 中引入验证包，代码如下：

```
<dependency>
    <groupId>org.springframework.boot</groupId>
    <artifactId>spring-boot-starter-validation</artifactId>
</dependency>
```

10.4.1 JSR-303 验证

JSR-303 验证主要是通过注解的方式进行的。先定义一个需要验证的 POJO，此时需要在其属性中加入相关的注解，如代码清单 10-16 所示。

代码清单 10-16　验证 POJO

```java
package com.learn.chapter10.pojo;
/**** imports ****/
public class ValidatorPojo {

    // 非空判断
    @NotNull(message ="id 不能为空")
    private Long id;

    @Future(message = "需要一个将来的日期") // 只能是将来的日期
    // @Past // 只能是过去的日期
    @DateTimeFormat(pattern = "yyyy-MM-dd") // 日期格式化转换
    @NotNull // 不能为空
    private Date date;

    @NotNull // 不能为空
    @DecimalMin(value = "0.1") // 最小值为 0.1 元
    @DecimalMax(value = "10000.00") // 最大值为 10,000 元
    private Double doubleValue = null;

    @Min(value = 1, message = "最小值为1") // 最小值为 1
    @Max(value = 88, message = "最大值为88") // 最大值为 88
    @NotNull // 不能为空
    private Integer integer;

    @Range(min = 1, max = 888, message = "范围为1～888") // 限定范围
    private Long range;

    // 邮箱验证
    @Email(message = "邮箱格式错误")
    private String email;

    @Size(min = 20, max = 30, message = "字符串长度要求为20～30")
    private String size;

    /**** setters and getters ****/
}
```

POJO 中的属性带有各种各样验证注解，代码注释已经说明其作用，JSR-303 验证就是通过这些注解来进行的。为了进行测试，需要编写一个页面，然后使用 JSON 的数据请求将这个对象发送给控制器，该页面如代码清单 10-17 所示。

代码清单 10-17　验证表单（/template/validator.html）

```html
<html lang="en" xmlns:th="http://www.thymeleaf.org">
<head>
    <meta http-equiv="Content-Type" content="text/html; charset=UTF-8">
    <script charset="UTF-8" src="https://unpkg.com/axios/dist/axios.min.js"></script>
    <script type="text/javascript">
        // 请求验证的 POJO
        var pojo = {
            id: null,
            date : '2017-08-08',
            doubleValue : 999999.09,
```

```
            integer : 100,
            range : 1000,
            email : 'email',
            size :'adv1212',
            regexp : 'a,b,c,d'
        }
        // Ajax 异步请求
        axios({
            method: "post", // POST 请求
            url: "./validate", // 请求路径
            data: JSON.stringify(pojo), // 转化为字符串
            headers: { // 设置请求体为 JSON 数据类型
                'Content-Type': 'application/json;charset=UTF-8'
            }
        }).then(resp => {
            // 请求响应结果
            var result = resp.data;
            document.getElementById("context").innerText = JSON.stringify(result);
        })
    </script>
    <title>数据验证</title>
</head>
<body>
    <span id="context"/>
</body>
</html>
```

这样，打开这个页面时，它就会通过 Ajax 请求到对应的方法，然后提供注解来进行验证。为了打开这个页面并提供后台验证，在 MyController 中新增方法来响应这个页面发出的 Ajax 异步请求，如代码清单 10-18 所示。

代码清单 10-18　打开页面和后台验证方法

```java
/**
 * 打开页面
 * @return 模板路径和名称
 */
@GetMapping("/valid/page")
public String validPage() {
    return "validator";
}

/***
 * 解析验证参数错误
 * @param vp 需要验证的 POJO，使用注解@Valid 表示验证
 * @param errors 错误信息，它由 Spring MVC 在验证 POJO 后自动填充
 * @return 错误信息 Map
 */
@RequestMapping(value = "/valid/validate")
@ResponseBody
public Map<String, Object> validate(
        @Valid @RequestBody ValidatorPojo vp, Errors errors) {
    var errMap = new HashMap<String, Object>();
    // 获取错误列表
    var oes = errors.getAllErrors();
    for (ObjectError oe : oes) {
```

```
        String key = null;
        String msg = null;
        // 字段错误
        if (oe instanceof FieldError fieldError) {
            key = fieldError.getField();// 获取错误验证字段名称
        } else {
            // 非字段错误
            key = oe.getObjectName();// 获取验证对象名称
        }
        // 错误信息
        msg = oe.getDefaultMessage();
        errMap.put(key, msg);
    }
    return errMap;
}
```

上述代码使用@RequestBody 表示接收一个 JSON 参数，这样 Spring 就会获取页面通过 Ajax 提交的 JSON 请求体。注解@Valid 则表示启用验证机制，这样 Spring 就会启用 JSR-303 验证机制进行验证。上述代码会自动地将最后的验证结果放入 Errors 对象中，从而得到相关的验证过的信息。

接下来不妨对 JSR-303 验证机制的运行进行测试。运行 Spring Boot 的启动文件后，在浏览器地址栏中输入如下 URL：

http://localhost:8080/my/valid/page

运行结果如图 10-9 所示。

图 10-9　使用 JSR-303 机制验证 POJO

显然这里的验证成功了。但是，有时验证规则并不是那么简单。例如，对于验证购买商品总价格这样的业务逻辑，验证规则应该是：总价格=单价×数量，这样的逻辑验证就不能通过 JSR-303 验证了。为此，Spring 还提供了自己的参数验证机制，10.4.2 节对其进行介绍。

10.4.2　参数验证机制

为了能够更加灵活地进行验证，Spring 还提供自己的参数验证机制。在进行参数转换时，Spring MVC 使用 WebDataBinder 机制进行管理，在默认的情况下 Spring 会自动地根据上下文通过注册的转换器转换出控制器所需的参数。在 WebDataBinder 中除了可以注册转换器，还允许注册验证器（Validator）。

在 Spring 控制器中，还允许使用注解@InitBinder，这个注解的作用是允许在进入控制器方法前修改 WebDataBinder 机制。下面在参数验证机制和日期格式绑定这两个场景下进行演示，不过在此之前，需要掌握 WebDataBinder 的参数验证机制中定义的验证接口 Validator，这个接口的源码如代码清单 10-19 所示。

代码清单 10-19　验证接口定义

```java
package org.springframework.validation;
/****imports ****/
public interface Validator {

    /**
     *   判定当前验证器是否支持该 Class 类型的验证
     * @param clazz --POJO 类型
     * @return 当前验证器是否支持该 POJO 验证
     */
    boolean supports(Class<?> clazz);

    /**
     *   如果 supports 返回 true，则这个方法执行验证逻辑
     * @param target 被验证 POJO
     * @param errors 错误对象
     */
    void validate(Object target, Errors errors);
}
```

这就是 Spring 定义的验证接口，它定义了两个方法。其中，supports()方法的参数为需要验证的 POJO 类型，如果该方法返回 true，则 Spring 会使用当前验证器的 validate()方法验证 POJO。而 validate()方法包含需要的 target 对象和错误对象 errors，target 是参数绑定后的 POJO，这样便可以通过这个参数对象进行业务逻辑的自定义验证。如果发现错误，则错误可以保存到 errors 对象中，然后返回给控制器。下面用实例进行说明，先定义用户验证器，如代码清单 10-20 所示，它将对用户对象和用户名进行非空判断。

代码清单 10-20　自定义用户验证器

```java
package com.learn.chapter10.validator;
/**** imports ****/
public class UserValidator implements Validator {
    // 该验证器只支持 User 类验证
    @Override
    public boolean supports(Class<?> clazz) {
        return clazz.equals(User.class);
    }

    // 验证逻辑
    @Override
    public void validate(Object target, Errors errors) {
        // 对象为空
        if (target == null) {
            // 直接在参数处报错，这样就不能进入控制器方法
            errors.rejectValue("", null, "用户不能为空");
            return;
        }
        // 强制转换
        var user = (User) target;
        // 用户名非空串
        if (!StringUtils.hasText(user.getUserName())) {
            // 增加错误，可以进入控制器方法
            errors.rejectValue("userName", null, "用户名不能为空");
        }
    }
}
```

虽然定义了这个验证器,但 Spring 不会自动启用它,因为还没有将它与 WebDataBinder 机制进行绑定。Spring MVC 提供了一个注解@InitBinder,在运行控制器方法前,处理器会先运行被 @InitBinder 标注的方法。这时可以将 WebDataBinder 对象作为参数传递到控制器方法中,通过这层关系得到 WebDataBinder 对象,这个对象有一个 setValidator()方法,它可以绑定自定义的验证器,这样就可以在获取参数之后,通过自定义的验证器来验证参数。WebDataBinder 除了可以绑定验证器,还可以进行参数的自定义,例如,不使用@DateTimeFormat 获取日期参数。假设继续使用代码清单 10-13 中的 StringToUserConverter 转换器,接下来使用代码清单 10-21 来测试验证器并设置日志格式。

代码清单 10-21　绑定验证器

```
/**
 * 调用控制器前先运行这个方法
 * @param binder
 */
@InitBinder
public void initBinder(WebDataBinder binder) {
    // 添加验证器
    binder.addValidators(new UserValidator());
    // 定义日期参数格式,参数不再需要使用注解@DateTimeFormat,boolean 参数表示是否允许为空
    binder.registerCustomEditor(Date.class,
            new CustomDateEditor(new SimpleDateFormat("yyyy-MM-dd"), false));
}

/**
 *
 * @param user -- 用户对象用 StringToUserConverter 转换
 * @param Errors --验证器返回的错误
 * @param date -- 因为 WebDataBinder 已绑定了格式,所以不再需要注解
 * @return 各类数据
 */
@GetMapping("/validator")
@ResponseBody
public Map<String, Object> validator(@Valid User user,
                                     Errors Errors, Date date) {
    var map = new HashMap<String, Object>();
    map.put("user", user);
    map.put("date", DateFormat.getDateInstance().format(date));
    // 判断是否存在错误
    if (Errors.hasErrors()) {
        // 获取全部错误
        var oes = Errors.getAllErrors();
        for (var oe : oes) {
            // 判定是否字段错误
            if (oe instanceof FieldError fieldError) {
                map.put(fieldError.getField(), fieldError.getDefaultMessage());
            } else {
                // 对象错误
                map.put(oe.getObjectName(), oe.getDefaultMessage());
            }
        }
    }
    return map;
}
```

上述代码中的 initBinder()方法因为标注了注解@InitBinder，所以会在控制器方法前被运行，并且将 WebDataBinder 对象传递进去。initBinder()方法里添加了自定义的验证器 UserValidator，而且设置了日期参数格式，所以在控制器方法中不再需要使用注解@DateTimeFormat 定义日期格式化。通过这样的自定义，在使用注解@Valid 标注 User 参数后，Spring MVC 就会遍历对应的验证器，当遍历到 UserValidator 时，会运行它的 supports()方法。因为该方法会返回 true，所以 Spring MVC 会用这个验证器来验证 User 类的数据。initBinder()方法对于日期类型也指定了对应的格式，这样控制器的 Date 类型的参数也不需要再使用注解的协作。

我们还要关注一下控制器方法中的 Errors 参数。它是 Spring MVC 通过验证器验证后得到的错误信息，由 Spring MVC 执行验证规则后进行传递。控制器方法首先判断是否存在错误，如果存在错误，则遍历错误，然后将错误信息放入 Map 中返回。因为控制器方法标注了@ResponseBody，所以最后会将方法返回的结果转化为 JSON 数据集响应请求。

在浏览器中请求 http://localhost:8080/user/validator?user=1--note_1&date=2023-05-28。注意，这里的 userName 已经传递为空，所以在进行用户验证时会显示错误信息。这个请求的结果如图 10-10 所示。

从图 10-10 可以看出，用户名的验证已经成功，也就是说验证器已经起到作用。

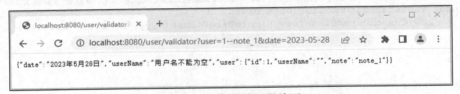

图 10-10　启用验证器验证

10.5　数据模型

前文只谈到了参数的获取、转换和验证，完成这些步骤后，处理器终于可以调用控制器了。在 Spring MVC 流程中，控制器的核心作用之一就是对数据的处理。通过第 9 章对 Spring MVC 全流程的讲解可知，控制器可以自定义模型和视图（ModelAndView），其中模型用于存储数据，视图则用于向用户展示数据。本节暂时忽略视图，先来讨论数据模型的问题。

数据模型的作用是绑定数据，为后面的视图渲染做准备。Spring MVC 使用的数据模型接口和类的设计如图 10-11 所示。

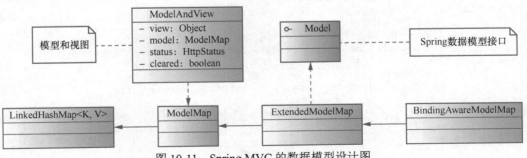

图 10-11　Spring MVC 的数据模型设计图

从图 10-11 可以看出，在类 ModelAndView 中存在一个 ModelMap 类型的属性，ModelMap 继承了 LinkedHashMap 类。因此，ModelMap 具备 Map 接口的一切特性，除此之外，它还可以增加数据属性。在 Spring MVC 的应用中，如果在控制器方法的参数中使用 ModelAndView、Model 或者 ModelMap 作为参数类型，Spring MVC 会自动创建数据模型对象，如代码清单 10-22 所示。

代码清单 10-22　使用数据模型

```java
package com.learn.chapter10.controller;

/****imports****/
@RequestMapping("/data")
@Controller
public class DataModelController {
    // 注入用户服务类
    @Autowired
    private UserService userService = null;

    // 测试 Model 接口
    @GetMapping("/model")
    public String useModel(Long id, Model model) {
        var user = userService.getUser(id);
        model.addAttribute("user", user);
        // 返回字符串，在 Spring MVC 中会自动创建 ModelAndView 并绑定名称
        return "data/user";
    }

    // 测试 modelMap 类
    @GetMapping("/modelMap")
    public ModelAndView useModelMap(Long id, ModelMap modelMap) {
        var user = userService.getUser(id);
        var mv = new ModelAndView();
        // 设置视图名称
        mv.setViewName("data/user");
        // 设置数据模型，此处 modelMap 并没有与 mv 绑定，这一步系统会自动处理
        modelMap.put("user", user);
        return mv;
    }

    // 测试 ModelAndView
    @GetMapping("/mav")
    public ModelAndView useModelAndView(Long id, ModelAndView mv) {
        var user = userService.getUser(id);
        // 设置数据模型
        mv.addObject("user", user);
        // 设置视图名称
        mv.setViewName("data/user");
        return mv;
    }
}
```

从上述代码可以看出，Spring MVC 的使用是比较方便的。例如，useModel()方法只返回一个字符串，Spring MVC 会自动绑定视图和数据模型。又如，useModelMap()方法返回 ModelAndView 对象，但没有绑定 ModelMap 对象，Spring MVC 会自动绑定它。

上述数据对象中，无论使用哪一个都是允许的。它们都使用了相同的视图名称"/data/user"，这

样通过 ThymeleafViewResolver 的定位，ThymeleafViewResolver 就会找到/templates/data/user.html 作为视图，然后将数据渲染到这个页面，该页面的内容如代码清单 10-23 所示。

代码清单 10-23　用户视图（/templates/data/user.html）

```html
<html lang="en" xmlns:th="http://www.thymeleaf.org">
<head>
    <meta charset="UTF-8">
    <title>用户信息</title>
</head>
<body>
    <table>
      <tr>
         <td>用户编号</td>
         <td th:text="${user.id}"></td>
      </tr>
      <tr>
         <td>用户名</td>
         <td th:text="${user.userName}"></td>
      </tr>
      <tr>
         <td>备注</td>
         <td th:text="${user.note}"></td>
      </tr>
    </table>
</body>
</html>
```

至此，就能够使用这个用户视图测试代码清单 10-22 中数据模型的使用了。

10.6　视图和视图解析器

视图是渲染数据模型并展示给用户的组件，在 Spring MVC 中又分为逻辑视图和非逻辑视图。逻辑视图需要通过视图解析器进行进一步定位。例如，代码清单 10-22 的例子返回的字符串之所以能找到对应的页面，就是因为使用了逻辑视图，经由视图解析器的定位，才能找到视图，将数据模型进行渲染并展示给用户。非逻辑视图则并不需要进一步定位视图的位置，它只需要直接将数据模型渲染出来，代码清单 9-6 中的 MappingJackson2JsonView 视图就是这样的情况。本节主要讨论 Spring MVC 中的视图的使用，在使用视图之前，需要先了解在 Spring MVC 中的视图是怎么设计的。

10.6.1　视图设计

除了 JSON、JSP 和 Thymeleaf 等视图，还有其他类型的视图，如 Excel、PDF 等。虽然视图具有多样性，但是它们都会实现 Spring MVC 定义的视图接口 View，如代码清单 10-24 所示。

代码清单 10-24　Spring MVC 视图接口定义

```java
package org.springframework.web.servlet;

/**** imports ****/
public interface View {
    // 响应状态属性
    String RESPONSE_STATUS_ATTRIBUTE = View.class.getName() + ".responseStatus";
```

```java
// 路径变量
String PATH_VARIABLES = View.class.getName() + ".pathVariables";

// 选择内容类型
String SELECTED_CONTENT_TYPE = View.class.getName() + ".selectedContentType";

// 响应类型
@Nullable
default String getContentType() {
    return null;
}

// 渲染方法
void render(@Nullable Map<String, ?> model,
        HttpServletRequest request, HttpServletResponse response)
            throws Exception;
```

上述代码中有两个方法。其中，getContentType()方法获取 HTTP 响应类型，它可以返回的类型是文本、JSON 数据集、Excel 文档和 PDF 文档等；而 render()方法则将数据模型渲染到视图，这是视图的核心方法，有必要进一步地讨论它。在它的参数中，model 是数据模型，实际就是从控制器（或者由处理器自动绑定）返回的数据模型，这样 render()方法就可以把数据模型渲染出来。渲染视图是比较复杂的过程，为了简化视图渲染的开发，Spring MVC 已经给开发者提供了许多开发好的视图类，因此在大部分的情况下开发者并不需要自定义视图，使用 Spring MVC 提供的视图即可。Spring MVC 提供的视图接口和类如图 10-12 所示。

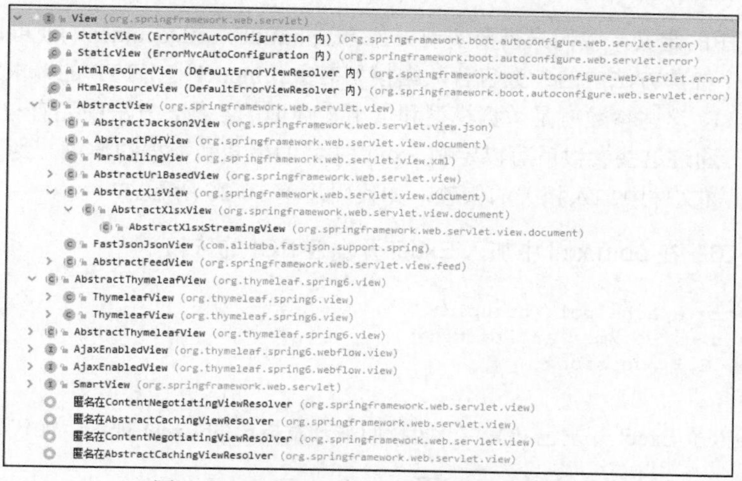

图 10-12 Spring MVC 常用视图关系模型

图 10-12 展示了主要的视图实现类，其中 ThymeleafView 就是我们一直使用的视图，可见在 Spring MVC 已经开发好了各种各样的视图，因此在大部分的情况下，开发者只需要定义如何将数据模型渲染到视图中展示给用户即可。例如，对于代码清单 9-6 中的 MappingJackson2JsonView 视图，因为它不是逻辑视图，所以并不需要使用视图解析器来定位视图，它会将数据模型渲染为 JSON 数据集并

展示给用户查看。ThymeleafView 是一个逻辑视图,于是可以在控制器方法中返回一个字符串或者指定视图名称,Spring MVC 通过视图解析器(ThymeleafViewResolver)来定位对应的页面,再将数据模型传递进去,这样就能将数据模型渲染出来,向用户展示数据。对于 PDF 和 Excel 等类型的视图,它们只需要接收数据模型,直接渲染出用户所需的数据即可。为了说明视图的使用方法,10.6.2 节将介绍如何使用 Excel 视图 AbstractXlsxView。

10.6.2　视图实例——导出 Excel 文档

通过 10.6.1 节的讲解可以得知,AbstractXlsxView 属于非逻辑视图,因此它并不需要通过视图解析器进行定位。这个视图类的名称以 Abstract 开头,顾名思义它是一个抽象类,并且存在需要开发者自己实现的抽象方法,因此需要先来研究这个抽象方法。这个抽象方法定义在 AbstractXlsxView 的父类 AbstractXlsView 中,如代码清单 10-25 所示。

代码清单 10-25　AbstractXlsView 工作簿生成抽象方法定义

```java
/**
 * 通过数据模型自定义 Excel 工作簿
 * @param model 数据模型对象
 * @param workbook Excel 工作簿
 * @param request HttpServletRequest 请求对象
 * @param response HttpServletResponse 响应对象
 * @throws Exception 异常
 */
protected abstract void buildExcelDocument(
    Map<String, Object> model, Workbook workbook,
    HttpServletRequest request, HttpServletResponse response) throws Exception;
```

根据 Excel 视图的定义,我们只需要实现抽象方法 buildExcelDocument() 便可以将数据模型渲染为 Excel 文档。这个抽象方法中的参数包含数据模型对象(model)、HTTP 的请求对象(request)和响应对象(response),这些参数就是数据模型和上下文环境的参数,方法中还有与 Excel 文档有关的参数(workbook),通过这些参数就可以定制 Excel 文档的格式和数据的渲染。为了能够使用 Excel,需要在 Maven 的配置文件中加入相关的依赖,如代码清单 10-26 所示。

代码清单 10-26　在 pom.xml 中加入 Excel 开发包 POI 的依赖

```xml
<dependency>
    <groupId>org.apache.poi</groupId>
    <artifactId>poi-ooxml</artifactId>
    <version>5.2.3</version>
</dependency>
```

这样项目就导入了 Excel 开发包 POI。下面我们来开发自己的 Excel 视图,如代码清单 10-27 所示。

代码清单 10-27　自定义用户 Excel 视图

```java
package com.learn.chapter10.view;

/**** imports ****/

/**
 * 用户 Excel 视图继承 AbstractXlsxView
 */
```

```java
public class UserExcelView extends AbstractXlsxView {

    /**
     *
     * @param model 数据模型
     * @param workbook 工作簿
     * @param request HTTP 请求
     * @param response HTTP 响应
     * @throws Exception 异常
     */
    @Override
    protected void buildExcelDocument(Map<String, Object> model,
            Workbook workbook, HttpServletRequest request,
            HttpServletResponse response) throws Exception {
        // 创建工作表（Sheet）
        var sheet = workbook.createSheet("用户列表");
        // 创建行
        var row1 = sheet.createRow(0);
        // 在第一行内创建 3 个单元格，并设置表头
        row1.createCell(0).setCellValue("编号");
        row1.createCell(1).setCellValue("用户名");
        row1.createCell(2).setCellValue("备注");
        // 行索引
        var rowIdx = 1;
        // 从数据模型中获取数据
        var userList = (List<User>)model.get("userList");
        // 遍历数据，写入工作表
        for (var user: userList) {
            var row = sheet.createRow(rowIdx);
            row.createCell(0).setCellValue(user.getId());
            row.createCell(1).setCellValue(user.getUserName());
            row.createCell(2).setCellValue(user.getNote());
            rowIdx ++;
        }
    }
}
```

上述代码中的类继承 AbstractXlsxView 类，并重写了 buildExcelDocument() 方法，方法中的逻辑已经通过注释进行了说明。这样就定义好了我们的视图，接下来就要编写控制器，并且使用这个视图导出数据，其内容如代码清单 10-28 所示。

代码清单 10-28　用户 Excel 数据导出控制器

```java
package com.learn.chapter10.controller;

/**** imports ****/

@Controller
@RequestMapping("/excel")
public class UserExcelController {

    @Autowired
    private UserService userService = null;

    @GetMapping("/users")
    public ModelAndView downloadUers(ModelAndView mav) {
```

```
        // 找到所有用户信息
        var userList = userService.findAllUsers();
        // 绑定数据模型
        mav.addObject("userList", userList); // ①
        // 绑定视图
        mav.setView(new UserExcelView()); // ②
        // 返回数据模型和视图
        return mav;
    }

    /**** setters and getters ****/
}
```

代码①处绑定了数据模型，而代码②处则创建了 Excel 视图对象，然后绑定到 ModelAndView 对象中。启动项目，然后访问 http://localhost:8080/excel/users，就可以下载 Excel 文档，打开 Excel 文档就可以看到图 10-13 所示的数据了。

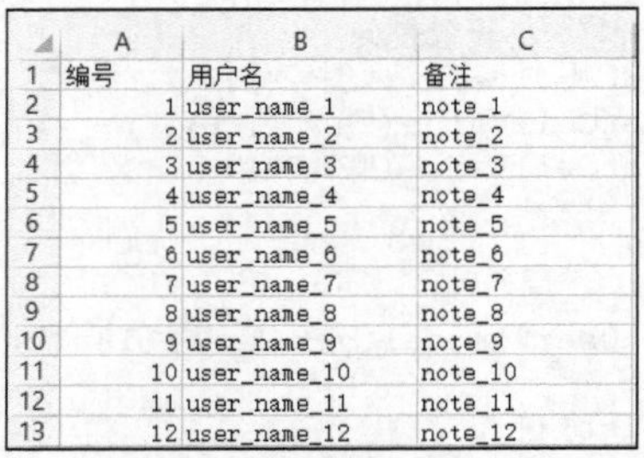

	A	B	C
1	编号	用户名	备注
2	1	user_name_1	note_1
3	2	user_name_2	note_2
4	3	user_name_3	note_3
5	4	user_name_4	note_4
6	5	user_name_5	note_5
7	6	user_name_6	note_6
8	7	user_name_7	note_7
9	8	user_name_8	note_8
10	9	user_name_9	note_9
11	10	user_name_10	note_10
12	11	user_name_11	note_11
13	12	user_name_12	note_12

图 10-13　使用 Excel 视图

10.7　文件上传

Spring MVC 对文件上传提供了良好的支持，而在 Spring Boot 中可以更为简单地配置文件上传所需的内容。为了更好地理解 Spring Boot 的配置，先从 Spring MVC 的机制谈起。

10.7.1　文件上传的配置项

DispatcherServlet 会使用适配器模式，将 HttpServletRequest 接口对象转换为 MultipartHttpServletRequest 对象。MultipartHttpServletRequest 接口扩展了 HttpServletRequest 接口，且定义了一些操作文件的方法，通过这些操作文件的方法就可以实现文件上传的操作。

下面先探讨 HttpServletRequest 和 MultipartHttpServletRequest 的关系，如图 10-14 所示。

从图 10-14 可以看出，对于文件上传的场景，Spring MVC 会将 HttpServletRequest 对象转化为 MultipartHttpServletRequest 对象。从 MultipartHttpServletRequest 接口的定义看，它存在许多处理文件的方法，这使得在 Spring MVC 中操作文件十分便捷。

在使用 Spring MVC 上传文件时，还需要配置 MultipartHttpServletRequest，这个任务是通过 MultipartResolver 接口实现的，该接口又存在一个实现类 StandardServletMultipartResolver。在 Spring Boot 的机制内，如果开发者没有自定义 MultipartResolver 对象，那么自动配置的机制会自动创建 MultipartResolver 对象，实际为 StandardServletMultipartResolver。为了使操作更加灵活，Spring Boot

提供了代码清单 10-29 所示的文件上传配置项。

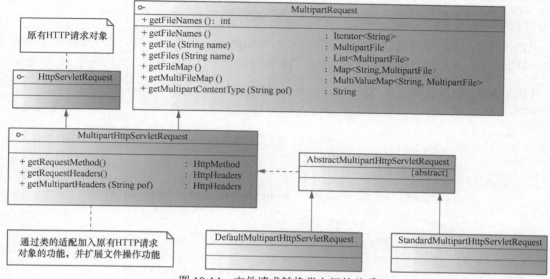

图 10-14　文件请求转换类之间的关系

代码清单 10-29　文件上传配置项
```
# MULTIPART (MultipartProperties)
# 是否启用 Spring MVC 多分部上传功能
spring.servlet.multipart.enabled=true
# 将文件写入磁盘的阈值。阈值的单位可以使用后缀"MB"或"KB"来表示兆字节或字节大小
spring.servlet.multipart.file-size-threshold=0
# 指定默认上传的文件夹
spring.servlet.multipart.location=
# 限制单个文件最大大小
spring.servlet.multipart.max-file-size=1MB
# 限制所有文件最大大小
spring.servlet.multipart.max-request-size=10MB
# 是否延迟多分部文件请求的参数和文件的解析
spring.servlet.multipart.resolve-lazily=false
```

根据这些配置项，Spring Boot 会自动生成 StandardServletMultipartResolver 对象，对上传的文件进行配置。对于文件的上传，可以使用 Servlet API 提供的 Part 接口或者 Spring MVC 提供的 MultipartFile 接口作为参数。无论使用哪个接口都是允许的，只是我更加推荐使用 Part，因为 MultipartFile 是 Spring MVC 提供的第三方包才能进行支持的，后续版本发生变化的概率略大一些。

10.7.2　开发文件上传功能

开发 Spring Boot 下的 Spring MVC 文件上传功能，首先需要进行文件上传的配置，如代码清单 10-30 所示。

代码清单 10-30　Spring MVC 文件上传配置
```
# 指定保存上传文件的默认文件夹
spring.servlet.multipart.location=e:/springboot
```

```
# 限制单个文件最大大小,这里设置为 5 MB
spring.servlet.multipart.max-file-size=5MB
# 限制所有文件最大大小,这里设置为 20 MB
spring.servlet.multipart.max-request-size=20MB
```

上述代码定义保存上传文件的目标文件夹为 e:/springboot,并且指定单个文件最大为 5 MB,所有文件最大为 20 MB。为了测试文件的上传,需要创建页面文件,其内容如代码清单 10-31 所示。

代码清单 10-31　文件上传页面(/templates/file/upload.html)

```html
<html lang="en" xmlns:th="http://www.thymeleaf.org">
<head>
   <meta charset="UTF-8">
   <title>上传文件</title>
</head>
<body>
<table>
   <form method="post" action="./part" enctype="multipart/form-data">
      <input type="file" name="file" value="请选择上传的文件" />
      <input type="submit" value="提交" />
   </form>
</table>
</body>
</html>
```

注意,上述代码的<form>表单声明为 multipart/form-data,如果没有这个声明,Spring MVC 解析文件请求就会出错,从而导致文件上传失败。有了这个页面,接下来开发文件上传控制器(这个控制器将包括使用 HttpServletRequest、MultipartFile 和 Part 参数)来完成文件上传,如代码清单 10-32 所示。

代码清单 10-32　文件上传控制器

```java
package com.learn.chapter10.controller;
/**** imports ****/
@Controller
public class FileController {

   /**
    * 打开文件上传请求页面
    * @return 指向页面的字符串
    */
   @GetMapping("/upload/page")
   public String uploadPage() {
      return "file/upload";
   }

   // 使用 HttpServletRequest 作为参数
   @PostMapping("/upload/request")
   @ResponseBody
   public Map<String, Object> uploadRequest(HttpServletRequest request) {
      var flag = false;
      // 强制转换为 MultipartHttpServletRequest 接口对象
      if (request instanceof MultipartHttpServletRequest mreq) {
         mreq = (MultipartHttpServletRequest) request;
      } else {
         return dealResultMap(false, "上传失败");
```

```java
        }
        // 获取MultipartFile文件信息
        var mf = mreq.getFile("file");
        // 获取源文件名称
        var fileName = mf.getOriginalFilename();
        var file = new File(fileName);
        try {
            // 保存文件
            mf.transferTo(file);
        } catch (Exception e) {
            e.printStackTrace();
            return dealResultMap(false, "上传失败");
        }
        return dealResultMap(true, "上传成功");
    }

    // 使用Spring MVC的MultipartFile对象作为参数
    @PostMapping("/upload/multipart")
    @ResponseBody
    public Map<String, Object> uploadMultipartFile(MultipartFile file) {
        var fileName = file.getOriginalFilename(); // 文件名
        var dest = new File(fileName); // 目标文件
        try {
            file.transferTo(dest);
        } catch (Exception e) {
            e.printStackTrace();
            return dealResultMap(false, "上传失败");
        }
        return dealResultMap(true, "上传成功");
    }

    @PostMapping("/upload/part")
    @ResponseBody
    public Map<String, Object> uploadPart(Part file) {
        // 获取提交文件名称
        var fileName = file.getSubmittedFileName();
        try {
            // 写入文件
            file.write(fileName);
        } catch (Exception e) {
            e.printStackTrace();
            return dealResultMap(false, "上传失败");
        }
        return dealResultMap(true, "上传成功");
    }

    // 处理上传文件结果
    private Map<String, Object> dealResultMap(boolean success, String msg) {
        var result = new HashMap<String, Object>();
        result.put("success", success);
        result.put("msg", msg);
        return result;
    }
}
```

上述代码中的uploadPage()方法用来映射上传文件的页面,只需要请求它便能够打开上传文件的页面。uploadRequest()方法则将 HttpServletRequest 对象进行传递，从 10.7.1 节的分析可知，在调用控制器之前，DispatcherServlet 会将其转换为 MultipartHttpServletRequest 对象，因此方法中使用了强制转换，从而得到 MultipartHttpServletRequest 对象，进而通过它的 getFile()方法获取 MultipartFile 对象，使用 MultipartFile 对象的 getOriginalFilename()方法得到上传的文件名，然后通过 MultipartFile 对象的 transferTo()方法将文件保存到对应的路径中。uploadMultipartFile()方法直接使用 MultipartFile 对象获取上传的文件，从而进行操作，只是 MultipartFile 是 Spring 提供的类，具有侵入性。uploadPart()方法是使用 Servlet 的 API，可以使用其 write()方法直接写入文件，这也是我推荐的方式。

10.8 拦截器

第 9 章谈到过当请求来到 DispatcherServlet 时，根据 HandlerMapping 机制可以找到处理器，这样就会返回一个 HandlerExecutionChain 对象，这个对象包含处理器（它包装了控制器）和拦截器。拦截器会对处理器进行拦截，这样做可以增强处理器的功能，本节讨论拦截器的使用。

10.8.1 设计拦截器

所有拦截器都需要实现 HandlerInterceptor 接口，该接口定义如代码清单 10-33 所示。

代码清单 10-33　HandlerInterceptor 接口源码

```
package org.springframework.web.servlet;

/**** imports ****/
public interface HandlerInterceptor {

    // 处理器运行前方法
    default boolean preHandle(HttpServletRequest request, HttpServletResponse response,
        Object handler) throws Exception {
        return true;
    }

    // 处理器运行后方法
    default void postHandle(HttpServletRequest request,
        HttpServletResponse response, Object handler,
        @Nullable ModelAndView modelAndView) throws Exception {
    }

    // 完成后方法
    default void afterCompletion(HttpServletRequest request, HttpServletResponse response,
        Object handler, @Nullable Exception ex) throws Exception {
    }

}
```

上述代码的中文注释是我加入的。除了需要知道拦截器各个方法的作用，还需要知道这些方法的运行流程，如图 10-15 所示。

图 10-15 的流程描述如下。

（1）运行 preHandle()方法，它会返回一个布尔值。如果返回值为 false，则结束所有流程；如果返回值为 true，则运行下一步。

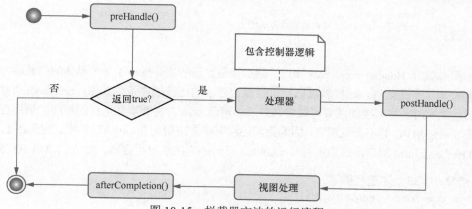

图 10-15 拦截器方法的运行流程

（2）运行处理器，它包含控制器的逻辑。
（3）运行 postHandle()方法。
（4）运行视图处理，包括视图解析和视图渲染。
（5）运行 afterCompletion()方法。

接口 HandlerInterceptor 定义的 3 个方法都提供了空实现，因此当开发者自己定义方法时，只需要重写对应的方法即可。

10.8.2 开发拦截器

从 10.8.1 节的论述中可知，通过重写可以实现 HandlerInterceptor 接口的方法，从而实现拦截器的自定义。下面实现一个简单的拦截器，如代码清单 10-34 所示。

代码清单 10-34　自定义简单的拦截器

```
package com.learn.chapter10.interceptor;
/**** imports ****/
public class Interceptor1 implements HandlerInterceptor {
    @Override
    public boolean preHandle(HttpServletRequest request,
        HttpServletResponse response, Object handler)
            throws Exception {
        System.out.println("处理器运行前方法");
        // 返回 true，这样就不会终止后续的流程
        return true;
    }

    @Override
    public void postHandle(HttpServletRequest request,
        HttpServletResponse response, Object handler,
        ModelAndView modelAndView) throws Exception {
        System.out.println("处理器运行后方法");
    }

    @Override
    public void afterCompletion(HttpServletRequest request,
        HttpServletResponse response, Object handler, Exception ex)
```

```
        throws Exception {
    System.out.println("处理器完成方法");
    }
}
```

上述代码实现了 HandlerInterceptor 接口，然后按照自己的需要重写了 3 个具体的拦截器方法。在这些方法中都打印了一些信息，这样就可以定位拦截器方法的运行顺序了。其中，preHandle()方法返回的是 true，后续测试时，有兴趣的读者可以将其修改为返回 false，再观察其运行的顺序。虽然有了这个拦截器，但是 Spring MVC 并不会发现它，因为我们还没有将它注册到 Spring MVC 中，为此在 Java 文件中实现 WebMvcConfigurer 接口，最后重写其 addInterceptors()方法注册拦截器，如代码清单 10-35 所示。

代码清单 10-35　注册拦截器
```
package com.learn.chapter10.main;

/**** imports ****/

@SpringBootApplication(scanBasePackages = "com.learn.chapter10")
// 扫描 MyBatis 的 Mapper 接口
@MapperScan(
        basePackages = "com.learn.chapter10", // 扫描包
        annotationClass = Mapper.class) // 限定扫描的注解
public class Chapter10Application implements WebMvcConfigurer {

    public static void main(String[] args) {
        SpringApplication.run(Chapter10Application.class, args);
    }

    @Override
    public void addInterceptors(InterceptorRegistry registry) {
        // 注册拦截器到 Spring MVC 机制中，然后它会返回一个拦截器注册机
        var ir = registry.addInterceptor(new Interceptor1());
        // 指定拦截匹配模式，限制拦截器拦截请求
        ir.addPathPatterns("/interceptor/*");
    }
}
```

上述代码实现了 WebMvcConfigurer 接口，重写其中的 addInterceptors()方法，进而加入自定义拦截器 Interceptor1，然后指定其拦截的模式，因此这个拦截器只会拦截与正则式"/interceptor/*"匹配的请求。我们还需要创建被拦截的请求方法，为此新建拦截控制器来实现，如代码清单 10-36 所示。

代码清单 10-36　拦截控制器
```
package com.learn.chapter10.controller;
/**** imports ****/
@Controller
@RequestMapping("/interceptor")
public class InterceptorController {
    @GetMapping("/start")
    public String start() {
        System.out.println("执行处理器逻辑");
        return "/welcome";
    }
}
```

控制器的 start()方法只是打开了一个欢迎页面,十分简单。start()方法定义了映射的路径为"/interceptor/start",和我们设置的拦截器(Interceptor1)拦截的正则式("/interceptor/*")匹配。因此,当请求路径时,请求就会被 Interceptor1 拦截。为了更好地测试 Interceptor1,我们编写欢迎页面的内容,如代码清单 10-37 所示。

代码清单 10-37　欢迎页面(/templates/welcome.html)

```html
<html lang="en" xmlns:th="http://www.thymeleaf.org">
<head>
    <meta http-equiv="Content-Type" content="text/html; charset=UTF-8">
    <title>深入 Spring MVC</title>
</head>
<body>
<h1>
    欢迎学习 Spring MVC
</h1>
</body>
</html>
```

到此可以启动服务,然后请求

```
http://localhost:8080/interceptor/start
```

下面是请求之后后台打印的日志。

```
处理器运行前方法
执行处理器逻辑
处理器运行后方法
处理器完成方法
```

显然处理器被拦截器拦截了,这里需要注意拦截器方法的运行顺序。有兴趣的读者可以把拦截器的 preHandle()方法的返回修改为 false,或者让控制器抛出异常,然后重新测试,从而进一步掌握整个拦截器方法的运行流程。这些测试非常容易做到,就不再赘述了。

10.8.3　多个拦截器方法的运行顺序

10.8.2 节讨论了简单的拦截器的开发。实际上,拦截器可能不止一个,在多个拦截器环境中,各个方法的运行顺序是什么样的呢?为了探讨这个问题,我们先定义 3 个拦截器,如代码清单 10-38 所示。

代码清单 10-38　定义 3 个拦截器

```java
/******** 拦截器1********/
package com.learn.chapter10.interceptor;
/**** imports ****/
public class MultiInterceptor1 implements HandlerInterceptor {
    @Override
    public boolean preHandle(HttpServletRequest request,
            HttpServletResponse response, Object handler)
            throws Exception {
        System.out.println("【" + this.getClass().getSimpleName()
            +"】处理器运行前方法");
        // 返回 true,不会拦截后续的处理
        return true;
    }
```

```java
    @Override
    public void postHandle(HttpServletRequest request,
            HttpServletResponse response, Object handler,
            ModelAndView modelAndView) throws Exception {
        System.out.println("【" + this.getClass().getSimpleName()
            +"】处理器运行后方法");
    }

    @Override
    public void afterCompletion(HttpServletRequest request,
            HttpServletResponse response, Object handler, Exception ex)
            throws Exception {
        System.out.println("【" + this.getClass().getSimpleName()
            +"】处理器完成方法");
    }
}

/******** 拦截器2********/
package com.learn.chapter10.interceptor;
/**** imports ****/
public class MultiInterceptor2 implements HandlerInterceptor {
    @Override
    public boolean preHandle(HttpServletRequest request,
            HttpServletResponse response, Object handler)
            throws Exception {
        System.out.println("【" + this.getClass().getSimpleName()
            +"】处理器运行前方法");
        // 返回true,不会拦截后续的处理
        return true;
    }

    @Override
    public void postHandle(HttpServletRequest request,
            HttpServletResponse response, Object handler,
            ModelAndView modelAndView) throws Exception {
        System.out.println("【" + this.getClass().getSimpleName()
            +"】处理器运行后方法");
    }

    @Override
    public void afterCompletion(HttpServletRequest request,
            HttpServletResponse response, Object handler, Exception ex)
            throws Exception {
        System.out.println("【" + this.getClass().getSimpleName()
            +"】处理器完成方法");
    }
}

/******** 拦截器3********/
package com.learn.chapter10.interceptor;
/**** imports ****/
public class MultiInterceptor3 implements HandlerInterceptor {
    @Override
    public boolean preHandle(HttpServletRequest request,
            HttpServletResponse response, Object handler)
            throws Exception {
        System.out.println("【" + this.getClass().getSimpleName()
```

```
            +"】处理器运行前方法");
        // 返回true，不会拦截后续的处理
        return true;
    }

    @Override
    public void postHandle(HttpServletRequest request,
            HttpServletResponse response, Object handler,
            ModelAndView modelAndView) throws Exception {
        System.out.println("【" + this.getClass().getSimpleName()
            +"】处理器运行后方法");
    }

    @Override
    public void afterCompletion(HttpServletRequest request,
            HttpServletResponse response, Object handler, Exception ex)
            throws Exception {
        System.out.println("【" + this.getClass().getSimpleName()
            +"】处理器完成方法");
    }
}
```

然后修改代码清单 10-35 所示的注册拦截器的方法来注册以上 3 个拦截器，如代码清单 10-39 所示。

代码清单 10-39　注册多个拦截器

```
@Override
public void addInterceptors(InterceptorRegistry registry) {
    // 注册拦截器到 Spring MVC 机制中
    var ir = registry.addInterceptor(new MultiInterceptor1());
    // 指定拦截匹配模式
    ir.addPathPatterns("/interceptor/*");
    // 注册拦截器到 Spring MVC 机制中
    var ir2 = registry.addInterceptor(new MultiInterceptor2());
    // 指定拦截匹配模式
    ir2.addPathPatterns("/interceptor/*");
    // 注册拦截器到 Spring MVC 机制中
    var ir3 = registry.addInterceptor(new MultiInterceptor3());
    // 指定拦截匹配模式
    ir3.addPathPatterns("/interceptor/*");
}
```

从上述代码可以看出，这些拦截器都会拦截与 "/interceptor/*" 匹配的请求。使用浏览器再次请求代码清单 10-36 中的 start() 方法，可以看到如下日志：

```
【MulitiInterceptor1】处理器运行前方法
【MulitiInterceptor2】处理器运行前方法
【MulitiInterceptor3】处理器运行前方法
执行处理器逻辑
【MulitiInterceptor3】处理器运行后方法
【MulitiInterceptor2】处理器运行后方法
【MulitiInterceptor1】处理器运行后方法
【MulitiInterceptor3】处理器完成方法
【MulitiInterceptor2】处理器完成方法
【MulitiInterceptor1】处理器完成方法
```

这个结果遵循责任链模式的规则，处理器运行前方法采用先注册先运行的规则，而处理器运行后方法和处理器完成方法则采用先注册后运行的规则。不过，上述代码仅测试了处理器运行前方法（preHandle()）返回为 true 的场景，在某些时候还可能返回为 false，这个时候结果如何呢？为此，将 MulitiInterceptor3 的 preHandle()方法的返回修改为 false，再次进行测试，日志如下：

```
【MultiInterceptor1】处理器运行前方法
【MultiInterceptor2】处理器运行前方法
【MultiInterceptor3】处理器运行前方法
【MultiInterceptor2】处理器完成方法
【MultiInterceptor1】处理器完成方法
```

从上面的日志可以看出，处理器运行前方法（preHandle()）会运行，但是一旦返回 false，则后续的拦截器、处理器和所有拦截器的处理器运行后方法（postHandle()）都不会被运行。处理器完成方法 afterCompletion()则不一样，它只会运行返回为 true 的拦截器的处理器完成方法，而且顺序是先注册后运行。

10.9 国际化

在一些企业的生产实践中，客户或者员工来自各地，甚至来自不同的国家或地区，对时区和语言的需求有所不同。例如，我国北京市属于东八区，使用简体中文；美国纽约则属于西五区，使用美式英文。为了让不同的人在各自熟悉的语言、时区和文化环境下办理业务，就需要对系统进行国际化处理。Spring MVC 对此提供了良好的支持，本节讲解这方面的知识。

10.9.1 国际化消息源

对于国际化，Spring MVC 提供了国际化消息机制，即 MessageSource 接口体系。它的作用是装载国际化消息，其设计如图 10-16 所示。

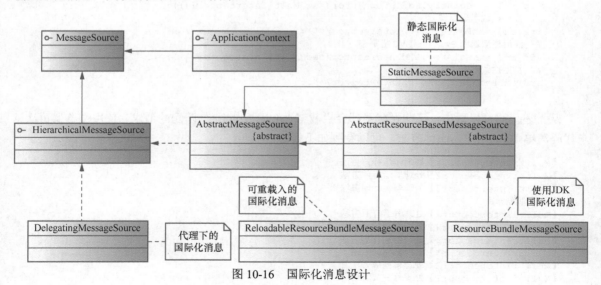

图 10-16 国际化消息设计

在大部分的情况下，我们使用 JDK 的 ResourceBundle 处理国际化消息，因此本节主要使用 ResourceBundleMessageSource 这个国际化消息源。

为了更方便地使用 Spring MVC 的国际化，Spring Boot 提供了代码清单 10-40 所示的配置项，使得开发者能够以最快的速度配置国际化。

代码清单 10-40　国际化配置项

```
# 设置国际化消息是否总是采用格式化，默认为 false
spring.messages.always-use-message-format=false
# 设置国际化属性名称，默认为 messages，多个名称可以使用逗号分隔
spring.messages.basename=messages
# 设置国际化消息缓存超时秒数，默认为永远不过期，0 表示每次都重新加载
spring.messages.cache-duration=
# 国际化消息编码
spring.messages.encoding=UTF-8
# 如果没有找到特定区域设置的文件，则设置是否返回系统区域
spring.messages.fallback-to-system-locale=true
# 是否使用消息编码作为默认的响应消息，而非抛出 NoSuchMessageException 异常，只建议在开发阶段使用
spring.messages.use-code-as-default-message=false
```

这些配置项在大部分的情况下都不需要配置，只需要配置几项常用的配置项即可快速地启动国际化的消息的读入。例如，如果我们需要设置简体中文和美式英文的国际化消息，可以在 resources 目录中创建 3 个属性文件，这 3 个属性文件的名称分别为 messages.properties、messages_zh_CN.properties 和 messages_en_US.properties。其中，messages.properties 是默认的国际化文件，如果没有这个属性文件，Spring MVC 将不再启用国际化消息机制；messages_zh_CN.properties 表示简体中文的国际化消息，messages_en_US.properties 则表示美式英文的国际化消息。注意，这 3 个属性文件的名称都是以 messages 开头的，我们不需要在 application.properties 文件中设置配置项 spring.messages.basename 的值，因为这个配置项的值默认为 messages。如果配置文件不是以 messages 开头的，那么就需要按照自己的需要设置配置项 spring.messages.basename 的值了。通过 Spring Boot 这样简单的配置，Spring MVC 的国际化消息机制就能够读取国际化的消息文件了。

10.9.2　国际化解析器

对于国际化，还需要确定用户使用哪个国际化区域。为此，Spring MVC 提供了 LocaleResolver 接口来确定用户的国际化区域。基于这个接口，Spring MVC 提供了以下 4 种国际化的策略。

- **AcceptHeaderLocaleResolver**。它使用浏览器头请求的信息来设置国际化区域。它是 Spring MVC 和 Spring Boot 默认的国际化解析器，符合大部分计算机用户的选择，不需要我们进行开发，因此后续不再介绍。
- **FixedLocaleResolver**。它表示设置固定的国际化区域。只能选择一种，不能变化，用处不大，后续不再讨论它的使用。
- **CookieLocaleResolver**。将国际化区域信息设置在浏览器 Cookie 中，使得系统可以通过从 Cookie 中读取国际化区域信息来确定用户的国际化区域。但是用户可以禁止浏览器使用 Cookie，这就会导致读取 Cookie 失败，读取失败后会使用默认的国际化区域。默认的国际化区域会从浏览器头请求读出，也可以由开发者在服务端配置。

- **SessionLocaleResolver**。类似于 CookieLocaleResolver，只是将国际化区域信息缓存在 Session 中，这样就能通过读取 Session 中的信息来确定用户的国际化区域。这也是最常用的让用户选择国际化区域的手段。

这几个类和相关接口的关系如图 10-17 所示。

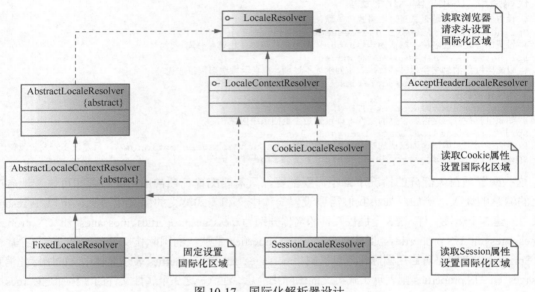

图 10-17　国际化解析器设计

从图 10-17 可以看到 4 个国际化解析器的具体实现类，它们都通过不同的继承路径实现了 LocaleResolver 接口，从而使用不同的策略来确定国际化区域。

Spring Boot 提供了两个简单的配置项，以方便开发者以最快的速度配置国际化解析器。这两个配置项如代码清单 10-41 所示。

代码清单 10-41　Spring Boot 国际化配置项
```
# 配置国际化为简体中文
spring.web.locale=zh_CN
# 国际化解析器，可以选择 fixed 或 accept-header
# fixed 表示固定的国际化，accept-header 表示读取浏览器的 Accept-Language 头信息
# 这里使用固定国际化解析器（FixedLocaleResolver）
spring.web.locale-resolver=fixed
```

显然可以通过这些配置项快速启用 FixedLocaleResolver 和 AcceptHeaderLocaleResolver 两种解析器，在默认的情况下 Spring Boot 会使用 AcceptHeaderLocaleResolver 确定国际化区域。如果只是希望读取浏览器请求头确定国际化区域，那么配置 AcceptHeaderLocaleResolver 就可以了，无须进行任何开发。如果希望指定固定的国际化区域，而无须改变，那么也可以使用 FixedLocaleResolver，并且指定固定的国际化区域，同样无须进行任何开发，这也是比较方便的。但是，有时候我们希望能让用户更加灵活地指定国际化区域，这时就可以使用 CookieLocaleResolver 或者 SessionLocaleResolver，

它们是能够让用户指定国际化区域的方式，10.9.3 节将以 SessionLocaleResolver 为例讲解它们的使用。

10.9.3　国际化实例——SessionLocaleResolver

前两节讲解国际化消息源的读取和几个国际化解析器的使用。本节主要通过实例来讲解国际化的使用，采用的是在实际工作中使用得最多的 SessionLocaleResolver。

先设置国际化消息源的配置项。下面使用的国际化消息源文件为 international.properties，在 application.properties 文件中增加代码清单 10-42 所示的配置内容。

代码清单 10-42　配置国际化消息
```
# 文件编码
spring.messages.encoding=UTF-8
# 国际化文件基础名称
spring.messages.basename=international
# 国际化消息缓存有效时间，超时将重新载入，这里配置为 300 s（即 5 m）
spring.messages.cache-duration=300s
```

注意，配置项 spring.messages.basename 的值为 international，这个配置项的默认值为 messages，这就意味着我们的国际化消息的配置文件名称为 international.properties、international_zh_CN.properties 和 international_en_US.properties。将这 3 个文件放入 resources 目录下，其中 international.properties 是必不可少的，否则 Spring Boot 将不会生成国际化消息机制。文件 international.properties 是 Spring MVC 默认的国际化消息源，也就是说当不能确定国际化或者国际化消息源查找失败时，就会采用这个文件来提供国际化消息。配置项 spring.messages.cache-duration 表示缓存有效时间，也就是说超过 300 s（5 m）后就会过期，此时国际化消息系统会重新读入这些国际化文件以达到更新的效果。如果不配置 spring.messages.cache-duration 表示永不过期，这样就不会重新读入国际化文件。为了进行测试，创建 3 个国际化属性文件，如代码清单 10-43 所示。

代码清单 10-43　3 个国际化属性文件（都放在 resources 目录下）
```
########文件名：international_en_US.properties########
msg=Spring MVC internationalization

########文件名：international_zh_CN.properties########
# 中文：Spring MVC 国际化
msg=Spring MVC\u56FD\u9645\u5316

########文件名：international.properties########
# 中文：Spring MVC 国际化
msg=Spring MVC\u56FD\u9645\u5316
```

Spring MVC 会读入这些国际化属性文件。接下来需要创建国际化解析器，这里主要是 SessionLocaleResolver。我们在开发前，需要先了解 SessionLocaleResolver 的机制。Spring MVC 提供了一个拦截器 LocaleChangeInterceptor，可以在处理器运行前处理相关的逻辑（也就是拦截器的 preHandle()方法的作用）。LocaleChangeInterceptor 可以拦截一个请求参数，通过这个请求参数可以确定其国际化区域信息，并且把国际化信息缓存到 Session 中，这样后续就可以从 Session 中读取国际化区域信息，其流程如图 10-18 所示。

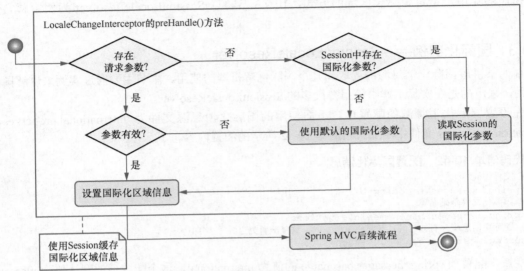

图 10-18　Spring MVC 国际化流程图

接下来我们还需要确定拦截请求参数的名称,在 Spring Boot 启动文件中增加代码清单 10-44 所示的内容。

代码清单 10-44　添加国际化解析器和拦截器

```
// 国际化解析器。注意,这个 Bean 名称要为 localeResolver
@Bean(name="localeResolver")
public LocaleResolver initLocaleResolver() {
    // 创建基于 Session 的国际化解析器
    var slr = new SessionLocaleResolver();
    // 默认国际化区域
    slr.setDefaultLocale(Locale.SIMPLIFIED_CHINESE);
    return slr;
}

// 给处理器增加国际化拦截器
@Override
public void addInterceptors(InterceptorRegistry registry) {
    // 创建国际化拦截器
    var lci = new LocaleChangeInterceptor();
    // 设置拦截请求参数的名称
    lci.setParamName("language");
    // 这里将通过国际化拦截器的 preHandle()方法对请求的国际化区域参数进行修改
    registry.addInterceptor(lci);
}
```

其中,initLocaleResolver()方法创建了一个国际化解析器。这里需要注意两点:首先需要保证其 Bean 名称为 localeResolver,这是 Spring MVC 中的约定,否则系统就不会感知这个解析器;其次这里设置了默认的国际化区域为简体中文,也就是说,当参数为空或者为失效的时候,就使用这个默认的国际化规则。

addInterceptors()方法创建了 localeChangeInterceptor 国际化拦截器,然后设置了一个名称为 language 的拦截请求参数。拦截器将读取 HTTP 请求为 language 的参数,用以设置国际化区域信息,这样可以通过这个参数的变化来设置用户的国际化区域。最后将 LocaleChangeInterceptor 国际化拦截器注册到 Spring MVC 机制中,让拦截器生效。

上述代码已经处理了国际化的内容,接下来需要了解的是在控制器和视图中如何获取和使用国际化区域信息。首先是控制器,如代码清单 10-45 所示。

代码清单 10-45　国际化控制器

```java
package com.learn.chapter10.controller;
/****imports****/
@Controller
@RequestMapping("/i18n")
public class I18nController {
    // 注入国际化消息源接口对象
    @Autowired
    private MessageSource messageSource;

    // 后台获取国际化区域信息和国际化消息,并打开国际化视图
    @GetMapping("/page")
    public String page(HttpServletRequest request) {
        // 后台获取国际化区域
        var locale = LocaleContextHolder.getLocale();
        // 获取国际化消息
        var msg = messageSource.getMessage("msg", null, locale);
        System.out.println("msg = " + msg);
        // 返回视图
        return "i18n/internationalization";
    }
}
```

上述代码中注入了国际化消息源接口对象,它是在通过代码清单 10-42 的配置来读入国际化消息配置文件时创建的。加粗部分展示了如何在后台获取国际化区域信息和国际化消息。最后控制器方法会返回一个字符串,它将指向视图。上述代码使用了"i18n"这样的路径定义类,"18"这个数字来源于英文 internationalization,它一共有 20 个字母,中间就是 18 个字母,为了方便,业内流行将单词 internationalization 写作 i18n。下面我们开发一个页面,用来展现国际化消息,如代码清单 10-46 所示。

代码清单 10-46　视图国际化(/templates/i18n/internationalization.html)

```html
<html lang="zh" xmlns:th="http://www.thymeleaf.org">
<head>
    <meta http-equiv="Content-Type" content="text/html; charset=UTF-8">
    <title>Spring MVC 国际化</title>
</head>
<body>
<!-- 通过 HTTP 请求参数转换国际化 -->
<a href="./page?language=zh_CN">简体中文</a>
<a href="./page?language=en_US">美式英文</a>
<h2>
    <!-- 找到属性文件变量名为 msg 的配置 -->
    <span th:text="#{msg}"/>
```

```
</h2>
<!-- 当前国际化区域 -->
Locale: <span th:text="${#locale.getLanguage()}"/>_<span th:text="${#locale.getCountry()}"/>
</body>
</html>
```

注意加粗的代码，这里的链接是通过 language 参数来转换国际化的，它与拦截器定义的参数的名称保持一致，所以它会被拦截并用于确定国际化区域，这样就能够实现国际化。启动 Spring Boot 后，可以测试国际化的结果，如图 10-19 和图 10-20 所示。

图 10-19　Spring MVC 简体中文国际化

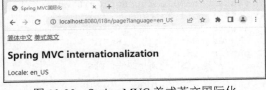

图 10-20　Spring MVC 美式英文国际化

从图 10-20 可以看出，视图的国际化已经可以通过 language 参数进行了转换。但是应该注意，国际化参数已经缓存在 Session 中，因此即使没有这个 language 参数，也会从 Session 中读取国际化参数来设置国际化区域。

10.10　Spring MVC 拾遗

Spring MVC 的内容比较多也比较杂，本章已介绍了常用的内容，但是还有一些比较烦琐且常用的知识需要介绍，故本节命名为"拾遗"。

10.10.1　@ResponseBody 转换为 JSON 的秘密

一直以来，当我们想把某个控制器的返回转变为 JSON 数据集时，只需要在方法上标注注解 @ResponseBody 即可，那么 Spring MVC 是如何做到的呢？回到 10.3.1 节中，在进入控制器方法前，当遇到标注的@ResponseBody 后，处理器就会记录这个方法的响应类型为 JSON 数据集。当运行控制器并返回后，就会使用处理器方法返回值解析器（HandlerMethodReturnValueHandler）来解析这个结果。处理器方法返回值解析器会轮询那些已经注册到 Spring MVC 的 HttpMessageConverter 接口中的实例，找到合适的 HttpMessageConverter 接口的实例来处理控制器方法的返回值。我们知道，Spring Boot 会自动注册 MappingJackson2HttpMessageConverter（实现了 HttpMessageConverter 接口）的实例，标注了@ResponseBody 的方法会将响应媒体类型设置为 JSON 数据集。让我们回到代码清单 10-10 的 HttpMessageConverter 接口源码中，canWrite()方法会判定标注了@ResponseBody 的控制器方法返回值适合 MappingJackson2HttpMessageConverter 解析，这样就可以通过 write()方法对返回值进行解析并且转换为 JSON 数据集了。当然，有时候找不到匹配的 HttpMessageConverter，那么后续视图流程就会交由 Spring MVC 处理。如果控制器方法返回值被 MappingJackson2HttpMessageConverter 进行了转换，那么后续的数据模型和视图（ModelAndView）就返回 null，这样视图解析器和视图渲染将不再被运行，其流程如图 10-21 所示。

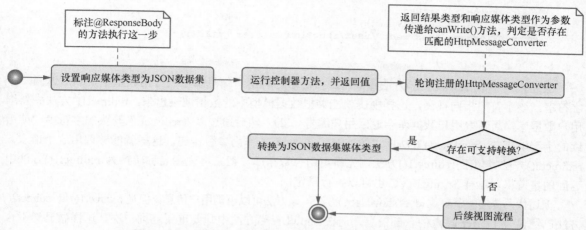

图 10-21 注解@ResponseBody 转换为 JSON 数据集的流程图

10.10.2 重定向

重定向（redirect）就是通过各种方法将各种网络请求重新确定方向并转到新的 URL 上。继续使用代码清单 10-23 的 Thymeleaf 视图，这里需要将一个新的用户的信息插入数据库，而插入之后需要通过该视图将用户信息展现给请求者。假设原本就存在一个 showUser()方法通过这个 Thymeleaf 视图来展示用户信息，那么我们希望插入用户之后就使用这个 showUser()方法来展示用户信息，这样旧的功能就能够重用了。下面来完成这个功能，如代码清单 10-47 所示。

代码清单 10-47 重定向（UserController）

```
// 展示用户信息
@GetMapping("/show")
public String showUser(Long id, Model model) {
    var user = userService.getUser(id);
    model.addAttribute("user", user);
    return "data/user";
}

// 使用字符串指定跳转
@GetMapping("/redirect1")
public String redirect1(String userName, String note) {
    var user = new User();
    user.setNote(note);
    user.setUserName(userName);
    // 新增数据库后，回填 user 的 id
    userService.insertUser(user);
    return "redirect:/user/show?id=" + user.getId();
}

// 使用模型和视图指定跳转
@GetMapping("/redirect2")
public ModelAndView redirect2(String userName, String note) {
    User user = new User();
    user.setNote(note);
    user.setUserName(userName);
```

```
        userService.insertUser(user);
        var mv = new ModelAndView();
        mv.setViewName("redirect:/user/show?id=" + user.getId());
        return mv;
    }
```

上述代码中的 showUser()方法查询用户信息后,将用户信息绑定到数据模型中,然后返回一个字符串,该字符串指向视图,这样视图就能够把数据模型中的数据渲染出来。redirect1()方法先新增用户数据库,而新增用户数据库会返回用户编号(id),然后通过以"redirect:"开头的字符串,使后续的字符串指向 showUser()方法请求的 URL,并且将 id 作为参数传递,这样就能够调用这个请求。redirect2()方法类似于 redirect1()方法,先新增用户数据库,但它将视图名称转换为 redirect1()方法中返回的字符串,这样 Spring MVC 也可以执行重定向。

上述代码传递一个参数 id 给 showUser()方法,该方法可以查询用户信息。但是 redirect1()和 redirect2()方法已经包含了 user 对象的全部信息,而在 showUser()方法中却要重新查询一次,这样做显然不合理。将 User 对象直接传递给 showUser()方法在 URL 层面也是完成不了的,好在 Spring MVC 也考虑了这样的场景。Spring MVC 提供了 RedirectAttributes 接口,这是一个扩展了 ModelMap 的接口,它有一个 addFlashAttribute()方法,这个方法可以保存需要传递给重定位的数据,基于代码清单 10-47 中的代码,进行代码清单 10-48 所示的修改。

代码清单 10-48　重定向传递 Java 对象(UserController)

```
    // 展示用户信息
    // 参数 user 直接从数据模型 RedirectAttributes 对象中取出
    @RequestMapping("/showUser2")
    public String showUser2(User user, Model model) {
        System.out.println(user.getId());
        return "data/user";
    }

    // 使用字符串指定跳转
    @RequestMapping("/attr/redirect1")
    public String redirect1(String userName, String note, RedirectAttributes ra) {
        var user = new User();
        user.setNote(note);
        user.setUserName(userName);
        userService.insertUser(user);
        // 保存需要传递给重定向的数据
        ra.addFlashAttribute("user", user);
        return "redirect:/user/showUser2";
    }

    // 使用模型和视图指定跳转
    @RequestMapping("/attr/redirect2")
    public ModelAndView redirect2(String userName, String note, RedirectAttributes ra) {
        var user = new User();
        user.setNote(note);
        user.setUserName(userName);
        userService.insertUser(user);
        // 保存需要传递给重定向的数据
        ra.addFlashAttribute("user", user);
        var mv = new ModelAndView();
```

```
        mv.setViewName("redirect:/user/showUser2");
        return mv;
   }
```

上述代码在方法中添加了 RedirectAttributes 对象参数，然后通过 addFlashAttribute()方法将 redirect1()和 redirect2()方法中插入的用户信息保存起来，再重定向到 showUser()方法中，将 user 对象进行传递，这又是如何做到的呢？

在控制器运行完成后，被 addFlashAttribute()方法保存的属性参数会被保存到 Session 对象中。当执行重定向时，在进入重定向前先把 Session 中的参数取出，用以填充重定向方法的参数和数据模型，之后删除 Session 中的属性，然后就可以调用重定向逻辑方法，并将对象传递给重定向的方法，这一流程如图 10-22 所示。

图 10-22　重定向传递 Java 对象流程图

10.10.3　操作会话属性

在 Web 应用中，操作会话属性（HttpSession）是十分常用的，Spring MVC 对此也提供了支持。Spring MVC 主要使用两个注解操作 HttpSession 属性，它们是@SessionAttribute 和@SessionAttributes。其中，@SessionAttribute 应用于参数，它的作用是将 HttpSession 中的属性读出，赋值给控制器的参数；@SessionAttributes 则只能用于类的注解，它会将相关数据模型的属性保存为 HttpSession 属性。下面举例说明。

首先，创建一个视图，它主要用于展示会话的属性值，如代码清单 10-49 所示。

代码清单 10-49　测试操作 HttpSession(/templates/session/details.html)

```
<html lang="zh" xmlns:th="http://www.thymeleaf.org">
<head>
    <meta http-equiv="Content-Type" content="text/html; charset=UTF-8">
    <title>测试 Session</title>
</head>
<body>
<table>
    <tr>
        <td>用户编号</td>
        <!-- 直接取出 Session 保存的 Long 型用户编号 -->
        <td th:text="${session.user_id}"></td>
    </tr>
    <tr>
        <td>用户名</td>
        <!-- 从 Session 保存的用户对象中取出用户名 -->
        <td th:text="${session.user.userName}"></td>
    </tr>
    <tr>
        <td>备注</td>
        <!-- 从 Session 保存的用户对象中取出备注 -->
```

```html
            <td th:text="${session.user.note}"></td>
        </tr>
    </table>
    </body>
</html>
```

注意这个 Thymeleaf 页面中的 3 个加粗表达式：第一个表达式从 HttpSession 中直接取出用户编号（user_id）；第二个和第三个表达式则从 HttpSession 保存的用户对象中取出相应的属性。接下来就要编写控制器来处理这个请求，如代码清单 10-50 所示。

代码清单 10-50　使用注解@SessionAttribute 和@SessionAttributes

```java
package com.learn.chapter10.controller;
/**** imports ****/
// @SessionAttributes 指定数据模型名称或者属性类型，保存到 Session 中
@SessionAttributes(names = {"user"}, types = Long.class) // ①
@Controller
@RequestMapping("/session")
public class SessionController {

    @Autowired
    private UserService userService = null;

    @GetMapping("/setter")
    public String setter(Long id, HttpSession session) {
        // 设置 Session 属性值
        session.setAttribute("id", id); // ②
        // 重定向跳转到 show()方法
        return "redirect:/session/show";
    }

    @GetMapping("/show")
    // 使用@SessionAttribute 从 Session 中取出参数
    public String show(@SessionAttribute("id")  Long id, Model model) {
        var user = userService.getUser(id);
        // 根据注解@SessionAttributes 配置的类型为 Long，保存到 Session 中    // ③
        model.addAttribute("user_id", user.getId());
        // 根据注解@SessionAttributes 配置的 names 为 user，保存到 Session 中
        model.addAttribute("user", user);
        return "/session/details";
    }
}
```

代码①处标注了注解@SessionAttributes，并且指定了模型名称和属性类型，值得注意的是它们是"或者"的关系，也就是当 Spring MVC 中数据模型的属性满足模型名称或者属性类型时，属性就会被保存到 HttpSession 中。setter()方法主要的作用是获取参数 id，然后在代码②处将参数 id 保存到 HttpSession 中。跳转到 show()方法中，show()方法先使用注解@SessionAttribute 读出 HttpSession 保存的参数 id，然后代码③处保存类型为 Long 的 user_id 和名称为 user 的用户对象。依据注解@SessionAttributes 配置的类型和名称，在控制器运行完成后，Spring MVC 就会将数据模型中的这两个属性保存到 HttpSession 中，最后返回一个指向视图的字符串，指向 Thymeleaf 模板。

启动 Spring Boot 应用，然后请求 http://localhost:8080/session/setter?id=12，可以看到图 10-23 所示的结果。

图 10-23　测试 Spring MVC 会话机制

从图 10-23 可以看出，整个操作是成功的。

10.10.4　给控制器增加通知

在 AOP 中，可以通过通知来增强 Bean 的功能。同样，Spring MVC 也可以给控制器增加通知，从而在控制器方法的前后和异常发生时进行不同的处理。这里涉及 4 个注解：@ControllerAdvice、@InitBinder、@ModelAttribute 和@ExceptionHandler，需要注意它们的作用和运行的顺序。

- **@ControllerAdvice**：标明该类为控制器的通知类，它就像 AOP 里的切面，允许配置拦截哪些控制器，并且可以定义具体的通知。
- **@InitBinder**：定义控制器的参数绑定规则，如格式化、参数转换规则等，它会在参数转换之前运行。
- **@ModelAttribute**：可以在控制器方法运行之前对数据模型进行操作。
- **@ExceptionHandler**：定义控制器方法发生异常后的操作。一般来说，发生异常后可以跳转到指定的友好页面，以避免用户使用的不友好。

下面展示这些注解的使用方法。先定义控制器通知，如代码清单 10-51 所示。

代码清单 10-51　定义控制器通知

```
package com.learn.chapter10.controller.advice;
/**** imports ****/
@ControllerAdvice(
    // 指定拦截的包
    basePackages = { "com.learn.chapter10.controller.advice.test.*" },
    // 限定被标注为@Controller 的控制器（类）才被拦截
    annotations = Controller.class)
public class MyControllerAdvice {

    // 绑定格式化、参数转换规则和增加验证器等
    @InitBinder
    public void initDataBinder(WebDataBinder binder) {
        // 自定义日期编辑器，限定格式为 yyyy-MM-dd，且参数不允许为空
        var dateEditor = new CustomDateEditor(new SimpleDateFormat("yyyy-MM-dd"), false);
        // 注册自定义日期编辑器
        binder.registerCustomEditor(Date.class, dateEditor);
    }

    // 在运行控制器方法之前运行，可以初始化数据模型
    @ModelAttribute
    public void projectModel(Model model) {
        model.addAttribute("project_name", "chapter10");
    }
```

```java
        // 异常处理,使得被拦截的控制器方法发生异常时,都能用相同的视图响应
        @ExceptionHandler(value = Exception.class)
        public String exception(Model model, Exception ex) {
            // 给数据模型增加异常消息
            model.addAttribute("exception_message", ex.getMessage());
            // 返回异常视图
            return "exception";
        }
}
```

注意加粗的注解,下面阐述它们的作用。

- @ControllerAdvice 标明这是一个控制器通知类,这个注解也标注了@Component,因此控制器通知类会被 IoC 容器扫描和装配。@ControllerAdvice 的配置项 basePackages 配置的是包名限制,也就是符合该配置的包的控制器才会被这个控制器通知所拦截,而 annotations 的配置项限定了只有标注了@Controller 的控制器才会被拦截。
- @InitBinder 是在控制器参数转换前就运行的代码。Spring MVC 会使用 WebDataBinder 机制为控制器方法转换参数。上述代码定义了日期(Date)类型的参数,采用了限定格式 yyyy-MM-dd,则控制器参数不再需要使用@DateTimeFormat 对格式进行指定,直接采用 yyyy-MM-dd 格式传递日期参数即可。
- @ModelAttribute 是一个数据模型的注解。它在运行控制器方法前运行,代码中增加了一个项目名称(project_name)的字符串,因此在控制器方法中可以获取它。
- @ExceptionHandler 的配置项为 Exception,它可以拦截所有控制器发生的异常。上述代码中的 Exception 参数是 Spring MVC 运行控制器方法发生异常时传递的,在方法中给数据模型增加了异常信息,然后返回一个字符串 exception,这个字符就指向了对应的视图。

为了测试这个控制器通知,需要开发新的控制器和字符串 exception 指向的视图。先来完成控制器,如代码清单 10-52 所示。

代码清单 10-52　测试控制器通知

```java
package com.learn.chapter10.controller.advice.test;
/**** imports ****/
@Controller
@RequestMapping("/advice")
public class AdviceController {

    @GetMapping("/test")
    // 因为日期格式被控制器通知限定,所以无须再给出
    public String test(Date date, ModelMap modelMap) {
        // 从数据模型中获取数据
        System.out.println(modelMap.get("project_name"));
        // 打印日期参数
        System.out.println(date);
        // 抛出异常,这样流转到控制器异常通知
        throw new RuntimeException("发生异常,跳转到**控制器通知的异常信息里**");
    }
}
```

这个控制器所在的包正好是控制器通知(MyControllerAdvice)指定的包,它标注的@Controller

也是控制器通知指定的注解,这样控制器通知就可以拦截这个控制器。上述代码会先运行代码清单 10-51 中标注了@InitBinder 和@ModelAttribute 的两个方法。因为标注@InitBinder 的方法设定了日期格式为 yyyy-MM-dd,所以控制器方法的日期参数并没有加入格式的限定。而标注@ModelAttribute 的方法在数据模型中设置了新的属性,因此这里的控制器也能从数据模型中获取数据。控制器方法最后抛出了异常,这样就会让 MyControllerAdvice 标注@ExceptionHandler 的方法被触发,并且会将异常消息传递给这个方法。为了展示异常消息,需要一个视图,如代码清单 10-53 所示。

代码清单 10-53　展示异常页面(/templates/exception.html)

```
<html lang="en" xmlns:th="http://www.thymeleaf.org">
<head>
    <meta http-equiv="Content-Type" content="text/html; charset=UTF-8">
    <title>统一异常页面</title>
</head>
<body>
<h1>
    发生异常,异常信息:
</h1>
<span th:text="${exception_message}"/>
</body>
</html>
```

上述加粗的代码将控制器异常通知所绑定的异常消息渲染到视图中。只要控制器发生异常,就能够通过对应的异常页面将异常消息渲染出来,从而提高系统对使用者的友好度。

至此,整个流程就开发完成了。图 10-24 展示了对其进行测试的结果。

显然测试成功了。读者也可以从后台的日志查看打印的相关参数。

图 10-24　控制器异常通知测试

10.10.5　获取请求头参数

对于 HTTP 请求,有些网站会利用请求头的数据进行身份验证,因此有时在控制器中还需要获取请求头的数据,Spring MVC 可以通过注解@RequestHeader 进行获取。下面先编写一个页面,让它通过 JavaScript 脚本携带请求头对后端控制器发出请求,如代码清单 10-54 所示。

代码清单 10-54　带请求头的 HTTP 请求(/templates/http/request-header.html)

```
<html lang="zh" xmlns:th="http://www.thymeleaf.org">
<head>
    <meta http-equiv="Content-Type" content="text/html; charset=UTF-8">
    <title>测试请求头</title>
    <script charset="UTF-8" src="https://unpkg.com/axios/dist/axios.min.js"></script>
    <script type="text/javascript">
        // 设置请求头参数
        const config = {
            headers:{
                id: 1 // 请求头加入参数 id
            }
        }
        // 发出 Ajax 异步请求,并传递请求头
        axios.get("./user", config).then(function(response) {
```

```html
            // 获取请求结果
            let user = response.data;
            // 展示用户信息
            document.getElementById("id").innerHTML = user.id;
            document.getElementById("user_name").innerHTML = user.userName;
            document.getElementById("note").innerHTML = user.note;
         });
    </script>
</head>
<body>
<table>
    <tr>
        <td>用户编号：</td>
        <td><span id="id"/></td>
    </tr>
    <tr>
        <td>用户名：</td>
        <td><span id="user_name"/></td>
    </tr>
    <tr>
        <td>备注：</td>
        <td><span id="note"/></td>
    </tr>
</table>
</body>
</html>
```

上述代码使用 JavaScript 脚本对控制器发出了 Ajax 异步请求，而加粗的代码则设置了请求头的键为 id 而值为 1，并且将请求头发送到控制器中。那么控制器该怎么获取这个请求头参数呢？其实也是十分简单的，使用注解@RequestHeader 就可以了。基于代码清单 10-54，我们开发新的控制器，如代码清单 10-55 所示。

代码清单 10-55　使用@RequestHeader 获取请求头参数

```java
package com.learn.chapter10.controller;
/**** imports ****/
@Controller
@RequestMapping("/request")
public class RequestController {

    @Autowired
    private UserService userService = null;

    // 映射 Thymeleaf 模板
    @GetMapping("/page")
    public String page() {
        return "http/request-header";
    }

    @ResponseBody
    @GetMapping("/user")
    // 通过@RequestHeader 获取请求头参数
    public User getUser(@RequestHeader("id") Long id) {
        var user = userService.getUser(id);
        return user;
```

```
}

    /**** setters and getters ****/
}
```

上述代码中的 page()方法的作用是请求代码清单 10-54 编写的页面。getUser()方法中的参数 id 标注了注解@RequestHeader("id")，表示从请求头中获取键为 id 的参数，这样就能从请求头中获取参数。启动系统，在浏览器地址栏中输入 http://localhost:8080/request/page 就可以看到结果，如图 10-25 所示。

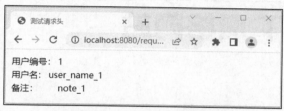

图 10-25　获取请求头参数测试

第 11 章

构建 REST 风格网站

  HTTP 在发展的过程中，提出了很多的规则，但是这些规则有些烦琐，于是又提出了一种风格约定——REST 风格。严格地说，它不是一种规则，而是一种风格，在现今的互联网世界中这种风格已经被广泛使用起来了。尤其是在现今流行的微服务架构中，这样的风格甚至被推荐作为各个系统之间用于交互的方式。在 REST 风格中，每个资源都只对应着一个网址，一个表示资源的网址应该是一个名词，而不存在动词，这表示对一个资源的操作。在这样的风格中，简易参数尽量通过网址进行传递。例如，要获取 id 为 1 的用户的 URL，可以将网址设计成 http://localhost:8080/user/1，其中 user 是名词，表示用户信息，1 则是用户的编号，表示获取用户 id 为 1 的资源信息。为了帮助读者更好地使用这些内容，本章会进一步地介绍 REST 风格的一些特点。

11.1 REST 简述

  REST 一词是 Roy Thomas Fielding 在他 2000 年发表的博士论文中提出的。Fielding 博士是 HTTP（1.0 版和 1.1 版）的主要设计者、Apache 服务器软件的作者之一、Apache 基金会的第一任主席，他的这篇论文一经发表就引起了极大的关注，并且对互联网开发产生了深远的影响。Fielding 将他对互联网软件的架构原则的理解命名为 REST（Representational State Transfer），如果一个架构符合 REST 原则，就称它为 REST 风格架构。

11.1.1 REST 名词解释

  本节主要针对 REST 做必要的名词解释，REST 按其英文名称 Representational State Transfer，可翻译为"（资源）表现层状态转换"。需要有资源才能表现，因此第一个名词是"资源"。有了资源也要根据需要以合适的形式表现资源，因此第二个名词是"表现层"。资源可以被创建、修改、删除等，因此第三个名词是"状态转换"。这就是 REST 风格的 3 个主要的名词。下面对其做进一步的阐述。

- 资源：可以是系统权限用户、角色和菜单等，也可以是一些媒体类型，如文本、图片、歌曲等，总之资源就是一个具体存在的对象。可以用一个统一资源定位符（Uniform Resource

Identifier，URI）指向资源，每个资源对应一个特定的 URI，要访问这个资源，访问它的 URI 即可。在 REST 中，URI 也可以称为端点（end point）。
- 表现层：有了资源还需要确定如何表现这个资源。例如，一个用户可以使用 JSON 数据集、XML 或者其他的形式表现出来，又如可能返回的是一幅图片。在现今的互联网应用开发中，JSON 数据集已经是一种常用的表现形式，因此书也是以 JSON 为中心的。
- 状态转换：现实中资源并不是一成不变的，它是一个变化的过程，一个资源可以经历创建（create）、访问（visit）、修改（update）和删除（delete）的过程。HTTP 是一个没有状态的协议，这也意味着资源的状态只能在服务器端保存和变化，不过好在 HTTP 中存在多种动作来对应这些变化。本章后面会具体讲解这些动作和它们的使用。

基于上述描述，下面简单总结一下 REST 风格架构的特点：
- 服务器存在一系列的资源，每个资源通过唯一的 URI 进行标识；
- 客户端和服务器之间可以相互传递资源，而资源会以某种表现层得以展示；
- 客户端通过 HTTP 定义的动作对资源进行操作，以实现资源的状态转换。

11.1.2 HTTP 的动作

前文介绍了 REST 的关键名词，也谈到了 REST 风格是通过 HTTP 的行为来操作资源的。对于资源，存在创建（create）、访问（visit）、修改（update）和删除（delete）的状态转换，对应于 HTTP 的行为的 5 种动作。

- **POST（CREATE）**：提交服务器资源信息，用来创建新的资源。
- **GET（VISIT）**：访问服务器资源（一个或者多个资源）。
- **PUT（UPDATE）**：修改服务器已经存在的资源，使用 PUT 时需要将资源的所有属性一并提交。
- **PATCH（UPDATE）**：修改服务器已经存在的资源，使用 PATCH 时只需要将部分资源属性提交。
- **DELETE（DELETE）**：从服务器将资源删除。

以上就是本章需要重点讨论的内容，其中 POST 动作对应创建资源，GET 对应访问资源，PUT 和 PATCH 对应更新资源，DELETE 对应删除资源。对于 HTTP，还有以下两种不常用的动作行为。

- **HEAD**：获取资源的元数据（Content-type）。
- **OPTIONS**：提供资源中可供客户端修改的属性信息。

对于这两个不常用的动作，本书不再进行更为细致的讨论，因为实用价值不是很大。下面给出几个 REST 风格的请求的 URI，以帮助读者理解 REST 的概念，如代码清单 11-1 所示。

代码清单 11-1　REST 风格的 URI 设计

```
# 获取用户信息，1是用户编号
GET /user/1
# 根据用户名和备注查询多个用户信息
GET /users/{userName}/{note}
# 创建用户
POST /user/{userName}/{sex}/{note}
# 修改用户全部属性
PUT /user/{id}/{userName}/{sex}/{note}
# 修改用户名（部分属性）
PATCH /user/{id}/{userName}
```

注意，在 URI 中并没有出现动词，而参数主要通过 URI 设计来获取。对于参数数量超过 5 个的，可以考虑使用传递 JSON 的方式来传递参数。关于 JSON 传递参数，在 10.2.4 节中已经有了详尽的阐述，不再赘述。

11.1.3 REST 风格的一些误区

在设计 URI 时，REST 风格存在一些规范。例如，一般在 URI 中不应该存在动词：

```
GET    /user/get/1
```

这里的 get 是一个动词，在 REST 风格中不应该存在这样的动词，可以修改为

```
GET    /user/1
```

这就表示获取 id 为 1 的用户信息。

另一个误区是加入版本号，例如：

```
GET    /v1/user/1
```

其中，v1 表示一个版本号，而 user 表示用户信息，1 则表示用户编号。这是一个错误的表达，因为在 REST 风格中资源的 URI 是唯一的，如果存在版本号，可以设置 HTTP 请求头，使用请求头的信息进行区分。例如，设置请求头的 version 参数为 1.0：

```
Accept: version = 1.0
```

在很多时候 REST 都不推荐使用类似于

```
PUT    users?userName=user_name&note=note
```

这样的方法传递参数。这是一个更新用户的 URI，按 REST 风格的建议，应该采用

```
PUT    users/{userName}/{note}
```

但是有时候会出现参数很多的情况，如果将参数全部写入 URI 中，会给可读性和易用性带来很大的困扰。这时就不应该考虑使用 URI 传递参数，而应该考虑使用请求体获取参数，类似于 10.2.4 节。

11.2 使用 Spring MVC 开发 REST 风格端点

Spring 对 REST 风格的支持以 Spring MVC 设计为基础，因此对于 REST 风格网站的开发者，熟悉 Spring MVC 的开发是十分必要的。在 Spring 4.3 之前只能使用@RequestMapping 设计 URI，在 Spring 4.3 之后则引入了更多的注解，使得 REST 风格的开发更为便捷。本节从 Spring MVC 整合 REST 风格的角度进行讨论。

11.2.1 Spring MVC 整合 REST

如果想使用@RequestMapping 将 URI 映射到对应的控制器，只要把 URI 设计为符合 REST 风格规范，显然就已经满足 REST 风格了。不过为了更为便捷地支持 REST 风格的开发，除了@RequestMapping，Spring 4.3 及之后的版本还可以使用以下 5 个注解。

- **@PostMapping**：对应 HTTP 的 POST 请求，创建资源。

- **@GetMapping**：对应 HTTP 的 GET 请求，获取资源。
- **@PutMapping**：对应 HTTP 的 PUT 请求，提交所有资源属性以修改资源。
- **@PatchMapping**：对应 HTTP 的 PATCH 请求，提交资源部分修改的属性。
- **@DeleteMapping**：对应 HTTP 的 DELETE 请求，删除服务器端的资源。

从上述描述可以看出，5 个注解主要是针对 HTTP 的动作而言的，使用它们能够有效地支持 REST 风格的规范。

对于 REST 风格的设计，简单的参数往往会通过 URI 直接传递，Spring MVC 可以使用注解 @PathVariable 获取参数，这样就能够满足 REST 风格传递参数的要求。对于那些复杂的参数，例如，传递一个复杂的资源需要十几个甚至几十个字段，可以考虑使用请求体 JSON 数据集的方式提交给服务器，这样就可以使用注解 @RequestBody 将 JSON 数据集转换为 Java 对象。

使用 @RequestMapping、@GetMapping 等注解，可以把 URI 定位到对应的控制器方法上；使用注解 @PathVariable 可以获取 URI 地址的参数；使用注解 @RequestBody 可以将请求体为 JSON 数据集的数据转化为复杂的 Java 对象。对于其他参数，例如需要从 HttpSession 或者 HttpRequest 属性获取的，均可以通过 Spring MVC 提供的注解获取。对参数进行处理后，就能够进入对应的控制器，根据获取的参数来处理对应的逻辑。Spring MVC 对逻辑进行处理后，可以得到后台的数据，并准备将数据返回给请求。对于现今互联网应用的开发，将数据转化为 JSON 数据集是最常见的方式，Spring MVC 使用注解 @ResponseBody，通过 MappingJackson2HttpMessageConverter 将数据转换为 JSON 数据集，而在 Spring MVC 对 REST 风格的设计中，甚至可以使用注解 @RestController 让整个控制器方法返回的对象都默认转换为 JSON 数据集，这些内容在后续章节中也会谈到。在实际应用中，有时候还需要将控制器方法返回的对象转变为其他数据形式，如 URI 请求的可能是一幅图片、一段视频等。显然 REST 的表现形式是丰富多彩的，为了应对表现形式的多样性，Spring MVC 提供了一个协商资源视图解析器——ContentNegotiatingViewResolver，11.2.4 节会再对它进行讨论。

11.2.2 使用 Spring 开发 REST 风格的端点

假设已经开发好了服务层（Service）和数据访问层（DAO），那么接下来只需要开发控制器就可以了。DAO 会访问持久对象（persient object，PO），它直接对应数据库的表，假设存在代码清单 11-2 所示的 PO。

代码清单 11-2　用户 PO

```
package com.learn.chapter11.pojo;
/**** imports ****/
@Alias("user")
public class User {
    private Long id;
    private String userName;
    private SexEnum sex = null;
    private String note;
    /**** setters and getters ****/
}
```

对于这个 PO，它的属性 sex 是 SexEnum 枚举类型的，这会让前端（如浏览器端、移动端等）难以理解。为了处理它，需要用两个视图对象（view object，VO）转换，如代码清单 11-3 所示。

代码清单 11-3 结果 VO 和用户 VO

```java
/******** ResultVo ********/
package com.learn.chapter11.vo;

// 结果 VO
public class ResultVo<T> {
   // 成功标识
   private Boolean success = Boolean.FALSE;
   // 消息
   private String message = null;
   // 数据
   private T data;

   public ResultVo() {
   }

   public ResultVo(Boolean success, String message) {
      this.success = success;
      this.message = message;
   }

   public ResultVo(Boolean success, String message, T data) {
      this.success = success;
      this.message = message;
      this.data = data;
   }

   /**** setters and getters ***/
}


/******** UserVo ********/
package com.learn.chapter11.vo;

/**** imports ****/
public class UserVo {
   private Long id;
   private String userName;
   private Integer sexId;
   private String sexName;
   private String note;

   /**** setters and getters ****/

   // 将 VO 转换为 PO
   public static User changeToPo(UserVo userVo) {
      var user = new User();
      user.setId(userVo.getId());
      user.setUserName(userVo.getUserName());
      user.setSex(SexEnum.getSex(userVo.getSexId()));
      user.setNote(userVo.getNote());
      return user;
   }

   // 将 PO 转换为 VO
   public static UserVo changeToVo(User user) {
```

```java
        var userVo = new UserVo();
        userVo.setId(user.getId());
        userVo.setUserName(user.getUserName());
        userVo.setSexId(user.getSex().getId());
        userVo.setSexName(user.getSex().getName());
        userVo.setNote(user.getNote());
        return userVo;
    }

    // 将 PO 列表转换为 VO 列表
    public static List<UserVo> changeToVoes(List<User> poList) {
        var voList = new ArrayList<UserVo>();
        for (var user : poList) {
            var userVo = changeToVo(user);
            voList.add(userVo);
        }
        return voList;
    }
}
```

类 ResultVo 是一个可以包装结果和数据的 VO，易于展示返回结果，主要是请求的成败、消息和相关数据。类 UserVo 可以把枚举类 SexEnum 转换为简单的字符串和代码，使用它就可以对前端表达清晰的含义，使用其方法也很容易实现类 User 和 UserVo 之间的转换。下面将基于用户控制器（UserController）来介绍 REST 风格的开发，先给出一部分代码，如代码清单 11-4 所示。

代码清单 11-4　用户控制器

```java
package com.learn.chapter11.controller;
/**** imports ****/
@Controller
public class UserController {

    @Autowired
    private UserService userService;

    @GetMapping("/index")
    public String index() {
        return "user/index";
    }
}
```

只需要在控制器中加入对应的方法就可以完成 REST 风格的设计。上述代码中的 index() 方法会映射到一个 Thymeleaf 视图中，在这个视图中可以编写 JavaScript 脚本来测试请求。下面先给出这个视图的代码，如代码清单 11-5 所示。

代码清单 11-5　Thymeleaf 视图（/templates/user/index.html）

```html
<html lang="en" xmlns:th="http://www.thymeleaf.org">
<head>
    <meta http-equiv="Content-Type" content="text/html; charset=UTF-8">
    <title>REST 风格</title>
    <!-- 引入 Axios -->
    <script charset="UTF-8" src="https://unpkg.com/axios/dist/axios.min.js"></script>
    <!-- 编写 JavaScript 脚本测试后台 -->
    <script charset="UTF-8" src="./js/restful.js"></script>
```

```
</head>
<body>
</body>
</html>
```

这个视图加载了 Axios 脚本,并编写了一个 JavaScript 脚本(./js/restful.js)。后文讲解请求时,只需要将这个 JavaScript 脚本添加到代码中就可以进行测试了。

首先需要创建资源(用户)。创建资源会用到 POST 动作,因此会使用注解@PostMapping,如代码清单 11-6 所示。

代码清单 11-6 使用 POST 动作创建资源(用户)

```
@PostMapping("/user") // POST 请求
@ResponseBody
public ResultVo<UserVo> insertUser(@RequestBody UserVo userVo) { // 接受请求体
    var user = UserVo.changeToPo(userVo); // 转换为 PO
    var result = userService.insertUser(user);
    // 返回结果
    if (result == 0) {
        return new ResultVo<UserVo>(false, "插入失败");
    } else {
        return new ResultVo<UserVo>(true, "插入成功", UserVo.changeToVo(user));
    }
}
```

注解@PostMapping 表示采用 POST 动作提交用户信息,@RequestBody 表示接收的是一个 JSON 数据集参数。可以使用 JavaScript 脚本测试这个请求,如代码清单 11-7 所示。

代码清单 11-7 测试 POST 请求(/static/js/restful.js)

```
// 提交 POST 请求
function post() {
    // 组织为 JSON 数据集
    let user = {
        "userName": "userName_new",
        "sexId": 1,
        "note": "note_new"
    };
    // Ajax 异步请求
    axios({
        method: "POST", // POST 请求
        url: "./user", // 请求路径
        data: JSON.stringify(user), // 转化为字符串
        headers: { // 设置请求体为 JSON 数据类型
            'Content-Type': 'application/json;charset=UTF-8'
        }
    }).then(resp => {
        // 请求响应结果
        let result = resp.data;
        if (result.success) {
            alert("插入成功,数据:" + JSON.stringify(result.data));
            return;
        } else {
            alert("插入成功,后台消息:" + result.message);
        }
    })
}
```

上述代码使用 axios()函数进行提交，设置 method 为 POST，请求 REST 端点，请求体声明为 JSON 数据集，并且将用户信息以 JSON 字符串格式提交给后台。控制器的 insertUser()方法可以接收请求，由于 insertUser()方法标注了@ResponseBody，因此最后会将其转化为 JSON 数据集并返回给前端的 JavaScript 脚本请求。

创建资源后，自然就可以获取资源。这时需要的是 GET 请求，如代码清单 11-8 所示。

代码清单 11-8　获取用户的 GET 请求
```
// 获取用户
@GetMapping(value = "/user/{id}")
@ResponseBody
public ResultVo<UserVo> getUser(@PathVariable("id") Long id) {
   var user = userService.getUser(id);
   if (user == null) { // 为空
      return new ResultVo(false, "不存在用户【"+id+"】", null);
   }
   return new ResultVo(true, "查询成功", UserVo.changeToVo(user));
}
```

上述代码采用注解@GetMapping 声明 HTTP 的 GET 请求，并且以 URI 的形式传递用户编号（id），这符合 REST 风格的要求。getUser()方法使用注解@PathVariable 从 URI 中获取参数，而方法标注@ResponseBody 表示将 REST 的表现层的形式设置为 JSON 数据集。为了测试这个方法，可以采用代码清单 11-9 所示的 JavaScript 脚本进行验证。

代码清单 11-9　测试 GET 请求（/static/js/restful.js）
```
function get() {
   axios({
      method: "GET", // PUT 请求
      url: "./user/5", // 请求路径
   }).then(resp => {
      // 请求响应结果
      let result = resp.data;
      if (result != null && result.success) {
         let user = result.data;
         alert("获取数据: " + JSON.stringify(user));
      } else {
         alert("获取数据失败");
      }
   })
}
```

上述代码使用 axios()函数发送 GET 请求，并且将 5 作为用户编号（id），传递给后台的方法。也许你会考虑按其他字段查询用户，于是有代码清单 11-10，用来通过用户名和性别查询用户。

代码清单 11-10　查询符合要求的用户
```
/**
 * 通过条件查询结果
 * @param userName 用户名，支持模糊查询
 * @param sexId 性别编码（0-女，1-男）
 * @param start 数据开始行
 * @param limit 限定返回条数
 * @return
```

```
 */
@GetMapping("/users/{userName}/{sex}/{start}/{limit}")
@ResponseBody
public List<UserVo> findUsers(@PathVariable("userName") String userName,
        @PathVariable("sex") Integer sexId,
        @PathVariable("start") Integer start,
        @PathVariable("limit") Integer limit) {
    var sex = SexEnum.getSex(sexId);
    var userList = userService.findUsers(userName, sex, start, limit);
    return UserVo.changeToVoes(userList);
}
```

上述代码将 4 个参数通过 URI 进行传递，还使用注解@PathVariable 从 URI 中获取参数。如果参数多于 5 个，则应考虑对参数的规则进行简化，以提高代码的可读性，如使用请求体传递 JSON 数据集等。对于 findUsers()方法的测试，可以参考代码清单 11-9。由于相似度较高，因此这里不再赘述。

有了用户资源，除了可以进行获取和查询操作，有时还需要修改数据，修改用户信息的请求如代码清单 11-11 所示。

代码清单 11-11　使用 HTTP 的 PUT 请求修改用户信息

```
@PutMapping("/user/{id}")
@ResponseBody
public UserVo updateUser(@PathVariable("id") Long id, @RequestBody UserVo userVo) {
    var user = UserVo.changeToPo(userVo);
    user.setId(id);
    userService.updateUser(user);
    return UserVo.changeToVo(user);
}
```

上述代码采用注解@PutMapping 声明 HTTP 的 PUT 请求，按 REST 风格的特点，要求传递所有属性。上述代码中的用户编号（id）是通过 URI 进行传递的，而请求体需要修改的数据则是通过 JSON 数据集格式传递的，因此在获取参数时使用注解@PathVariable 获取编号，而采用@RequestBody 获取修改的数据。可以使用代码清单 11-12 所示的 JavaScript 脚本进行测试。

代码清单 11-12　测试修改用户的 PUT 请求（/static/js/restful.js）

```
function put() {
    // 组织为 JSON 数据集
    let user = {
        "userName": "userName_update",
        "sexId": 0,
        "note": "note_update"
    };
    // Ajax 异步请求
    axios({
        method: "PUT", // PUT 请求 ①
        url: "./user/1", // 请求路径
        data: JSON.stringify(user), // 转化为字符串
        headers: { // 设置请求体为 JSON 数据类型
            'Content-Type': 'application/json;charset=UTF-8'
        }
    }).then(resp => {
        // 请求响应结果
```

```
            let user = resp.data;
            if (user.id) {
                alert("插入成功，数据：" + JSON.stringify(user));
            } else {
                alert("插入失败");
            }
        })
    }
```

在 axios()函数中，代码①处设置请求类型为 PUT，通过 URI 将编号为 1 的参数传递给后台，并且请求体设置为 JSON 数据集，这样就是一个 PUT 请求了。控制器通过@RequestBody 接收页面端提交的 JSON 数据集并将其转化为 Java 对象，这样就完成了对服务器的 PUT 请求。

有时候我们可能只希望修改一个用户名，而不是传递所有用户信息，这时可以使用 HTTP 的 PATCH 请求，如代码清单 11-13 所示。

代码清单 11-13　使用 PATCH 请求修改用户名
```
@PatchMapping("/user/{id}/{userName}") // PATCH 请求
@ResponseBody
public ResultVo<UserVo> changeUserName(@PathVariable("id") Long id,
        @PathVariable("userName") String userName) {
    var result = userService.updateUserName(id, userName);
    var resultVo = new ResultVo(result>0,
            result > 0 ? "更新成功" : "更新用户【" + id + "】失败。");
    return resultVo;
}
```

上述代码采用注解@PatchMapping 声明 HTTP 的 PATCH 请求，意味着将对资源的属性做部分修改。因为涉及的参数比较少，所以用户编号（id）和用户名（userName）都通过 URI 进行传递。可以使用代码清单 11-14 所示的 JavaScript 脚本进行测试。

代码清单 11-14　测试 PATCH 请求（/static/js/restful.js）
```
function patch() {
    axios({
        method:"PATCH", // PATCH 请求
        url: "./user/1/user_name_new"
    }).then(resp => {
        // 请求响应结果
        let result = resp.data;
        if (result.success) {
            alert("更新成功。");
        } else {
            alert("插入失败。");
        }
    });
}
```

上述代码依旧使用 axios()函数，并且将 method 设置为 PATCH，而 URI 传递两个后台需要的参数，这样就是一个 HTTP 的 PATCH 请求了。

有了增查改请求，还缺少一个删除请求，这就是 HTTP 的 DELETE 请求。代码清单 11-15 实现了一个删除资源（用户）的请求。

代码清单 11-15　使用 HTTP 的 DELETE 请求

```
@DeleteMapping("/user/{id}") // DELETE 请求
@ResponseBody
public ResultVo<UserVo> deleteUser(@PathVariable("id") Long id) {
    var user = userService.deleteUser(id);
    if (user == null) {
        return new ResultVo<>(false, "不存在 id 为【"+id+"】的用户", null);
    } else {
        return new ResultVo<>(true, "删除 id 为【"+id+"】的用户", UserVo.changeToVo(user));
    }
}
```

上述代码采用注解@DeleteMapping 声明 HTTP 的 DELETE 请求，而用户编号则采用 URI 进行传递，这样就能够删除用户了。可以用代码清单 11-16 所示的 JavaScript 脚本进行测试。

代码清单 11-16　测试删除用户的 DELETE 请求（/static/js/restful.js）

```
function del() {
    // Ajax 异步请求
    axios({
        method: "DELETE", // DELETE 请求
        url: "./user/5", // 请求路径
    }).then(resp => {
        // 请求响应结果
        var result = resp.data;
        if (result != null && result.success) {
            let user = result.data;
            alert("删除成功，数据：" + JSON.stringify(user));
        } else {
            alert("删除失败");
        }
    })
}
```

与 PUT 请求和 PATCH 请求一样，上述代码依旧使用 axios()函数，将 method 设置为 DELETE，这样就是一个 HTTP 的 DELETE 请求了。用户编号（id）是通过 URI 进行传递的，这样就可以对资源进行删除。

前面讲解了 REST 风格下的 POST、GET、PUT、PATCH 和 DELETE 请求，但是都是通过编写 JavaScript 脚本来完成的。有些时候我们也需要通过网页表单来提交数据，下面我们举例说明。先改写修改用户名的控制器方法，如代码清单 11-17 所示。

代码清单 11-17　修改用户名的控制器方法

```
@PatchMapping("/user/name") // PatchMapping 请求
@ResponseBody
public ResultVo changeUserName2(Long id, String userName) {
    int result = userService.updateUserName(id, userName);
    ResultVo resultVo = new ResultVo(result>0,
            result > 0 ? "更新成功" : "更新用户【" + id + "】失败。");
    return resultVo;
}

// 映射 Thymeleaf 视图
@GetMapping("/user/name")
```

```
public String changeUserName() {
    return "user/change_user_name";
}
```

上述代码仍旧使用@PatchMapping 标注 changeUserName2()方法,这样就是一个 HTTP 的 PATCH 请求。除这个 changeUserName2()方法外,还有 changeUserName()方法返回一个字符串,请求这个方法就会跳转到 Thymeleaf 表单,该表单用来请求 changeUserName2()方法,其内容如代码清单 11-18 所示。

代码清单 11-18　修改用户名的表单（/templates/user/change_user_name.html）

```html
<html lang="en" xmlns:th="http://www.thymeleaf.org">
<head>
    <meta http-equiv="Content-Type" content="text/html; charset=UTF-8">
    <title>表单提交 Patch 请求</title>
</head>
<body>
    <form id="form" action="./name"  method="post"> <!--①-->
        <table>
            <tr>
                <td>用户编号</td>
                <td><input id="id" name="id"/></td>
            </tr>
            <tr>
                <td>用户名</td>
                <td><input id="userName" name="userName"/></td>
            </tr>
            <tr>
                <td></td>
                <td style="text-align: right">
                    <input id="submit" name="submit" type="submit" value="提交修改"/>
                </td>
            </tr>
        </table>
        <input type="hidden" name="_method" id="_method" value="PATCH"/> <!--②-->
    </form>
</body>
</html>
```

上述代码提交的表单需要注意两点:代码①处的 form 定义的是 POST 请求;代码②处定义 form 中命名为_method 的隐藏字段,并且定义其值为 PATCH。这样做还不足够让我们请求到控制器的 changeUserName2()方法,在 Spring Boot 中,还需要在文件 application.properties 中添加如下配置:

```
# 开启 HiddenHttpMethodFilter 过滤器
spring.mvc.hiddenmethod.filter.enabled=true
```

在 HTTP 的表单中,只有 GET 和 POST 请求。而当我们启用上面这个配置项时,Spring MVC 就会启用 HiddenHttpMethodFilter 过滤器,这个过滤器会拦截 HTTP 的 POST 请求,并且根据名称为 _method 的参数值,将请求转换为 HTTP 的 PUT、PATCH 和 DELETE 等请求。

11.2.3　使用@RestController

由于现在前端分离趋势的影响,所以使用 JSON 进行前后端交互已经十分普遍。如果每个方法都加入@ResponseBody 才能将数据模型转换为 JSON 数据集，显然有些冗余。Spring MVC 还存在一个注解@RestController，通过它可以将控制器返回的对象默认转化为 JSON 数据集，例如，代码清单 11-19 就是这样的。

代码清单 11-19　使用@RestController

```
package com.learn.chapter11.controller;

/**** imports ****/
@RestController // 方法默认使用 JSON 视图
public class UserController2 {
    // 用户服务接口
    @Autowired
    private UserService userService = null;

    // 类标注了@RestController，这样就直接返回字符串，不再定位视图
    @GetMapping(value = "/name2")
    public String name() {
        // 此时不再映射视图
        return "user/index";
    }

    // 映射 Thymeleaf 视图，通过 ModelAndView 设置视图名称来定位视图
    @GetMapping(value = "/index2")
    public ModelAndView index() {
        var mv = new ModelAndView("user/index");
        return mv;
    }

    // 获取用户，不再需要标注@ResponseBody，默认转换为 JSON 数据集
    @GetMapping(value = "/user2/{id}")
    public UserVo getUser(@PathVariable("id") Long id) {
        var user = userService.getUser(id);
        return UserVo.changeToVo(user);
    }
}
```

上述代码采用注解@RestController 标注了类，这样就是一个 REST 风格的控制器。上述代码中存在以下 3 个方法。

- **name()方法**：直接返回一个字符串，但是需要注意，它将不会映射到 Thymeleaf 视图中，请求它也只会得到一个字符串。
- **index()方法**：通过 ModelAndView 设置视图名称，然后返回 ModelAndView 对象，该对象会经过视图解析器定位到对应的视图中。
- **getUser()方法**：该方法没有标注@ResponseBody，但是由于类标注了@RestController，因此默认情况下，返回的对象会自动转换为 JSON 数据集。

11.2.4　渲染结果

在代码清单 11-19 中，由于使用了@RestConrtoller，因此可以看到将请求直接返回字符串或者映射到视图，抑或将数据模型直接转换为 JSON 数据集来向客户端展示。在流程中可能存在以下两种返回数据表现。

- 第一种：控制器返回的对象被 HttpMessageConverter 接口的实现类拦截，直接转换为结果。例如，对于 name()方法，直接用 StringHttpMessageConverter 将返回的对象转换为字符串。而对于 getUser()方法，直接用 MappingJackson2HttpMessageConverter 将返回的对象转换为 JSON 数据集。此时并不需要视图解析器渲染视图。
- 第二种：类似于 index()方法，使用 ModelAndView 捆绑视图，然后让后面的视图解析器进行处理。

此外，在@RequestMapping、@GetMapping 等注解中还存在 consumes 和 produces 两个属性。其中 consumes 表示的是限制该方法接收什么类型的请求体，produces 表示的是限定返回的媒体类型，仅当 request 请求头中的接受（Accept）类型中包含该指定类型时才返回。例如，如果只希望返回一个用户名字符串，而不是 JSON 数据集或者 JSP，可以在 UserController2 添加代码清单 11-20 所示的方法。

代码清单 11-20　使用字符串作为 REST 风格的表示层

```
@GetMapping(value="/user2/name/{id}",
    // 接收任意媒体类型的请求体
    Consumes = MediaType.ALL_VALUE,
    // 限定返回的媒体类型为普通文本
    Produces = MediaType.TEXT_PLAIN_VALUE)
public String getUserName(@PathVariable("id") Long id) {
    var user = userService.getUser(id);
    // 返回字符
    return user.getUserName();
}
```

getUserName()方法标注了注解@GetMapping，它的配置项 Consumes 声明为接收任意媒体类型（MediaType.ALL_VALUE）的请求体，而返回结果则通过配置项 Produces 声明为普通文本类型（MediaType.TEXT_PLAIN_VALUE），这样该方法就会被 StringHttpMessageConverter 拦截，直接把方法返回的用户名以字符串文本的形式向用户展示。

对于 HttpMessageConverter 机制没有处理的数据模型，按 Spring MVC 的流程，它会流转到视图解析器，正如代码清单 11-19 中可以看到使用了 ModelAndView。在 Spring 对 REST 风格的支持中，还会提供协商视图解析器——ContentNegotiatingViewResolver，它是一个中介，当找不到 HttpMessageConverter 来解析控制器返回的对象时，就会流转到它那里，这样它就会对返回的结果进行解析。例如，返回的是 ModelAndView，则 ContentNegotiatingViewResolver 会处理这个 ModelAndView，首先是解析这个视图的类型，然后根据其返回，找到最好的视图解析器去处理。代码清单 11-19 中的 index()方法会找到 ThymeleafViewResolver 进行处理，进而找到对应的视图进行渲染。实际上 Spring Boot 已经内置了以下视图解析器。

- **BeanNameViewResolver**：通过 Bean 的名称来定位视图。
- **ViewResolverComposite**：视图解析器组合。
- **InternalResourceViewResolver**：逻辑视图解析器，定位 JSTL[①]视图。
- **ThymeleafViewResolver**：配置依赖 spring-boot-starter-thymeleaf 后自动内置，ThymeleafViewResolver 会通过视图名称来定位 Thymeleaf 视图。

---

① JSP 标准标签库（JSP standard tag library，JSTL）。

一般来说，使用这些视图解析器就可以得到想要的视图，Thymeleaf 模板使用 ModelAndView 给出视图名称后，通过视图解析器（ThymeleafViewResolver）即可找到视图进行渲染。

11.2.5 处理 HTTP 状态码、响应头和异常

本章之前的内容只讨论了能够找到数据的资源处理，而没有讨论找不到资源或者发生异常时应当如何处理。当找不到资源或者处理逻辑发生异常时，需要考虑返回给客户端的 HTTP 状态码和错误消息的问题。为了简化开发，Spring 提供了实体封装类 ResponseEntity 和注解@ResponseStatus。ResponseEntity 可以有效封装状态码和错误消息，@ResponseStatus 可以给客户端配置指定的响应状态码。

在大部分情况下，后台请求成功后会返回一个 200 状态码，表示请求成功。但是有时候这样做还不够具体，例如，新增了用户，使用 200 状态码固然没错，但使用 201 状态码会更加具体一些，因为 201 状态码表示新增资源成功，200 只表示请求成功。这时就可以使用 ResponseEntity 类或者@ResponseStatus 来标识本次请求的状态码。除了可以在 HTTP 响应头中加入属性响应状态码，还可以给响应头加入属性来提供成功或者失败的消息。下面修改插入用户的方法，将状态码修改为 201，并且插入响应头的属性来标识这次请求的结果，如代码清单 11-21 所示。

代码清单 11-21　使用状态码（UserController2）

```
@PostMapping(value = "/user2/entity")
public ResponseEntity<UserVo> insertUserEntity(
        @RequestBody UserVo userVo) {
    var user = UserVo.changeToPo(userVo);
    userService.insertUser(user);
    var result = UserVo.changeToVo(user);
    var headers = new HttpHeaders();
    var success = (result == null || result.getId() == null)? "false" : "true";
    // 设置响应头，这是比较常用的方式
    headers.add("success", success);
    // 下面使用列表（List）方式，不常用
    // headers.put("success", List.of(success));
    // 返回创建成功的状态码
    return new ResponseEntity(result, headers, HttpStatus.CREATED);
}

@PostMapping(value = "/user2/annotation")
// 指定状态码为 201（资源创建成功）
@ResponseStatus(HttpStatus.CREATED)
public UserVo insertUserAnnotation(@RequestBody UserVo userVo) {
    var user = UserVo.changeToPo(userVo);
    userService.insertUser(user);
    var result = UserVo.changeToVo(user);
    return result;
}
```

在上述代码中，insertUserEntity()方法定义返回为一个 ResponseEntity<UserVo>的对象，还生成了响应头（HttpHeaders 对象），并且添加了属性 success 来表示请求是否成功，在最后返回的时刻生成了一个 ResponseEntity<UserVo>对象，将查询到的用户对象和响应头进行捆绑，并且指定状态码为 201（资源创建成功）。insertUserAnnotation()方法则使用注解@ResponseStatus 将 HTTP 的响应状态码

标注为 201（资源创建成功），在方法正常返回时 Spring 就会将响应状态码设置为 201。我们可以开发一段 JavaScript 脚本来测试上述代码，如代码清单 11-22 所示。

代码清单 11-22　测试请求响应状态码（/static/js/restful.js）

```javascript
function postStatus() {
   // 组织为 JSON 数据集
   let user = {
      "userName": "userName_new",
      "sexId": 1,
      "note": "note_new"
   };
   // Ajax 异步请求
   axios({
      method: "POST", // POST 请求
      url: "./user2/entity", // 请求路径
      // url: "./user2/annotation"
      data: JSON.stringify(user), // 转化为字符串
      headers: { // 设置请求体为 JSON 数据类型
         'Content-Type': 'application/json;charset=UTF-8'
      }
   }).then(resp => {
      // 请求响应结果
      let result = resp.data;
      let success = resp.headers.get("success");
      let status = resp.status;
      alert("响应头："+success+"\n"
         +"HTTP 响应状态" + status +"\n"
         +"响应消息:" + JSON.stringify(result))
   })
}
```

有了这段脚本，启动 Spring Boot 后使用它进行测试，能够看到图 11-1 所示的结果。

从图 11-1 可以看出，请求已经成功，并且通过 JavaScript 脚本获取了 HTTP 的响应头和响应状态码 201（资源创建成功）。

有时候会出现一些异常。例如，按照用户编号（id）查找用户，可能查找不到数据，这个时候就不能按照正常返回去处理了，又或者在运行的过程中产生了异常，这也是需要我们进行处理的。回到 10.10.4 节曾经讲解过的注解@ControllerAdvice

图 11-1　测试请求响应头属性和响应状态码

和注解@ExceptionHandler，其中注解@ControllerAdvice 用来定义控制器通知，@ExceptionHandler 则用来指定异常的处理方法。利用这些知识就能够处理异常了，不过在此之前先定义查找失败异常，如代码清单 11-23 所示。

代码清单 11-23　定义查找失败异常

```java
package com.learn.chapter11.exception;

public class NotFoundException extends RuntimeException {
```

```
    private static final long serialVersionUID = 7034896379745766939L;
    // 异常编码
    private Long code;
    // 异常自定义信息
    private String customMsg;

    public NotFoundException() {
    }

    public NotFoundException(Long code, String customMsg) {
        super();
        this.code = code;
        this.customMsg = customMsg;
    }

    /**** setters and getters ****/
}
```

上述代码自定义了异常类，它继承了 RuntimeException，可以在找不到用户的时刻抛出该异常。而在控制器抛出异常后，则可以在 REST 风格控制器通知（@RestControllerAdvice）中来处理这些异常，这个时候就需要使用注解@ExceptionHandler 了。Spring Boot 早已准备好了 BasicErrorController 对象来处理发生的异常，不过并不是很友好，有时候你可能希望得到友好的页面，这就需要自定义控制器通知了。下面定义一个自定义的控制器通知，如代码清单 11-24 所示。

代码清单 11-24　定义控制器通知来处理异常

```
package com.learn.chapter11.exception;
/**** imports ****/
// REST 风格控制器通知
@RestControllerAdvice(
    // 指定拦截包的控制器
    basePackages = { "com.learn.chapter11.controller.*" },
    // 限定被标注为@Controller 或者@RestController 的类才被拦截
    annotations = {Controller.class, RestController.class})
public class UserControllerAdvice {

    // 异常处理，可以定义异常类型进行拦截处理
    @ExceptionHandler(value = NotFoundException.class)
    // 定义为服务器错误状态码（500）
    @ResponseStatus(HttpStatus.INTERNAL_SERVER_ERROR)
    public Map<String, Object> exception(HttpServletRequest request,
                                NotFoundException ex) {
        var msgMap = new HashMap<String, Object>();
        // 获取异常信息
        msgMap.put("code", ex.getCode());
        msgMap.put("message", ex.getCustomMsg());
        return msgMap;
    }
}
```

上述代码使用注解@RestControllerAdvice 来标注类，说明在定义一个 REST 风格控制器通知。配置了它拦截的包，限定了拦截的那些被标注为注解@Controller 和@RestController 的控制器，按照其定义就能够拦截本章开发的控制器（UserController 和 UserController2）了。上述代码中的@ExceptionHandler 定义了拦截 NotFoundException 的异常，@ResponseStatus 定义了状态码为 500（服务器内部错误），这

样就会把这个状态码传达给请求者。exception()方法返回一个 Map 对象，由于采用 REST 风格，因此返回的对象会转换为 JSON 数据集。

为了测试这个控制器通知对异常的处理，在用户控制器（UserController）中加入代码清单 11-25 所示的代码。

代码清单 11-25　测试控制器通知对异常的处理（UserController）

```
@GetMapping(value="/user/exp/{id}",
    // 产生 JSON 数据集
    produces = MediaType.APPLICATION_JSON_VALUE)
// 请求成功
@ResponseStatus(HttpStatus.OK)
@ResponseBody
public UserVo getUserForExp(@PathVariable("id") Long id) {
    var user = userService.getUser(id);
    // 如果找不到用户，则抛出异常，进入控制器通知
    if (user == null) {
        throw new NotFoundException(1L, "找不到用户【" + id +"】信息");
    }
    return UserVo.changeToVo(user);
}
```

对于上述代码，如果请求成功，则会返回一个 200 响应状态码；如果找不到用户，则抛出 NotFoundException 异常。一旦这个异常抛出，就会被控制器通知拦截，最终经由@ExceptionHandler 标注的方法进行处理。图 11-2 展示了找不到用户时通知的异常。

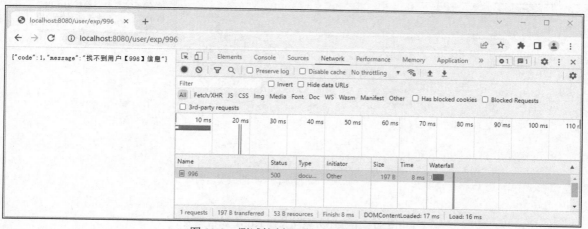

图 11-2　测试控制器通知对异常的处理

从图 11-2 可以看出，请求了编号为 996 的用户信息，这个用户信息不存在就跳转到控制器通知对应的方法里。该方法处理异常后返回错误消息，并将状态码修改为 500（服务器错误）。掌握这些知识便能够处理发生异常的请求了。

11.3　客户端请求 RestTemplate

在当今的微服务架构中，一个大系统会被拆分为多个单体系统。按照微服务应用的建议，每个

单体系统都会暴露 REST 风格的端点给其他单体系统调用。为了方便多个单体系统之间的相互调用，Spring 还提供了模板类 RestTemplate，通过它可以很方便地对 REST 请求进行单体系统之间的调用，以协作完成业务逻辑。在 Spring Cloud 中还可以进行声明式服务调用，这些会在第 16 章进行讨论，本节先讨论 RestTemplate 的使用方法。

假设要完成一个商品交易系统，显然需要由商品、财务和用户等相关模块的人员共同协作。为了简化开发的复杂度，微服务架构建议设计者按照业务维度拆分系统，这样就可以把商品、财务和用户模块分别作为一个独立的系统进行开发和维护。但是拆分系统后，我们也要考虑如何让它们之间能够相互调用，以协作完成业务需求，这就要求存在一套相互调用的机制。例如，商品交易系统希望调用商品、财务和用户模块来完成整个交易的过程。完成系统交互的方式有很多种，如 WebService、远程调用（RPC）等，但是为简易起见，微服务推荐使用 REST 风格来完成系统之间的交互，如图 11-3 所示。不过这种方式也会带来很多的问题，如在并发的过程中出现数据不一致，或者出现分布式数据库事务存在的诸多问题。虽然现今也有办法对这些问题进行处理，但也比较复杂，这已经不在本书讨论的范围之内，所以本书不再深入地讨论这些话题。

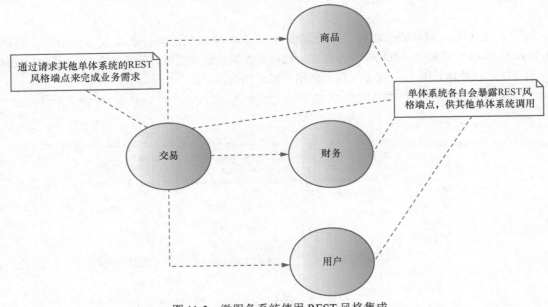

图 11-3 微服务系统使用 REST 风格集成

从图 11-3 可以看出，一个互联网微服务系统按业务维度被拆分为了商品、财务、用户和交易 4 个单体系统，它们共同构建成为一个微服务系统，并且各自暴露 REST 风格端点。为了能让交易完成，商品交易系统会使用 RestTemplate 请求各个单体系统暴露的 REST 风格端点，从而完成其业务需求。

11.3.1　使用 RestTemplate 请求后端

使用 RestTemplate 请求后端有多种方法，但是本书并不打算将所有方法一一列出，生涩地介绍它们,而是以实例的形式介绍那些最常用的场景。只要按实例多实践,相信读者就能够掌握好 RestTemplate 的使用方法。

下面从简单的场景开始,先来看如何使用 RestTemplate 获取用户信息,如代码清单 11-26 所示。

代码清单 11-26　使用 RestTemplate 执行 HTTP GET 请求

```java
package com.learn.chapter11.client;
/**** imports ****/
public class RestTemplateTest {

    public static void main(String[] args) {
        var user = getUser(1L);
        System.out.println(user.getUserName());
    }

    public static UserVo getUser(Long id) {
        // 创建 RestTemplate 对象
        var restTmpl = new RestTemplate();
        // 请求 URL,{id}表示参数占位
        var url = "http://localhost:8080/user2/{id}";
        // 请求 URI 获取结果
        var user = restTmpl.getForObject(url, UserVo.class, id);
        return user;
    }
}
```

上述代码使用 RestTemplate 执行了一次最为简单的 HTTP GET 请求。其中,getForObject()方法是需要关注的方法:第一个参数 url 表示请求服务器的什么资源,而{id}则表示参数占位;第二个参数声明为 UserVo.class,表示请求将返回 UserVo 类型的结果,而实际上服务器只会返回 JSON 类型的数据,只是 RestTemplate 内部会将其转变为 Java 对象,这样使用就很便利了;第三个参数则是 url 的参数,这里的 url 只有一个参数 id。url 是一个可变长参数,如果 url 有多个参数,只要按顺序写就可以了,只是这样做会对可读性造成一些影响。不过放心,Spring 已经考虑到了这个问题。下面对用户进行查询,涉及用户名(userName)、性别(sex)、开始行(start)和限制至多返回记录数(limit)4 个参数,如代码清单 11-27 所示。

代码清单 11-27　使用 RestTemplate 执行多参数的 HTTP GET 请求

```java
/**
 * 查询用户
 * @param userName 用户名
 * @param sex 性别
 * @param start 开始行
 * @param limit 限定至多返回记录数
 * @return 符合查询条件的用户信息
 */
public static List<Map> findUser(
        String userName, Integer sex, int start, int limit) {
    // 创建 RestTemplate 对象
    var restTmpl = new RestTemplate();
    // 使用 Map 封装多个参数,以提高可读性
    var params = new HashMap<String, Object>(); // ①
    params.put("userName", "user");
    params.put("sex", sex);
```

```
        params.put("start", start);
        params.put("limit", limit);
        // Map 的键和 URI 的参数一一对应
        var url = "http://localhost:8080/users/{userName}/{sex}/{start}/{limit}";
        // 请求后端
        var result = restTmpl.getForObject(url, List.class, params); // ②
        // 注意，这里列表内返回的元素是 Map 对象
        return result;
    }
```

代码①处创建了一个 Map 对象，用于封装参数，而 Map 的键和 URI 的参数是一致的，这样就能够将参数一一封装到 Map 中，从而有效地提高可读性。上述代码返回的是一个 List 对象，所以返回类型声明为 List，这样 RestTemplate 就会解析结果并返回数据。返回的 List 对象中，每个元素都是 Map 对象。

下面讨论新增用户的场景。因为新增用户使用的字段比较多，所以往往会采用传递 JSON 请求体（Body）的方式，需要对请求进行一定的设置才能够使用传递请求体的方式来执行 POST 请求。下面通过提交用户信息来演示如何处理请求体（Body）的问题，如代码清单 11-28 所示。

代码清单 11-28　通过 POST 请求传递 JSON 请求体（Body）

```
    /**
     * 使用 POST 请求新增用户
     * @param user 用户信息
     * @return 返回 ResultVo 对象，包含新增用户 id
     */
    public static ResultVo<Map> postUser(UserVo user) {
        var restTmpl = new RestTemplate();
        var url = "http://localhost:8080/user";
        // 发送 POST 请求：
        // 第一个参数为 url，
        // 第二个参数是请求体，自动转换为 JSON 数据集
        // 第三个参数为返回类型
        var result = restTmpl.postForObject(url, user, ResultVo.class);
        return result;
    }
```

postForObject()方法是上述代码的核心，它会将第二个参数自动转换为 JSON 请求体并发送给服务器。

接下来再执行一个 HTTP DELETE 请求，如代码清单 11-29 所示。

代码清单 11-29　使用 RestTemplate 执行 HTTP DELETE 请求

```
    // 删除用户
    public static void deleteUser(Long id) {
        // 创建 RestTemplate 对象
        var restTmpl = new RestTemplate();
        var url = "http://localhost:8080/user/{id}";
        // 发送 DELETE 请求
        restTmpl.delete(url, id);
    }
```

这个请求的执行相当简单，无须再进行更多阐述。而有时候，我们既要向 URI 传递请求头，也要传递请求体，那么该怎么办呢？为了进行测试，我们在 UserController 中添加方法，如代码清单 11-30 所示。

代码清单 11-30　带请求头和请求体的 URI（UserController）

```
@PutMapping("/user/header")
@ResponseBody
// 从请求头获取参数，从请求体获取参数
public UserVo updateUserHeader(@RequestHeader("id") Long id,
                    @RequestBody UserVo userVo) {
    var user = UserVo.changeToPo(userVo);
    user.setId(id);
    userService.updateUser(user);
    return UserVo.changeToVo(user);
}
```

上述代码中的参数 id 是从请求头获取的，而参数 userVo 则是从请求体获取的。下面我们用 RestTemplate 来请求这个方法，如代码清单 11-31 所示。

代码清单 11-31　请求带请求头和请求体的 URI

```
public static void putUser(Long id, UserVo user) {
    // 创建 RestTemplate 对象
    var restTmpl = new RestTemplate();
    // 请求路径
    var url ="http://localhost:8080/user/header";
    // 创建请求头
    var headers = new HttpHeaders();
    // 设置请求头参数
    headers.add("id", id.toString());
    // 创建请求实体，并设置请求体和请求头
    var requestEntity = new HttpEntity<UserVo>(user, headers);
    // 发送 PUT 请求，然后传递请求实体
    restTmpl.put(url, requestEntity);
}
```

加粗的代码就是我们的核心代码，先创建请求头，从而设置请求头参数；然后创建请求实体对象 HttpEntity，设置请求体和请求头；最后将请求实体通过 PUT 请求发送到后端服务器即可。PACTH 请求与 PUT 请求是接近的，这里就不再赘述了。

11.3.2　获取状态码和响应头

前文只讨论了成功获取资源的情况，有时候请求并不能保证成功地获取资源。例如，给出一个用户的 id，但是这个用户在数据库中并不存在，又如插入数据库时发生了异常，这时报错的信息就可以存储在响应头中，服务器也会返回错误的状态码。在这样的场景下获取状态码和响应头就可以辨别请求是否成功，如果发生了错误，还可以给出信息，反馈错误原因。

以代码清单 11-21 为例，在插入用户后需要将状态码和响应头返回给客户端，这时可以通过服务器的状态码或响应头判定请求是否成功。代码清单 11-32 演示了这个过程。

代码清单 11-32　获取服务器状态码和响应头属性

```
public static UserVo postUser2(UserVo user) {
    // 创建 RestTemplate 对象
    var restTmpl = new RestTemplate();
    // 请求路径
    var url ="http://localhost:8080/user2/annotation";
    // 发送 POST 请求，返回响应实体对象 ResponseEntity
```

```
var result = restTmpl.postForEntity(url, user, UserVo.class); // ①
// 获取状态码
var stateCode = result.getStatusCodeValue();
// 获取响应头
var headers = result.getHeaders();
// 获取响应体，返回
return result.getBody();
}
```

上述代码使用了 RestTemplate 的 postForEntity()方法，它将会返回一个响应实体对象 ResponseEntity，这个对象包含服务器返回的状态码（stateCode）、响应头（headers）响应体（Body），这些获取方法已经在代码中加粗，请读者留意。在请求不到资源时，服务器端往往会通过 RestTemplate 对象向客户端展示结果。

11.3.3 定制请求体和响应类型

代码清单 11-27 返回的 List 对象的元素都是 Map 对象，那么有没有办法让它返回 UserVo 类型呢？答案是肯定的，我们可以考虑使用自定义转换规则。为了更好地处理 JSON 数据集，我们可以使用阿里巴巴提供的 fastjson2，首先在 Maven 中引入：

```xml
<dependency>
    <groupId>com.alibaba.fastjson2</groupId>
    <artifactId>fastjson2</artifactId>
    <version>2.0.19</version>
</dependency>
```

这样就引入了 fastjson2，接下来我们来编写代码来达到定制返回类型的目的，如代码清单 11-33 所示。

代码清单 11-33　使用响应提取器定制响应返回（1）

```java
public static List<UserVo> findUser2(
        String userName, Integer sex, int start, int limit) {
    // 创建 RestTemplate 对象
    var restTmpl = new RestTemplate();
    // 使用 Map 封装多个参数，以提高可读性
    var params = new HashMap<String, Object>();
    params.put("userName", "user");
    params.put("sex", sex);
    params.put("start", start);
    params.put("limit", limit);
    // Map 的键和 URI 的参数一一对应
    var url = "http://localhost:8080/users/{userName}/{sex}/{start}/{limit}";
    // 创建响应提取器
    ResponseExtractor<List<UserVo>> respExtractor = response -> { // ①
        // 获取响应体（JSON 数据集）
        var bodyJson = new String(response.getBody().readAllBytes());
        // 绑定为 fastjson2 的 JSONArray 对象
        var jsonArray = JSONArray.parseArray(bodyJson);
        // 数据转换
        var userList = jsonArray.toJavaList(UserVo.class);
        return userList;
    };
    // HTTP GET 请求后端
```

```
        var result = restTmpl.execute(url, HttpMethod.GET, null, respExtractor, params);// ②
        return result;
}
```

代码①处使用 Lambda 表达式创建了响应提取器（ResponseExtractor），它的作用在于允许我们定制返回结果类型。首先获取响应体，然后通过 JSONArray 将其转换为泛型 List<UserVo>，这样就能达到我们的目的了。代码②处则将响应提取器传递到后端，使用 RestTemplate 将得到的结果转换为定制的类型。

代码清单 11-28 中，请求体要求是 JSON 数据集，返回的泛型是 ResultVo<Map>，那么有没有办法在传递 JSON 数据集的同时，也将结果转换为 ResultVo<User>呢？答案是肯定的，下面使用代码清单 11-34 实现这个功能。

代码清单 11-34　使用响应提取器定制响应返回（2）
```java
public static ResultVo<UserVo> postUser3(UserVo user) {
    var restTmpl = new RestTemplate();
    var url = "http://localhost:8080/user";
    // 请求对象回调
    RequestCallback reqCallback = request -> { // ①
        // 设置请求体类型为 JSON
        request.getHeaders().add("Content-Type", "application/json;charset=UTF-8");
        // 请求体
        var body = JSON.toJSON(user).toString();
        // 写入请求体
        request.getBody().write(body.getBytes());
    };
    // 创建响应提取器
    ResponseExtractor<ResultVo<UserVo>> respExtractor = response -> { // ②
        // 获取响应体（JSON 数据类型）
        var bodyJson = new String(response.getBody().readAllBytes());
        // 绑定为 fastjson2 的 JSONObject 对象
        var jsonObj = JSONObject.parseObject(bodyJson);
        // 将 JSON 中的 "data" 转换为 UserVo 对象
        var userVo = jsonObj.getJSONObject("data").to(UserVo.class);
        // 整体转换为 JSON
        var result = JSONObject.parseObject(bodyJson, ResultVo.class);
        // 设计数据为 UserVo 对象
        result.setData(userVo);
        return result;
    };
    var result = restTmpl.execute(
            url, HttpMethod.POST, reqCallback, respExtractor, ResultVo.class); // ③
    return result;
}
```

代码①处使用 Lambda 表达式创建了请求回调对象（RequestCallback），使用它将请求体的类型设置为 JSON，然后将请求体写入，这样就能传递请求体。代码②处使用 Lambda 表达式创建 ResponseExtractor 对象，先获取请求得到的响应体，然后将响应体与 fastjson2 的 JSONObject 绑定，并且将其转换为泛型 ResultVo<UserVo>。代码③处则调用 POST 请求，使用 RequestCallback 对象设置请求类型、发送请求体，并使用 ResponseExtractor 对象处理响应结果，这样就能将响应体转换为泛型 ResultVo<UserVo>了。

第 12 章

安全——Spring Security

第 11 章谈到了 REST 风格，这是构建微服务架构常见的服务调用方案。但是对于请求，还需要考虑安全性的问题。例如，一些重要的操作和请求需要用户验明身份后才可以进行；有时候，可能需要与第三方公司合作，存在系统之间的交互，也需要验证合作方身份后才能提供访问。这样做的意义在于保护自己的网站安全以及用户的资金安全等，避免一些恶意攻击导致数据和服务的不安全。在互联网的世界里存在太多的恶意攻击，保证自己的网站和用户的安全是十分必要的。

为了提供安全的机制，Spring 提供了安全框架 Spring Security，它是一个能够基于 Spring 生态圈来提供安全访问控制解决方案的框架。它提供了一组可以在 Spring 应用上下文中配置的机制，充分利用了 Spring 的强大特性，为应用系统提供声明式的安全访问控制功能，减少了为企业系统安全控制编写大量重复代码的工作。

为了使用 Spring Security，需要在 Maven 配置文件中引入对应的依赖，如代码清单 12-1 所示。

代码清单 12-1　引入 Spring Security 依赖

```
<dependency>
    <groupId>org.springframework.boot</groupId>
    <artifactId>spring-boot-starter-security</artifactId>
</dependency>
```

这样项目就能够把 Spring Security 的依赖包加载进来。下面开始对 Spring Security 的介绍。

12.1　概述和简单安全验证

在 Java Web 工程中，一般使用 Servlet 过滤器（Filter）对请求进行拦截，然后过滤器通过自己的验证逻辑来决定是否放行请求。同样，Spring Security 也是基于这个原理，在进入 DispatcherServlet 前就可以对 Spring MVC 的请求进行拦截，然后通过一定的验证来决定是否放行请求访问系统。

Spring Security 提供了过滤器类 DelegatingFilterProxy，使用它来实现对请求的拦截，并提供各种关于安全的组件。在传统的 Web 工程中，可以使用 web.xml 配置过滤器，但是因为 Spring Boot 推荐的是全注解的方式，所以本书不再介绍使用 web.xml 的方式。使用 Spring Boot，只需在 Maven 中添加代码清单 12-1 所示的代码片段便可以依赖 Spring Security，并自动启动。

为了后续学习的方便，本节稍微讨论一下 Spring Security 的原理。一旦启动了 Spring Security，IoC 容器就会创建一个名称为 springSecurityFilterChain 的 Bean。springSecurityFilterChain 的类型为 FilterChainProxy，事实上它也实现了 Filter 接口，只是它是一个特殊的拦截器。Spring Security 内部提供了 Servlet 过滤器——DelegatingFilterProxy，它会通过 IoC 容器获取名称为 springSecurityFilterChain、类型为 FilterChainProxy 的 Bean，这个 Bean 存在一个拦截器列表（List），列表中存在用户验证的拦截器、跨站点请求伪造等拦截器，这样就可以提供多种拦截功能。于是焦点又落到了 FilterChainProxy 对象上，通过它还可以注册 Filter，也就是允许注册自定义的 Filter 来实现对应的拦截逻辑，以满足不同的需要。当然，Spring Security 也实现了大部分常用的安全功能，并提供了相应的机制来简化开发者的工作，因此大部分情况下并不需要自定义开发，使用它提供的机制即可。本章的主要内容是讲解如何用 Spring Security 提供的机制来构建安全网站。

12.1.1 使用用户密码登录系统

虽然上面的论述有点生涩，但是使用经过封装的 Spring Security 还是比较容易的。在旧版本的 Spring Boot 的 Web 工程中，可以使用@EnableWebSecurity 来驱动 Spring Security；而在非 Web 工程中可以使用@EnableGlobalAuthentication 来驱动 Spring Security。其实，@EnableWebSecurity 中已经标注了@EnableGlobalAuthentication 并添加了许多 Web 特性。在 Spring Boot 3.0.0 以上的版本中的 Web 工程中，只要在 Maven 中加入代码清单 12-1 所示的代码片段，就会自动启动 Spring Security。运行应用后，可以看到类似如下随机生成密码的日志（注意，日志级别为 INFO 及以下才能看到）：

```
Using generated security password: bffff73b-d49a-4c32-b27f-ef3fef2e22e5
```

上述加粗的密码是随机生成的，也就是说每次启动密码不一样。下面我们不妨请求一次 URL，很快就可以看到如图 12-1 所示的登录页面。

在图 12-1 所示的文本框输入用户名（Username）user，密码为日志打印的随机密码，然后点击 Sign in（登录）按钮，就能够跳转到请求路径，登录后的页面如图 12-2 所示。

图 12-1　登录页面

图 12-2　登录后的页面

显然登录成功了，但是也暴露了以下问题：

- 每次启动都会造成密码的不同，导致客户每次都需要输入不同的密码，不是太方便；
- 用户只能使用 user 这一用户名，不够多样化，无法构建不同用户的不同权限；
- 不能自定义验证的方法，但有些企业需要拥有自己的验证方式和策略；
- 登录页面不能自定义，界面不美观；

- 不能自定义哪些请求需要安全验证，哪些请求可以不进行安全验证；
......

关于这些问题，本章会逐一解决。

12.1.2　Spring Security 的配置项

Spring Boot 的自动配置机制允许开发者很快速地修改用户名和密码。例如，在 application.properties 文件中加入代码清单 12-2 所示的配置。

代码清单 12-2　在 application.properties 中配置用户名和密码

```
#自定义用户名和密码
spring.security.user.name=myuser
spring.security.user.password=123456
```

使用上述代码就可以自定义用户名和密码了，不需要再随机生成密码，这里配置使用用户名 myuser 和密码 123456 登录系统。除这些配置外，Spring Boot 还支持代码清单 12-3 列明的配置项。

代码清单 12-3　Spring Boot 对 Spring Security 支持的配置项

```
# SECURITY (SecurityProperties)
# Spring Security 过滤器排序
spring.security.filter.order=-100
# 安全过滤器责任链拦截的分发类型
spring.security.filter.dispatcher-types=async,error,request
# 用户名，默认值为 user
spring.security.user.name=user
# 密码
spring.security.user.password=
# 角色
spring.security.user.roles=
```

以上就是 Spring Boot 对 Spring Security 支持的配置项。在实际的开发中，大部分配置项无须进行配置，开发者只需要配置少量的内容。更多时候，在实际的开发中，开发者会选择自定义用户的角色和权限等配置项，简单配置的方案就不再深入讨论了。为了实现自定义的功能，开发者还需要进一步地学习 Spring Security 的机制。

12.1.3　开发 Spring Security 的主要的类

旧版本的 Spring Security 使用接口 WebSecurityConfigurer 来配置各类拦截器，以实现对配置用户、权限和资源的安全访问。但是现今 Spring Boot 3.x 已经不再使用这个接口了，主要通过创建 UserDetailsService、SecurityFilterChain 和 WebSecurityCustomizer 这 3 个类实例来实现 Spring Security 的功能。这 3 个类实例的作用如下。

- **UserDetailsService**：主要用于定义登录用户的信息。
- **SecurityFilterChain**：过滤器拦截链，它是 Spring Security 的核心，可以提供登录、登出和其他安全的功能。
- **WebSecurityCustomizer**：主要用于配置资源的访问，例如可以配置 Spring Security 不去拦截 CSS 样式文件、图片、JavaScript 文件、开放的目录和其他的一些文件等。

在使用上，我们只需要创建这些类实例，然后装配到 IoC 容器中，Spring Security 就会自动发现

12.2 使用 UserDetailsService 接口定制用户信息

在 Spring Security 中，用户信息的获取是交给 UserDetailsService 接口完成的。UserDetailsService 接口只是定义了一个方法，其源码如代码清单 12-4 所示。

代码清单 12-4　UserDetailsService 接口
```
package org.springframework.security.core.userdetails;
/***** imports ****/
public interface UserDetailsService {

    /**
     * 定义获取用户信息的方法
     * @param username 用户名
     * @return 用户详情（UserDetails），包含用户名、密码和权限
     * @throws UsernameNotFoundException
     */
    UserDetails loadUserByUsername(String username) throws UsernameNotFoundException;

}
```

这个接口只有一个方法，比较简单，Spring Security 还提供了许多它的实现类，如图 12-3 所示。

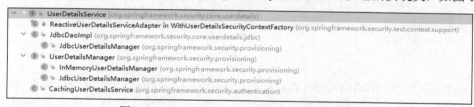

图 12-3　UserDetailsService 接口以及其实现类

如果只是简单地使用用户信息，一般来说，我们可以使用 InMemoryUserDetailsManager 或者 JdbcUserDetailsManager 这两个实现类，其中：

- **InMemoryUserDetailsManager** 将用户详情保存到内存当中；
- **JdbcUserDetailsManager** 从数据库中读取用户详情。

下面我们对定制用户信息进行详细讨论。

12.2.1　使用内存保存用户信息

InMemoryUserDetailsManager 会将用户详情保存到内存中，因此适用于那些较少的用户数据，它会将用户信息保存到内存中。InMemoryUserDetailsManager 的用法也比较简单，如代码清单 12-5 所示。

代码清单 12-5　通过 InMemoryUserDetailsManager 定制用户信息
```
package com.learn.chapter12.security;
/**** imports ****/
@Configuration
public class WebSecurityCustomConfig {
```

```
/**
 * 创建密码编码器
 * @return 创建密码编码器
 */
@Bean
public PasswordEncoder initPasswordEncoder() { // ①
    return new BCryptPasswordEncoder();
}

/**
 * 使用内存用户信息服务，设置登录用户名、密码和角色权限
 * @return 内存用户信息服务
 */
@Bean
public UserDetailsService initInMemoryUserDetailsService(
        @Autowired PasswordEncoder pwdEncoder) { // ②
    // 用户权限
    GrantedAuthority userAuth = () -> "ROLE_USER";
    // 管理员权限
    GrantedAuthority adminAuth = () -> "ROLE_ADMIN";
    // 创建用户列表
    List<UserDetails> userList = List.of( // ③
        // 创建普通用户
        new User("user1", pwdEncoder.encode("123456"), List.of(userAuth)),
        // 创建管理员用户，赋予多个角色权限
        new User("admin", pwdEncoder.encode("abcdefg"), List.of(userAuth, adminAuth))
    );
    var result =  new InMemoryUserDetailsManager(userList); // ④
    return result;
}
```

代码①处创建了一个密码编码器（PasswordEncoder），在 Spring Security 中这是必须的，否则将会出错。代码②处将密码编码器注入方法的参数中，用于后续的密码加密。代码③处创建了多个用户详情（UserDetails），UserDetails 包含用户名、加密后的密码和角色权限。代码④处创建了 InMemoryUserDetailsManager 对象，并将用户列表传递给它，这样就可以注册用户了。注意，initPasswordEncoder()和 initInMemoryUserDetailsService()这两个方法都标注了@Bean，这样 Spring 会把它们装配到 IoC 容器中，Spring Security 将自动识别它们，并将它们运用在 Spring Security 中。

12.2.2　从数据库中读取用户信息

使用 JdbcUserDetailsManager 可以将用户信息保存到数据库中。为此我们首先需要新建数据库权限表，如代码清单 12-6 所示。

代码清单 12-6　创建数据库权限表

```sql
/**角色表**/
create table t_role(
   id       int(12) not null auto_increment,
   role_name varchar(60) not null,
   note     varchar(256),
   primary key (id)
);
```

12.2 使用 UserDetailsService 接口定制用户信息

```sql
/**用户表**/
create table t_user(
    id          int(12) not null auto_increment,
    user_name varchar(60) not null,
    pwd         varchar(256) not null,
    /**是否可用，1 表示可用，0 表示不可用**/
    available INT(1) DEFAULT 1 CHECK(available IN (0, 1)),
    note        varchar(256),
    primary key (id),
    unique(user_name)
);

/**用户角色表**/
create table t_user_role (
    id       int(12) not null auto_increment,
    role_id int(12) not null,
    user_id int(12) not null,
    primary key (id),
    unique(role_id, user_id)
);

/**外键约束**/
alter table t_user_role add constraint FK_Reference_1 foreign key
(role_id) references t_role (id) on delete restrict on update restrict;
alter table t_user_role add constraint FK_Reference_2 foreign key
(user_id) references t_user (id) on delete restrict on update restrict;
```

有了上述的表，再通过配置数据源（参见 5.1 节），就可以创建 JdbcUserDetailsManager 实例了，如代码清单 12-7 所示。

代码清单 12-7　使用 JdbcUserDetailsManager 实例读取用户详情

```java
@Bean
public UserDetailsService initUserDetailsService(
        @Autowired JdbcTemplate jdbcTemplate) {
    // 使用用户名查询密码
    var userSql = """
        select user_name, pwd, available
        from t_user where user_name = ?
        """;
    // 使用用户名查询权限信息
    var authSql = """
        select u.user_name, r.role_name
        from t_user u, t_user_role ur, t_role r
        where u.id = ur.user_id and r.id = ur.role_id
        and u.user_name = ?
        """ ;
    // 创建数据库用户详情管理
    var userDetailsService = new JdbcUserDetailsManager(); // ①
    // 设置查询用户信息的 SQL 语句
    userDetailsService.setUsersByUsernameQuery(userSql); // ②
    // 设置查询角色和权限的 SQL 语句
    userDetailsService.setAuthoritiesByUsernameQuery(authSql); // ③
    // 设置 JdbcTemplate
    userDetailsService.setJdbcTemplate(jdbcTemplate);
    return userDetailsService;
}
```

代码①处创建 JdbcUserDetailsManager 实例，代码②处设置查询用户信息的 SQL 语句，而代码③处则设置角色和权限的 SQL 语句，这样 JdbcUserDetailsManager 实例就能从数据库中读取数据了。在运行代码清单 12-7 所示的代码段时，我们需要将代码清单 12-5 标注在 initInMemoryUserDetailsService()方法上的@Bean 删除或者注释掉，因为 Spring Security 不可以同时装配两个 UserDetailsService 对象。

12.2.3 使用自定义 UserDetailsService 对象

前文的 InMemoryUserDetailsManager 和 JdbcUserDetailsManager 都是 Spring Security 提供的接口，当我们需要自定义用户验证时，自定义 UserDetailsService 对象即可。下面我们来开发一个自定义 UserDetailsService，如代码清单 12-8 所示。

代码清单 12-8 自定义 UserDetailsService

```java
// 自定义用户详情服务
@Bean
public UserDetailsService initUserDetailsService(@Autowired UserService userService) {
    return username ->{ // 使用 Lambda 表达式
        // 获取数据库用户信息
        var userPo = userService.getUser(username);
        // 角色权限列表
        var authList = new ArrayList<GrantedAuthority>();
        // 转换为权限列表
        for (var role : userPo.getRoleList()) {
            GrantedAuthority auth = ()->role.getRoleName();
            authList.add(auth);
        }
        // 创建用户详情
        var userDetails = new User(userPo.getUserName(), userPo.getPwd(), authList);
        return userDetails;
    };
}
```

上述代码假设参数使用的是自定义的用户服务类 UserService，将它注入进来，然后获取用户名、密码和角色权限来创建 UserDetailsService 对象。主要的思路是注入自己的用户服务类，然后将通过服务类返回的结果转变为 UserDetails 对象并返回，也比较简单。

12.2.4 密码编码器

在 Spring Security 中，密码编码器（PasswordEncoder）是必须使用的，我们只需要创建它，并将其装配到 IoC 容器内，Spring Security 就会自动发现和使用它。12.2.1 节使用 BCryptPasswordEncoder 来加密密码，它是一种不可逆的加密方法。不过这样做并不能避免用户使用简单密码来注册用户，如 123456、abcdefg 等。为了保障安全性，我们还可以使用带有阴钥的加密算法，在 Spring Security 中最常见的就是 Pbkdf2PasswordEncoder 密码编码器，为此我们改造代码清单 12-5 中的 initPasswordEncoder()方法，如代码清单 12-9 所示。

代码清单 12-9 使用 Pbkdf2PasswordEncoder 加密密码

```java
/**
 * 创建 Pbkdf2PasswordEncoder 密码编码器
 * @return Pbkdf2PasswordEncoder 密码编码器
 */
```

```
@Bean
public PasswordEncoder initPasswordEncoder(
        @Value("${user.password.encoder.secret}") String secret) { // ①
    // 密码编码器
    return new Pbkdf2PasswordEncoder(secret, 16, 310000,
            Pbkdf2PasswordEncoder.SecretKeyFactoryAlgorithm.PBKDF2WithHmacSHA512); // ②
}
```

从代码①处可以看到，阴钥参数是从属性文件加载进来的，为此可以在 application.properties 中添加配置：

```
user.password.encoder.secret=mysecret
```

这样就配置好了阴钥。使用阴钥进行加密可以大大提高安全等级，毕竟即便拿到了平台密码的密文，只要拿不到阴钥就无法对密文进行破解和匹配。代码②处创建了 Pbkdf2PasswordEncoder 对象，最后将其返回并装配到 IoC 容器中。

12.3　限制请求

前文只是验证了用户，并且给用户赋予了不同的角色，但对不同的角色而言，其访问的权限也是不一样的。例如，一个网站可能存在管理员用户和普通用户，管理员用户拥有的权限比普通用户要大得多，所以除了对用户赋予登录权限，还需要对不同的角色赋予不同的访问权限，权限功能通过安全过滤器拦截链（SecurityFilterChain）完成。默认情况下，Spring Boot 会自动生成 SecurityFilterChain 对象，这个对象由 SpringBootWebSecurityConfiguration 的静态类 SecurityFilterChainConfiguration 创建，如代码清单 12-10 所示。

代码清单 12-10　Spring Boot 提供的默认 SecurityFilterChain 对象

```
// 创建拦截链
@Bean
@Order(SecurityProperties.BASIC_AUTH_ORDER)
// HttpSecurity 对象为参数，Spring Security 会自动生成它，用于配置 SecurityFilterChain
SecurityFilterChain defaultSecurityFilterChain(HttpSecurity http) throws Exception {
    // 验证成功后放行所有请求
    http.authorizeHttpRequests().anyRequest().authenticated();
    // 使用 Spring Security 的默认登录页面
    http.formLogin();
    // 启用浏览器的 HTTP 基础验证方式
    http.httpBasic();
    // 创建 SecurityFilterChain 对象并返回
    return http.build();
}
```

从上述源码可以看出，通过用户验证后，用户便可以访问所有请求地址。formLogin()方法配置了使用 Spring Security 的默认登录页面，httpBasic()方法启用了浏览器的 HTTP 基础验证方式。因此，在默认的情况下，只要登录了用户，一切的请求就会畅通无阻了，但这往往不是我们真实的需求，毕竟不同的用户有着不同的角色，有时候我们需要根据角色赋予访问权限。在很多时候开发者需要自己创建 SecurityFilterChain 实例，让不同的角色拥有不同的权限。为了更好地验证权限，新增 3 个控制器以进行测试，如代码清单 12-11 所示。

代码清单 12-11　用于测试 Spring Security 的 3 个控制器

```java
/**** 公共控制器 ****/
package com.learn.chapter12.controller;
/**** imports ****/
@RestController
@RequestMapping("/community")
public class CommunityController {
    @GetMapping("/message")
    public String message() {
        return "可匿名访问";
    }
}

/**** 管理员控制器 ****/
package com.learn.chapter12.controller;
/**** imports ****/
@RestController
@RequestMapping("/admin")
public class AdminController {
    @GetMapping("/message")
    public String message() {
        return "管理员权限";
    }
}

/**** 用户控制器 ****/
package com.learn.chapter12.controller;
/**** imports ****/
@RestController
@RequestMapping("/user")
public class UserController {
    @GetMapping("/message")
    public String message() {
        return "用户权限访问。";
    }
}
```

上述 3 个控制器的请求权限不同：CommunityController 的权限是不登录也能访问；AdminController 的权限是只有管理员用户（ROLE_ADMIN）才能访问；UserController 的权限是普通用户（ROLE_USER）和管理员用户（ROLE_ADMIN）都可以访问。下面我们使用 Spring Security 来实现这些权限限制。

12.3.1　配置请求路径访问权限

新增了控制器后，我们使用 Spring Security 来配置各类权限。Spring Security 允许使用 Ant 风格的路径限定来确保请求的安全性，也可以使用正则式进行路径限定，本章仅讲解 Ant 风格的路径限定，如代码清单 12-12 所示。

代码清单 12-12　使用 Ant 风格来配置路径限定

```java
/**
 * 配置 SecurityFilterChain 对象
 * @param http 这个参数 Spring Security 会自动装配
 * @return SecurityFilterChain 对象
 * @throws Exception
```

```java
 */
@Bean
public SecurityFilterChain securityFilterChain(HttpSecurity http) throws Exception {
    return http
            /* ########第 1 段######## */
            .authorizeHttpRequests() // 限定签名后的权限
            // 限定"/user/**"下请求权限赋予角色 ROLE_USER 或者 ROLE_ADMIN
            .requestMatchers("/user/**").hasAnyRole("USER", "ADMIN") // ①
            // 限定"/admin/**"下所有请求权限赋予角色 ROLE_ADMIN
            .requestMatchers("/admin/**").hasAuthority("ROLE_ADMIN") // ②
            // 其他路径允许签名后访问，如"/community/**"
            .anyRequest().permitAll() // ③
            /* ######## 第 2 段 ######## */
            /** and()表示连接词 **/
            .and() // ④
            // 对于没有配置权限的其他请求，允许匿名访问
            .anonymous() // ⑤
            /* ######### 第 3 段 ######### */
            // 使用 Spring Security 的默认登录页面
            .and().formLogin() // ⑥
            // 启用 HTTP 基础验证方式
            .and().httpBasic() // ⑦
            /* ######### 第 4 段 ######### */
            // 连接词
            .and()
            // 创建 SecurityFilterChain 对象并返回
            .build();
}
```

在上述代码中，securityFilterChain()方法的参数 http 是 Spring Security 自动创建的对象，并且已经被装配到 IoC 容器中，因此我们可以直接使用它来配置权限，从而简化开发工作。securityFilterChain()方法连续使用了很多方法来配置权限，类似这样连续用多个方法进行配置的方法，我们称之为**方法链**（method chaining）。这个方法链大体分为 4 段，段与段之间已经用注释区分，并进行了加粗。

第 1 段代码用 authorizeHttpRequests()方法表示限定签名后的权限，然后进行配置。

- 代码①：配置/user/**下的请求，只有拥有 ROLE_USER 或者 ROLE_ADMIN 角色的用户才能访问。注意，hasAnyRole()方法会默认加入前缀 ROLE_。
- 代码②：配置/admin/**下的请求，只有拥有 ROLE_ADMIN 角色的用户才能访问。注意，代码②使用的是 hasAuthority()方法，它和 hasAnyRole()方法不同，不会加入任何前缀。
- 代码③：表示用户可以访问其他没有配置过权限的资源。

第 2 段代码配置无签名情况下的权限，也就是用户没有登录时的访问权限。

- 代码④：and()方法，表示并且关系，同时表示结束前段的配置，重新进行其他的配置。
- 代码⑤：anonymous()，表示允许匿名访问没有配置权限的请求。

第 3 段代码主要配置登录的方式。

- 代码⑥：formLogin()方法，表示使用 Spring Security 提供的默认登录页面。
- 代码⑦：httpBasic()方法，表示允许启用 HTTP 基础验证方式。

第 4 段代码主要调用 build()方法，创建 SecurityFilterChain 对象并返回，将该对象装配到 IoC 容器中。Spring Security 就会自动识别 SecurityFilterChain 对象并使用该对象来限制权限。

12.3.2　自定义验证方法

前文使用 Spring Security 提供的方法进行验证,有时候开发者需要使用自己的方法进行验证,为此 Spring Security 提供了 AuthorizationManager 接口。我们先编写创建 AuthorizationManager 实例的方法,如代码清单 12-13 所示。

代码清单 12-13　通过 AuthorizationManager 接口自定义权限验证

```
// 自定义权限验证逻辑,当用户拥有参数中的角色中的一个,就放行请求,否则就拦截请求
private AuthorizationManager<RequestAuthorizationContext> authMgr(String...roleNames) {
    // 参数为空
    if (roleNames == null || roleNames.length == 0) {
        throw new RuntimeException("角色列表不能为空");
    }
    // 转换为列表对象
    var roleNameList = List.of(roleNames);
    return (authSupplier, reqAuthContext) -> {
        // 获取 HttpServletRequest 对象
        var request = reqAuthContext.getRequest();
        // 获取请求参数
        var vars = reqAuthContext.getVariables();
        // 当前用户的权限信息,如角色
        var auths = authSupplier.get().getAuthorities();
        for (var auth : auths) {
            var roleName = auth.getAuthority();
            // 当前用户拥有对应的角色,放行请求
            if (roleNameList.contains(roleName)) { // ①
                return new AuthorizationDecision(true);
            }
        }
        // 当前用户不存在对应的角色,不放行请求
        return new AuthorizationDecision(false);
    };
}
```

上述代码先判断参数是否正常传递,如果不正常则抛出异常。然后可以从参数 reqAuthContext 中获取 HttpServletRequest 对象和请求参数,这样就可以获取请求的各类信息;从参数 authSupplier 可以得到用户详情。可见,通过这两个参数就可以得到各类信息,从而完成我们的验证逻辑。代码 ①处判断用户是否拥有对应的角色,如果存在,那么就放行请求,否则就拦截请求。

接下来就可以使用 authMgr()方法来提供验证逻辑了,为此我们重写 securityFilterChain()方法,如代码清单 12-14 所示。

代码清单 12-14　使用 AuthorizationManager 对象来验证用户

```
@Bean
public SecurityFilterChain init(HttpSecurity http) throws Exception {
    return http.authorizeHttpRequests() // 限定签名后的权限
        // 限定"/user/**"请求赋予角色 ROLE_USER 或者 ROLE_ADMIN
        .requestMatchers("/user/**").access(authMgr("ROLE_USER", "ROLE_ADMIN")) // ①
        // 限定"/admin/**"下所有请求权限赋予角色 ROLE_ADMIN
        .requestMatchers("/admin/**").access(authMgr("ROLE_ADMIN")) // ②
        // 使用 Spring Security 的默认登录页面
        .and().formLogin()
        // 启用 HTTP 基础验证
```

```
        .and().httpBasic()
        // 连接词
        .and()
        // 创建 SecurityFilterChain 对象并返回
        .build();
}
```

代码①处使用 authMgr()方法创建 AuthorizationManager 对象,当用户拥有角色 ROLE_USER 或者 ROLE_ADMIN 时,就能访问/user/**下的资源;代码②处使用 authMgr()方法创建 AuthorizationManager 对象,这样当用户拥有角色 ROLE_ADMIN 时才能访问/admin/**下的资源。可见使用 AuthorizationManager 对象自定义用户验证规则是相对简单的。

12.3.3 不拦截的请求

一个网站会拥有很多资源,有些资源并不需要特殊的保护,例如 JavaScript 脚本、CSS 样式文件和图片等。这个时候,我们可以考虑不拦截这类资源的请求,在 Spring Security 中,可以通过配置 WebSecurityCustomizer 对象来达到这个目的。代码清单 12-14 中没有配置/community/**的请求,这样用户就没有办法访问这类资源了。为了能够访问,可以配置 WebSecurityCustomizer 对象,如代码清单 12-15 所示。

代码清单 12-15　创建 WebSecurityCustomizer 对象通过访问规则
```
@Bean
public WebSecurityCustomizer initWebSecurity() {
    // 配置不拦截的请求
    return web->{
        web.ignoring().requestMatchers(
            // 不拦截的路径
            "/community/**", "/js/**", "/images/***");  // ①
    } ;
};
```

代码①处对应的路径将不会被 Spring Security 拦截,也就不会涉及权限问题。initWebSecurity() 方法标注了@Bean,这样该方法的返回值就会被装配到 IoC 容器中,Spring Security 将自动发现和使用它。

12.3.4 防止跨站点请求伪造

跨站点请求伪造(cross-site request forgery,CSRF)是一种常见的攻击手段,图 12-4 展示了 CSRF 攻击场景。首先浏览器请求登录安全网站,然后可以进行登录,在登录后,浏览器会记录一些信息,以 Cookie 的形式进行保存,在不关闭浏览器的情况下,用户可能访问一个危险网站,危险网站通过获取浏览器的 Cookie 信息来仿造用户的请求,进而请求安全网站,这会给网站带来很大的危险。

为了克服这个危险,Spring Security 提供了 CSRF 过滤器。在默认的情况下,它会启用这个过滤器来防止 CSRF 攻击。当然,我们也可以关闭这个功能,此时使用如下代码:

```
http.csrf().disable().authorizeRequests()......
```

就可以关闭 CSRF 过滤器的验证功能了,只是这样就会给网站带来一定的被攻击的风险,因此在大部分的情况下都不建议关闭这个功能。

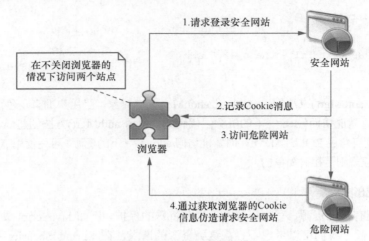

图 12-4 CSRF 攻击场景

对于不关闭 CSRF 过滤器的 Spring Security，每次 HTTP 请求的表单（form）就要求存在 CSRF 参数。当访问表单的时候，Spring Security 就生成 CSRF 参数并放入表单中，这样当提交表单到服务器时，就要求连同 CSRF 参数一并提交到服务器。Spring Security 会判断提交的 CSRF 参数和服务器生成并分配给页面的是否一致。如果一致，Spring Security 就不会认为该请求来自 CSRF 攻击；如果 CSRF 参数为空或者与服务器的不一致，它就认为这是一个 CSRF 攻击而拦截请求。因为这个 CSRF 参数不在 Cookie 中，所以第三方网站是无法伪造的，这样就可以避免 CSRF 攻击。

为了验证 CSRF 表单，我们先创建控制器，如代码清单 12-16 所示。

代码清单 12-16　CSRF 控制器

```java
package com.learn.chapter12.controller;

/**** imports ****/
@RestController
@RequestMapping("/csrf")
public class CsrfController {

    // 映射到CSRF表单
    @GetMapping("/form")
    public ModelAndView form() {
        var mav = new ModelAndView("csrf_form");
        return mav;
    }

    // 提交方法
    @PostMapping("/commit")
    public String commit(@RequestParam("name") String name) {
        return "提交成功，提交名称为：" + name;
    }
}
```

上述控制器有两个方法，其中 form() 方法映射到 CSRF 表单，而 commit() 方法则用于表单提交。CSRF 表单的代码如代码清单 12-17 所示。

代码清单 12-17　CSRF 表单（/templates/csrf_form.html）

```html
<html lang="en" xmlns:th="http://www.thymeleaf.org">
<head>
    <meta http-equiv="Content-Type" content="text/html; charset=UTF-8">
    <title>CSRF 表单</title>
</head>
<body>
<form id="csrf" method="post" action="./commit">
    <input type="text" name="name" id ="name"/><br>
    <input type="hidden" th:value="${_csrf.token}" th:name="${_csrf.parameterName}"/>
    <input type="submit" value="提交"/>
</form>
</body>
</html>
```

上述加粗的代码定义了一个隐藏表单，然后读取关于 CSRF 的属性，这个属性是 Spring Security 自动提供的，包含 CSRF 的凭证（${_csrf.token}）和名称（${_csrf.parameterName}）。由于在客户端显示这个属性没有意义，因此将它放到隐藏域中，这样在提交表单时，它就会被并提交到后端。当提交到后端后，就会被 CSRF 过滤器（CsrfFilter）进行验证，从而避免 CSRF 攻击。

上述代码还没有设置/csrf/**的访问权限，为此可以对代码清单 12-14 中的代码①处进行如下修改：

```
.requestMatchers("/user/**", "/csrf/**").access(authMgr("ROLE_USER", "ROLE_ADMIN"))
```

进行了上述修改，登录后就可以访问表单了。

12.4　登录和登出设置

根据 12.2 节的内容，开发者可以通过用户服务在后台定义用户、角色和权限等安全内容，但使用的仍旧是 Spring Security 提供的默认登录页面，也没有讨论退出登录的功能，本节对这些内容进行讨论。

12.4.1　自定义登录页面

前文所述的安全登录都使用 Spring Security 的默认登录页面，实际上，更多的时候需要自定义的登录页面。有时候还需要一个 "记住我" 功能，避免用户每次都需要在自己的客户端输入密码。关于这些功能，Spring Security 都提供了对应的方法。下面我们创建一个 SecurityFilterChain 对象来实现这些功能，如代码清单 12-18 所示。

代码清单 12-18　自定义登录页面

```java
@Bean
public SecurityFilterChain securityFilterChain(HttpSecurity http) throws Exception {
    return http.authorizeHttpRequests() // 限定签名后的权限
            // 限定请求赋予角色ROLE_USER 或者 ROLE_ADMIN
            .requestMatchers("/user/**", "/csrf/**").hasAnyRole("USER", "ADMIN")
            // 限定"/admin/**"下所有请求权限赋予角色 ROLE_ADMIN
            .requestMatchers("/admin/**").hasAnyRole("ADMIN")
            // 登录页面允许不登录访问
            .requestMatchers("/login/**").permitAll() // ①
            // 启用 "记住我" 功能，设置有效时间为1天（86,400s），对应的键为 remember_me_key
            .and().rememberMe().tokenValiditySeconds(86400).key("remember_me_key") // ②
```

```
            // 设置登录页面路径为"/login/page",登录成功后默认连接为"/welcome/index"
            .and().formLogin().loginPage("/login/page") // ③
            .defaultSuccessUrl("/login/welcome") // ④
            // 创建 SecurityFilterChain
            .and().build();
}
```

代码①处不要拦截 login/** 的请求,这样就不会拦截我们后续配置的登录页面。代码②处的 rememberMe() 方法表示启用了"记住我"功能,这个"记住我"功能的有效时间为 1 天 (86,400 s),而在浏览器中将使用 Cookie 以键 remember_me_key 进行保存。代码③处的 loginPage() 方法表示指定登录页面路径为 "/login/page"。代码④处的 defaultSuccessUrl() 方法指定默认的跳转路径为 "/login/welcome"。

上述代码需要指定 "/login/page" 和 "/login/welcome" 所映射的路径,为此添加一个登录控制器,如代码清单 12-19 所示。

代码清单 12-19　登录控制器
```java
package com.learn.chapter12.controller;
/**** imports ****/
@RestController
@RequestMapping("/login")
public class LoginController {

    // 登录页面
    @GetMapping("/page")
    public ModelAndView page() {
        return new ModelAndView("login/page");
    }

    // 欢迎页面
    @GetMapping("/welcome")
    public ModelAndView welcome() {
        return new ModelAndView("login/welcome");
    }
}
```

这段代码比较简单,主要是映射到对应的 Thymeleaf 页面,为此还要自定义两个页面,如代码清单 12-20 所示。

代码清单 12-20　自定义登录页面和欢迎页面
```html
<!-- 登录页面(/templates/login/page.html) -->
<html lang="en" xmlns:th="http://www.thymeleaf.org">
<head>
    <meta http-equiv="Content-Type" content="text/html; charset=GBK">
    <title>登录页面</title>
</head>
<body>
<form id="login_form" method="post" action="/login/page">
    <p>名称:<input id="username" name="username" type="text" value=""/></p>
    <p>密码:<input id="password" name="password" type="password" value=""/></p>
    <p>记住我:<input id="remember_me" name="remember-me" type="checkbox"></p>
    <!-- 防止 CSRF 攻击-->
    <input type="hidden" th:value="${_csrf.token}" th:name="${_csrf.parameterName}"/>
```

```html
        <input type="submit" value="提交"/>
</form>
</body>
</html>

<!--欢迎页面（/templates/login/welcome.html）-->
<html lang="en" xmlns:th="http://www.thymeleaf.org">
<head>
    <meta http-equiv="Content-Type" content="text/html; charset=GBK">
    <title>Spring 安全框架</title>
</head>
<body>
        <h1>欢迎学习 Spring Security</h1>
</body>
</html>
```

注意登录页面表单的字段定义，表单提交的 action 定义为 "/login/page"，需要和代码清单 12-18 的代码③处的配置保持一致，这样安全登录拦截器就会拦截这些参数了，上述代码要求 method 为 post，不能是 get。表单中定义用户名且要求参数名称为 username，密码为 password，"记住我" 为 remember-me，且 "记住我" 是一个复选框（checkbox）。这样当 HTTP 请求提交到登录页面 URL 的时候，Spring Security 就可以获取这些参数，只是要切记这里的参数名是不能修改的。12.3.4 节讨论过，Spring Boot 中的 CSRF 过滤器是会默认启用的，因此上述代码还在请求表单中加入了对应的参数，这样就可以避免 CSRF 攻击了。通过上述代码，就可以自定义登录页面并启用 "记住我" 功能。用户通过验证后，即可访问欢迎页面。

12.4.2　启用 HTTP Basic 验证

HTTP Basic 验证是一个浏览器自动弹出简单的模态对话框的功能。REST 风格的网站就比较适合这样的验证，为此我们可以使用代码清单 12-21 所示的代码片段来启用它。

代码清单 12-21　通过代码修改 HTTP Basic 验证功能

```
#启用 HTTP Basic 验证
http.httpBasic()
    #设置名称
    .realmName("my-basic-name");
```

httpBasic()方法的作用是启用 HTTP Basic 验证，而 realmName()方法的作用是设置模态对话框的标题。

12.4.3　登出配置

有登录页面，自然就会有登出页面。在默认的情况下，Spring Security 会提供一个 URL——"/logout"，只要使用 HTTP 的 POST 请求（注意，GET 请求是不能退出的）访问这个 URL，Spring Security 就会登出，并且清除 "记住我" 功能保存的相关信息。有时候开发者也想自定义请求登出的路径和请求登出后跳转的页面，为了达到这个目的，我们可以修改代码清单 12-18 的配置，如代码清单 12-22 所示。

代码清单 12-22　添加登出配置

```
@Bean
public SecurityFilterChain securityFilterChain(HttpSecurity http) throws Exception {
```

```
        return http.authorizeHttpRequests()  // 限定签名后的权限
            // 限定请求赋予角色 ROLE_USER 或者 ROLE_ADMIN
            .requestMatchers("/user/**", "/csrf/**").hasAnyRole("USER", "ADMIN")
            // 限定"/admin/**"下所有请求权限赋予角色 ROLE_ADMIN
            .requestMatchers("/admin/**").hasAnyRole("ADMIN")
            // 登录页面允许任意访问
            .requestMatchers("/login/**", "/logout/**").permitAll()  // ①
            // 启用"记住我"的功能,设置有效时间为 1 天(86400 s),对应的键为 remember_me_key
            .and().rememberMe().tokenValiditySeconds(86400).key("remember_me_key")
            // 设置登录页面路径为"/login/page",登录成功后默认连接为"/welcome/index"
            .and().formLogin().loginPage("/login/page").defaultSuccessUrl("/login/welcome")
            // 登出配置,登出请求路径为"/logout/page",登出成功后跳转至"/logout/result"
            .and().logout().logoutUrl("/logout/page").logoutSuccessUrl("/logout/result")  // ②
            // 创建 SecurityFilterChain
            .and().build();
    }
```

代码①处配置访问的权限,让登录和登出的请求在不登录的情况下也不会被拦截。代码②处的 logoutUrl()方法配置登录请求路径,logoutSuccessUrl()方法则配置登出成功后的跳转路径。

为了演示登出功能,我们还需要添加一个登出控制器,如代码清单 12-23 所示。

代码清单 12-23 登出控制器
```
package com.learn.chapter12.controller;
/**** imports ****/
@Controller
@RequestMapping("/logout")
public class LogoutController {

    // 登出页面
    @GetMapping("/index")
    public String page() {
        return "logout/page";
    }

    // 登出成功跳转页
    @GetMapping("/result")
    public String result() {
        return "logout/result";
    }
}
```

上述代码中的 page()方法映射的是登出页面,而 result()方法映射到登出成功后的跳转页。于是我们还需要开发这两个页面,如代码清单 12-24 所示。

代码清单 12-24 登出页面和登出成功跳转页面
```
<!-- 登出页面(/templates/logout/page.html) -->
<html lang="en" xmlns:th="http://www.thymeleaf.org">
<head>
    <meta http-equiv="Content-Type" content="text/html; charset=UTF-8">
    <title>登出</title>
</head>
<body>
<form action="/logout/page" method="POST">  <!--①-->
    <p><input type="submit" value="登出"></p>
```

```html
        <!-- 防止CSRF攻击-->
        <input type="hidden" th:value="${_csrf.token}"
               th:name="${_csrf.parameterName}"/><br>
</form>
</body>
</html>

<!-- 登出成功跳转页面（/templates/logout/result.html）-->
<html lang="en" xmlns:th="http://www.thymeleaf.org">
<head>
    <meta http-equiv="Content-Type" content="text/html; charset=UTF-8">
    <title>登出成功</title>
</head>
<body>
<h1>您已经登出系统，欢迎再次访问</h1>
</body>
</html>
```

上述代码中的登出页面的表单在代码①处将提交路径设置为"/logout/page"，这和代码清单12-22中的代码②处是一致的，而方法为POST（不能为GET），表单中还有CSRF的参数token。这样登出请求就会被Spring Security的登出拦截器（LogoutFilter）拦截，并退出登录。

第 13 章
学点 Spring 其他的技术

到这里 Spring Boot 的主要内容已经讲解完了。只是 Spring 涉及的内容还是比较多的，还有一些常用但是比较烦琐的内容需要进行讲解，如异步线程池、Java 消息服务（Java message service，JMS）和定时任务等。虽然没有之前章节的内容那么常用，但是这些知识在实际的工作中对于企业还是相当实用的。

13.1 异步线程池

在前面的章节中，除 Redis 发布/订阅的应用外都是同步应用，也就是说一个请求都在同一个线程中运行。但是有时候可能需要异步，也就是一个请求可能存在两个或者两个以上的线程。在实际的场景中，如后台管理系统，有些任务耗时较长。典型的如报表生成，由于报表可能需要访问亿级数据量并进行比较复杂的运算，所以报表的生成就需要比较多的时间。对于系统运维人员，他们的目的只是点击生成报表按钮，而不需要查看报表。如果点击生成报表按钮和生成报表的请求在同一个线程，那么他们就需要等待比较长的时间，如图 13-1 所示。

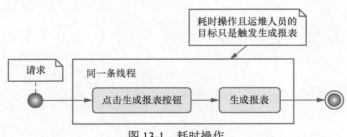

图 13-1　耗时操作

查看报表是业务人员的工作，所以他们的希望是点击按钮后，页面不需要等待报表生成，因为等待报表生成的过程十分漫长和枯燥。为了满足运维人员的要求，往往需要在点击生成报表按钮后将请求交由后台线程操作，而生成报表则是另一个线程的任务，如图 13-2 所示。

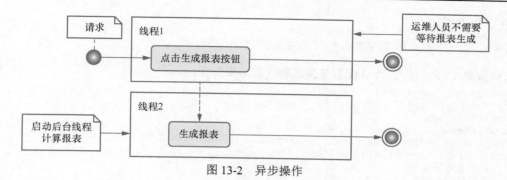

图 13-2　异步操作

从图 13-2 可以看到，运维人员的请求是在线程 1 中执行的，而线程 1 会启动线程 2 来执行报表的生成。这样运维人员就不再需要等待报表生成，这显然才是运维人员真实的需要。本节基于这个模拟的场景来讲述。

13.1.1　定义线程池和开启异步可用

在 Spring 中存在一个 AsyncConfigurer 接口，它是一个可以配置异步线程池的接口，源码如代码清单 13-1 所示。

代码清单 13-1　AsyncConfigurer 接口源码

```java
package org.springframework.scheduling.annotation;
/**** imports ****/
public interface AsyncConfigurer {

    // 获取线程池
    @Nullable
    default Executor getAsyncExecutor() {
        return null;
    }

    // 异步异常处理器
    @Nullable
    default AsyncUncaughtExceptionHandler getAsyncUncaughtExceptionHandler() {
        return null;
    }
}
```

从上述代码可以看到，AsyncConfigurer 接口定义的方法是比较简单的，其中 getAsyncExecutor() 方法返回一个自定义线程池，在启用异步时，线程池就会提供空闲线程来执行异步任务。因为线程中的业务逻辑可能抛出异常，所以还有一个用于处理异常的处理器方法，该方法可以自定义异常处理方案。为了使这个接口更便于使用，Spring 在代码中提供了空实现，开发者只需要实现 AsyncConfigurer 接口来覆盖掉对应的方法即可。

开发者只需要开发一个 Java 配置文件，实现 AsyncConfigurer 接口的 getAsyncExecutor() 方法，返回线程池，Spring 就会使用这个线程池作为其异步调用的线程。为了驱动异步，Spring 还提供一个注解@EnableAsync，如果 Java 配置文件标注了该注解，Spring 就会开启异步可用，这样就可以使用注解@Async 驱动 Spring 使用异步调用，在 13.1.2 节我们会看到这样的实例。

13.1.2 异步实例

首先开发一个 Java 配置文件,如代码清单 13-2 所示。

代码清单 13-2 使用 Java 配置定义线程池和启用异步
```
package com.learn.chapter13.config;
/**** imports ****/
@Configuration
@EnableAsync
@ComponentScan("com.learn.chapter13.*")
public class AsyncConfig implements AsyncConfigurer {
    // 定义线程池
    @Override
    public Executor getAsyncExecutor() {
        // 定义线程池
        var taskExecutor = new ThreadPoolTaskExecutor();
        // 核心线程数
        taskExecutor.setCorePoolSize(10);
        // 最大线程数
        taskExecutor.setMaxPoolSize(20);
        // 列最大线程数
        taskExecutor.setQueueCapacity(100);
        // 初始化
        taskExecutor.initialize();
        return taskExecutor;
    }
}
```

在上述代码中,注解@EnableAsync 表示启用异步,这样就可以使用@Async 驱动 Spring 使用异步调用。使用异步还需要提供可用线程池,因此上述代码中的配置类还会实现 AsyncConfigurer 接口的 getAsyncExecutor()方法,这样就可以自定义一个线程池。当方法被标注@Async 时,Spring 就会使用这个线程池的空闲线程来运行该方法。getAsyncExecutor()方法创建了线程池,设置了其核心线程数为 10、最大线程数为 20、队列最大线程数为 100 的限制,然后将线程池初始化,这样便开启了异步可用。

为了进行测试,定义一个异步服务接口,如代码清单 13-3 所示。

代码清单 13-3 异步服务接口
```
package com.learn.chapter13.service;
public interface AsyncService {
    // 模拟报表生成的异步服务方法
    public void generateReport();
}
```

该接口的实现如代码清单 13-4 所示。

代码清单 13-4 异步服务方法实现
```
package com.learn.chapter13.service.impl;
/**** imports ****/
@Service
public class AsyncServiceImpl implements AsyncService {

    @Override
```

```
    @Async // 声明使用异步调用
    public void generateReport() {
        // 打印异步线程名称
        System.out.println("报表线程名称："
            + "【" + Thread.currentThread().getName() +"】");
    }
}
```

上述方法比较简单，只是需要注意该方法使用注解@Async进行了标注，这样Spring就会使用线程池的线程来运行它。上述方法打印了当前运行线程的名称，以便于后续验证。

接下来，我们使用代码清单13-5对异步进行测试。

代码清单13-5　测试异步

```
package com.learn.chapter13.main;
/**** imports ****/
public class AsyncMain {

    public static void main(String[] args) {
        // 创建IoC容器
        var ctx = new AnnotationConfigApplicationContext(AsyncConfig.class);
        // 获取异步服务
        var service = ctx.getBean(AsyncService.class);
        // 输出当前线程名称
        System.out.println("当前线程名称【" + Thread.currentThread().getName() +"】");
        // 调用异步服务
        service.generateReport();
    }
}
```

运行上述代码，可以看到如下日志：

```
当前线程名称【main】
DEBUG org.springframework.scheduling.concurrent.ThreadPoolTaskExecutor - Initializing ExecutorService
    报表线程名称：【ThreadPoolTaskExecutor-1】
```

从上述日志可以发现，Spring成功调用了异步服务。

13.2　异步消息——RabbitMQ

有时候系统需要与其他系统集成，这时需要向其他系统发送消息，让其完成对应的功能。以我们生活中常用的短信系统为例，各个业务系统需要通知客户时，可以将消息发送到短信系统，由短信系统向客户发送短信。短信系统是一个异步的系统，业务系统发送消息后，短信系统可能因为业务繁忙而没有很快地将短信发出，正如生活中常常需要收到验证码后再登录系统一样，验证码可能在点击页面按钮后的数秒后才会发送到客户的手机中。

为了给其他系统发送消息，Java引入了Java消息服务（Java message service，JMS）。JMS按其规范分为点对点（point-to-point）和发布/订阅（publish/subscribe）两种形式。点对点就是将一个系统的消息发布到指定的另一个系统，这样另一个系统就能获得消息，从而处理对应的业务逻辑；发布/订阅模式是一个系统约定将消息发布到一个主题（topic）中，这样各个系统就能够通过订阅这个主题,根据发送过来的消息处理对应的业务。发布/订阅模式更为常用,因为这一模式可以进行更多的扩展,使得更多的系统能够监控得到消息,所以本节主要讨论发布/订阅模式。

在实际工作中实现 JMS 服务的规范有很多,其中比较常用的有传统的 ActiveMQ 和分布式的 Kafka。高级消息队列协议(advanced message queuing protocol,AMQP)更为可靠和安全,RabbitMQ 是一个比较常用的实现 AMQP 的规范。下面对 RabbitMQ 的使用展开讨论。

AMQP 也是一种常用的消息协议,它是一个提供统一消息服务的应用层标准协议,基于此协议的客户端与消息中间件可传递消息,并不受客户端/中间件不同产品、不同开发语言等条件的限制。

先添加 Maven 依赖,如代码清单 13-6 所示。

代码清单 13-6　在 Spring Boot 中添加对 AMPQ 的依赖

```
<dependency>
    <groupId>org.springframework.boot</groupId>
    <artifactId>spring-boot-starter-amqp</artifactId>
</dependency>
```

这样项目就依赖于 AMPQ 的 starter 了,它会将 RabbitMQ 对应的包加载进来。接着我们需要配置 RabbitMQ,如代码清单 13-7 所示。

代码清单 13-7　使用 Spring Boot 配置 RabbitMQ

```
# RabbitMQ 配置
# RabbitMQ 服务器地址
spring.rabbitmq.host=localhost
# RabbitMQ 端口
spring.rabbitmq.port=5672
# RabbitMQ 用户
spring.rabbitmq.username=guest
# RabbitMQ 密码
spring.rabbitmq.password=guest
# 是否确认发送的消息已经被消费
spring.rabbitmq.publisher-returns=true

# 它有 3 种配置。
#  ● none:    禁用发布确认模式,是默认值。
#  ● correlated:消费方成功接收到消息后触发回调方法。
#  ● simple: 和 correlated 一样会触发回调方法,也可以在发布消息成功后使用 rabbitTemplate
#    调用 waitForConfirms()或 waitForConfirmsOrDie()方法等待管道节点返回发送结果,
#    根据返回结果来判定下一步的逻辑
spring.rabbitmq.publisher-confirm-type=correlated
# RabbitMQ 的字符串消息队列名称,由它发送字符串
rabbitmq.queue.msg=spring-boot-queue-msg
# RabbitMQ 的用户消息队列名称,由它发送用户对象
rabbitmq.queue.user=spring-boot-queue-user
```

上述未加粗的代码是 AMPQ 的 starter 提供的配置项。Spring Boot 会依据配置的内容创建 RabbitMQ 的相关对象,如连接工厂、RabbitTemplate 等。上述代码中的配置项 spring.rabbitmq.publisher-returns 声明为 true,意味着消息发送方可以监听到消息是否被成功发送到消费端,如果成功则消息发送方会根据设置的类进行回调,加粗的代码是自定义的配置项,自定义了两个消息队列的名称。

下面根据这两个消息队列名称在 Spring Boot 启动文件中创建 RabbitMQ 队列,如代码清单 13-8 所示。

代码清单 13-8　创建两个 RabbitMQ 队列

```java
// 字符串消息队列名称
@Value("${rabbitmq.queue.msg}")
private String msgQueueName = null;

// 用户消息队列名称
@Value("${rabbitmq.queue.user}")
private String userQueueName = null;

@Bean
public Queue createQueueMsg() {
    // 创建字符串消息队列，boolean 值表示是否持久化消息
    return new Queue(msgQueueName, true);
}

@Bean
public Queue createQueueUser() {
    // 创建用户消息队列，boolean 值表示是否持久化消息
    return new Queue(userQueueName, true);
}
```

Spring Boot 的机制会自动注册上述两个队列，因此开发者并不需要自己做进一步的绑定。接着声明一个接口用于发送消息，它可以发送字符串消息，也可以将用户消息以对象的形式发送，如代码清单 13-9 所示。

代码清单 13-9　声明 RabbitMQ 服务接口

```java
package com.learn.chapter13.service;
/**** imports ****/
public interface RabbitMqService {
    // 发送字符串消息
    public void sendMsg(String msg);

    // 发送用户消息
    public void sendUser(User user);
}
```

这个接口很简单，接着就可以实现它了，如代码清单 13-10 所示。

代码清单 13-10　RabbitMQ 服务接口实现类

```java
package com.learn.chapter13.service.impl;
/**** imports ****/
@Service
public class RabbitMqServiceImpl
        // 实现 ConfirmCallback 接口，这样可以回调
        implements ConfirmCallback, RabbitMqService {

    @Value("${rabbitmq.queue.msg}")
    private String msgRouting = null;

    @Value("${rabbitmq.queue.user}")
    private String userRouting = null;

    // 注入由 Spring Boot 自动配置的 RabbitTemplate
    @Autowired
```

```java
    private RabbitTemplate rabbitTemplate = null;

    // 发送消息
    @Override
    public void sendMsg(String msg) {
        System.out.println("发送消息:【" + msg + "】");
        // 设置回调
        rabbitTemplate.setConfirmCallback(this);
        // 发送消息,通过 msgRouting 确定队列
        rabbitTemplate.convertAndSend(msgRouting, msg);
    }

    // 发送用户
    @Override
    public void sendUser(User user) {
        System.out.println("发送用户:【" + user + "】");
        // 设置回调
        rabbitTemplate.setConfirmCallback(this);
        rabbitTemplate.convertAndSend(userRouting, user);
    }

    // 回调确认方法
    @Override
    public void confirm(CorrelationData correlationData,
        boolean ack, String cause) {
        if (ack) {
            System.out.println("消息成功消费");
        } else {
            System.out.println("消息消费失败:" + cause);
        }
    }
}
```

RabbitMqServiceImpl 类实现了 RabbitMqService 的 confirm()方法,换句话说,这个类可以作为 RabbitMQ 的生产者的回调类。类中注入了 RabbitTemplate 对象,这个对象是由 Spring Boot 通过自动配置生成的,不需要自行处理。接着 sendMsg()方法设置回调为当前对象,因此发送消息后,当消费者得到消息时,RabbitTemplate 对象就会调用 confirm()方法。RabbitTemplate 对象的 convertAndSend()方法则会转换和发送消息。消息转换是通过 SimpleMessageConverter 对象完成的,这个对象也是 RabbitTemplate 默认的转换类,如果有需要可以改变它。sendMsg()方法设置了 msgRouting 的路径,它就是字符串消息队列的名称,因此消息最终会发送到这个队列中,等待监听它的消费者进行消费。sendUser()方法也是如此,只是它发送的是一个用户 POJO。

代码清单 13-10 开发了消息的生产者,为了测试还需要一个开发消费者来消费生产者发送的消息。于是再创建一个类,用于接收这些发送的消息,如代码清单 13-11 所示。

代码清单 13-11 RabbitMQ 接收器

```java
package com.learn.chapter13.rabbit.receiver;
/**** imports ****/
@Component
public class RabbitMessageReceiver {

    // 定义监听字符串消费队列名称
    @RabbitListener(queues = { "${rabbitmq.queue.msg}" })
```

```java
    public void receiveMsg(String msg) {
        System.out.println("收到消息:【" + msg + "】");
    }

    // 定义监听用户消费队列名称
    @RabbitListener(queues = { "${rabbitmq.queue.user}" })
    public void receiveUser(User user) {
        System.out.println("收到用户消息【" + user + "】");
    }
}
```

这个接收器的定义也比较简单，只需要在方法上标注@RabbitListener 即可，然后在其配置项 queues 中配置需要的队列名称，这样消费者就能够直接接收到 RabbitMQ 发送的用户消息。为了测试本节的内容，可以再创建一个控制器，如代码清单 13-12 所示。

代码清单 13-12　使用控制器测试 RabbitMQ 服务器和接收器

```java
package com.learn.chapter13.controller;
/**** imports ****/
@RestController
@RequestMapping("/rabbitmq")
public class RabbitMqController {
    // 注入 Spring Boot 自动生成的对象
    @Autowired
    private RabbitMqService rabbitMqService = null;

    @GetMapping("/msg") // 字符串
    public Map<String, Object> msg(String message) {
        rabbitMqService.sendMsg(message);
        return resultMap("message", message);
    }

    @GetMapping("/user") // 用户
    public Map<String, Object> user(Long id, String userName, String note) {
        User user = new User(id, userName, note);
        rabbitMqService.sendUser(user);
        return resultMap("user", user);
    }
    // 结果 Map
    private Map<String, Object> resultMap(String key, Object obj) {
        Map<String, Object> result = new HashMap<>();
        result.put("success", true);
        result.put(key, obj);
        return result;
    }
}
```

运行上述代码，使用 HTTP 请求调用 msg()和 user()方法，生产者就能够通过对应的接口发送消息，对应的消费者则会接收消息，而且会执行确认机制。

13.3　定时任务

在企业的生产实践中，可能需要使用一些定时任务。例如，在月末、季末和年末需要统计各种各样的报表，月表需要在月末批量生成，季表需要在季末批量生成，年表需要在年末批量生成，这就需要制定不同的定时任务。

Spring 的定时器使用起来比较简单,首先在配置类 AsyncConfig 中加入@EnableScheduling,就能够使用注解来驱动定时任务的机制,然后可以通过注解@Scheduled 来配置如何定时。下面开发一个服务类,如代码清单 13-13 所示。

代码清单 13-13 测试简易定时任务

```java
package com.learn.chapter13.service.impl;
/**** imports ****/
@Service
public class ScheduleServiceImpl {
    // 计数器
    int count1 = 1;
    int count2 = 1;

    // 每秒执行 1 次
    @Scheduled(fixedRate = 1000)
    // 使用异步线程执行
    @Async
    public void job1() {
        System.out.println("【" +Thread.currentThread().getName()+"】"
            + "【job1】每秒执行一次,执行第【" + count1 + "】次");
        count1 ++;
    }

    // 每秒执行 1 次
    @Scheduled(fixedRate = 1000)
    // 使用异步线程执行
    @Async
    public void job2() {
        System.out.println("【" +Thread.currentThread().getName()+"】"
            + "【job2】每秒执行一次,执行第【" + count2 + "】次");
        count2 ++;
    }
}
```

上述代码中的注解@Scheduled 配置为按时间间隔执行任务,每秒执行一次。使用注解@Async 表示需要使用异步线程执行,关于它的使用可参考 13.1 节。接下来运行 Spring Boot 启动文件,可以看到如下日志:

```
【ThreadPoolTaskExecutor-1】【job2】每秒执行一次,执行第【1】次
  【ThreadPoolTaskExecutor-2】【job1】每钟执行一次,执行第【1】次
    【ThreadPoolTaskExecutor-3】【job2】每秒执行一次,执行第【2】次
  【ThreadPoolTaskExecutor-4】【job1】每钟执行一次,执行第【2】次
    【ThreadPoolTaskExecutor-5】【job2】每秒执行一次,执行第【3】次
【ThreadPoolTaskExecutor-6】【job1】每钟执行一次,执行第【3】次
......
```

这说明 Spring 每秒都会运行这个标注了@Scheduled 的方法,并且在不同的线程之间运行。

在上述代码中,@Scheduled 只是表示按照时间间隔执行,有时候需要指定更为具体的时间,例如,每天晚上 11:00 开始执行批量生成报表任务,或者在每周日执行一些任务。为了更为精确地指定任务执行的时间,有必要更为细致地研究@Scheduled 的配置项,如表 13-1 所示。

表 13-1　@Scheduled 的配置项

配 置 项	类 型	描 述
cron	String	使用表达式的方式定义任务执行时间
zone	String	可以通过它设定区域时间
fixedDelay	long	表示从上一个任务完成到下一个任务开始的间隔，单位为毫秒（ms）
fixedDelayString	String	与 fixedDelay 相同，只是使用字符串，这样可以使用 SpEL 来引入配置文件的配置
initialDelay	long	在 IoC 容器完成初始化后，首次任务执行延迟时间，单位为毫秒（ms）
initialDelayString	String	与 initialDelay 相同，只是使用字符串，这样可以使用 SpEL 来引入配置文件的配置
fixedRate	long	从上一个任务开始到下一个任务开始的间隔，单位为毫秒（ms）
fixedRateString	String	与 fixedRate 相同，只是使用字符串，这样可以使用 SpEL 来引入配置文件的配置
timeUnit	TimeUnit	时间单位，默认值为 TimeUnit.MILLISECONDS

表 13-1 中的配置项除 cron 外都比较好理解，只有 cron 可以通过表达式更为灵活地配置任务执行的方式。cron 有 6～7 个用空格分隔的时间元素，按顺序依次是"秒 分 时 天 月 星期 年"，其中年是一个可以不配置的元素，例如：

0 0 0 ? * WED

这个配置表示每周三 0 点整。对于这个表达式，需要注意其中的特殊字符，如 ? 和 *，因为天和星期会产生定义上的冲突，所以往往会以通配符 ? 表示，它表示不指定值，而 * 则表示任意的月。除此以外还有表 13-2 所示的其他通配符。

表 13-2　通配符含义

通 配 符	描 述
*	表示任意值
?	不指定值，用于处理天和星期的定义冲突
-	指定时间区间
/	指定时间间隔执行
L	最后的
#	第几个
,	列举多个项

下面举例说明它们的使用方法，如表 13-3 所示。

表 13-3　cron 表达式举例

项 目 类 型	描 述
"0 0 0 * * ?"	每天 00:00 点整触发
"0 15 23 ? * *"	每天 23:15 触发

续表

项 目 类 型	描　　述
"0 15 0 * * ?"	每天 00:15 触发
"0 15 10 * * ? *"	每天 10:15 触发
"0 30 10 * * ? 2023"	2023 年的每天 10:30 触发
"0 * 23 * * ?"	每天的 23:00～23:59，每分钟触发一次
"0 0/3 23 * * ?"	每天的 23:00～23:59，每 3 分钟触发一次
"0 0/3 20,23 * * ?"	每天的 20:00～20:59 和 23:00～23:59 两个时间段内，每 3 分钟触发一次
"0 0-5 21 * * ?"	每天的 21:00～21:05，每分钟触发一次
"0 10,44 14 ? 3 WED"	3 月的每周三的 14:10 和 14:44 触发
"0 0 23 ? * MON-FRI"	每周一到周五的 23:00 触发
"0 30 23 ? * 6L 2017-2020"	2017 年～2020 年的每月最后一个周五的 23:30 触发
"0 15 22 ? * 6#3"	每月第三周周五的 22:15 触发

到这里关于 @Scheduled 的内容就讲解完了。下面再通过两个实例来帮助读者巩固对定时任务的理解，如代码清单 13-14 所示。

代码清单 13-14　定时机制例子

```
int count3 = 1;
int count4 = 1;
// 在 IoC 容器完成初始化后，第一次延迟 3 秒，每隔 1 秒执行一次
@Scheduled(initialDelay = 3000, fixedRate = 1000)
@Async
public void job3() {
    System.out.println("【" + Thread.currentThread().getName() + "】"
        + "【job3】每秒执行一次，执行第【" + count3 + "】次");
    count3++;
}

// 11:00～11:59，每分钟执行一次
@Scheduled(cron = "0 * 11 * * ?")
@Async
public void job4() {
    System.out.println("【" + Thread.currentThread().getName()
        + "】【job4】每分钟执行一次，执行第【" + count4 + "】次");
    count4 ++;
}
```

第 14 章

实践一下——抢购商品

前面几章已经讨论了 Spring Boot 的主要内容，本章在通过抢购电商网站商品的实践来回顾之前内容的同时阐述高并发与锁的问题。电商网站往往存在很多的商品，有些商品会低价限量推销，并且会在推销之前做广告以吸引网站会员购买。如果是十分热销的商品，就会有大量的会员提前打开手机、电脑和平板电脑，在商品推出的那一刻点击抢购，这个瞬间就会给网站带来很大的并发量，这便是一个高并发的场景，处理这些并发是互联网系统常见的功能之一。因此，本章既需回顾之前讲解的 Spring Boot 的知识，也会讨论高并发的问题。MyBatis 已经成为当今互联网持久层的主流框架，因此本章选择使用它作为持久层。

14.1 设计与开发

本章先以最为普通的方式介绍开发，再讨论在高并发的时刻会出现的超发现象。本章会在 Spring Boot 中搭建现今非常流行的 SSM 框架（Spring MVC + Spring +MyBatis）的开发组合，不过在此之前需要先把数据库表创建起来。

14.1.1 数据库表设计

在开发前，先创建两张数据库表，这两张数据库表的关系如图 14-1 所示。

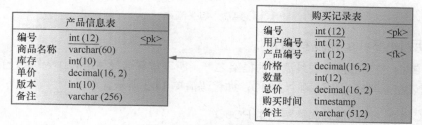

图 14-1 数据库表的关系

当一个用户购买商品时，会先访问产品信息表中的库存，如果库存不足则不扣减库存，只有产品库存充足才会扣减,然后将当次用户购买的信息记录到购买记录表中。建表 SQL 语句如代码清单 14-1 所示。

代码清单 14-1　建表 SQL 语句

```sql
/****产品信息表 *****/
create table T_Product
(
id            int(12)       not null auto_increment comment '编号',
product_name varchar(60)    not null comment '产品名称',
stock         int(10)       not null comment '库存',
price         decimal(16,2) not null comment '单价',
version       int(10)       not null default 0 comment '版本号',
note          varchar(256)  null comment '备注',
primary key(id)
);

/****购买记录表 *****/
create table T_PURCHASE_RECORD
(
id            int(12)       not null auto_increment comment '编号',
user_id       int(12)       not null comment '用户编号',
product_id    int(12)       not null comment '产品编号',
price         decimal(16,2) not null comment '价格',
quantity      int(12) not null comment '数量',
sum           decimal(16,2) not null comment '总价',
purchase_date timestamp not null default now() comment '购买日期',
note          varchar(512)  null comment '备注',
primary key  (id)
);
```

这样就创建了测试需要的两张数据库表。执行一次购买的流程是:判定产品信息表中的产品有没有足够的库存支持用户的购买,如果有则对产品信息表执行扣减库存操作,再将购买信息插入购买记录表中;如果库存不足,则返回交易失败的信息,如图 14-2 所示。

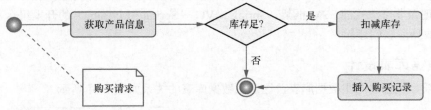

图 14-2　购买流程

14.1.2　使用 MyBatis 开发持久层

因为 MyBatis 是当前持久层最流行的框架之一,所以本章选择使用它作为项目的持久层。为了与两张数据库表相互对应,创建两个 POJO,如代码清单 14-2 所示。

代码清单 14-2　产品信息和购买记录 POJO

```java
/** ######## 产品信息 POJO #########**/
package com.learn.chapter14.pojo;
/**** imports ****/
```

```
// MyBatis 别名定义
@Alias("product")
public class ProductPo implements Serializable {
    private static final long serialVersionUID = 3288311147760635602L;
    private Long id;
    private String productName;
    private int stock;
    private double price;
    private int version;
    private String note;
    /**** setters and getters ****/
}

/** ######## 购买记录 POJO #########**/
package com.learn.chapter14.pojo;
/**** imports ****/
// MyBatis 别名定义
@Alias("purchaseRecord")
public class PurchaseRecordPo implements Serializable {
    private static final long serialVersionUID = -360816189433370174L;
    private Long id;
    private Long userId;
    private Long productId;
    private double price;
    private int quantity;
    private double sum;
    private Timestamp purchaseTime;
    private String note;
    /**** setters and getters ****/
}
```

上述代码中加粗的@Alias 属于 MyBatis 的注解，它主要的作用是定义 MyBatis 的别名，将来对 Spring Boot 的配置进行扫描后就能够在 MyBatis 上下文中使用这一配置。接着需要创建对应 SQL 语句和 POJO 的映射文件，即 MyBatis 的映射文件，其中产品 POJO 的映射文件如代码清单 14-3 所示。

代码清单 14-3　产品 POJO 的映射文件（/resources/mappers/ProductMapper.xml）

```xml
<?xml version="1.0" encoding="UTF-8" ?>
<!DOCTYPE mapper
  PUBLIC "-//mybatis.org//DTD Mapper 3.0//EN"
  "http://mybatis.org/dtd/mybatis-3-mapper.dtd">
<mapper namespace="com.learn.chapter14.dao.ProductDao">
    <!-- 获取产品 -->
    <select id="getProduct" parameterType="long" resultType="product">
        select id, product_name as productName,
        stock, price, version, note from t_product
        where id=#{id}
    </select>

    <!-- 扣减库存 -->
    <update id="decreaseProduct">
        update t_product set stock = stock - #{quantity}
        where id = #{id}
    </update>
</mapper>
```

上述代码中的两条 SQL 语句，第一条的作用是获取产品，第二条的作用是减产品库存。resultType 的值是 product，之所以可以这样设置，是因为我们在 POJO 中使用@Alias 定义了别名 product。命名空间（namespace）定义为 com.learn.chapter14.dao.ProductDao，这就需要我们对应定义这样的接口，如代码清单 14-4 所示。

代码清单 14-4　MyBatis 产品接口定义

```java
package com.learn.chapter14.dao;
/**** imports ****/
@Mapper
public interface ProductDao {
    // 获取产品
    public ProductPo getProduct(Long id);

    // 扣减库存，@Param 标明 MyBatis 参数传递给后台
    public int decreaseProduct(@Param("id") Long id, @Param("quantity") int quantity);
}
```

上述代码中的 MyBatis 产品接口被标注了@Mapper，这就意味着可以通过 Spring Boot 的 Java 配置来将接口扫描到 IoC 容器当中。然后需要将 ProductDao 接口声明的两个方法及其参数，与 MyBatis 的映射文件 ProductMapper.xml 的 SQL 语句和其参数对应起来，这样才能够找到对应的 SQL 语句。

处理完 MyBatis 对于产品的操作，接着需要处理插入购买记录的操作，映射文件如代码清单 14-5 所示。

代码清单 14-5　购买记录映射文件（/resources/mappers/PurchaseRecordMapper.xml）

```xml
<?xml version="1.0" encoding="UTF-8" ?>
<!DOCTYPE mapper
  PUBLIC "-//mybatis.org//DTD Mapper 3.0//EN"
  "http://mybatis.org/dtd/mybatis-3-mapper.dtd">
<mapper namespace="com.learn.chapter14.dao.PurchaseRecordDao">
    <insert id="insertPurchaseRecord" parameterType="purchaseRecord">
      insert into t_purchase_record(
      user_id, product_id, price, quantity, sum, purchase_date, note)
      values(#{userId}, #{productId}, #{price}, #{quantity},
      #{sum}, now(), #{note})
    </insert>
</mapper>
```

上述插入购买记录的 SQL 语句是相当简单的。属性 parameterType 指定的 purchaseRecord 是购买记录（PurchaseRecordPo）的别名。命名空间则定义为 com.learn.chapter14.dao.PurchaseRecordDao，这样接下来就需要定义 MyBatis 的接口，如代码清单 14-6 所示。

代码清单 14-6　MyBatis 购买记录接口

```java
package com.learn.chapter14.dao;
/**** imports ****/
@Mapper
public interface PurchaseRecordDao {
    public int insertPurchaseRecord(PurchaseRecordPo pr);
}
```

至此，关于 MyBatis 持久层的开发就完成了。下面讨论更为复杂的业务层和控制层的开发，这

14.1.3 使用 Spring 开发业务层和控制层

14.1.2 节使用 MyBatis 框架开发了持久层，现在需要讲解业务层的开发。先来定义业务层接口，如代码清单 14-7 所示。

代码清单 14-7　业务层接口

```
package com.learn.chapter14.service;

public interface PurchaseService {
    /**
     * 处理购买业务
     * @param userId 用户编号
     * @param productId 产品编号
     * @param quantity 购买数量
     * @return 成功 or 失败
     */
    public boolean purchase(Long userId, Long productId, int quantity);
}
```

上述代码定义了 purchase() 方法，用于处理业务流程。接下来提供它的实现类，实现类一方面需要处理业务逻辑，另一方面需要留意数据库事务的处理，其实现如代码清单 14-8 所示。

代码清单 14-8　业务层实现

```
package com.learn.chapter14.service.impl;

/**** imports ****/
@Service
public class PurchaseServiceImpl implements PurchaseService {
    @Autowired
    private ProductDao productDao = null;
    @Autowired
    private PurchaseRecordDao purchaseRecordDao = null;

    @Override
    // 启用 Spring 数据库事务机制
    @Transactional
    public boolean purchase(Long userId, Long productId, int quantity) {
        // 获取产品
        var product = productDao.getProduct(productId);
        // 比较库存和购买数量
        if (product.getStock() < quantity) {
            // 库存不足
            return false;
        }
        // 扣减库存
        productDao.decreaseProduct(productId, quantity);
        // 初始化购买记录
        var pr = this.initPurchaseRecord(userId, product, quantity);
        // 插入购买记录
        purchaseRecordDao.insertPurchaseRecord(pr);
        return true;
    }
```

```java
// 初始化购买记录
private PurchaseRecordPo initPurchaseRecord(
        Long userId, ProductPo product, int quantity) {
    var pr = new PurchaseRecordPo();
    pr.setNote("购买日志,时间: " + System.currentTimeMillis());
    pr.setPrice(product.getPrice());
    pr.setProductId(product.getId());
    pr.setQuantity(quantity);
    var sum = product.getPrice() * quantity;
    pr.setSum(sum);
    pr.setUserId(userId);
    return pr;
}
```

上述代码中的 purchase() 方法标注了 @Transactional,这就意味着会启用数据库事务机制。Spring Boot 会根据配置自动创建事务管理器,所以这里并不需要显式地配置事务管理器,而默认隔离级别的选择可以在 application.properties 文件中配置。purchase() 方法执行了图 14-2 描述的流程,这样业务层也就开发完成了,接下来开发控制层。

有了上面的代码,控制器的开发就简单多了。现今微服务以 REST 风格为主,因此这里也开发 REST 风格控制器,如代码清单 14-9 所示。

代码清单 14-9　开发 REST 风格控制器

```java
package com.learn.chapter14.controller;
/**** imports ****/
// REST 风格控制器
@RestController
public class PurchaseController {
    @Autowired
    private PurchaseService purchaseService = null;

    // 定义 Thymeleaf 视图
    @GetMapping("/test")
    public ModelAndView testPage() {
        return new ModelAndView("test");
    }

    @PostMapping("/purchase")
    public Result purchase(Long userId, Long productId, Integer quantity) {
        var success= purchaseService.purchase(userId, productId, quantity);
        var message = success? "抢购成功" : "抢购失败";
        var result = new Result(success, message);
        return result;
    }

    // 响应结果
    class Result {
        private boolean success = false;
        private String message = null;

        public Result() {
        }
```

```java
        public Result(boolean success, String message) {
            this.success = success;
            this.message = message;
        }
        /**** setters and getters ****/
    }
}
```

上述代码中的控制器标注了@RestController，表示采用 REST 风格，这样就会将返回的结果默认转化为 JSON 数据集。testPage()方法指向具体的视图，后面就可以使用这个视图进行测试。purchase()方法则标注了@PostMapping，表示接收 POST 请求，它调用一个简单的方法，然后使用内部类 Result 绑定方法返回的结果并返回。

14.1.4 测试和配置

下面需要测试控制器的方法，主要是通过 Ajax 方式进行测试，这是因为目前 Ajax 方式在移动端和页面端的企业业务中均被广泛应用。代码清单 14-9 定义了一个 Thymeleaf 视图，其实现如代码清单 14-10 所示。

代码清单 14-10　测试控制器（/templates/test.html）

```html
<html lang="en" xmlns:th="http://www.thymeleaf.org">
<head>
    <meta http-equiv="Content-Type" content="text/html; charset=UTF-8">
    <!-- 引入 Axios -->
    <script charset="UTF-8" src="https://unpkg.com/axios/dist/axios.min.js"></script>
    <script type="text/javascript">
    axios({
        method: "POST", // POST 请求
        url: "./purchase", // 请求路径
        params: {
            userId : 1,
            productId : 1,
            quantity : 3
        },
        headers: {
            'Content-Type': 'application/x-www-form-urlencoded'
        }
    }).then(resp => {
        // 请求响应结果
        let result = resp.data;
    })
    </script>
    <title>产品扣减库存测试</title>
</head>
<body>
</body>
</html>
```

至此，开发工作已经完成，页面中使用 JavaScript 脚本对数据库进行了测试。对于这段脚本，本章后续测试高并发时会进行改写。但是，这个项目中还缺乏对 Spring Boot 的配置，代码清单 14-11 展示了对开发环境的配置。

代码清单14-11 配置开发环境

```
########## 数据库配置 ##########
spring.datasource.url=jdbc:mysql://localhost:3306/chapter14
spring.datasource.username=root
spring.datasource.password=123456
# spring.datasource.driver-class-name=com.mysql.cj.jdbc.Driver

#### Hikari 数据源配置 ####
# 最大线程数
spring.datasource.hikari.maximum-pool-size=20
# 最大生命周期为 30 m
spring.datasource.hikari.max-lifetime=1800000
# 最小线程空闲数
spring.datasource.hikari.minimum-idle=10

#### 配置 Hikari 数据源默认隔离级别,Hikari 是 Spring Boot 的默认数据源 ####
# TRANSACTION_READ_UNCOMMITTED 未提交读
# TRANSACTION_READ_COMMITTED 读写提交
# TRANSACTION_REPEATABLE_READ 可重复读
# TRANSACTION_SERIALIZABLE 串行化
spring.datasource.hikari.transaction-isolation=TRANSACTION_READ_COMMITTED

########## MyBatis 配置 ##########
# 别名包
mybatis.type-aliases-package=com.learn.chapter14.pojo
# 映射文件
mybatis.mapper-locations=classpath:mappers/*.xml
```

使用上述配置就可以配置数据库和MyBatis,这便是Spring Boot的便捷之处,经过简单的配置就能满足很多的自定义需求。

接下来就是最后关于Spring Boot启动文件的配置,主要定义扫描包和MyBatis接口的整合,如代码清单14-12所示。

代码清单14-12 修改 Spring Boot 启动文件

```
package com.learn.chapter14.main;
/**** imports ****/
// 定义扫描包
@SpringBootApplication(scanBasePackages = "com.learn.chapter14")
// 定义扫描 MyBatis 接口
@MapperScan(annotationClass = Mapper.class,
      basePackages="com.learn.chapter14")
public class Chapter14Application {

   public static void main(String[] args) {
      SpringApplication.run(Chapter14Application.class, args);
   }
}
```

运行上述代码,然后在浏览器中输入 http://localhost:8080/test,可以看到图14-3所示的测试结果。

这样的结果在普通的场景下是可以接受的,但是一旦进入一个高并发的环境,就会出现超发现象。14.2节将讨论这些内容。

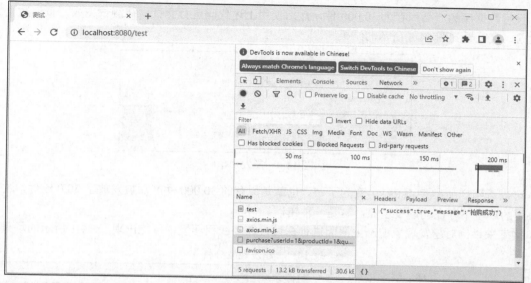

图 14-3　测试结果

14.2　高并发开发

在企业的生产实践中，往往会事先对热门商品进行广告宣传，然后告知大众在某天某个时刻开始进行抢购。到了那个时刻，大量的网站会员就会用电脑和手机进行疯狂的抢购，这时网站需要面对高并发的环境。本节对这样的场景进行深入讨论。

14.2.1　超发现象

下面改写代码清单 14-10 中的 JavaScript 脚本，用来模拟高并发的场景，设置模拟 50,000 人同时抢购 30,000 件商品的场景，如代码清单 14-13 所示。

代码清单 14-13　模拟高并发的测试脚本

```
for (let i=0; i<50000; i++) {
    axios({
        method: "POST", // POST 请求
        url: "./purchase", // 请求路径
        params: {
            userId : 1,
            productId : 1,
            quantity : 1
        },
        headers: {
            'Content-Type': 'application/x-www-form-urlencoded'
        }
    }).then(resp => {
        // 请求响应结果
        let result = resp.data;
    });
}
```

设置数据库的产品库存为 30,000 件，然后使用上述代码进行测试。待测试完成，查询数据库中的数据，可以看到图 14-4 所示的结果。

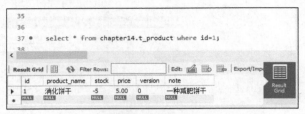

图 14-4 超发现象

可以看到产品库存（stock）变为了 –5，也就是原有的 30,000 件产品被发放了 30,005 件，这就是高并发的环境下存在的超发现象，这是一种错误。

接下来举例对超发现象的产生原因进行探讨，在多线程环境中可能出现表 14-1 所示的场景。

表 14-1 超发现象分析

时刻	线程 1	线程 2	备注
T1	读取库存为 1	—	可购买
T2	—	读取库存为 1	可购买
T3	扣减库存	—	此时库存为 0
T4	—	扣减库存	**此时库存为 –1，发生超发现象**
T5	插入交易记录	—	正常购买记录
T6	—	插入交易记录	**错误，库存已经不足**

从表 14-1 可以看出，线程 1 和线程 2 在开始阶段都同时读入库存为 1，但是在 T3 时刻线程 1 扣减库存后产品就没有库存了，线程 2 此时并不会感知线程 1 的这个操作，而是继续按自己原有的判断，按照库存为 1 扣减库存，这样就出现了 T4 时刻库存为 –1，而 T6 时刻插入错误记录的超发现象。

在高并发的环境下，除了考虑超发的问题，还应该考虑性能问题，因为速度太慢会影响用户的体验。下面运行 SQL 语句来查看最后一条购买记录和第一条购买记录的时间戳，如图 14-5 所示。

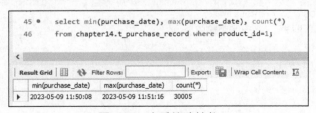

图 14-5 查看抢购性能

可以看到最后一条记录和第一条记录的时间戳为 68 s。

为了克服超发现象，当前企业级的开发提出了悲观锁和乐观锁等多种方案，接下来对这些方案的原理和性能进行分析。

14.2.2 悲观锁

本节讲解如何使用悲观锁处理超发现象。在高并发的环境中出现超发现象，根本原因在于共享的数据（本章的例子是产品库存）被多个线程所修改，无法保证线程执行的顺序。如果一个数据库事务读取到产品后就将数据直接锁定，不允许别的线程进行读写操作，直至当前数据库事务完成才释放这条数据的锁，则不会出现 14.2.1 节所述的超发现象。下面改写代码清单 14-3 中获取产品的 SQL 语句，如代码清单 14-14 所示。

代码清单 14-14 使用悲观锁
```xml
<!-- 获取产品 -->
<select id="getProduct" parameterType="long" resultType="product">
   select id, product_name as productName,
   stock, price, version, note from t_product
   where id=#{id} for update
</select>
```

上述代码与修改之前的代码并没有太大的不同，只是在 SQL 语句的最后加入了 for update 语句。注意，这里的 where 条件使用主键 id，意味着 MySQL 将使用行锁，即只对选中行加锁，如果没有对主键加锁，MySQL 将添加表锁，即锁住整个表，这会给并发带来极大的伤害。for update 语句将会在数据库事务执行的过程中锁定查询出来的数据，其他的事务将不能再对数据进行读写，这样就避免了数据的不一致。单个请求直至数据库事务完成才会释放这个锁，其他的请求才能重新得到这个锁。我们还是采用代码清单 14-13 所示的脚本，结合 SQL 语句进行测试，可以得到图 14-6 所示的结果。

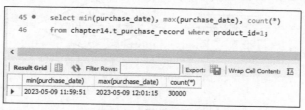

图 14-6 悲观锁结果

根据图 14-6 可知，一共有 30,000 条记录，结果是正确的，说明代码清单 14-14 已经克服了超发现象。但是，悲观锁的使用影响了性能。从图 14-6 可以看出，最后一条购买记录与第一条购买记录相差 84 s，耗时比不加锁多出了 16 s，这里存在着性能的丢失。我们来分析一下原因。当启用一个事务运行 for update 语句时，数据库就会给这条记录加入锁，让其他的事务等待，直至事务结束才会释放锁，如图 14-7 所示。

图 14-7 中假设事务 2 得到了产品信息的锁，那么事务 1, 3, ···, n 就必须等待持有产品信息的事务 2 结束并释放产品信息后，才能抢夺产品信息，这样就有大量的线程被挂起和等待，所以性能就降低了。

从上述分析可见，悲观锁是使用数据库内部的锁对记录进行加锁，从而使其他事务等待，以保证数据的一致性。但这样会造成过多的等待和事务上下文的切换，导致系统运行缓慢，因为使用悲观锁时资源只能被一个事务锁持有，所以悲观锁也被称为独占锁或者排他锁。为了解决这些问题，提高运行效率，一些开发者提出了乐观锁方案。

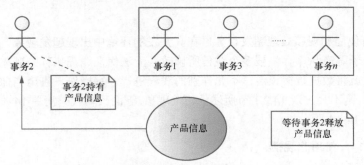

图 14-7 悲观锁等待图示

14.2.3 乐观锁

从 14.2.2 节可以看出，虽然悲观锁可以解决高并发的环境下的超发现象，但它并不是一个高效的方案。为了提高性能，一些开发者采用了乐观锁方案。乐观锁是一种不使用数据库锁和不阻塞线程并发的方案。

以本章的商品购买为例，一个线程一开始先读取既有的产品库存并保存起来，我们把这些旧数据称为旧值，然后执行一定的业务逻辑，等到需要对共享数据做修改时，会事先将保存的旧值库存与当前数据库库存进行比较，如果旧值与当前库存一致，它就认为数据没有被修改过，否则就认为数据已经被修改过，当前计算将不被信任，不再修改任何数据，其流程如图 14-8 所示。

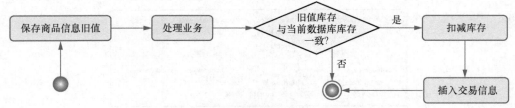

图 14-8 乐观锁解决超发问题图示

这个方案就是多线程的概念——比较交换（compare and swap，CAS），然而这样的方案会引发一种 ABA 问题，如表 14-2 所示。

表 14-2 ABA 问题论述

时刻	线程 1	线程 2（购买 C 件）	备 注
T1	读取商品库存为 A 件	—	线程 1 保存旧值库存为 A 件
T2		读取商品库存为 A 件	线程 2 保存旧值库存为 A 件
T3		计算购买商品总价格	—
T4	计算剩余商品总价格	扣减库存 C 件，剩下 B 件	当前库存为 A 件，与线程 2 保存的旧值一致，因此线程 2 可扣减库存。此时线程 1 在当前库存为 B 件的情况下计算剩余商品总价格
T5		取消购买，库存回退为 A 件	因为一些原因，此时线程 2 回退，这样库存又变为了 A 件，此时线程 1 计算的剩余商品总价格就可能出错了

续表

时刻	线程 1	线程 2（购买 C 件）	备 注
T6	记录剩余商品总价格	—	线程 2 在 T5 时刻的回退导致库存为 A 件，与线程 1 的旧值保持一致，这样线程 1 就扣减了库存，而其计算的剩余商品总价格则可能出错

从表 14-2 可以看出，在 T2 到 T5 时刻，线程 1 计算剩余商品总价格的时候，当前库存会被线程 2 修改，它是一个 A→B→A 的过程，所以被形象地称为"ABA 问题"。换句话说，线程 1 在计算剩余商品总价格时，当前库存是一个变化的值，这样就可能出现错误的计算。显然，表 14-2 所示的共享值回退导致了数据的不一致，为了克服这个问题，开发者引入了一些规则，典型的如增加版本号（version），并且规定：只要操作过程中修改共享值，无论业务是正常、回退还是异常，版本号只能递增，不能递减。使用这个规则重新执行数据库事务，结果如表 14-3 所示。

表 14-3 使用版本号解决 ABA 问题

时刻	线程 1	线程 2（购买 C 件）	备 注
T1	读取商品版本号为 1	—	线程 1 记录：version=1
T2		读取商品版本号为 1	线程 2 记录：version=1
T3	计算剩余商品总价格	计算剩余商品总价格	—
T4		扣减库存 C 件，剩下 B 件	线程 2 记录：version = version +1=2
T5		取消购买，库存回退为 A 件	线程 2 记录：version = version+1=3
T6	取消业务	—	线程 1 记录 version 旧值为 1，而当前为 3，因此取消业务

从表 14-3 可以看出，由于版本号只能递增而不能递减，因此无论是线程 2 进行扣减库存还是回退商品，版本号都只会递增而不会递减，这样在 T6 时刻，线程 1 使用其保存的 version 旧值 1 与当前 version 值 3 进行比较，就会发现商品被修改过了，数据已经不可信，于是便取消业务。为了使用乐观锁，应留意代码清单 14-1 中产品信息表（T_PRODUCT）的字段 version，下面利用这个字段来使用乐观锁。

首先删除代码清单 14-14 中的 for update 语句，也就是不再给数据库的记录加锁。这样就不会出现悲观锁的阻塞其他线程并发的问题了，然后回看代码清单 14-3 中扣减库存 SQL 语句，代码清单 14-15 对它进行了改造。

代码清单 14-15 使用乐观锁

```
<!-- 扣减库存 -->
<update id="decreaseProduct">
   update t_product set stock = stock - #{quantity},
   version = version +1
      where id = #{id} and version = #{version}
</update>
```

上述代码在扣减库存时，在更新库存的同时也会递增版本号，因为之前谈过，任何对于产品信息的修改，版本号只会递增而不会递减。此外，这里的条件除产品编号外，还有版本号，通过对版本号的判断就可以让当前执行的事务知道，有没有别的事务已经修改过数据，一旦版本号不一致，则什么数据也不会触发更新。由于上述代码已经将原有的 2 个参数变为了 3 个参数，因此需要同步修改 ProductDao 接口的扣减库存方法（decreaseProduct()）定义：

```
public int decreaseProduct(@Param("id") Long id,
    @Param("quantity") int quantity, @Param("version") int version);
```

这样通过 MyBatis 就可以操作这条 SQL 语句，然后我们修改 PurchaseServiceImpl 的 purchase() 方法，如代码清单 14-16 所示。

代码清单 14-16　使用乐观锁处理超发问题

```
@Override
// 启用 Spring 数据库事务机制，并将隔离级别设置为读写提交
@Transactional(isolation = Isolation.READ_COMMITTED)
public boolean purchase(Long userId, Long productId, int quantity) {
    // 获取产品（线程旧值）
    var product = productDao.getProduct(productId);
    // 比较库存和购买数量
    if (product.getStock() < quantity) {
        // 库存不足
        return false;
    }
    // 获取当前版本号
    var version = product.getVersion();
    // 扣减库存，同时将当前版本号发送给数据库进行比较
    var result = productDao.decreaseProduct(productId, quantity, version);
    // 如果更新数据失败，说明数据在多线程中被其他线程修改，导致失败
    if (result == 0) {
        return false;
    }
    // 初始化购买记录
    var pr = this.initPurchaseRecord(userId, product, quantity);
    // 插入购买记录
    purchaseRecordDao.insertPurchaseRecord(pr);
    return true;
}
```

从上述代码可以看到，一个事务在开始时就读入了产品信息，并保存到旧值中。在扣减库存时会读出当前版本号并传递给后台的 SQL 语句，SQL 语句会比较当前线程版本号和数据库版本号，如果一致则更新成功，并将版本号加 1，此时就会返回更新数据的条数不为 0，如果为 0，则表示当前线程版本号与数据库版本号不一致，说明其他线程已经先于当前线程修改过数据，更新失败。

做了以上修改后，重新使用代码清单 14-13 的 JavaScript 脚本进行测试，可以得到图 14-9 所示的结果。

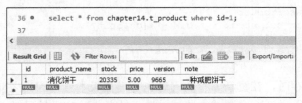

图 14-9　乐观锁测试结果

再运行 SQL 语句来看插入购买记录的情况，如图 14-10 所示。

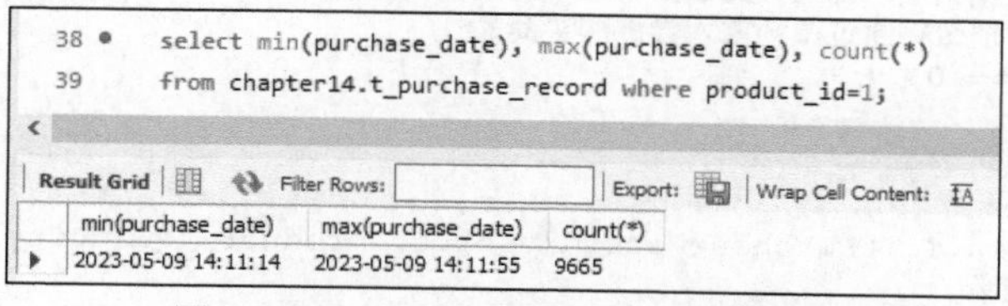

图 14-10　乐观锁插入购买记录的情况

一共耗时 41 s，比之前方案的性能提高许多，而且插入记录数与剩余产品库存加起来也是 30,000，因此并没有发生超发现象。换句话说，性能没有丢失也没有发生超发现象。因为没有独占资源和阻塞任何线程的并发，所以乐观锁也称为非独占锁或无阻塞锁。但是，因为加入了版本号的判断，所以大量的请求得到了失败的结果，而且这个失败率有点高。下面我们要处理这个问题。

在上面的测试中，可以看到大量的请求更新失败。为了处理这个问题，乐观锁还可以引入重入机制，也就是一旦更新失败，就重新做一次，因此有时候也可以称乐观锁为可重入的锁。其原理是一旦发现版本号被更新，不结束请求，而是重新运行一次乐观锁流程，直至成功为止。但是流程的重入可能造成大量的 SQL 语句被运行。例如，原本一个请求需要运行 3 条 SQL 语句，如果需要重入 4 次才能成功，那么就会有十几条 SQL 语句被运行，在高并发场景下，会给数据库带来很大的压力。为了克服这个问题，一般会考虑使用限制时间或者重入次数的办法，压制过多的 SQL 语句被运行。下面通过代码来讨论重入的机制。

先讨论时间戳的限制。对一个请求限制 100 ms 的生存期，如果在 100 ms 内发生版本号冲突而导致不能更新，则会重新尝试请求，否则视为请求失败，如代码清单 14-17 所示。

代码清单 14-17　使用时间戳限制重入的乐观锁

```
@Override
// 启用 Spring 数据库事务机制，并将隔离级别设置为读写提交
@Transactional(isolation = Isolation.READ_COMMITTED)
public boolean purchase(Long userId, Long productId, int quantity) {
    // 当前时间
    var start = System.currentTimeMillis();
    // 循环尝试直至成功
    while(true) {
        // 循环时间
        var end = System.currentTimeMillis();
        // 如果循环时间大于 100 ms 则返回，终止循环
        if (end - start > 100) {
            return false;
        }
        // 获取产品
        var product = productDao.getProduct(productId);
        // 比较库存和购买数量
        if (product.getStock() < quantity) {
            // 库存不足
            return false;
        }
        // 获取当前版本号
        var version = product.getVersion();
        // 扣减库存，同时将当前版本号发送给后台进行比较
```

```
            var result = productDao.decreaseProduct(productId, quantity, version);
            // 如果更新数据失败，说明数据在多线程中被其他线程修改
            // 导致失败，那么将通过循环重入尝试购买商品
            if (result == 0) {
                continue;
            }
            // 初始化购买记录
            var pr = this.initPurchaseRecord(userId, product, quantity);
            // 插入购买记录
            purchaseRecordDao.insertPurchaseRecord(pr);
            return true;
        }
    }
```

在上述代码中，进入方法后则记录了开始时间，然后进入循环。在执行业务逻辑之前，先判断结束时间（end）和开始时间（start）的时间戳。如果循环时间小于等于 100 ms，则继续尝试；如果大于 100 ms，则返回失败。在扣减库存的时候，如果扣减成功，则返回更新条数不为 0；如果为 0，则扣减失败，进入下一次循环，直至扣减成功或者超时。再次使用代码清单 14-13 的 JavaScript 脚本进行测试，可以得到图 14-11 所示的结果。

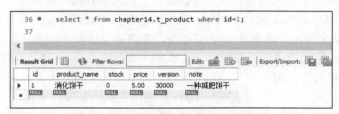

图 14-11　按时间戳重入的乐观锁测试

从图 14-11 可以看到，商品库存为 0，这说明之前大量的请求失败的情况没有了。但是按时间戳限制重入的方法也有一个弊端，就是系统会因为自身的忙碌而大大减少重入的次数。因此有时候也会采用限定重入次数的机制来避免重试过多的情况，代码清单 14-18 展示了至多尝试 3 次的算法。

代码清单 14-18　使用限定重入次数的乐观锁

```
@Override
// 启用 Spring 数据库事务机制
@Transactional
public boolean purchase(Long userId, Long productId, int quantity) {
    // 限定循环 3 次
    for (int i = 0; i < 3; i++) {
        // 获取产品
        var product = productDao.getProduct(productId);
        // 比较库存和购买数量
        if (product.getStock() < quantity) {
            // 库存不足
            return false;
        }
        // 获取当前版本号
        var version = product.getVersion();
        // 扣减库存，同时将当前版本号发送给数据库进行比较
        var result = productDao.decreaseProduct(productId, quantity, version);
        // 如果更新数据失败，说明数据在多线程中被其他线程修改，导致失败，则通过循环重入尝试购买商品
```

```
        if (result == 0) {
            continue;
        }
        // 初始化购买记录
        var pr = this.initPurchaseRecord(userId, product, quantity);
        // 插入购买记录
        purchaseRecordDao.insertPurchaseRecord(pr);
        return true;
    }
    return false;
}
```

代码清单 14-18 与代码清单 14-17 比较接近,不同的地方在于使用 for 循环限定了最多 3 次尝试。在实际的测试中可以发现,请求失败的次数也会大大降低。

总结一下乐观锁的机制:乐观锁是一种不使用数据库锁的机制,不会造成线程的阻塞,而是采用多版本号机制来实现请求。但是,因为版本的冲突造成请求失败的概率剧增,所以这时往往需要通过重入机制降低请求失败的概率。不过,多次的重入会带来过多运行 SQL 语句的问题。为了克服这个问题,可以考虑使用按时间戳或者限定重入次数的办法。可见,乐观锁是一个相对复杂的机制。

第 15 章

打包、测试、监控、预先编译和容器部署

通过前面章节的讲解，关于 Spring Boot 的开发内容基本讨论结束，下面要考虑打包、测试和监控等问题。对于打包，前面章节的构建是以 Maven 来完成的，因此本章也通过 Maven 来讲述如何部署 Spring Boot 项目。对于测试，主要是基于现在流行的 JUnit 进行讲解，重点是 Mockito 的使用，毕竟在某些测试中难以模拟 HTTP 环境，通过 Mockito 则可以消除这些环境导致的测试困难。对于监控，则使用 Spring Boot 提供的 Actuator，通过它可以监控运行的状态和一些简单的管理。

当前云服务已经十分流行，而为了更好地维护云服务，开发者提出了云原生的概念。云原生是基于分布部署和统一运管的分布式云，以容器和微服务等技术为基础建立的一套云技术产品体系。在云服务时代，很多应用已经被部署在 Docker 容器中，因此本章也会简单地讨论如何将 Spring Boot 项目部署到 Docker 容器中。为了更好地支持云原生，JVM 也在积极发展中，最具代表性的当属甲骨文（Oracle）公司推出的 GraalVM，它支持预先（ahead-of-time，AOT）编译，也就是先将 Java 源文件直接编译为本地机器码而非传统项目的字节码，使得云原生更容易实现，并能极大提高程序的性能。虽然当前 GraalVM 还未成熟，不过 GraalVM 代表未来的主流方向，因此本章也会谈及它。

15.1 打包和运行

本节对项目的操作主要分为两个步骤：第一步是打包项目，一般可以将项目打包成 jar 文件或者 war 文件；第二步是运行项目，运行项目又可以选择内嵌服务器和第三方服务器。接下来先讲解第一步，也就是如何打包的问题。

15.1.1 打包项目

使用 Maven 打包项目比较简单，我们可以直接进入相应的目录。例如，本节新建项目 chapter15 并进行打包，我们首先在命令行窗口中进入 chapter15 的目录，然后执行 Maven 命令：

```
mvn clean compile package
```

这个 Maven 命令中包含以下 3 个参数。

- **clean**：表示清除之前打包的内容。
- **compile**：表示重新编译 Java 文件。
- **package**：表示进行打包。

执行命令后，进入 chapter15 目录下的 target 目录，可以看到打包好的文件，如图 15-1 所示。

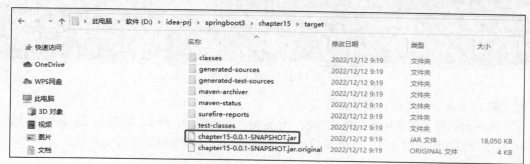

图 15-1　使用 Maven 命令打包

在很多时候使用 IDE 打包更加方便，其中，使用 IDEA 打包比较简单，如图 15-2 所示。

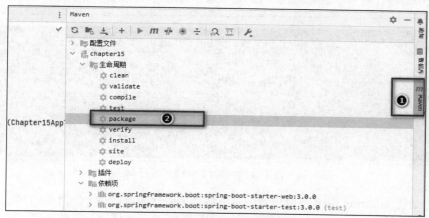

图 15-2　使用 IDEA 打包

我们先点击 IDEA 右上角的 Maven 菜单（即图 15-2 的①处），再点击②处的 package，就可以进行打包了。打包后，也可以看到图 15-1 所示的结果。

15.1.2　运行项目

运行项目的方式很简单，对于使用 IDEA 打包的 jar 文件，使用 java -jar 命令就可以直接运行。例如，要运行图 15-1 所示的 jar 文件，进入目录后，在命令行窗口中执行

```
java -jar .\chapter15-0.0.1-SNAPSHOT.jar
```

就可以启动项目了。Spring Boot 会使用内嵌的服务器运行这个 jar 包，开发者并不需要自己寻找第三方服务器，运行结果如图 15-3 所示。

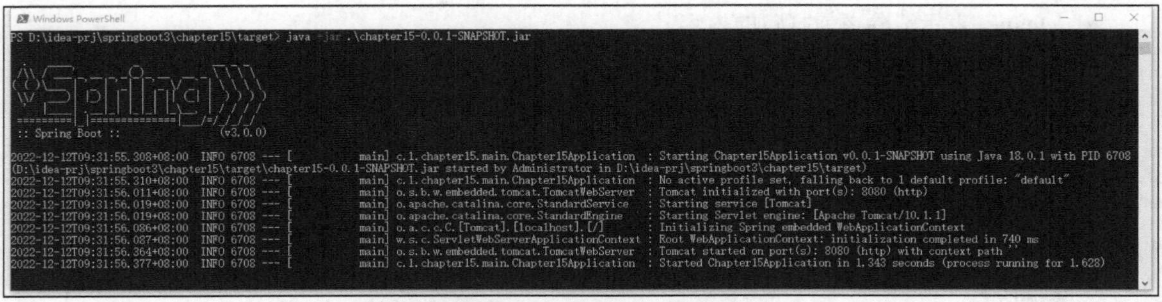

图 15-3　运行 jar 文件

看到图 15-3 所示的页面，说明运行成功了。

有时候我们可能希望使用命令指定参数，这也是没有问题的。例如，在运行 jar 文件的时候我们发现 8080 端口被其他应用占用，此时希望使用 9080 端口，于是可以把执行的命令修改为

```
java -jar chapter15-0.0.1-SNAPSHOT.jar --server.port=9080
```

这样就可以启用 9080 端口来运行服务器。值得注意的是，如果在项目的配置文件中设置了端口，该端口也会被这个命令行的参数覆盖。这个 jar 文件运行的结果如图 15-4 所示。

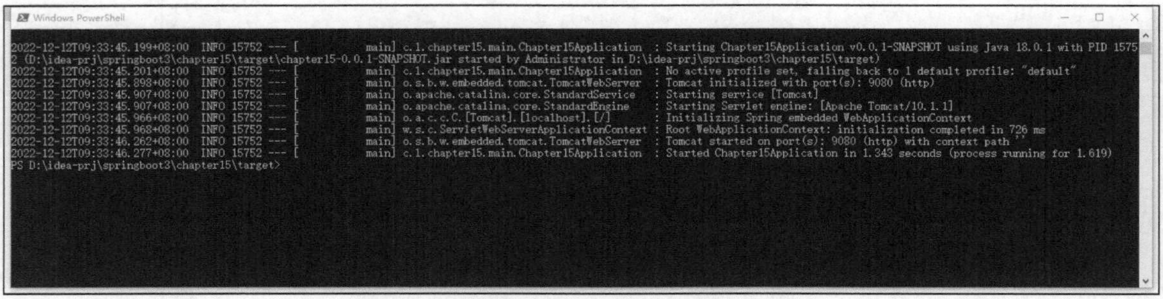

图 15-4　使用参数（9080 端口）运行 jar 文件

上述文件是使用 Spring Boot 自身内嵌的服务器部署运行的，显然十分简单。

使用外部服务器也不困难，这里以最常用的服务器 Tomcat 为例进行打包。使用第三方非内嵌服务器打包，需要自己初始化 Spring MVC 的 DispatcherServlet，不过在此之前需要修改 pom.xml 文件，如代码清单 15-1 所示。

代码清单 15-1　修改 pom.xml 文件

```xml
<?xml version="1.0" encoding="UTF-8"?>
<project xmlns="http://maven.apache.org/POM/4.0.0" xmlns:xsi="http://www.w3.org/2001/XMLSchema-instance"
    xsi:schemaLocation="http://maven.apache.org/POM/4.0.0 https://maven.apache.org/xsd/maven-4.0.0.xsd">
    <modelVersion>4.0.0</modelVersion>
    ......
    <groupId>springboot3</groupId>
    <artifactId>chapter15</artifactId>
    <version>0.0.1-SNAPSHOT</version>
```

```xml
<name>chapter15</name>
<description>chapter15</description>
<packaging>war</packaging>
......
</project>
```

上述代码将打包的方式修改为 war，这样就是一个 Web 的应用。但是，上述代码还没有初始化 Spring MVC 的 DispatcherServlet，我们还需要自己创建文件 ServletInitializer.java。从名称看，它的作用就是初始化 Servlet，如代码清单 15-2 所示。

代码清单 15-2　ServletInitializer.java 源码

```java
package com.learn.chapter15.main;

/**** imports ****/
public class ServletInitializer extends SpringBootServletInitializer {
    @Override
    protected SpringApplicationBuilder configure(
            SpringApplicationBuilder application) {
        return application.sources(Chapter15Application.class);
    }
}
```

可以看到，ServletInitializer 继承了 SpringBootServletInitializer，然后实现了 configure() 方法，实现这个方法是为了载入 Spring Boot 的启动类 Chapter15Application，依靠这个启动类来读取配置。那么 Web 容器是如何识别到这个 SpringBootServletInitializer 类的呢？在 Servlet 3.1 规范之后已经允许 Web 容器不通过 web.xml 配置，只需要实现 ServletContainerInitializer 接口即可。Spring MVC 已经提供了 ServletContainerInitializer 的实现类 SpringServletContainerInitializer，这个实现类会遍历 WebApplicationInitializer 接口的实现类，加载它所配置的内容。其实，SpringBootServletInitializer 就是 WebApplicationInitializer 接口的实现类之一，它们之间的关系如图 15-5 所示。

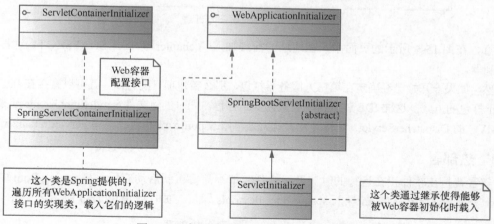

图 15-5　容器初始化 Spring Boot 项目原理

通过图 15-5 所示的关系，Web 容器就能够访问到类 ServletInitializer 的信息，进而通过启动类 Chapter15Application 来初始化相关的内容，这样就可以启动 Spring Boot 的应用了。

根据这些内容，只需要将图 15-2 中的文件 chapter15-0.0.1-SNAPSHOT.war 复制到外部 Tomcat 的 webapps 目录下，即可以完成打包。可见，对于打包和运行 Spring Boot 项目，无论是使用内嵌服务器还是外部第三方服务器都是非常简便的。

为了测试第三方服务器的打包功能，创建控制器，如代码清单 15-3 所示。

代码清单 15-3　测试控制器

```java
package com.learn.chapter15.controller;
/****** imports ******/
@RestController
@RequestMapping("/test")
public class TestController {

    @GetMapping("/msg")
    public String msg() {
        return "message";
    }
}
```

打包好 war 文件，放到 Tomcat 的 webapp 目录下，然后启动 Tomcat（假设使用默认的 8080 端口），访问

```
http://localhost:8080/chapter15-0.0.1-SNAPSHOT/test/msg
```

就可以看到图 15-6 所示的结果。

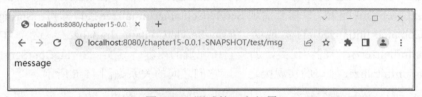

图 15-6　测试第三方部署

注意，在图 15-6 所示的页面中，在地址的前缀加入了 chapter15-0.0.1-SNAPSHOT，这样才能访问到控制器。

当然，如果一开始已经确定在第三方服务器打包，那么新建项目的时候，就可以直接在 IDE 中选择采用 war 打包的方式，这样 IDE 就会自动设置为 war 打包，同时创建文件 ServletInitializer.java 来初始化 Spring MVC 的 DispatcherServlet。这样开发者就无须再修改 pom.xml 和自己编写 ServletInitializer.java 了。

15.1.3　热部署

热部署就是在软件正在运行的时候升级软件，却不需要重新启动应用。在 Spring Boot 中使用热部署也十分简单，通过 Maven 导入 spring-boot-devtools 即可，如代码清单 15-4 所示。

代码清单 15-4　通过导入 spring-boot-devtools 引入热部署

```xml
<dependency>
    <groupId>org.springframework.boot</groupId>
    <artifactId>spring-boot-devtools</artifactId>
    <!-- 表示依赖不会传递 -->
```

```xml
        <optional>true</optional>
    </dependency>
```

在运行上述代码后重启系统,这样当修改其中的文件时,文件就会即时生效。上述代码配置了 optional 选项为 true,表示别的项目依赖于当前项目,这个热部署不会在该项目上生效。热部署是通过 LiveReload 进行支持的,因此可以在后台日志中看到类似下面的日志:

```
o.s.b.d.a.OptionalLiveReloadServer       : LiveReload server is running on port 35729
```

关于热部署的配置,主要是代码清单 15-5 所示的选项。

代码清单 15-5　热部署配置项

```properties
# DEVTOOLS (DevToolsProperties)
# 是否启用一个 livereload 兼容的服务器
spring.devtools.livereload.enabled=true
# livereload 服务器端口
spring.devtools.livereload.port=35729
# 在原来的基础上新增不重启服务的文件夹目录
spring.devtools.restart.additional-exclude=
# 在原来的基础上新增重启服务的文件夹目录
spring.devtools.restart.additional-paths=
# 是否启用自动重启功能
spring.devtools.restart.enabled=true
# 不重启服务的文件夹配置
spring.devtools.restart.exclude=META-INF/maven/**,META-INF/resources/**,resources/**,
        static/**,public/**,templates/**,**/*Test.class,**/*Tests.class,git.properties
# 设置对路径变化进行监测的时间间隔
spring.devtools.restart.poll-interval=1000ms
# 在没有改变任何 classpath 的情况下,在重启被触发前的静默时长
spring.devtools.restart.quiet-period=400ms
# 设置触发文件,当需要实际触发重启检查时需要修改这个文件
spring.devtools.restart.trigger-file=
```

上述代码对热部署配置项都给予了注释说明,开发者可以根据自己的需要来改变热部署的监控内容和方式。

15.2　测试

在其他章节中,我们主要通过运行应用来观察测试的结果。虽然这是一种可行的方式,但是并不严谨。在一些企业的实践中,还会要求开发和测试人员编写测试编码来测试业务逻辑,以提高编码的质量、降低错误的发生概率以及进行性能测试等。有些 IDE 在创建 Spring Boot 应用的时候已经通过 Maven 引入了测试包,如代码清单 15-6 所示。

代码清单 15-6　引入测试包

```xml
<dependency>
    <groupId>org.springframework.boot</groupId>
    <artifactId>spring-boot-starter-test</artifactId>
    <scope>test</scope>
</dependency>
```

spring-boot-starter-test 会引入 JUnit 的测试包,这也是现实中使用得最多的方案,因此接下来我

们基于它进行讨论。Spring Boot 支持多个方面的测试，如 JPA、MongoDB、REST 风格和 Redis 等。基于实用原则，本节主要讲解测试业务层类、REST 风格测试和 Mock 测试。

15.2.1 构建测试类

在创建 Spring Boot 项目的时候，IDE 会同时构建测试环境，这一步不需要开发者自己处理。从代码清单 15-6 可以看到 IDE 自动创建的测试包（test），同时 IDE 会自动生成一个测试文件，如本章的项目名称为 Chapter15，那么这个文件名就为 Chapter15ApplicationTests.java，其内容如代码清单 15-7 所示。

代码清单 15-7　IDE 搭建测试类

```
package com.learn.chapter15.main;
/**** imports ****/
@SpringBootTest
class Chapter15ApplicationTests {

    @Test
    void contextLoads() {
    }

}
```

上述代码中的 contextLoads()方法是一个空的逻辑，其中注解@Test 表示要测试这个方法。注解@SpringBootTest 可以配置 Spring Boot 的关于测试的相关功能。contextLoads()是一个空实现，接下来举例说明如何进行测试。假设已经开发好 UserService 接口的 Bean，并且这个接口提供了 getUser()方法来获取用户信息。基于这个假设开发测试代码，如代码清单 15-8 所示。

代码清单 15-8　开发测试代码

```
package com.learn.chapter15.main;
/**** imports ****/
@SpringBootTest
class Chapter15ApplicationTests {

    @Autowired
    private UserService userService = null;

    @Test
    void contextLoads() {
        var user = userService.getUser(1L);
        // 判断用户信息是否为非空
        Assert.notNull(user, "对象为空");
    }

}
```

上述代码中的 UserService 可以直接从 IoC 容器中注入，无须再进行任何处理。而 contextLoads()方法使用断言（Assert）来判断用户是否为非空，这便是最为主要的测试方式。但是，并不是所有方法都能很好地进行测试，例如之前谈到的 RestTemplate 调用其他的服务得到的数据，可能在进行测试之时，该服务因为特殊原因没有开发完成，无法为当前项目提供测试数据，导致正常的测试无法进行。这时 Spring 还会给予更多的支持，作为辅助来消除这些因素给测试带来的影响。

15.2.2 使用随机端口和 REST 风格测试

有时候,本机已经启用了 8080 端口,这时进行测试就会占用这个端口。为了克服这个问题,Spring Boot 提供了随机端口机制。假设一个基于 REST 风格的请求

```
GET /user/{id}
```

已经开发好了,而且本地已经启用 8080 端口服务,这时就可以使用随机端口进行测试了,如代码清单 15-9 所示。

代码清单 15-9　随机端口和 REST 风格测试

```java
package com.learn.chapter15.main;
/**** imports ****/
// 使用随机端口启动测试服务
@SpringBootTest(webEnvironment = SpringBootTest.WebEnvironment.RANDOM_PORT)
public class RestTemplateTest {
    // REST 测试模板,Spring Boot 自动生成
    @Autowired
    private TestRestTemplate restTemplate = null;

    // 测试获取用户功能
    @Test
    public void testGetUser() {
        // 请求当前启动的服务,注意 URI 的缩写
        var user = this.restTemplate.getForObject("/user/{id}", User.class, 1L);
        Assert.notNull(user, "对象不能为空");
    }
}
```

上述代码配置了注解@SpringBootTest 的配置项 webEnvironment 为随机端口,这样就会使用随机端口启动测试服务。上述代码还注入了 REST 测试模板 TestRestTemplate,它是由 Spring Boot 自动生成的,使用方法和 RestTemplate 类似,在第 11 章中已经阐述,所以这里不再赘述它的使用方法。testGetUser()方法中标注了@Test,说明它是 JUnit 的测试方法之一,其逻辑是测试 REST 风格的请求(即获取用户)。进行上述配置后,就能够对控制器的逻辑进行测试了。

15.2.3　Mock 测试

假设当前服务主要提供用户方面的功能,但有时我们还希望查看用户购买了哪些产品以及产品的详情,而产品的详情是由产品服务提供的。这时,当前服务就希望通过一个产品服务接口(ProductService),基于 REST 风格调用产品服务来获取产品的信息。然而,当前的产品服务还未能提供相关的功能,因此当前的测试不能继续进行。

这时就需要用到 Mock 测试的理念了。Mock 测试方法在测试过程中,用一个虚拟的对象来替代某些不容易构造或者不容易获取的对象,以便于测试。简单地说,如果产品服务接口(ProductService)的 getProduct()方法还没有开发好,那么 Mock 测试就可以提供一个虚拟的产品,让当前测试能够继续。下面举例说明。

假设需要获取一个产品的信息,但产品服务还没能提供相关的功能,此时希望能够构建一个虚拟的产品来让其他的测试流程能够继续下去。下面用代码清单 15-10 来模拟这个场景。

代码清单 15-10　Mock 测试

```
package com.learn.chapter15.main;
/**** imports ****/
// 使用随机端口启动测试服务
@SpringBootTest(webEnvironment = SpringBootTest.WebEnvironment.RANDOM_PORT)
public class MockProductTest {

    @MockBean // ①
    private TestRestTemplate restTemplate = null;

    @Test
    public void testMockProduct () {
        // 构建虚拟对象
        var mockProduct = new Product();
        mockProduct.setId(1L);
        mockProduct.setProductName("product_name_" + 1);
        mockProduct.setNote("note_" + 1);
        // 请求 URL
        var url = "http://localhost:9090/product/{id}";
        // 指定 Mock Bean、方法和参数
        BDDMockito.given(this.restTemplate.getForObject(url, Product.class,1L))
                // 指定返回的虚拟对象
                .willReturn(mockProduct); // ②
        var product =this.restTemplate.getForObject(url, Product.class, 1L); // ③
        Assert.notNull(product,"对象不能为空");
    }
}
```

代码①处的注解@MockBean 表示对哪个 Bean 使用 Mock 测试，在测试方法 testMockProduct()中先构建虚拟对象，由于按假设请求的连接并不能提供服务，所以就只能先模拟产品（mockProduct）。代码②处使用 Spring Boot 引入的 Mockito 来指定 Mock Bean、方法和参数，并指定返回的虚拟对象。代码③处测试 TestRestTemplate 对象对 getForObject()方法的调用时，在指定参数的情况下，就会返回之前构建的虚拟对象。图 15-7 展示了测试的结果。

图 15-7　Mock 测试的结果

从图 15-7 可以看到，调用 getForObject()方法后会返回模拟构建的虚拟对象，这说明在一些难以模拟和构建的场景下就可以使用模拟对象进行后续的测试了。

15.3　Actuator 监控端点

Spring Boot 提供了对项目的监控功能。先引入监控包，如代码清单 15-11 所示。

代码清单 15-11　引入监控包

```xml
<dependency>
    <groupId>org.springframework.boot</groupId>
    <artifactId>spring-boot-starter-actuator</artifactId>
</dependency>
```

上述代码中引入了 spring-boot-starter-actuator，它是 Spring Boot 实施监控所必需的包。下面介绍 Actuator 提供了哪些端点来监控 Spring Boot 的运行状况，如表 15-1 所示。

表 15-1　Actuator 端点说明

ID	描述	是否默认启用
auditevents	公开当前应用程序的审查事件信息	是
beans	显示 IoC 容器关于 Bean 的信息	是
caches	输出可用缓存的信息	是
conditions	显示自动配置类的评估和配置条件，并且显示匹配或者不匹配的原因	是
configprops	显示当前项目的属性配置信息（通过@ConfigurationProperties 配置）	是
env	显示当前 Spring 应用环境的配置属性（ConfigurableEnvironment）	是
flyway	显示已经应用于 flyway 数据库迁移的信息	是
health	显示当前应用健康状态	是
httpexchanges	显示 HTTP 数据交换的信息（默认是最后 100 次 HTTP 的请求和响应），需要一个 HttpExchangeRepository 的 Bean	是
info	显示当前应用信息	是
integrationgraph	显示集成图，只是需要依赖 spring-integration-core 包	是
loggers	显示并修改应用程序中记录器的配置	是
liquibase	显示已经应用于 liquibase 数据库迁移的信息	是
metrics	显示当前配置的各项度量指标	是
mappings	显示由@RequestMapping（@GetMapping 和@PostMapping 等）配置的映射路径信息	是
quartz	显示关于 Quartz 计划的工作项	是
scheduledtasks	显示当前应用的任务计划	是
sessions	允许从 Spring 会话支持的会话存储库检索和删除用户会话，只是 Spring 会话暂时还不能支持响应式 Web 应用	是
startup	显示通过 ApplicationStartup 收集的数据，需要在 SpringApplication 启动 Spring Boot 项目时配置一个 BufferingApplicationStartup 的对象。	
shutdown	允许当前应用被优雅地关闭（在默认的情况下不启用这个端点）	否
threaddump	显示线程泵	是

Spring Boot 为这些端点提供了多种监控手段,包括 HTTP 和 JMX[①]等。本书会详细讨论最常用的 HTTP 监控方式,而对 JMX 监控方式只会做简单的讨论。

如果在 Spring Boot 应用中使用了 Spring MVC、Spring WebFlux 或者 Jersey,开发者还可以获得额外端点,如表 15-2 所示。

表 15-2 Actuator 额外端点说明

ID	描 述	是否默认启用
heapdump	返回堆转储文件。在 HotSpot JVM 上,返回一个 HPROF 格式的文件。在 OpenJ9 JVM 上,返回 PHD 格式文件	是
logfile	返回日志文件的内容(如已设置 logging.file.name 或 logging.files.path 属性)。支持使用 HTTP Range 标头检索日志文件的部分内容	是
prometheus	以 Prometheus 服务器可以抓取的格式显示度量。需要依赖 micrometer-registry-prometheus 包	是

15.4 HTTP 监控

在引入 spring-boot-starter-actuator 和 spring-boot-starter-web 的基础上,启动 Spring Boot 应用,在浏览器地址栏中输入

```
http://localhost:8080/actuator/health
```

就可以看到当前应用的状态,如图 15-8 所示。

注意,在默认情况下,Spring Boot 端点的前缀是"/actuator/"。当然,这可以通过配置来改变,关于这一点后续还会谈到。从表 15-1 可以看到,端点 health 是默认启用的。但是,对端点 beans 进行访问时情况如何呢?在浏览器的地址栏中输入

```
http://localhost:8080/actuator/beans
```

就可以看到图 15-9 所示的页面。

图 15-8 通过 HTTP 监控 health 端点

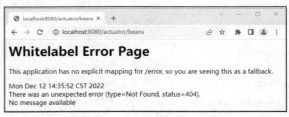

图 15-9 访问非暴露端点失败

可以看到查看失败了。页面给出了 HTTP 的 404 响应状态码,错误类型为未找到端点(Not Found),为什么会这样呢?原因是端点往往会显示一些项目的敏感信息,在默认情况下,Actuator 只会暴露 info 和 health 这两个端点,其余的则不会暴露。为了让 Actuator 暴露端点,可以在

---

① Java 管理扩展(Java management estensions,JMX)。——编者著

application.properties 文件中配置

```
# 配置需要暴露的 Actuator 端点 beans
management.endpoints.web.exposure.include=info,health,beans
```

这样能够多暴露 beans 端点，于是就可以访问端点 beans（http://localhost:8080/actuator/beans）了，如图 15-10 所示。

图 15-10　查看暴露的 beans 端点

也许你需要访问除 env 端点以外的所有端点，那么可以在 application.properties 文件中做如下配置：

```
# 暴露所有端点
management.endpoints.web.exposure.include=*
# 不暴露 env 端点
management.endpoints.web.exposure.exclude=env
```

在上述配置中，首先使用 management.endpoints.web.exposure.include 暴露所有端点，然后使用 management.endpoints.web.exposure.exclude 排除 env 端点，这样就能够暴露除 env 以外的所有 Actuator 端点了。

15.4.1　查看敏感信息

在图 15-9 所示的页面中无法查看未暴露的端点，是因为在默认情况下 Actuator 会对敏感信息进行保护，除了暴露 info 和 health 端点外，其余的端点都不会暴露。虽然前面通过配置 application.properties 的方式可以提供访问，但是这样的方式从安全的角度来说是非常不利的，毕竟这些信息的权限应该归于系统的开发者和管理者，而不是每个人。于是我们可以采用另一种方法，使用 Spring Security 配置用户和角色，从而解决这些敏感信息的访问权限问题。首先引入 spring-boot-starter-security，然后配置用户和角色，如代码清单 15-12 所示。

代码清单 15-12　配置用户和角色来控制敏感信息的访问

```
package com.learn.chapter15.cfg;
/**** imports ****/
@Configuration
public class WebSecurityCustomConfig {

    /**
```

```java
     * 创建密码编码器
     * @return 创建密码编码器
     */
    @Bean
    public PasswordEncoder initPasswordEncoder() { // ①
        return new BCryptPasswordEncoder();
    }

    /**
     * 使用内存用户信息服务，设置登录用户名、密码和角色权限
     * @return 内存用户信息服务
     */
    @Bean
    public UserDetailsService initInMemoryUserDetailsService(
            @Autowired PasswordEncoder pwdEncoder) { // ②
        // 用户权限
        GrantedAuthority userAuth = () -> {return "ROLE_USER";};
        // 管理员权限
        GrantedAuthority adminAuth = () -> {return "ROLE_ADMIN";};
        // 创建用户列表
        List<UserDetails> userList = List.of( // ③
                // 创建普通用户
                new User("myuser",
                        pwdEncoder.encode("123456"), List.of(userAuth)),
                // 创建管理员用户，赋予多个角色权限
                new User("admin",
                        pwdEncoder.encode("abcdefg"), List.of(userAuth, adminAuth))
        );
        return new InMemoryUserDetailsManager(userList);
    }

    @Bean
    public SecurityFilterChain securityFilterChain(HttpSecurity http) throws Exception {
        // 需要配置权限的端点
        String[] userEndPoint = { "auditevents", "conditions", "configprops",
                "flyway", "httptrace", "loggers", "liquibase", "metrics", "env",
                "mappings", "scheduledtasks", "sessions", "shutdown", "threaddump"};
        String[] adminEndPoint = {"shutdown", "beans"};
        return // 定义需要验证的端点
            http.authorizeHttpRequests()  // 限定签名后的权限
                // 用户端点，使用角色 ROLE_USER 或者 ROLE_ADMIN 都可以访问
                .requestMatchers(EndpointRequest.to(userEndPoint))
                .hasAnyRole("USER", "ADMIN")
                // 管理员权限端点，只允许角色 ROLE_ADMIN 访问
                .requestMatchers(EndpointRequest.to(adminEndPoint)).hasAnyRole("ADMIN")
                .requestMatchers("/close").hasAnyRole("ADMIN")
                // 登录页面和其他没有配置的资源，允许随意访问
                .requestMatchers("/login/**", "/**").permitAll()
                // 启用页面登录
                .and().formLogin()
                // 创建 SecurityFilterChain 对象
                .and().build();
    }
}
```

initPasswordEncoder()方法创建了密码编码器。initInMemoryUserDetailsService()方法在内存中加

入了两个用户。其中，对于用户 myuser，其密码设置为 123456，角色设置为 ROLE_USER；对于用户 admin，其密码设置为 abcdefg，角色设置为 ROLE_USER 和 ROLE_ADMIN（注意，roles()方法会给角色名称加入前缀 ROLE_）。这样就可以使用这两个用户登录系统了。

配置了用户还需要设置权限。securityFilterChain()方法先定义了一个端点的数组，其中包含敏感信息的端点，需要验证才可以访问。使用 requestMatchers()方法来匹配请求，而 EndpointRequest.to(....)方法的作用是指定对应的端点，后续的 hasRole()方法或者 hasAnyRole()方法的作用是限定角色访问权限。这样对应的敏感信息除 info 和 health 之外，都只有使用拥有角色的用户才能访问，而其中 shutdown 和 beans 这两个端点以及请求路径 "/close"，只有拥有 ROLE_ADMIN 角色的用户才能访问。

这个时候可以配置 application.properties：

```
management.endpoints.web.exposure.include=*
```

通过这样的配置就可以把所有端点都暴露出来，只是在 Spring Security 中，对应保护的端点需要拥有对应的权限才可以访问。

15.4.2　shutdown 端点

在所有端点中，有一个端点是很特殊的，那就是 shutdown。事实上，在默认的情况下，Actuator 并不会启用这个端点，因为请求它是危险的。从名称就可以知道，请求这个端点将关闭服务，这就是 Actuator 在默认的情况下不启用它的原因。要启用它，开发者需要在 application.properties 中添加如下配置项：

```
# 启用 shutdown 端点
management.endpoint.shutdown.enabled=true
# 暴露端点
management.endpoints.web.exposure.include=*
```

配置好之后，重启 Spring Boot 应用，shutdown 端点就变为可用了。但 shutdown 是一个 POST 请求，无法直接通过浏览器地址栏进行访问。这时，可以使用 Thymeleaf 页面进行模拟。为此先提供一个页面，如代码清单 15-13 所示。

代码清单 15-13　/templates/close.html

```html
<html lang="en" xmlns:th="http://www.thymeleaf.org">
<head>
    <meta http-equiv="Content-Type" content="text/html; charset=UTF-8">
    <title>测试关闭请求</title>
    <script charset="UTF-8" src="https://unpkg.com/axios/dist/axios.min.js"></script>
    <script type="text/javascript">
        // 提交请求
        function doShutDown() {
            // 获取 CSRF 的值
            let _csrf = document.getElementById("_csrf").value;
            // Ajax 异步请求
            axios({
                method: "post", // POST 请求
                url: "./actuator/shutdown", // 请求路径
                params: {"_csrf": _csrf}, // 传递 CSRF 参数
            }).then(resp => {
                // 请求响应结果
```

```
            let result = resp.data;
        })
    }
    </script>
</head>
<body>
    <!-- 防御 CSRF 攻击 -->
    <input type="hidden" th:id="${_csrf.parameterName}" th:value="${_csrf.token}" th:name="${_csrf.parameterName}"/>
    <input id="submit" type="button" onclick="doShutDown()" value="关闭应用" />
</body>
</html>
```

上述代码是一个表单，它定义了一个提交按钮，点击这个按钮的动作是请求/actuator/shutdown 端点。在脚本中提交的方式是 POST 请求，这样就能够关闭 Spring Boot 应用了。但是由于使用了 Spring Security，因此需要引入 CSRF 参数，以防止 CSRF 攻击。为了请求这个页面，还需要编写控制器，如代码清单 15-14 所示。

代码清单 15-14　关闭请求控制器
```
package com.learn.chapter15.controller;
/**** imports ****/
@RestController
public class CloseController {
   @GetMapping("/close")
   public ModelAndView close(ModelAndView mv) {
      // 定义视图名称为 close，让其跳转到对应的 Thymeleaf 页面中
      mv.setViewName("close");
      return mv;
   }
}
```

上述代码需要沿用代码清单 15-12 关于 Spring Security 的代码保护请求。启动 Spring Boot 应用并请求这个 close() 方法后，使用 admin 用户登录，就会跳转到 close.html 上，然后点击关闭按钮就能停止当前的 Spring Boot 应用。

15.4.3　配置端点

前文只是按 Actuator 默认的规则使用端点，除此之外开发者还可以自行定制端点。下面通过实例来讲解，先给出我定义的端点配置，如代码清单 15-15 所示。

代码清单 15-15　自定义端点配置
```
# Actuator 管理端口
management.server.port=8000
# 暴露所有端点
management.endpoints.web.exposure.include=*
# 默认情况下所有端点都不启用，此时需要按需启用端点
management.endpoints.enabled-by-default=false
# 启用端点 info
management.endpoint.info.enabled=true
# 启用端点 beans
management.endpoint.beans.enabled=true
# 启用端点 configprops
management.endpoint.configprops.enabled=true
```

15.4 HTTP 监控

```
# 启用端点 env
management.endpoint.env.enabled=true
# 启用端点 health
management.endpoint.health.enabled=true
# 启用端点 mappings
management.endpoint.mappings.enabled=true
# 启用端点 shutdown
management.endpoint.shutdown.enabled=true
# Actuator 端点前缀
management.endpoints.web.base-path=/manage
# 将原来的 mappings 端点的请求路径修改为 urlMappings
management.endpoints.web.path-mapping.mappings=request_mappings
# 将原来的 env 端点的请求路径修改为 "/prj/env"
management.endpoints.web.path-mapping.env=/prj/env
```

上述代码对管理的服务器做了新的配置，设置端口为 8000，并且通过配置属性 management.endpoints. web.base-path=/manage 将请求前缀设置为"/manage"，因此请求 Actuator 的地址就要写为 http:// localhost:8000/manage/{endpoint}。例如，启动 Spring Boot 服务后，请求 Health 端点，在浏览器的地址栏中输入

```
http://localhost:8000/manage/health
```

使用 Spring Security 设定的用户登录后，可以看到图 15-11 所示的结果。

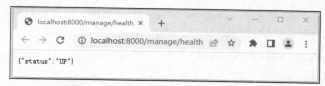

图 15-11　自定义端点的端口和前缀

配置属性 management.endpoints.enabled-by-default=false，其意义是不启用所有端点，这样就不能对任何端点进行请求了。为了使开发者能够启用端点，按下列格式对需要启用的端点进行配置：

```
management.endpoint.<endpointId>.enabled=true
```

这样就可以启用对应的端点了。除启用的端点之外，其他端点都会被禁用。例如，现在请求

```
http://localhost:8000/manage/auditevents
```

可以看到图 15-12 所示的结果。

图 15-12　关闭服务端点（auditevents）

显然端点已经关闭，因此再也请求不到了。

配置项 management.endpoints.web.path-mapping.mappings=request_mappings 将原有 mappings 端

点的请求路径从 mappings 修改为 request_mappings，这样请求路径也会从 mappings 修改为 request_mappings，在浏览器地址栏中输入

```
http://localhost:8000/manage/request_mappings
```

可以看到图 15-13 所示的结果。

图 15-13　修改 mappings 端点的请求路径

配置项 management.endpoints.web.path-mapping.env=/prj/env 将原来的端点 env 的请求路径修改为"/prj/env"，于是在浏览器地址栏中输入

```
http://localhost:8000/manage/prj/env
```

可以看到图 15-14 所示的结果。

图 15-14　修改端点 env 的请求路径

这样就可以通过 Spring Boot 的配置文件来修改 Actuator 端点原有的配置了。

15.4.4　自定义端点

除了使用 Actuator 默认启用的端点，还可以自定义端点来满足自定义监控的要求。要在 Actuator 中加入自定义端点，只需要加入注解@Endpoint 即可，这个注解会同时提供 JMX 监控和 Web 监控。如果只想提供 JMX 监控，可以使用注解@JmxEndpoint；如果只想提供 Web 监控，可以使用注解@WebEndpoint。正如 15.3 节所述，Actuator 还会提供默认启用的端点，因此开发者也可以使用

@EndpointJmxExtension 或者@WebEndpointExtension 对已有的端点进行扩展。

假设我们需要通过自己开发的端点来监测数据库能否连接得上,我们需要一个独立的端点,如代码清单 15-16 所示。

代码清单 15-16　自定义数据库监测端点

```
package com.learn.chapter15.endpoint;
/**** imports ****/
// 让 Spring 扫描类
@Component
// 定义端点
@Endpoint(
    // 端点 id
    id = "dbcheck",
    // 是否在默认情况下启用端点
    enableByDefault = true)
public class DataBaseConnectionEndpoint {
    private static final String DRIVER = "com.mysql.cj.jdbc.Driver";
    @Value("${spring.datasource.url}")
    private String url = null;
    @Value("${spring.datasource.username}")
    private String username = null;
    @Value("${spring.datasource.password}")
    private String password = null;

    // 一个端点只能存在一个@ReadOperation 标注的方法
    // 它表示 HTTP 的 GET 请求
    @ReadOperation
    public Map<String, Object> test() {
        Connection conn = null;
        var msgMap = new HashMap<String, Object>();
        try {
            Class.forName(DRIVER);
            conn = DriverManager.getConnection(url, username, password);
            msgMap.put("success", true);
            msgMap.put("message", "测试数据库连接成功");
        } catch (Exception ex) {
            msgMap.put("success", false);
            msgMap.put("message", ex.getMessage());
        } finally {
            if (conn != null) {
                try {
                    conn.close(); // 释放数据库连接
                } catch (SQLException e) {
                    e.printStackTrace();
                }
            }
        }
        return msgMap;
    }
}
```

注意加粗的两个注解。其中,@Endpoint 表示将类 DataBaseConnectionEndpoint 声明为 Actuator 端点,其中它的 id 属性是配置自定义端点的 id,而 enableByDefault 表示是否在默认情况下启用端点;@ReadOperation 是一个读操作,在同一个端点下只能有一个@ReadOperation 标注的方法,否则 Spring

就会抛出异常。因为@ReadOperation 对应的是 HTTP 的 GET 请求，所以无法通过 POST 请求来访问它，它能够接受所有请求类型。为了测试这个类（端点），我们需要开启这个自定义端点，同时配置数据库的连接属性，为此在 application.properties 文件中添加代码，如代码清单 15-17 所示。

代码清单 15-17　自定义数据库监测端点

```
# 启用自定义端点
management.endpoint.dbcheck.enabled=true
# 数据库配置
spring.datasource.url=jdbc:mysql://localhost:3306/chapter15
spring.datasource.username=root
spring.datasource.password=123456
```

上述配置中加粗代码的作用是启用 dbcheck 端点，这个端点是我自定义的。启动 Spring Boot 后，我们可以在地址栏中输入 http://localhost:8000/manage/dbcheck，在登录 Spring Security 后，可以看到图 15-15 所示的结果。

图 15-15　自定义端点测试数据库连接

对于 Actuator 端点，除了可以使用@ReadOperation，还可以使用@WriteOperation 和@DeleteOperation，其中@WriteOperation 表示 HTTP 的 POST 请求，@DeleteOperation 表示 HTTP 的 DELETE 请求。需要特别注意的是，@WriteOperation 只能接收 application/vnd.spring-boot.actuator.v2+json 和 application/json 这两种请求体（Consumes）类型。它们的返回值在默认情况下分别是 application/vnd.spring-boot.actuator.v2+json 和 application/json 类型的，除非返回的类型定义为 org.springframework.core.io.Resource。如果@ReadOperation 响应成功，则返回状态码 200，如果没有返回内容，则返回状态码 404；如果@WriteOperation 响应成功，也返回状态码 200，如果没有返回值，则返回状态码 204；如果请求发生异常，则返回状态码 400。

15.4.5　健康指标项

在 Actuator 中，health 端点的监控包含一些常用的指标项，如表 15-3 所示。

表 15-3　health 端点的监控包含的常用指标项

键	名称	描述
cassandra	CassandraHealthIndicator	监测 Cassandra 数据库是否可用
couchbase	CouchbaseHealthIndicator	监测 Couchbase 集群是否可用
diskspace	DiskSpaceHealthIndicator	监测服务器磁盘使用情况
db	DataSourceHealthIndicator	监测 DataSource 数据库是否可用
influxdb	InfluxDbHealthIndicator	监测 InfluxDB 服务器是否可用

键	名称	描述
elasticsearch	ElasticsearchHealthIndicator	监测 Elasticsearch 集群是否可用
jms	JmsHealthIndicator	监测 JSM 渠道是否可用
mail	MailHealthIndicator	监测邮件服务器渠道是否可用
mongo	MongoHealthIndicator	监测 MongoDB 服务器是否可用
neo4j	Neo4jHealthIndicator	监测 Neo4j 服务器是否可用
rabbit	RabbitHealthIndicator	监测 RabbitMQ 服务器是否可用
redis	RedisHealthIndicator	监测 Redis 服务器是否可用
hazelcast	HazelcastHealthIndicator	监测 Hazelcast 服务器是否可用
ldap	LdapHealthIndicator	监测 LDAP 认证服务器是否可用
ping	PingHealthIndicator	监测 ping 请求，但是默认的情况下只返回 UP

对于表 15-3 列出的健康指标，Actuator 会根据开发者配置的项目进行自动启用，只是在默认情况下不会展示这些健康指标，要展示这些健康指标，需要进行如下配置：

```
# never——从不展示健康指标，默认值
# when-authorized ——签名认证之后展示
# always —— 每次都展示
management.endpoint.health.show-details=when-authorized
```

进行上述配置后，Actuator 就会用项目配置的内容来监测所有指标项。启动 Spring Boot 项目，登录并验证后，可以看到图 15-16 所示的页面。

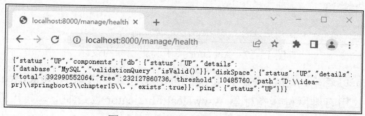

图 15-16　查看所有健康指标

图 15-16 展示了开发者配置的所有健康指标。但是，如果不想启用所有健康指标，可以根据情况关闭对应的健康指标项的监测。例如，对需要关闭数据库的健康指标可以进行如下配置：

```
management.health.db.enabled=false
```

这样 Actuator 就不会再监测数据库的健康指标了。有时候可以先禁止全部健康指标的监测，再只开放自己感兴趣的健康指标的监测。例如，配置

```
management.health.defaults.enabled=false
management.health.db.enabled=true
```

就会先禁止全部健康指标的监测，然后根据后续的配置，只启用数据库的健康指标的监测。

对于健康指标，除了需要关注如何查看，还需要关注它们的严重级别，如以下默认的配置项所示：

```
management.health.status.order=DOWN, OUT_OF_SERVICE, UP, UNKNOWN
```

这是问题级别从重到轻的排序，它们使用逗号分隔，其配置项含义如下：
- **DOWN**——下线；
- **OUT_OF_SERVICE**——不再提供服务；
- **UP**——启用；
- **UNKNOW**——未知。

这些健康指标可能不够开发者使用，开发者还可以自定义健康指标。例如，我们现在需要监测服务器是否可以访问万维网（world wide web，WWW），为了实现这样的功能，有必要先了解 Actuator 中健康指标的设计。Actuator 中的监控指标项都要求实现接口 HealthIndicator，为了便于开发者使用，Actuator 还基于这个接口提供了抽象类 AbstractHealthIndicator，HealthIndicator 和 AbstractHealthIndicator 之间的关系如图 15-17 所示。

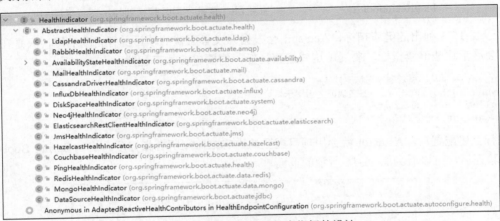

图 15-17　Actuator 关于健康指标的设计

从图 15-17 中可以看到，Actuator 自己实现的健康指标都是继承 AbstractHealthIndicator 进行开发的。我们要开发的用万维网健康指标器 WwwHealthIndicator 也是如此，其代码如代码清单 15-18 所示。

代码清单 15-18　自定义万维网健康指标器

```java
package com.learn.chapter15.health;
/**** imports ****/
// 监测服务器是否能够访问万维网
@Component
public class WwwHealthIndicator extends AbstractHealthIndicator {
    // 监测百度服务器能否访问，用以判断能否访问互联网
    private final static String BAIDU_HOST = "www.baidu.com";
    // 超时时间
    private final static Integer TIME_OUT = 3000;

    @Override
    protected void doHealthCheck(Health.Builder builder) throws Exception {
        var status = ping();
        if (status) {
```

```
            // 健康指标为"可用"状态，并添加一个消息项
            builder.withDetail("message", "当前服务器可以访问万维网。").up();
        } else {
            // 健康指标为"不再提供服务"状态，并添加一个消息项
            builder.withDetail("message", "当前无法访问万维网").outOfService();
        }
    }

    // 监测百度服务器能否访问，用以判断能否访问万维网
    private boolean ping() throws Exception {
        try {
            // 当返回值是 true 时，说明 host 是可用的，返回值是 false 则说明 host 不可用
            return InetAddress.getByName(BAIDU_HOST).isReachable(TIME_OUT);
        } catch (Exception ex) {
            return false;
        }
    }
}
```

上述代码定义的指标项类标注了@Component，这样指标项类将被 IoC 容器装配为 Bean。这个指标项继承了 AbstractHealthIndicator，需要实现 doHealthCheck()方法。doHealthCheck()方法有一个 Builder 参数，这个参数的 withDetail()方法可以添加消息项，还可以根据上下文环境来设置监控状态为"可用"（UP）或者"不再提供服务"（OUT_OF_SERVICE）。上述代码通过监测百度服务器是否能够访问来判断能否访问万维网，这样就能够定制访问万维网的健康指标项了。我测试的结果如图 15-18 所示。

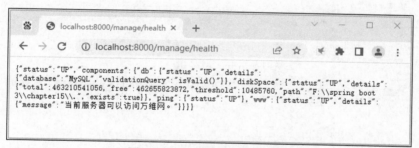

图 15-18　监测能否访问万维网

15.5　JMX 监控

对于 Spring Boot，开发者还可以通过 Java 管理扩展（Java management extensions，JMX）来监控 JVM 的状况。这里可以先进入 JAVA_HOME 目录，然后进入其 bin 目录，里面有一个可运行文件 jconsole.exe。运行 Spring Boot 的应用后再运行它，可以看到图 15-19 所示的新对话框。

选择本地进程中的 Spring Boot 的应用程序，点击"连接"就能够连接到 Spring Boot 的运行环境，从而监控 JVM 的运行状态。选中 MBean 选项卡，可以看到页面左边的树形菜单，其中包括关于 Spring Boot 的菜单 org.springframework.boot，点击最下面的 health 操作菜单，可以看到图 15-20 所示的对话框（其中"操作返回值"对话框是点击 health 按钮后弹出的）。

图 15-19　使用 jconsole 监控 Spring Boot 应用

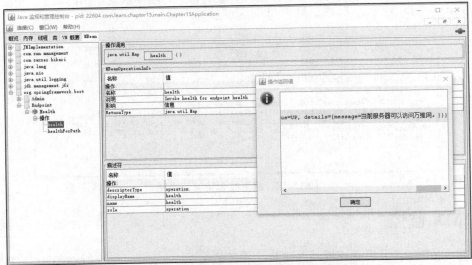

图 15-20　使用 jconsole 监控 Spring Boot 应用

这样就可以使用 JMX 来监控 Spring Boot 应用了。

15.6　预先编译

预先（ahead of time，AOT）编译是提前把 Java 代码编译成机器码的一种编译技术，能够更好地支持容器、微服务和云服务的部署和运行。传统的 Java 是通过用 JVM 解释字节码文件（class 文件)来运行程序的,当 JVM 频繁解释运行某段代码(称之为热点代码)时,会触发即时编译,将热点代码转换为机器码并运行,这样做能有效提高运行的效率。但是,预先编译直接颠覆了传统的 Java 编译过程,会将 Java 代码直接编译成机器码,跳过了编译字节码文件这个中间环节。由于预先编译直接运行机器码,所以其性能会提高很多,但是也会丢失 Java 承诺的"Write Once, Run Anywhere"(一次编写,到处运行)的特性。

  Spring Boot 3.x 主要使用甲骨文公司提供的 GraalVM 来实现预先编译,GraalVM 是一种预先编译技术,使用该技术可以生成原生文件。原生文件是一种存储机器码的文件,它可以摆脱 JVM,独立在系统或者容器中运行,且性能更佳,消耗的资源更少。由于原生文件摆脱了对开发语言的依赖,无须像传统 Java 项目那样依托庞大的类库和 JVM 来部署和运行,因此原生文件可以制作出体积更小的镜像,更有利于容器与云平台的部署和运行。虽然 GraalVM 当前并未被广泛采用,但它极具发展潜力,所以本节来探讨它。Spring Boot 3.x 之所以支持预先编译技术,主要是因为旧的版本中存在以下 3 个重要的缺点。

- Java 具备的"Write Once, Run Anywhere"的优势,已经被容器技术(如 Docker)大幅度地削弱了。因为容器技术本身就支持跨平台,对于开发语言并不要求"Write Once, Run Anywhere"。可见,构建微服务时,"Write Once, Run Anywhere"已经不再是一个显著优势了。
- 微服务的单体系统追求的是轻巧和简单,而非 Java 的庞大和安全、稳定。微服务中的一个服务可以有多个服务实例,即便一些服务实例并不稳定,也可以将其剔除出去,转而使用那些稳定的服务实例,并不会影响微服务的运行。可见,在微服务架构下,对 Java 安全性和稳定性的要求也大幅度削弱了。
- Java 技术基于庞大的类库和 JVM,显得很"重"。这是因为部署到容器时,需要启动 JVM,然后运行 Java 程序,这样的方式会导致内存开销大、启动速度慢以及镜像体积大,并且性能低下,不利于云服务和容器的部署。

15.6.1 搭建 GraalVM 环境

  要搭建 GraalVM 环境,我们需要先在 GraalVM 网站的下载页下载 GraalVM 的安装文件,本书使用的版本是 GraalVM Community 22.3.0,该版本对应 Windows 操作系统和 JDK 17,如图 15-21 所示。

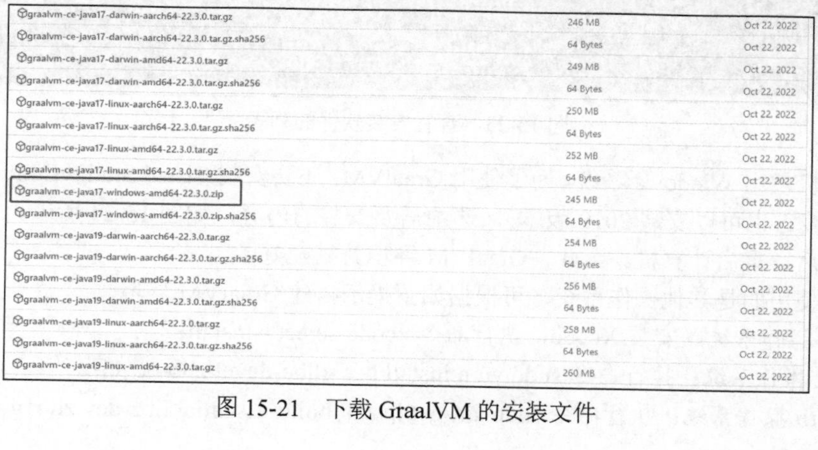

图 15-21 下载 GraalVM 的安装文件

下载安装文件并解压缩后，将环境变量 JAVA_HOME 配置为 GraalVM 的目录，并且设置环境变量 PATH 包含路径 "%JAVA_HOME%\bin"，然后重启计算机（这一步不能省略，否则后面的 gu 命令就无法执行了），打开命令行窗口，执行命令：

```
java -version
```

就可以查看 GraalVM 的环境配置了，如图 15-22 所示。

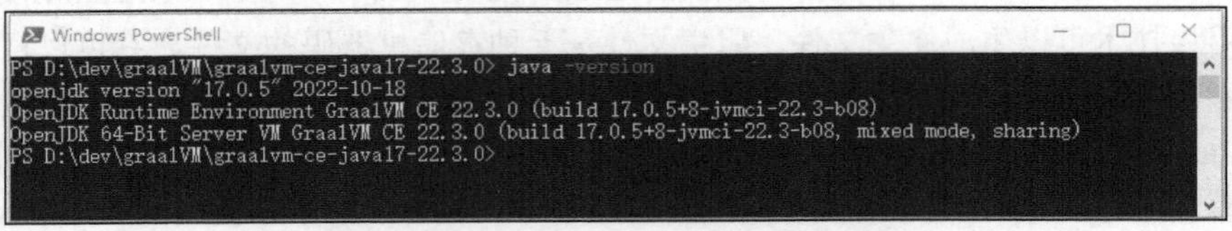

图 15-22　查看 GraalVM 的环境配置

看到图 15-22 所示的页面，就意味着我们的配置成功了。接下来我们可以安装 Native Image，在命令行窗口中执行命令：

```
gu install native-image
```

如果这个命令执行失败，那么也可以到 GraalVM 网站的下载页下载 native-image-installable-svm-java17-windows-amd64-22.3.0.jar 文件，然后执行命令：

```
gu install -L native-image-installable-svm-java17-windows-amd64-22.3.0.jar
```

这样也能安装 Native Image。安装后，查看是否安装成功，在命令行窗口中执行命令：

```
gu list
```

就可以看到相关安装软件的列表了，如图 15-23 所示。

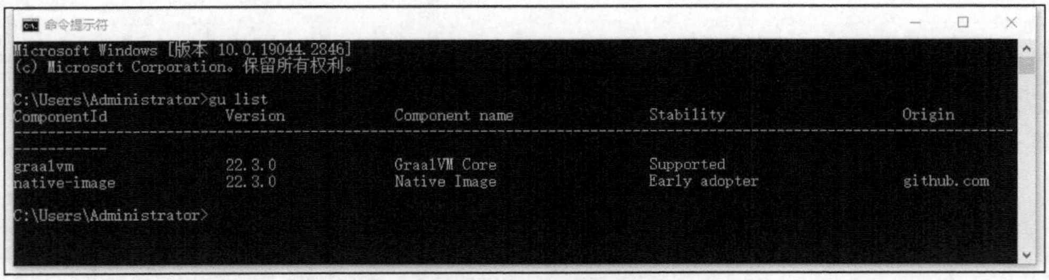

图 15-23　查看安装软件的列表

我的计算机使用 Windows 系统，为了使用 GraalVM，还要安装 Visual Studio Community 2022（可到微软官网下载，也可以安装 2019 版本），选中需要安装的内容，如图 15-24 所示。

安装完成后，重启计算机。至此，GraalVM 环境就搭建好了。

如果读者使用的是其他操作系统，可根据如下提示搭建 GraalVM 环境。

- **MAC** 操作系统：安装 Xcode，执行命令 xcode-select --install；
- **Linux** 操作系统：执行命令 sudo yum install gcc glibc-devel zlib-devel；
- **Ubuntu** 操作系统：执行命令 sudo apt-get install build-essential libz-dev zlib1g-dev。

15.6 预先编译

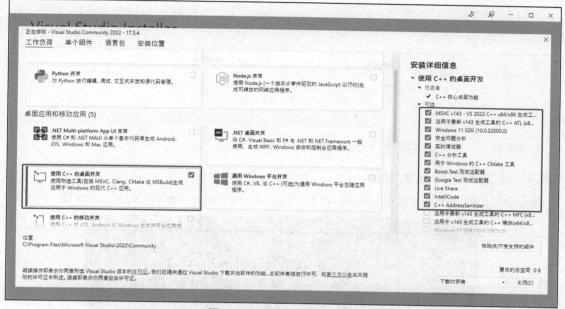

图 15-24　安装 Visual Studio

15.6.2　创建项目

完成环境搭建后，我们在 IDEA 中新建一个名称为 graalvm-test 的项目。选中对 GraalVM Support 和 Spring MVC 的依赖，查看 pom.xml 文件的 \<build> 元素，其内容如代码清单 15-19 所示。

代码清单 15-19　依赖 GraalVM 插件

```xml
<build>
    <plugins>
        <plugin>
            <groupId>org.graalvm.buildtools</groupId>
            <artifactId>native-maven-plugin</artifactId>
        </plugin>
        <plugin>
            <groupId>org.springframework.boot</groupId>
            <artifactId>spring-boot-maven-plugin</artifactId>
        </plugin>
    </plugins>
</build>
```

上述加粗代码处依赖了 GraalVM 的 Maven 插件。接下来编写 Spring Boot 的启动文件，将其改造为一个简单的控制器，如代码清单 15-20 所示。

代码清单 15-20　编写一个测试的请求

```java
  package com.learn.chapter15.graalvm.main;
/**** imports ****/
  @SpringBootApplication
  @RestController
public class GraalvmTestApplication {
```

```
    @GetMapping("/test")
    public String test() {
        return "test";
    }

    public static void main(String[] args) {
        SpringApplication.run(GraalvmTestApplication.class, args);
    }

}
```

启动服务后，可以请求路径"/test"来测试项目。

15.6.3　生成和运行原生文件

这里需要以管理员身份运行 x64 Native Tools Command Prompt for VS 2022，如图 15-25 所示。

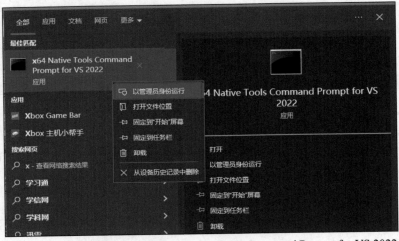

图 15-25　以管理员身份运行 x64 Native Tools Command Prompt for VS 2022

注意，不能使用一般的命令窗口，也不能不以管理员身份运行，因为这两种做法都会出现权限不足的问题，从而导致错误。因为打包会消耗很多资源，所以需要关闭杀毒软件，以避免程序在打包的过程中被杀毒软件拦截。做好这些工作后，在 x64 Native Tools Command Prompt for VS 2022 中进入 graalvm-test 项目目录，执行命令：

```
mvn -Pnative native:compile
```

等待一段时间，一般需要几分钟，其间计算机会消耗很多资源，系统容易卡顿。然后进入 graalvm-test 项目目录的 target 文件夹，可以看到文件 graalvm-test.exe，双击它就可以运行了，如图 15-26 所示。

从图 15-26 可以看出，项目在 0.071 s 启动成功，速度是很快的。如果按照传统 Java 项目的方式，那么需要启动 JVM 来运行，启动成功大约需要 1s。可见，使用预先编译技术后，速度提高了十几倍。

当然，原生文件也有缺点，例如不能支持平台无关性，也削弱了 Java 语言的动态性，尤其是当项目使用动态代理技术时，生成原生文件的复杂度会大幅度增加。不过，GraalVM 技术还不成熟且未被广泛应用，所以本书就不再介绍在复杂环境下如何生成原生文件了。

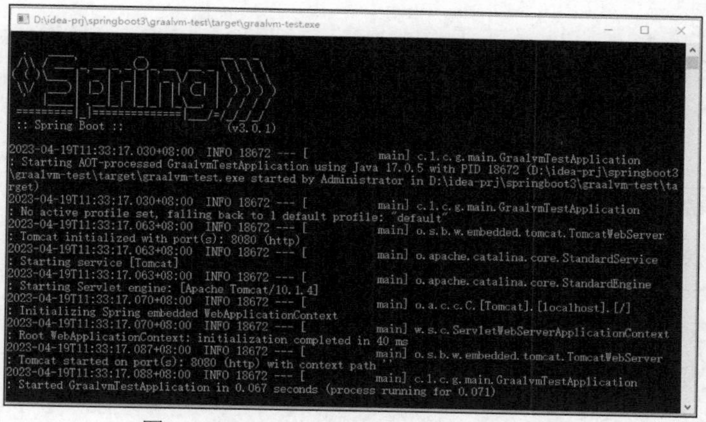

图 15-26　运行原生文件 graalvm-test.exe

15.7　部署到 Docker 容器中

当前，Spring Boot 项目主要在容器中运行，而目前被广泛使用的容器是 Docker。使用容器后，部署、备份和测试都会便捷得多。在 Docker 中，存在以下 3 个重要的概念。

- 镜像（**image**）。镜像就相当于 Unix/Linux 操作系统中的一个 root 文件系统或应用，例如 Ubuntu 操作系统可以被制作为一个镜像，而 MySQL 数据库也可以被制作为一个镜像。
- 容器（**container**）。镜像和容器的关系就像面向对象程序设计类和实例的关系一样，镜像是静态的定义，容器是镜像运行时的实体。容器可以被创建、启动、暂停、停止和删除等。例如，我们在 Docker 中运行 Ubuntu 操作系统或 MySQL 数据库等镜像，它们就成了 Docker 运行时的实体，也就是容器。
- 仓库（**repository**）。仓库可以看成代码控制中心，它是保存镜像的地方。

镜像是 Docker 的核心，我们可以定制镜像或者下载现成的镜像，而使用 Docker 运行镜像后，就有了运行的实体，这运行的实体便是 Docker 的容器。

本节基于 Ubuntu 18.04 操作系统进行讲解。首先需要安装 Docker，假设我们已经在 Ubuntu 中创建了目录 /data/deploy，继续使用 15.6 节的 graalvm-test 项目。进入这个项目的目录，然后使用 Maven 打包，命令如下：

```
mvn clean install package
```

执行上述命令后，进入 target 目录，将文件 graalvm-test-0.0.1-SNAPSHOT.jar 上传到 Ubuntu 操作系统中。然后我们在 Ubuntu 操作系统中，以 root 用户的权限在命令行窗口中进入 /data/deploy 目录。然后运行以下脚本来安装 Docker：

```
# 更新 apt
sudo apt-get update
# 获取安装 Docker 所需的工具
sudo apt-get install \
   apt-transport-https \
   ca-certificates \
   curl \
```

```
    gnupg-agent \
    software-properties-common\
    vim
# 下载 Docker 官方安装脚本到本地，并以脚本 install-docker.sh 保存
curl -fsSL https://test.docker.com -o install-docker.sh
# 安装 docker
sudo sh install-docker.sh
# 测试是否安装成功
docker run hello-world
# 打开并编写 Dockerfile 文件
vim ./Dockerfile
```

到这里就已经安装好了 Docker，使用 Ubuntu 操作系统安装 Docker 的机器就是 Docker 的宿主机。上述脚本中最后的命令是 vim，它会打开并编写 Dockerfile 文件，这个文件主要用于描述如何运行镜像，它的内容如下：

```
# 使用 JDK 17
FROM openjdk:17
# 在容器和宿主机中建立一个共享目录
VOLUME /tmp
# 将当前的 graalvm-test.jar 文件复制到 Docker 的根目录下，且文件名为 graalvm.jar
COPY graalvm-test.jar graalvm.jar
# 在 Docker 中启动 JVM，在 9000 端口运行文件 graalvm.jar
ENTRYPOINT ["java", "-jar", "/graalvm.jar", "--server.port=9000"]
```

保存 Dockerfile 文件，这个文件的功能是向 Docker 本地仓库上传 jar 文件，然后使用 Java 17 运行 jar 文件。接下来以 root 用户的权限在 Ubuntu 命令行窗口中运行以下脚本：

```
# 复制和重命名 jar 文件到当前目录中
mv /home/user1/Downloads/graalvm-test-0.0.1-SNAPSHOT.jar ./graalvm-test.jar
# 构建 Docker 镜像
docker build -t graalvm-test ./
# 查看现有的 Docker 镜像（名称为 graalvm-test）
docker images
# 启动 Docker 容器运行镜像
# -tid:
#     -t 指明创建一个 TTY①设备
#     i 表示该 Docker 会话是交互式的
#     d 表示在后台运行，不在当前命令行中展示运行日志
# -p 表示端口映射，8090 是宿主机的端口，9000 是容器中的 Tomcat 使用的端口
# 将宿主机的 8090 端口映射到 Docker 的 9000 端口上
docker run -tid -p 8090:9000 graalvm-test /bin/bash
```

上述脚本的作用主要是创建 Docker 镜像，然后启动 Docker 容器来运行这个镜像，这样我们就可以访问页面了。我使用的 Ubuntu 操作系统的 IP 是 192.168.80.138，因为其 8090 端口映射到 Docker 的 9000 端口，所以访问地址是 http://192.168.80.138:8090/test，如图 15-27 所示。

图 15-27　访问容器启动的 Spring Boot 项目

---

① TTY 是由虚拟控制台、串口以及伪终端设备组成的终端设备。

第 16 章
Spring Cloud Alibaba 微服务开发

现今互联网系统开发的普遍要求是高并发、大数据、快响应。为了支撑这样的需求，互联网系统也开始引入分布式的开发，而在分布式的开发中，微服务架构又成为主流。这里谈到的微服务架构是一种具有一定风格和约束的分布式架构。按照微服务架构的倡导者马丁•福勒（Martin Fowler）所言："微服务架构是一种架构模式，该架构提倡将单一应用程序按照业务的维度拆分成一组小的服务，服务之间互相协调、互相配合，为用户提供最终价值。"每个服务运行在独立的进程中，是独立的产品。服务之间通常基于 HTTP 的 REST 风格，采用轻量级的通信机制相互调用，每个服务都围绕着具体业务进行构建，并且能够被独立地开发、测试、部署和维护。为了支撑微服务的开发，Spring 推出了一套开发组件——Spring Cloud。当前 Spring Cloud 已经成为构建微服务架构的主流技术，本章就来讲解 Spring Cloud 的相关知识。

微服务的实现是非常复杂的，在大部分情况下，非超大型企业很难开发自己的组件来支撑服务的开发，因为成本高、复杂且周期长。但是我们不必沮丧，因为前人已经开发了很多好的组件，并进行了开源。因此，Spring Cloud 更多的时候并非靠自己开发组件，而是采用"拿来主义"，将许多企业开发好的微服务组件通过 Spring Boot 的方式封装好并发布出来，这样我们就可以得到开发微服务所需的组件了。在组件的选择上，Spring Cloud 选择的都是经过长期和大量实践，证明好用、可靠、稳定且开源的组件。Spring Cloud 封装的这套组件包括服务治理、配置中心、消息总线、客户端负载均衡、声明式服务调用断路器和 API 网关等。限于篇幅，本书只介绍微服务开发所需的以下核心组件。

- 服务治理。服务治理是微服务最重要的功能，在 Spring Cloud 中，常见的服务治理选型有 Apache ZooKeeper、NetFlix Eureka、HashiCorp Consul 和 Alibaba Nacos 等。Spring Cloud 对它们本身或者它们的客户端进行了封装，使得开发者可以以 Spring Boot 的风格使用它们，这为开发带来了极大的便利。我们可以通过服务注册将服务实例注册到服务治理中心中，这样服务治理中心就可以治理服务实例了，某个服务实例也可以通过请求服务治理中心来获取其他已经注册的服务实例的信息。当某个服务实例不可用的时候，服务治理中心会将它剔除，以保证服务能够稳定运行，不会访问到不可用的服务实例。

- 客户端负载均衡。在微服务架构中，一个大的单体系统会被拆分为多个小的系统，而各个系统之间需要相互协作才能完成业务需求。每个系统可能存在多个节点（服务实例），当一个服务（消费者）调用另一个服务（提供者）时，服务提供者需要使用负载均衡算法提供一个服务实例来响应服务调用。负载均衡是微服务必须实施的方案，例如系统在某个时刻存在 3 万笔业务请求，使用单个服务实例就很可能出现超负载，导致服务瘫痪，进而使得服务不可用。而使用 3 个服务实例后，使用负载均衡算法使得每个服务实例能够比较平均地分摊请求，这样每个服务实例只需要处理 1 万笔请求，可以分摊服务的压力，及时响应。除此之外，在服务的过程中，某个服务实例可能存在不可用的风险，使用均衡负载算法就可以将不可用的服务实例剔除出去，使后续请求分发到其他可用的服务实例上，这体现了 Spring Cloud 的高可用。
- 声明式服务调用。对于 REST 风格的服务调用，使用 RestTemplate 比较烦琐，可读性不高。为了简化服务调用的复杂度，Spring Cloud 提供了接口声明式的服务调用——OpenFeign。通过 OpenFeign 请求其他服务时，就如同调用本地服务的 Java 接口一样，可以大大简化开发者编写的代码，提高可读性。
- 断路器。在微服务中，因为存在网络延迟或者设备故障，所以一些服务调用无法及时得到响应。如果此时服务消费者还在大量地调用服务提供者，那么很快会因为大量服务消费者的等待造成线程的积压，最终导致服务瘫痪。Spring Cloud 引入了断路器来处理这些问题，当服务提供者响应延迟或者出现故障时，服务消费者长期得不到响应，断路器就会对这些响应延迟或者出现故障的请求进行熔断，从而保护服务消费者的可用性。这和电路负荷过大，保险丝会烧毁从而保障用电安全一样，于是大家就形象地称之为断路器。这样，当服务消费者长期得不到服务提供者响应时，断路器就可以进行请求熔断、线程和信号量隔离等处理，从而提高系统的容灾能力。
- API 网关。在 Spring Cloud 中，API 网关是 Spring Cloud Gateway（后文简称 Gateway）。Gateway 有两个作用。第一个作用是将请求的地址映射到具体的源服务器的地址上，例如，用户请求 http://localhost:2001/user/1 来获取编号（id）为 1 的用户的信息，而源服务的地址是 http://localhost:3001/user/1 或 http://localhost:3002/user/1，这两个源服务器的地址都可以获取用户信息，这时就可以通过 API 网关将 http://localhost:2001/user/1 映射到多个源服务器的地址上，起到路由分发的作用，从而降低单个服务实例的负载。从这一点来说，可以把这一作用称为服务端负载均衡。从高可用的角度来说，将一个请求地址映射到多个源服务的地址上，如果单个服务实例不可用，通过负载均衡算法将其剔除，然后将请求映射到其他可用的服务实例上，也能继续提供服务，这样就能实现高可用的服务了。第二个作用是过滤请求，在互联网中，服务器可能面临各种攻击，Gateway 提供了过滤器，一般来说过滤器可以实现限流、排除无效请求、规避恶意请求攻击和屏蔽黑名单用户等功能，能够大大提高网站的可用性、安全性和稳定性。

本书对于微服务中的很多重要技术还没有进行讨论，如分布式事务、分布式数据一致性、消息总线和链路监控等内容。由于讨论这些技术需要很大的篇幅，并且这些技术不是最常用的，还会涉及一些比较复杂的算法，因此本书不再深入讨论这些内容。

本章会以 Spring Cloud Alibaba 作为微服务解决方案进行讨论，从名称就可以知道 Spring Cloud 主要选择的就是阿里巴巴公司的微服务组件，这样选择的原因主要有以下两个。

- Spring Cloud Alibaba 是目前国内使用得最广泛的微服务解决方案。在微服务被广泛推广前，国内互联网企业已经广泛使用阿里巴巴的组件（如 Alibaba Dubbo）来开发互联网系统，其技术方案一脉相承，在我国有广泛的基础。
- 阿里巴巴是我国是最早开发互联网应用的公司之一，对于大流量、高并发和高可用互联网系统的开发有丰富的经验，经受住了长期、大量的实践考验，整体来说它提供的微服务组件比其他企业更加成熟和可靠，且功能更为强大。

截至 2023 年 11 月，Spring Cloud Alibaba 官方发布的正式版为 2022.0.0.0，本章采用这个版本讲解微服务的使用。

为了更好地讨论 Spring Cloud Alibaba 的组件和内容，假设需要实现一个电商项目，当前团队需要承担两个模块的开发，分别是用户模块和产品模块。根据微服务按照业务划分的特点，将系统拆分为用户服务和产品服务，而两个服务通过 REST 风格请求进行相互调用。在微服务的环境下，为了提高处理能力，分摊单个服务实例的压力并满足高可用的要求，往往一个服务需要拥有两个或者以上的服务实例，这一架构如图 16-1 所示。

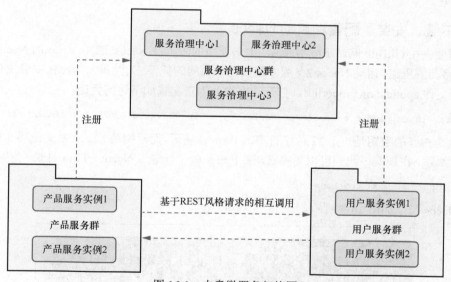

图 16-1　本章微服务架构图

从图 16-1 可以看出，产品服务实例和用户服务实例被注册到服务治理中心中，服务治理中心就能够治理它们，而且每个服务群都存在两个服务实例，这样在请求量大的时候，服务就可以由两个服务实例共同承担，有效降低每个服务实例的负载。服务治理中心一般也会创建多个服务实例，而且一般服务实例数是单数，这样做可以避免服务治理中心在进行投票时出现一对一、二对二这样的情况。从高可用的角度来说，如果其中的一个服务实例（包括服务治理中心的服务实例）因为某种原因发生故障，那么服务治理中心就会将其剔除出去，让其他服务实例来承担对应功能，这样就能保证服务正常运行了。但是，拆分系统会导致不同的服务相互调用的问题，因为业务往往是通过产品和用户两个系统共同协作来完成的。为此，Spring Cloud 为开发者提供了客户端负载均衡和 OpenFeign。读者可以通过图 16-1 所示的微服务架构来认识 Spring Cloud Alibaba 的各个组件。

为了更好地讲解，本章创建一个名为 chapter16 的项目，然后添加以下 3 个模块，如图 16-2 所示。

- chapter16-gateway 模块：提供 API 网关的功能。
- chapter16-user 模块：提供用户服务的功能。
- chapter16-product 模块：提供产品服务的功能。

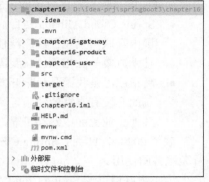

图 16-2　本章项目结构

16.1　服务治理——Alibaba Nacos

服务治理是微服务开发中最核心和最基础的组件。在 Spring Cloud Alibaba 中，服务治理中心是 Alibaba Nacos（后文简称 Nacos），目前在国内被广泛使用。为了使用 Nacos，我们需要下载、安装、配置和启动它。

16.1.1　下载、安装、配置和启动 Nacos

我们需要先在 GitHub 网站下载 Nacos，本书使用的版本是 Nacos 2.2.1。下载的 Nacos 是一个压缩包，可以将其解压缩。启动 Nacos 2.x 版本需要提供访问的凭证，为此进入 Nacos 安装文件夹的 conf 目录，找到文件 application.properties，打开该文件并为它配置如下访问凭证：

```
nacos.core.auth.plugin.nacos.token.secret.key=VGhpc0lzTXlDdXN0b21TZWNyZXRLZXkwMTIzNDU2Nzg=
```

上面这个古怪的密钥是一个 32 位字符串的 Base64 编码，而密钥是 Nacos 中文说明文档①提供的，可用于临时测试，在现实中我们可以更换它。接下来在命令行进入 Nacos 的 bin 目录，使用如下命令：

```
./startup.cmd -m standalone
```

就能启动 Nacos 了，如图 16-3 所示。

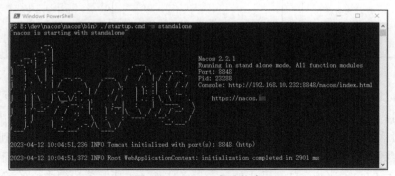

图 16-3　Nacos 启动信息

---

① 可通过搜索"Nacos"找到 Nacos 官方中文说明文档。

注意，上述命令中的参数"-m standalone"表示让 Nacos 单例启动，而 Nacos 默认以集群的方式启动，16.1.3 节将讲解 Nacos 集群的搭建。Nacos 默认的启动端口为 8848，因此我们可以访问链接 http://localhost:8848/nacos 来查看 Nacos 服务治理中心的情况（默认登录用户名/密码是 nacos/nacos），进入"服务管理"菜单下的"服务列表"菜单，如图 16-4 所示。

图 16-4　Nacos 的服务列表

在图 16-4 中，页面左边是菜单，页面右边是"服务列表"菜单的具体内容。当前还没有注册到 Nacos 服务治理中心的服务实例，因此我们需要将自己开发的服务实例，例如用服务户实例和产品服务实例，注册到 Nacos 服务治理中心。

16.1.2　服务发现

服务发现包含两层意思：一是服务实例本身可以向服务治理中心注册自己，使得服务实例能被纳入服务治理中心的治理体系中；二是任何一个已经注册的服务实例可以向服务治理中心发送请求，获取其他已经注册的服务实例的信息。

下面，我们先在 Maven 中引入 Nacos 的服务发现的依赖，如代码清单 16-1 所示。

代码清单 16-1　引入 Nacos 服务发现包（chapter16-product 模块）

```xml
<?xml version="1.0" encoding="UTF-8"?>
<project xmlns="http://maven.apache.org/POM/4.0.0"
       xmlns:xsi="http://www.w3.org/2001/XMLSchema-instance"
    xsi:schemaLocation="http://maven.apache.org/POM/4.0.0
         https://maven.apache.org/xsd/maven-4.0.0.xsd">
    <modelVersion>4.0.0</modelVersion>
    <parent>
        <groupId>org.springframework.boot</groupId>
        <artifactId>spring-boot-starter-parent</artifactId>
        <version>3.0.6</version>
        <relativePath/> <!-- lookup parent from repository -->
    </parent>
    <groupId>springboot3</groupId>
```

```xml
<artifactId>chapter16-product</artifactId>
<version>0.0.1-SNAPSHOT</version>
<name>chapter16-product</name>
<description>chapter16-product</description>
<properties>
    <java.version>17</java.version>
</properties>
<dependencies>
    <!-- Spring MVC -->
    <dependency>
        <groupId>org.springframework.boot</groupId>
        <artifactId>spring-boot-starter-web</artifactId>
    </dependency>
    <!-- 客户端负载均衡包 -->
    <dependency>
        <groupId>org.springframework.cloud</groupId>
        <artifactId>spring-cloud-starter-loadbalancer</artifactId>
    </dependency>
    <!--Actuator 包-->
    <dependency>
        <groupId>org.springframework.boot</groupId>
        <artifactId>spring-boot-starter-actuator</artifactId>
    </dependency>
    <!-- 测试包 -->
    <dependency>
        <groupId>org.springframework.boot</groupId>
        <artifactId>spring-boot-starter-test</artifactId>
        <scope>test</scope>
    </dependency>
    <!-- Nacos 服务发现包 ① -->
    <dependency>
        <groupId>com.alibaba.cloud</groupId>
        <artifactId>spring-cloud-starter-alibaba-nacos-discovery</artifactId>
    </dependency>
</dependencies>
<!-- 依赖管理,主要是配置 Spring Cloud Alibaba 组件的版本号 ② -->
<dependencyManagement>
    <dependencies>
        <dependency>
            <groupId>org.springframework.cloud</groupId>
            <artifactId>spring-cloud-dependencies</artifactId>
            <version>2022.0.0</version>
            <type>pom</type>
            <scope>import</scope>
        </dependency>
        <dependency>
            <groupId>com.alibaba.cloud</groupId>
            <artifactId>spring-cloud-alibaba-dependencies</artifactId>
            <version>2022.0.0.0</version>
            <type>pom</type>
            <scope>import</scope>
        </dependency>
    </dependencies>
</dependencyManagement>
<build>
    <plugins>
        <plugin>
```

```xml
            <groupId>org.springframework.boot</groupId>
            <artifactId>spring-boot-maven-plugin</artifactId>
        </plugin>
      </plugins>
   </build>
</project>
```

代码①处引入 Nacos 服务发现包 spring-cloud-starter-alibaba-nacos-discovery，代码②处设置 Spring Cloud Alibaba 的依赖管理，主要是配置组件的版本号。

在当前的微服务开发中，配置文件时更流行使用 YML/YAML 文件，而非属性文件。为此，这里删除 chapter16-product 模块中的 application.properties 文件，新建 application.yml 文件，然后开发一个简单的控制器，以便后续的测试，如代码清单 16-2 所示。

代码清单 16-2　开发一个简单的控制器（chapter16-product 模块）

```java
package com.learn.chapter16.product.controller;
/**** imports ****/
@RestController // REST 风格控制器
public class ProductController {

   // GET 请求
   @GetMapping("/instance/{id}")
   public Product getProduct(HttpServletRequest req, @PathVariable("id") Long id) {
      var product = new Product();
      product.setId(id);
      product.setProductName("product_name_" + id);
      product.setNote("note_"+id);
      // 打印提供服务的端口，以便确认是哪个服务实例提供的服务
      System.out.println("本次服务从端口【"+req.getServerPort()+"】的产品服务获取"); // ①
      return product;
   }

   class Product {
      private Long id;
      private String productName;
      private String note;
      /**** setters and getters ****/
   }
}
```

这个控制器和 Spring MVC 开发的控制器很相似。因为我们需要启动多个产品服务实例，所以在代码①处打印当前产品服务实例的端口，以便于后续观察具体是哪个服务实例提供了服务。

我们还需要向 Nacos 服务治理中心注册服务。配置 application.yml 文件，如代码清单 16-3 所示。

代码清单 16-3　配置 application.yml 以实现服务发现（chapter16-product 模块）

```yaml
spring:
  application:
    # 十分重要，Spring 服务名称 ①
    name: chapter16-product
  cloud:
    # Nacos 配置
    nacos:
      # 服务发现
      discovery:
```

```
        # 服务治理中心的 IP 地址（包括启动端口），多个地址可以用半角逗号分隔 ②
        server-addr: 192.168.10.232:8848
server:
  servlet:
    # 请求路径前缀加入/product
    context-path: /product
```

这样就配置好了 Nacos 的服务发现，其中配置项 spring.cloud.nacos.*用于配置 Nacos 服务治理中心的信息。代码①处配置的是 Spring 服务名称，这个名称十分重要，如果存在两个服务名称一致的服务实例，那么 Nacos 就会认为它们属于同一个服务下的不同服务实例。代码②处配置的是 Nacos 服务治理中心的 IP 地址（包括启动端口）。上述代码将 server.servlet.context-path 配置为/product，因此请求地址需要加入前缀/product。

至此，注册服务的功能就完成了。接下来配置运行参数，以达到运行两个服务实例的目的。打开 Intellij IDEA 的"运行"菜单，点击"编辑配置"菜单，弹出"运行/配置"窗口，如图 16-5 所示。

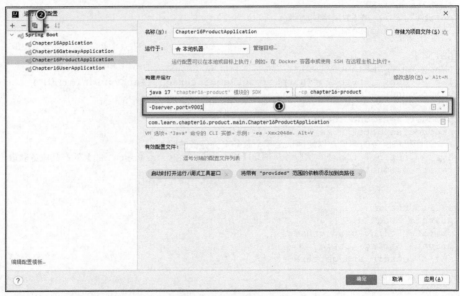

图 16-5　配置服务运行

在图 16-5 所示的对话框中，首先选中 Chapter16ProductApplication，在①处配置运行参数为-Dserver.port=9001，它的作用是让服务在 9001 端口启动，而不是在默认的 8080 端口启动；然后点击②处的复制按钮（ ），就可以产生一个新的运行/调试配置，如图 16-6 所示。

在图 16-6 所示的页面中，将运行/调试配置的名称修改为 Chapter16ProductApplication 2，并设置启动的端口为 9002。我们先启动 Nacos 服务治理中心，然后选中 IDEA 底部的"服务"（service）窗口来配置 Spring Boot 的运行，运行 Chapter16ProductApplication 和 Chapter16ProductApplication 2，如图 16-7 所示。

从图 16-7 可以看出，我们配置的产品服务的两个服务实例已经在 9001 端口和 9002 端口成功启动了。这时我们需要查看服务实例有没有在 Nacos 服务治理中心注册成功，可以再次访问服务列表，如图 16-8 所示。

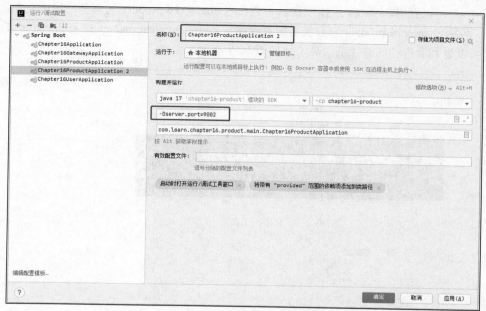

图 16-6　新增服务运行/调试配置

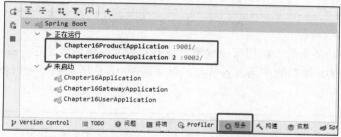

图 16-7　使用"服务"（service）窗口运行服务

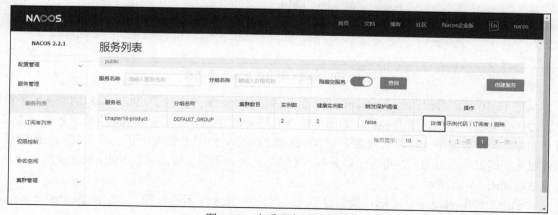

图 16-8　查看服务注册结果

从图 16-8 可以看出，Nacos 监控平台显示名称为 chapter16-product 的服务已经成功注册了两个服务实例，名称 chapter16-product 来自我们配置的属性 spring.application.name。点击被框选的"详情"按钮，就可以看到服务实例的详细信息了，如图 16-9 所示。

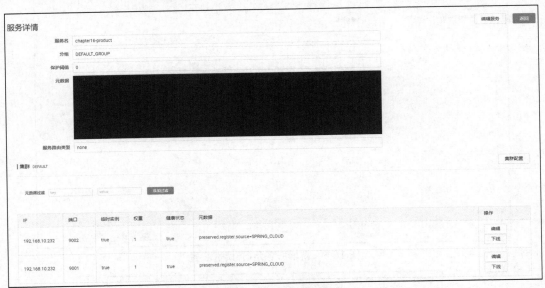

图 16-9　查看服务详细信息

从 Nacos 提供的功能来看，我们可以编辑服务的元数据，也可以让它下线。

下面我们停止 9001 端口的产品服务节点，再访问图 16-8 所示的服务列表，可以看到图 16-10 所示的结果。

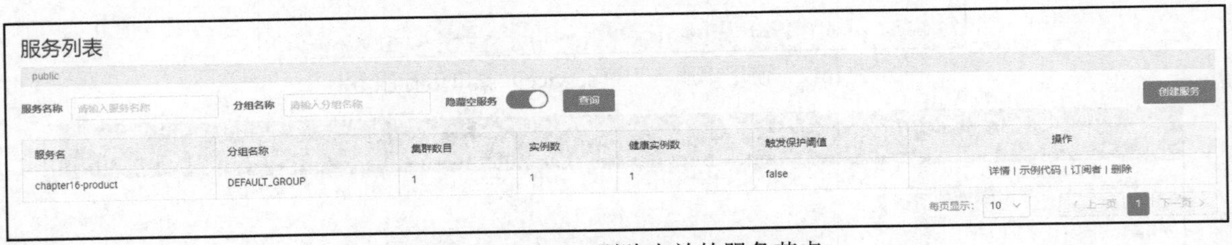

图 16-10　Nacos 剔除失效的服务节点

从图 16-10 可以看出，chapter16-product 服务只存在一个服务实例了，9001 端口的服务已经被剔除。为什么会这样呢？这是由 Nacos 的服务治理机制决定的，在我们向 Nacos 注册服务实例之后，每个服务实例都会使用 gRPC 长链接来与 Nacos 保持通信，一旦长链接中断，那么 Nacos 就能感知到该服务实例已经不可用，并将这个服务实例剔除。此外，服务实例还可以下线，Nacos 服务治理的完整过程如图 16-11 所示。

对于用户服务 chapter16-user，我们也引入代码清单 16-1 所示的依赖，然后配置 application.yml 文件，如代码清单 16-4 所示。

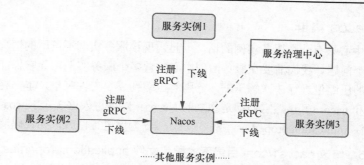

图 16-11　Nacos 服务治理的完整过程

代码清单 16-4　配置 application.yml 以实现服务发现（chapter16-user 模块）
```
spring:
  application:
    # 十分重要，Spring 服务名称
    name: chapter16-user
  cloud:
    # Nacos 配置
    nacos:
      # 服务发现
      discovery:
        # 服务治理中心的 IP 地址，多个地址可以用半角逗号分隔
        server-addr: 192.168.10.232:8848
server:
  servlet:
    # 请求路径前缀加入/user
    context-path: /user
```

上述代码中的配置和代码清单 16-3 接近，所以就不再赘述了。可参考图 16-5 和图 16-6 来配置服务在 3001 端口和 3002 端口启动，这样就能获得 chapter16-user 用户服务的两个服务实例。然后运行这两个服务实例，查看 Nacos 的服务列表，如图 16-12 所示。

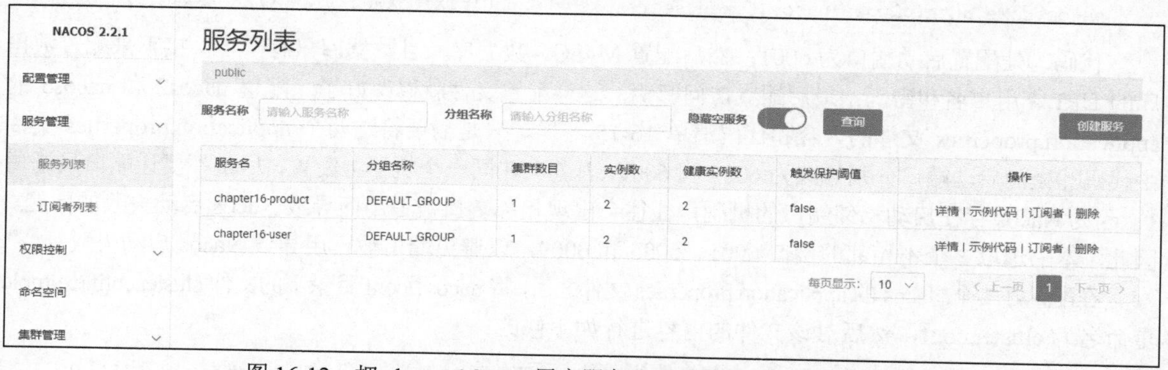

图 16-12　把 chapter16-user 用户服务注册到 Nacos 服务治理中心

从图 16-12 可以看到，用户服务已经注册到服务治理中心中了，并存在两个服务实例。至此，我们完成了图 16-1 所示的服务实例注册的任务，但是还没有将 Nacos 配置为多个服务实例，16.1.3 节会处理这个问题。

16.1.3 搭建 Nacos 集群

如果服务治理中心只有一个服务实例的话,一旦出现该服务实例不可用的情况,整个服务就不可用了。为了克服这个问题,我们需要在服务治理中心配置多个服务实例,让它们能成为一个集群。为此我们先对 Nacos 的压缩包进行 3 次解压缩,分别解压缩到 3 个文件夹里,本书将这 3 个文件夹命名为 nacos1、nacos2 和 nacos3,显然它们都是独立的 Nacos。然后进入这 3 个 Nacos 文件夹中的 conf 文件夹,修改配置文件 application.properties,本节以 nacos1 为例进行修改,如代码清单 16-5 所示。

代码清单 16-5 修改 nacos1/conf 目录下的配置文件 application.properties(只展示修改内容)

```
### 默认Web服务器端口:
# nacos1 目录下的 Nacos 启动的端口为 6001  ①
# nacos2 目录下的 Nacos 启动的端口为 6005
# nacos3 目录下的 Nacos 启动的端口为 6009
server.port=6001
......
### 如果使用 MySQL 作为数据源,不推荐使用配置属性
### 建议使用 spring.sql.init.platform 替换
# 配置 MySQL
spring.datasource.platform=mysql
# spring.sql.init.platform=mysql

###数据库数量
db.num=1

### 配置数据库的 URL、用户名和密码
db.url.0=jdbc:mysql://localhost:3306/nacos_config?characterEncoding=utf8&connectTimeout=200000&allowPublicKeyRetrieval=true&socketTimeout=500000&autoReconnect=true&useUnicode=true&useSSL=false&serverTimezone=UTC
db.user.0=root
db.password.0=123456

......
### 默认的访问令牌(Base64 String): 配置访问密钥
nacos.core.auth.plugin.nacos.token.secret.key=VGhpc0lzTXlDdXN0b21TZWNyZXRLZXkwMTIzNDU2Nzg=
```

代码①处配置启动端口为 6001;然后配置 MySQL 数据库,且数据库只有一个;接下来配置数据库的 URL、用户名和密码;最后配置访问密钥,这样配置文件就修改好了。配置 nacos2 和 nacos3 的 application.properties 文件的内容和代码清单 16-15 一样,只是需要将这两个 application.properties 文件中代码①处的启动端口分别修改为 6005 和 6009。注意,在同一个机器上配置,尽量不要让端口只递增 1,因为 Nacos 存在启动相邻端口的机制,往往会出现相邻端口被占用而导致 Nacos 启动失败的问题。因此,本书选取 3 个不相邻的接口 6001、6005 和 6009,以避免端口被占用导致 Nacos 启动失败。

在配置好 3 个 Nacos 的 application.properties 文件之后,将 nacos1/conf 目录下的文件 cluster.conf.example 重命名为 cluster.conf,然后对该文件的内容进行如下修改:

```
# 192.168.10.232 是我当前使用的计算机的 IP 地址,推荐使用 IP 地址,而不是 localhost 或者 127.0.01
# 配置集群节点的格式: {ip}:{port}
192.168.10.232:6001
192.168.10.232:6005
192.168.10.232:6009
```

进行上述修改后,配置文件主要指向各个 Nacos 服务实例。对于 nacos2/conf 和 nacos3/conf 目录

下的文件 cluster.conf.example 也执行相同的重命名和内容修改操作。

完成这些修改后，我们还需要在 MySQL 数据库服务器上创建数据库 nacos_config（和 application.properties 的配置保持一致），然后运行对应的 SQL 脚本，该脚本位于 nacos1\conf 目录下的 mysql-schema.sql 文件中。运行脚本后，可以看到创建的表，如图 16-13 所示。

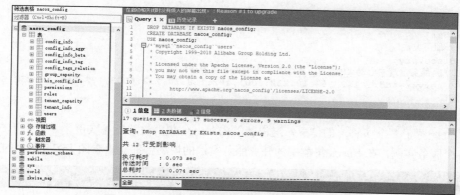

图 16-13　创建 Nacos 所需的 MySQL 数据库和表

为了方便启动 3 个目录下的 Nacos，我编写了 3 个脚本，分别命名为 start-nacos-1.cmd、start-nacos-2.cmd 和 start-nacos-3.cmd，其内容分别如下：

脚本：start-nacos-1.cmd
```
rem "E:\dev\nacos\" 本地放置 3 个 nacos 目录的路径，读者需要根据自己的本地路径修改
E:\dev\nacos\nacos1\bin\startup.cmd -m cluster
```

脚本：start-nacos-2.cmd
```
rem "E:\dev\nacos\" 本地放置 3 个 nacos 目录的路径，读者需要根据自己的本地路径修改
E:\dev\nacos\nacos2\bin\startup.cmd -m cluster
```

脚本：start-nacos-3.cmd
```
rem "E:\dev\nacos\" 本地放置 3 个 nacos 目录的路径，读者需要根据自己的本地路径修改
E:\dev\nacos\nacos3\bin\startup.cmd -m cluster
```

运行 start-nacos-1.cmd、start-nacos-2.cmd 和 start-nacos-3.cmd，然后访问 http://localhost:6001/nacos，使用用户名/密码（nacos/nacos）登录后，可以看到集群管理下的节点信息，如图 16-14 所示。

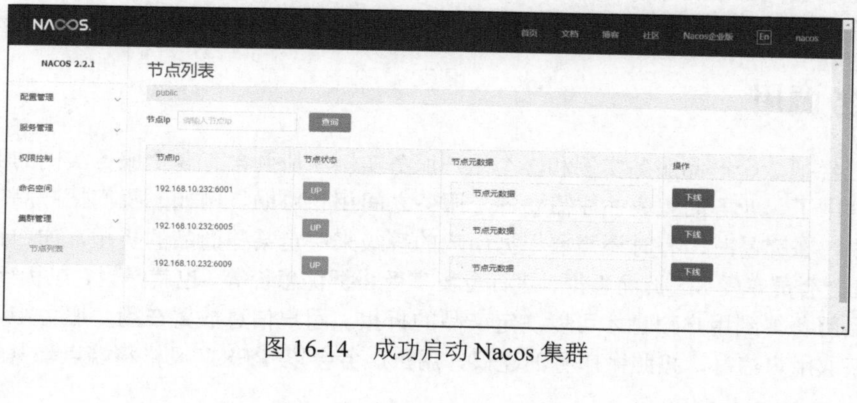

图 16-14　成功启动 Nacos 集群

从图 16-14 可以看出，Nacos 集群已经成功启动，接下来就可以向集群中注册信息了。为此，分别修改模块 chapter16-product 和 chapter16-user 的 application.yml 文件的配置项 spring.cloud.nacos.discovery.server-addr：

```yaml
spring:
  cloud:
    # Nacos 配置
    nacos:
      # 服务发现
      discovery:
        # 服务治理中心的 IP 地址，多个地址可以用半角逗号分隔  ①
        server-addr: 192.168.10.232:6001,192.168.10.232:6005,192.168.10.232:6009
# 其他配置
......
```

代码①处配置了多个 Nacos 的信息，这样就能向 Nacos 集群注册服务实例了。重启用户服务和产品服务的各个服务实例，在 Nacos 集群中的任意服务实例的控制台都能查看图 16-15 所示的服务列表。

图 16-15　在 Nacos 集群中的任意服务实例的控制台查看服务列表

其实，即便只为 spring.cloud.nacos.discovery.server-addr 配置集群中的一个 Nacos 服务实例，而非全部实例，最终 Nacos 集群中的所有服务实例也都会得到相同的注册信息。这是因为 Nacos 之间的信息能够相互复制，某个服务实例只要被注册给一个 Nacos 集群中的某个服务实例，那么该 Nacos 服务实例就会通过广播的方式将注册信息发布给其他 Nacos 服务实例。

至此，我们已经完成了图 16-1 展示的大部分内容，其中服务间的相互调用将在 16.2 节讲解。

16.2　服务调用

16.1 节已经把 2 个产品服务实例和 2 个用户服务实例注册到含有 3 个服务实例的 Nacos 服务治理中心的集群中了。业务的完成往往需要各个服务之间相互协助。例如，我们把产品交易信息放置在产品服务中，在交易时，有时还需要根据用户的等级来决定某些商品的折扣，如白银会员享受 9 折优惠价、黄金会员享受 8.5 折优惠价、钻石会员享受 8 折优惠价等。也就是说，在执行交易逻辑时，还需要让产品服务得到用户信息才可以决定产品的折扣。用户信息放置在用户服务中，为了方便从用户服务中获取用户信息，按照微服务的建议，用户服务会以 REST 风格将端点暴露给产品服务，产品服务通过调用用户服务端点来获得数据。

进行服务调用一般要处理以下两个问题：
- 一个服务下存在多个服务实例，因此在微服务中存在如何选择具体服务实例的问题；
- 服务实例本身可能发生故障而不可用，这个时候需要把不可用服务实例剔除出去。

Spring Cloud 提供了客户端负载均衡来帮助开发者克服这些问题。在 Spring Cloud 中，实现客户端负载均衡的包是 spring-cloud-starter-loadbalancer，通过它提供的算法，就能选中某个可用的服务实例进行调用了。

16.2.1 客户端负载均衡

实现客户端负载均衡十分简单，只需要在创建 RestTemplate 对象的方法上添加两个注解 @LoadBalance 和 @Bean。@LoadBalance 表示在这个对象上通过 AOP 实现客户端负载均衡，但是负载均衡的算法比较复杂，本书就不再讨论了，一般使用 spring-cloud-starter-loadbalancer 默认提供的算法就可以了。@Bean 表示将 RestTemplate 对象装配到 IoC 容器中，其他 Bean 就可以通过依赖注入来使用它。

下面我们通过实例来说明如何通过 RestTemplate 对象实现客户端负载均衡。首先在用户微服务上创建一个用户 POJO，如代码清单 16-6 所示。

代码清单 16-6　用户 POJO（chapter16-user 模块）

```
package com.learn.chapter16.user.po;
import java.io.Serializable;
public class UserPo implements Serializable {
    private static final long serialVersionUID = -2535737897308758054L;
    private Long id;
    private String userName;
    // 1-白银会员，2-黄金会员，3-钻石会员
    private int level;
    private String note;
    /**** setters and getters ****/
}
```

然后编写 REST 风格控制器，返回用户信息的 REST 端点，如代码清单 16-7 所示。

代码清单 16-7　基于 REST 风格的用户返回（chapter16-user 模块）

```
package com.learn.chapter16.user.controller;
/**** imports ****/
@RestController // REST 风格控制器
public class UserController {

    private Logger logger = LoggerFactory.getLogger(UserController.class);

    // 获取用户信息
    @GetMapping("/instance/{id}")
    public UserPo getUserPo(HttpServletRequest req, @PathVariable("id") Long id) {
        // 日志打印服务端口
        logger.info("【服务端口】:"+req.getServerPort()); // ①
        var user = new UserPo();
        user.setId(id);
        int level = (int)(id%3+1);
```

```java
            user.setLevel(level);
            user.setUserName("user_name_" + id);
            user.setNote("note_" + id);
            return user;
    }
}
```

代码①处打印服务端口，这有利于后续的监控和对负载均衡的研究。我们需要在启动文件中配置扫描路径，增加对该控制器的装配，这样就在用户服务中完成了简单的 REST 风格的用户返回的请求。

代码清单 16-1 已经设置了对 spring-cloud-starter-loadbalancer 的依赖。接下来修改 Chapter16ProductApplication 的启动类，对 RestTemplate 进行初始化，使其达到负载均衡的效果，如代码清单 16-8 所示。

代码清单 16-8　负载均衡初始化 RestTemplate（chapter16-product 模块）

```java
package com.learn.chapter16.product.main;
/**** imports ****/
@SpringBootApplication(scanBasePackages = "com.learn.chapter16.product")
public class Chapter16ProductApplication {

    // 初始化 RestTemplate
    @LoadBalanced // 多节点负载均衡
    @Bean(name = "restTemplate")
    public RestTemplate initRestTemplate() {
        return new RestTemplate();
    }

    public static void main(String[] args) {
        SpringApplication.run(Chapter16ProductApplication.class, args);
    }
}
```

上述代码在 RestTemplate 上加入了注解@LoadBalanced，使 RestTemplate 实现客户端负载均衡。通过 RestTemplate 调用用户服务时，客户端负载均衡机制会通过算法选中并调用某个可用的用户服务实例，这样请求就会被分摊到用户服务的各个可用的服务实例上，从而降低单个服务实例的压力。为了进行测试，我们在产品服务中的控制器 ProductController 中添加 REST 风格的端点，然后通过 RestTemplate 调用用户服务，如代码清单 16-9 所示。

代码清单 16-9　使用客户端负载均衡调用用户服务（chapter16-product 模块）

```java
package com.learn.chapter16.product.controller;

/**** imports ****/
@RestController // REST 风格控制器
public class ProductController {

    ......

    // 注入 RestTemplate
    @Autowired
    private RestTemplate restTemplate = null;

    @GetMapping("/balanced")
    public UserPo testBalanced() {
```

```
    UserPo user = null;
    // 循环 10 次，然后可以看到各个用户服务实例后台打印的日志
    for (var i=0; i<10; i++) {
        // 注意，这里直接使用 "chapter16-user" 这个服务 ID 来表示用户服务
        // 该 ID 通过对应服务的属性 spring.application.name 来指定
        user = restTemplate.getForObject(
            "http://chapter16-user/user/instance/" + (i+1), UserPo.class);
    }
    return user;
}
```

上述代码首先注入了 RestTemplate 这一自动实现客户端均衡负载的对象，然后在 getForObject() 方法中使用字符串 "chapter16-user" 代替了源服务器的 IP 及其端口，"chapter16-user" 是一个服务 ID，Nacos 服务治理中心注册了它的各个服务实例，它是用户服务通过属性 spring.application.name 指定的。上述代码故意调用了 10 次用户服务，以便于通过观察各个用户服务节点的日志来观察均衡负载的情况。

先后启动 Nacos 服务治理中心集群、2 个用户服务实例，以及 2 个产品服务实例（类似于 16.1 节）。在浏览器地址栏中输入 http://localhost:9001/product/balanced，可以看到图 16-16 所示的页面。

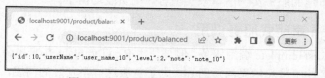

图 16-16　客户端负载均衡测试结果

由于上述代码循环调用了 10 次用户服务，每个用户服务实例各自提供 5 次调用，所以可以看到两个用户服务实例后台各打印了 5 条日志，这说明产品服务已经成功地通过负载均衡调用了用户服务。关于 RestTemplate 的使用，在 11.3 节中有详细的介绍，本章不再赘述。

接下来我们要讨论一下实现客户端负载均衡的主要思路，如图 16-17 所示。

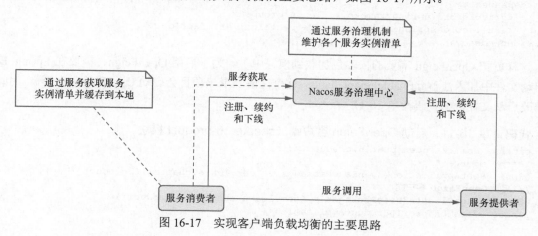

图 16-17　实现客户端负载均衡的主要思路

图 16-17 展示了一个标准的微服务客户端负载均衡的实现过程，这个过程涉及 3 个角色：服务消费

者、服务提供者和 Nacos 服务治理中心。服务消费者和服务提供者都会向 Nacos 服务治理中心注册，这样 Nacos 服务治理中心就会维护一份清单，这份清单包含各个服务实例的状态，标识服务实例是否可用。那么如何判别服务实例的状态呢？在微服务机制中，服务实例每隔一段时间（比如 5 s）都会向 Nacos 服务治理中心发送心跳服务，告诉 Nacos 服务治理中心："我还活着"，这样 Nacos 服务治理中心就知道当前实例还是可用的，我们把这个过程称为"续约"。对于不能在规定时间（比如 15 s）完成续约的服务实例，Nacos 服务治理中心就会认为它已经不可用，将其剔除出去，这样在微服务架构中就不能再使用它了。对于每一个服务（包含服务消费者和服务提供者）实例，每隔一段时间（比如 6 s）都会向 Nacos 服务治理中心获取一份服务实例清单并缓存到本地，我们把这个过程称为"服务获取"。这样每一个服务消费者的实例就能通过这份缓存服务实例清单，使用负载均衡算法找到可用的服务提供者的实例了。

但是 Nacos 2.x 采用的客户端负载均衡方案和标准的微服务有所不同。Nacos 是通过 gRPC 长链接维持服务实例和 Nacos 服务治理中心之间的通信的，使用 Nacos 作为服务治理中心时并没有续约的功能。当 gRPC 长链接断开后，Nacos 服务治理中心会收到一条 gRPC 长链接断开的通知，这就意味着服务实例已经不可用了，接着会更新已注册的服务实例清单。对服务获取来说，每个服务实例也会每隔一段时间向 Nacos 服务治理中心拉取最新的服务实例清单并缓存到本地，这样服务实例就可以通过这个缓存到本地的服务实例清单来实现客户端负载均衡了。

16.2.2　OpenFeign 声明式服务调用

16.2.1 节使用了 RestTemplate 调用服务，但是使用 RestTemplate 并非那么友好，因为不仅要编写 URL，还需要注意参数的组装和结果的返回等。为了克服这些不友好的问题，Spring Cloud 提供了声明式服务调用组件——OpenFeign。OpenFeign 采用基于接口的编程方式，开发者只需要声明接口和配置注解，在调用接口方法时，Spring Cloud 就可以根据配置调用对应的 REST 风格的端点来实现服务调用。使用 OpenFeign，需要先在 Maven 中引入 Feign 依赖包，如代码清单 16-10 所示。

代码清单 16-10　引入 Feign 依赖包（chapter16-product 模块）

```
<dependency>
   <groupId>org.springframework.cloud</groupId>
   <artifactId>spring-cloud-starter-openfeign</artifactId>
</dependency>
```

这样就把 OpenFeign 需要的依赖包加载到模块中了。为了启用 OpenFeign，需要在 Spring Boot 的启动文件中加入注解@EnableFeignClients，这个注解表示该项目会启动 OpenFeign 客户端。为此我们修改启动文件，如代码清单 16-11 所示。

代码清单 16-11　启动 OpenFeign 客户端（chapter16-product 模块）

```
package com.learn.chapter16.product.main;
/**** imports ****/
@SpringBootApplication(scanBasePackages = "com.learn.chapter16.product")
// 启动 OpenFeign 客户端
@EnableFeignClients(basePackages = "com.learn.chapter16.product")
public class Chapter16ProductApplication {

   ......

   public static void main(String[] args) {
```

```
         SpringApplication.run(Chapter16ProductApplication.class, args);
    }
}
```

注意，加粗代码处加入了注解@EnableFeignClients，并制定了扫描的包，这样 Spring Boot 就会启动 OpenFeign 客户端并且到对应的包中进行扫描。接下来就需要提供一个接口，如代码清单 16-12 所示。注意，这里仅仅是一个接口声明和服务调用描述，并不需要编写实现类。

代码清单 16-12　声明 OpenFeign 接口（chapter16-product 模块）

```
package com.learn.chapter16.product.facade;
/**** imports ****/
// 用@FeignClient 标明 OpenFeign 客户端，这时需要给出服务名称
@FeignClient("chapter16-user")
public interface UserFacade {

    // 指定启动 HTTP 的 GET 方法来请求用户服务
    @GetMapping("/user/instance/{id}")
    // 这里会采用 Spring MVC 的注解配置
    public UserPo getUser(@PathVariable("id") Long id);
}
```

上述加粗代码先用@FeignClient 标明 OpenFeign 客户端，"chapter16-user"是一个服务 ID，它指向了用户服务，这样 OpenFeign 就会知道要调用用户服务，并会默认实现客户端负载均衡。注解@GetMapping 表示启动 HTTP 的 GET 方法来请求用户服务，而 GET 方法注解@PathVariable 表示从 URL 中获取参数。这显然还是 Spring MVC 的规则，Spring Cloud 之所以选择这样的规则，是为了降低使用者的学习成本。上述代码声明了用户服务调用的接口，而该接口在代码清单 16-11 中的注解@EnableFeignClients 定义的扫描包里，于是 Spring 就会将这个接口扫描、装配到 IoC 容器中。

下面将在控制器 ProductController 中通过依赖注入获取 UserFacade 接口对象，并使用 OpenFeign 客户端调用用户服务的 REST 端点，如代码清单 16-13 所示。

代码清单 16-13　使用 OpenFeign 客户端调用用户服务的 REST 端点（chapter16-product 模块）

```
// 注入 OpenFeign 客户端接口
@Autowired
private UserFacade userFacade = null;

// 测试 OpenFeign 的控制器方法
@GetMapping("/openfeign")
public UserPo testOpenFeign() {
    UserPo user = null;
    // 循环 10 次，然后可以看到各个用户服务实例后台打印的日志
    for (var i=0; i<10; i++) {
        // 使用 OpenFeign 客户端完成对用户服务的调用
        user = userFacade.getUser(i+1L);
    }
    return user;
}
```

上述代码首先获取 UserFacade 接口对象，然后循环 10 次，调用声明的接口方法，这样就可以完成对用户服务的调用。完成对 REST 端点的调用后，读者可以看到两个用户服务实例后台均打印了相关的日志，这说明实现了客户端负载均衡。

OpenFeign 屏蔽了 RestTemplate 那些不友好的开发方式，并提供了接口声明式的调用，使程序可读性更强。

上面这个例子还是有点简单，下面在控制器 UserController 中再加入两个方法，如代码清单 16-14 所示。

代码清单 16-14　增加用户服务的 REST 端点（chapter16-user 模块）
```
// 通过 POST 请求新增用户，接收 JSON 类型的请求体参数
@PostMapping("/addition")
public Map<String, Object> insertUser(@RequestBody UserPo user) {
    var map = new HashMap<String, Object>();
    map.put("success", true);
    map.put("message", "插入用户信息【" +user.getUserName() + "】成功");
    return map;
}

// 修改用户名，以请求头的形式接收参数
@PostMapping("/update/{userName}")
public Map<String, Object> updateUsername(
        @PathVariable("userName") String userName,
        @RequestHeader("id") Long id) {
    var map = new HashMap<String, Object>();
    map.put("success", true);
    map.put("message", "更新用户【" +id +"】名称【" +userName + "】成功");
    return map;
}
```

上述代码增加了一些较为复杂的参数，例如，insertUser()方法以请求体的形式接收参数，而 updateUsername()方法则以请求头的形式接收参数。那么应该如何使用 OpenFeign 进行声明式服务调用呢？其实也不是很难，还是与 Spring MVC 的机制相似。返回代码清单 16-12，在代码中声明两个 OpenFeign 接口方法，如代码清单 16-15 所示。

代码清单 16-15　声明两个 OpenFeign 接口方法（chapter16-product 模块）
```
// 用 POST 方法请求用户服务
@PostMapping("/user/addition")
public Map<String, Object> addUser(
        // 请求体参数
        @RequestBody UserPo user);

// 用 POST 方法请求用户服务
@PostMapping("/user/update/{userName}")
public Map<String, Object> updateName(
        // URL 参数
        @PathVariable("userName") String userName,
        // 请求头参数
        @RequestHeader("id") Long id);
```

与用户服务定义一致，上述代码中的@PostMapping 表示 HTTP 的 POST 请求，@RequestBody 表示将参数作为请求体传递，@PathVariable 表示以 URL 路径传递参数，@RequestHeader 表示以请求头的形式将参数传递给用户服务。从代码清单 16-12~代码清单 16-15 可以看出，OpenFeign 接口声明通过 Spring MVC 中的注解来简化对服务调用的编写。为了测试这两个接口方法，可以在 ProductController 中加入新的两个方法，如代码清单 16-16 所示。

代码清单 16-16　测试新声明的两个 OpenFeign 接口方法（chapter16-product 模块）

```
@GetMapping("/openfeign2")
public Map<String, Object> testFeign2() {
    Map<String, Object> result = null;
    UserPo user = null;
    for (int i=1; i<=10; i++) {
        var id= (long) i;
        user =new UserPo();
        user.setId(id);
        var level = i % 3 + 1;
        user.setUserName("user_name_" + id);
        user.setLevel(level);
        user.setNote("note_" + i);
        result = userFacade.addUser(user);
    }
    return result;
}

@GetMapping("/openfeign3")
public Map<String, Object> testFeign3() {
    Map<String, Object> result = null;
    for (int i=0; i<10; i++) {
        var id= (long) (i+1);
        var userName = "user_name_" + id;
        result = userFacade.updateName(userName, id);
    }
    return result;
}
```

重启相关服务后，在浏览器地址栏中输入 http://localhost:9001/product/openfeign2，可以看到图 16-18 所示的结果。

图 16-18　测试 OpenFeign 接口方法

16.3　容错机制——Spring Cloud Alibaba Sentinel

Spring Cloud Alibaba Sentinel（简称 Sentinel）以流量作为切入点，从流量控制（简称"流控"）、断路器（熔断降级）和系统负载等多个维度入手，实现微服务架构的容错机制，从而让整个微服务在运行中更加稳定，并且能够容纳一些常见的错误。

下面我们先从断路器入手来讨论微服务引入容错机制的必要性。在互联网系统中，某一个服务可能在某个时刻压力变大，导致服务缓慢，或者服务本身可能出现故障，导致某个服务无法及时响应请求。假设用户服务当前负载过大，导致响应速度变缓，进入瘫痪状态，而这时产品服务响应还是正常的，如果此时产品服务大量调用用户服务，大量的线程将会积压而得不到释放，最终导致产品服务也不可用。可见，在微服务中如果一个服务不可用，而其他服务依旧大量地调用这个不可用的服务，也会导致其自身不可用，之后又可能继续蔓延到其他与之相关的服务上，这样就会使更多的服务不可用，最终导致所有服务瘫痪，这样的场景被称为"服务雪崩"，如图16-19所示。

为了防止出现这种情况，服务调用引入了断路器机制，在出现线程积压的情况下，断路器就会"熔断"这些服务调用的请求，避免不可用问题蔓延到其他服务上。断路器可以最大限度地保证各个服务的可用性，防止服务雪崩现象的出现。

任何服务都是有上限的，比如服务最大 QPS（queries per second，每秒查询数）为2万，那么 QPS 超过2万的时候就可能导致服务崩溃，引发不可用。这个时候我们需要通过容错机制将 QPS 限制在2万以内，这就是一种容错机制的场景——限流。

当前流行的微服务熔断机制也有很多方案，例如 Spring Cloud 官网推荐的是 Resilience4J 和 Spring Retry，而国内开发者常用的是 Sentinel，因此本节基于 Sentinel 来讲解。为了引入 Sentinel，我们在产品服务上添加 Maven 依赖，如代码清单16-17所示。

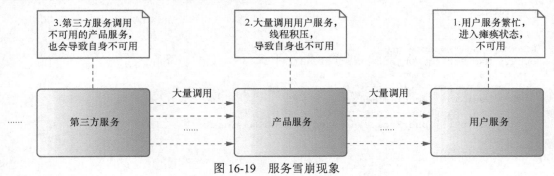

图 16-19　服务雪崩现象

代码清单 16-17　添加 Maven 依赖，引入 Sentinel（chapter16-product 模块）

```
<dependency>
    <groupId>com.alibaba.cloud</groupId>
    <artifactId>spring-cloud-starter-alibaba-sentinel</artifactId>
</dependency>
```

这样就引入了 Sentinel，下面让我们来使用它。

16.3.1　设置埋点

使用 Sentinel 并不困难，不过我们需要先知道埋点的概念。所谓埋点，是指 Sentinel 可以进行流控或者熔断降级的资源，它可以是 Java 的某段代码。一般来说，我们会在 Spring MVC 中的 Service 层的实现类设置埋点。代码清单16-18提供了一个产品供应商的服务实现类，并设置了埋点。

代码清单 16-18　给产品供应商的服务实现类设置埋点（chapter16-product 模块）

```
package com.learn.chapter16.product.service.impl;
/*** imports ****/
@Service
public class SupplierServiceImpl implements SupplierService {

    @Override
    // 使用@SentinelResource 定义@Sentinel 的埋点，接受 Sentinel 的管控
    @SentinelResource("getSupplier")
    public Supplier getSupplier(Long id) {
        var supplier = new Supplier();
```

```
            supplier.setId(id);
            supplier.setName("supplier_name_" + id);
            supplier.setTel("13987654321" + id % 10);
            supplier.setNote("supplier_note_" + id);
            return supplier;
    }
}
```

这样就定义好了埋点,它会接受 Sentinel 的管控。SupplierService 接口和 Supplier 类的定义都比较简单,这里就不再展示了。注意,注解@SentinelResource 标注在 getSupplier()方法上,表示这个方法是一个埋点,接受 Sentinel 的管控,而 getSupplier 是这个埋点的名称。接下来,我们编写控制器来调用这个 getSupplier()方法,如代码清单 16-19 所示。

代码清单 16-19　供应商控制器(chapter16-product 模块)

```
package com.learn.chapter16.product.controller;
/**** imports ****/
@RestController
public class SupplierController {

    @Autowired
    private SupplierService supplierService = null;

    @GetMapping("/supplier/{id}")
    public Supplier getSupplier(@PathVariable("id") Long id) {
        var supplier = supplierService.getSupplier(id);
        return supplier;
    }
}
```

上述代码编写了 REST 风格的端点,通过它就能访问到埋点。

16.3.2　Sentinel 控制台

为了通过配置规则管控埋点,Sentinel 还提供了可配置的控制台——Dashboard,读者可以在 GitHub 网站下载它[1]。下载后的控制台是一个 jar 文件,实际就是一个标准的 Spring Boot 应用,因此可以按照 Spring Boot 的方式启动它。例如,我们可以执行如下命令,在 8888 端口启动它:

```
java -jar .\sentinel-dashboard-2.0.0-alpha-preview.jar --server.port=8888
```

启动控制台后,访问 http://localhost:8888,使用用户名/密码(默认为 sentinel/sentinel)登录,可以看到图 16-20 所示的页面。

从图 16-20 可以看出,Sentinel 控制台启动成功了。为了让 Sentinel 控制台能监控服务,我们需要在产品服务的 application.yml 文件中添加如下配置:

```
spring:
  ......
  cloud:
    ......
    sentinel:
      transport:
```

---

[1] 我下载的版本是 2.0.0-alpha,读者可以通过搜索"Sentinel Dashboard",在 GitHub 网站中查找到该版本并进行下载。

```
# Sentinel 控制台的 IP 和端口  ①
dashboard: 192.168.10.232:8888
# 与 Sentinel 控制台的通信端口  ②
port: 8719
......
```

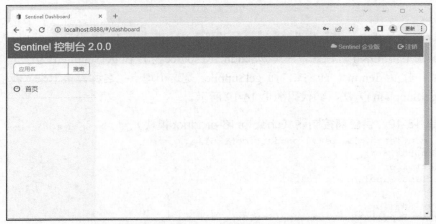

图 16-20　访问 Sentinel 控制台

代码①处配置的是 Sentinel 控制台的 IP 和端口，而代码②处配置的则是 Sentinel 控制台的通信端口。进行上述配置后，重启对应的用户服务和产品服务，此时 Sentinel 控制台还是像图 16-20 所示的页面一样空空如也，因为 Sentinel 控制台是懒加载的，也就是说只有发生了请求它才能感应到有流量通过，从而展示监控数据。为了在 Sentinel 控制台看到监控的效果，我们请求以下链接：

```
http://localhost:9001/product/instance/1
http://localhost:9001/product/supplier/1
```

建议多刷新几次这两条链接，以便于更好地观察结果。此时再次访问图 16-20 所示的页面，点击"实时监控"菜单，就可以看到图 16-21 所示的页面了。

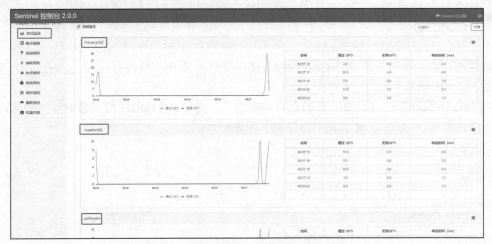

图 16-21　Sentinel 控制台实时监控请求

注意，Sentinel 控制台会监控请求的 URL 和我们设置的埋点，因此可以发现 getSupplier 这个埋点也被监控了。从图 16-21 所示的表格可以看到实时监控的时间、通过 QPS、拒绝 QPS 和响应时间（ms）。

16.3.3 流控

Sentinel 控制台的功能比较多，本节先来谈流控，流控也就是限流，它的作用是限制请求的流量，以免过量的请求压垮服务。为了配置流控，我们点击"簇点链路"菜单，可以看到图 16-22 所示的页面。

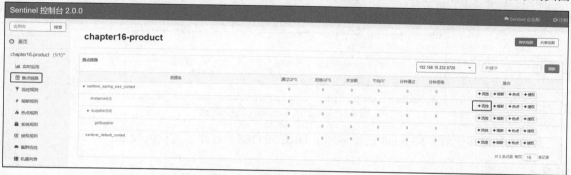

图 16-22 配置簇点链路规则

从图 16-22 中可以看到以下资源名。

- sentinel_spring_web_context：表示整体服务的规则配置。
- /instance/{id}：表示具体 URL 的规则配置。
- /supplier/{id}：表示具体 URL 的规则配置。
- getSupplier：表示埋点的规则配置，在/supplier/{id}的下一层。
- sentinel_default_context：表示默认服务的规则配置。

可见 Sentinel 控制台可以配置整体服务的规则，也可以配置具体 URL 或埋点的规则。再看左侧操作菜单，这里存在流控、熔断、热点和授权这 4 个规则的配置。限于篇幅，本书只讲解最常用的流控和熔断的规则配置。点击图 16-22 所示的页面中资源名为/instance/{id}的"+流控"按钮，然后进行配置，如图 16-23 所示。

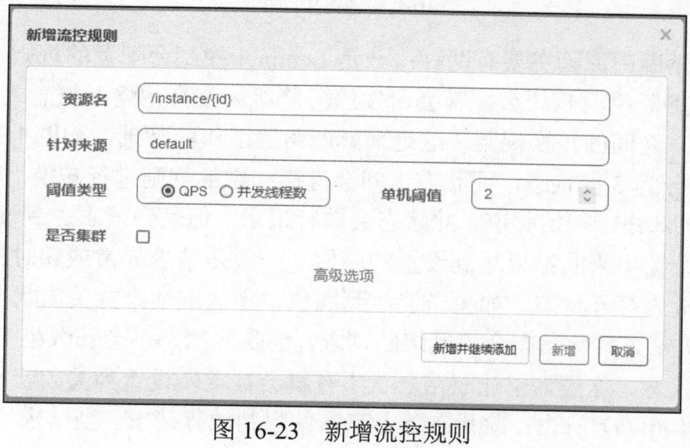

图 16-23 新增流控规则

从图 16-23 可以看到，阈值类型有 QPS 和"并发线程数"两种，其中 QPS 表示限制每秒允许查询的流量，而并发线程数则表示允许分配多少线程并发执行请求。对于 QPS 和并发线程数，如果超过阈值，默认会丢弃请求，快速失败。图 16-23 所示的页面配置了 QPS，并且设置单机阈值为 2，也就是单机允许每秒请求 2 次"/instance/{id}"，我设置的 QPS 数值很低，主要是为了进行测试，实际上开发者可以根据自己的软硬件环境配置适当的值。进行上述配置后点击"新增"按钮，保存配置的流控规则。接下来，我们再次请求 http://localhost:9001/product/instance/1，然后快速在 1 秒内刷新 2 次以上，就可以看到图 16-24 的页面了。

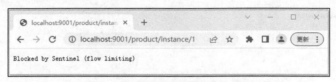

图 16-24　测试 Sentinel 流控规则

从请求的结果来看，Sentinel 已经限制了 URL 的 QPS，达到了流控的效果。

16.3.4　熔断

除了可以配置流控规则，我们还可以配置熔断规则，熔断的作用是保护服务。现实中需要熔断请求的情况很多，如流量过大、请求发生异常或者请求超时等，通过熔断请求可以避免线程的积压，从而避免服务雪崩的现象。但是，在熔断请求中存在一个重要的概念——降级服务，它的作用是在熔断请求后，也给予请求响应，以提示请求失败或者给予用户友好的界面体验。例如，图 16-24 所示的内容就是一种降级服务，它提示我们流量过大被 Sentinel 阻塞了，降级服务的流程如图 16-25 所示。

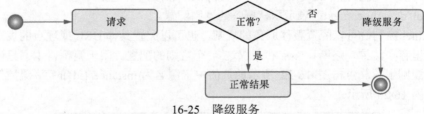

16-25　降级服务

在 Sentinel 中，熔断的原因主要有两种：一是 Sentinel 控制台配置的规则；二是来自 Java 运行时产生的异常。无论熔断原因是什么，都会引发服务降级。在介绍熔断概念之前，我们还需要掌握断路器的状态以及状态之间的转换规则，这是理解断路器工作的基础，如图 16-26 所示。

一般来说断路器分为 3 种状态，而状态之间会遵循一定的规则进行转换，具体如下。

- 关闭（**close**）状态：初始状态，此状态会放行请求。但是当请求达到设置的次数时，会触发统计，如果统计出来的结果达到设置的阈值（一般是请求异常或超时的比例），那么断路器状态会被修改为打开状态，如果未能达到阈值，那么继续维持关闭状态。
- 打开（**open**）状态：此状态会直接熔断请求，但是此状态不会长久维持，超过时间后就会转变为半打开状态，这是为了让断路器状态有机会被重新设置为关闭状态，然后放行请求。
- 半打开（**half-open**）状态：此状态下会有条件限制放行请求。当请求达到设置的次数后，会触发统计，那么就存在两种可能：一是请求失败（如异常、超时等）的比例达到设置的阈值，则返回打开状态，继续熔断请求；二是请求失败的比例未达到设置的阈值，那么将断路器的状态调整为关闭状态，放行请求。

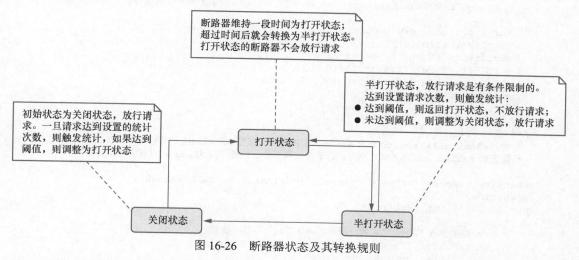

图 16-26　断路器状态及其转换规则

下面我们来讨论 Sentinel 熔断的应用，为此我们改造代码清单 16-19，改造的结果如代码清单 16-20 所示。

代码清单 16-20　Sentinel 熔断的应用（chapter16-product 模块）

```
package com.learn.chapter16.product.service.impl;
/*** imports ****/.
@Service
public class SupplierServiceImpl implements SupplierService {

    /** ①
     * 使用@SentinelResource 定义 Sentinel 的埋点，接受 Sentinel 的管控
     * 配置项 blockHandler 指向规则下的降级方法，该方法需要是公共的（public），且在同一个类中
     */
    @Override
    @SentinelResource(value = "getSupplier", blockHandler = "blockMethod")
    public Supplier getSupplier(Long id) {
        var supplier = new Supplier();
        supplier.setId(id);
        supplier.setName("supplier_name_" + id);
        supplier.setTel("13987654321" + id % 10);
        supplier.setNote("supplier_note_" + id);
        return supplier;
    }

    /** ②
     * 使用@SentinelResource 定义 Sentinel 的埋点，接受 Sentinel 的管控
     * 配置项 blockHandler 指向规则下的降级方法，该方法需要是公共的（public），且在同一个类中
     * 配置项 fallback 指向 Java 异常降级方法，该方法需要是公共的（public），且在同一个类中
     */
    @Override
```

```java
@SentinelResource(value = "getSupplier2",
        blockHandler = "blockMethod2", fallback = "fallMethod")
public Supplier getSupplier2(Long id) {
    if (id <= 0) {
        throw new RuntimeException("编号【" + id + "】不能小于等0");
    }
    var supplier = new Supplier();
    supplier.setId(id);
    supplier.setName("supplier_name_" + id);
    supplier.setTel("13987654321" + id % 10);
    supplier.setNote("supplier_note_" + id);
    return supplier;
}

/**  ③
 * 使用@SentinelResource 定义 Sentinel 的埋点，接受 Sentinel 的管控
 * 配置项 fallback 指向异常熔断方法，该方法需要是公共的（public），且在同一个类中
 */
@SentinelResource(value = "timeout", fallback = "fallMethod2")
@Override
public String timeout() {
    try {
        // 随机休眠 200ms 之内的一段时间，该方法的运行可能超过 100ms
        Thread.sleep((long)(200 *Math.random()));
    } catch (InterruptedException e) {
        throw new RuntimeException(e);
    }
    return "没有超时";
}

/**
 * 配置项 blockHandler 指向降级方法命名规则：   ④
 * (1) 方法名称和@SentinelResource 的配置项 blockHandler 一致；
 * (2) 在满足规则（1）的同时，参数和返回类型与 getSupplier() 也一致；
 * (3) 允许最后一个参数为 BlockException 类型
 */
public Supplier blockMethod(Long id, BlockException exp) {
    var supplier = new Supplier();
    supplier.setId(-1L);
    supplier.setName("限流降级");
    return supplier;
}

public Supplier blockMethod2(Long id, BlockException exp) {
    var supplier = new Supplier();
    supplier.setId(-1L);
    supplier.setName("异常降级");
    return supplier;
}

/**
 * 配置项 fallback 指向降级方法命名规则：   ⑤
 * (1) 方法名称和@SentinelResource 的配置项 fallback 一致；
 * (2) 在满足规则（1）的同时，参数和返回类型与 timeout() 也一致；
 * (3) 允许最后一个参数为 Throwable 类型
 */
public Supplier fallMethod(Long id, Throwable exp) {
```

```
        var supplier = new Supplier();
        supplier.setId(-2L);
        supplier.setName(exp.getMessage());
        return supplier;
    }

    /**
     * 熔断降级方法
     */
    public String fallMethod2(Throwable exp) {
        return "熔断超时。";
    }
}
```

代码①处在注解@SentinelResource 中添加了一个 blockHandler 配置项,它会指向在 Sentinel 规则下的降级方法,也就是说在不符合配置规则的情况下运行 blockHandler 指向的方法 blockMethod()。注意,这个方法必须是同一个类中的公共的(public)方法,且满足代码④处注释说明的命名规则。代码②处的方法 getSupplier2()中除了存在配置项 blockHandler,还有 fallback,这表示 Java 运行过程中如果存在异常,则运行 fallback 指向的 fallMethod()方法,同样,这个方法必须是同一个类中的公共的方法,且满足代码⑤处注释说明的命名规则。代码③处的 timeout()方法主要对超时进行测试,毕竟在互联网中存在很多慢请求,它们占用大量的线程资源,导致服务雪崩的出现,为了防止这个问题,这里通过配置项 fallback 提供服务降级来运行 fallMethod2()方法。

然后我们在控制器 SupplierController 添加两个方法,以调用 getSupplier2()和 timeout()方法,如代码清单 16-21 所示。

代码清单 16-21 修改控制器测试熔断(chapter16-product 模块)

```
package com.learn.chapter16.product.controller;
/**** imports ****/
@RestController
public class SupplierController {
    ......

    @GetMapping("/supplier2/{id}")
    public Supplier getSupplier2(@PathVariable("id") Long id) {
        var supplier = supplierService.getSupplier2(id);
        return supplier;
    }

    @GetMapping("/supplier/timeout")
    public Map<String, String> timeout() {
        var map = new HashMap<String, String>();
        map.put("result", supplierService.timeout());
        return map;
    }
}
```

到这里,我们重启产品服务的两个服务实例,然后分别访问:

- http://localhost:9001/product/supplier/1;
- http://localhost:9001/product/supplier2/1;
- http://localhost:9001/product/supplier/timeout。

有必要的时候,请多刷新几次,以便于 Sentinel 控制台能够监控到它们,这是因为 Sentinel 控制台是懒加载的,只有发生了请求才能监控到对应的 URL 和埋点。

回到图 16-22 所示的页面,就可以看到 Sentinel 可以管控的 URL 和埋点了。接下来,我们设置 Sentinel 的管控规则。

(1)设置埋点 getSupplier 的控流规则,如图 16-27 所示,即每秒只放行 10 次请求。

图 16-27　设置埋点 getSupplier 的控流规则

(2)设置埋点 timeout 的熔断规则,如图 16-28 所示。此处选择的熔断策略是"慢调用比例",这是一种对于超时时间的熔断,因为慢调用十分消耗互联网的服务资源,对系统的性能影响较大。设置至少经过 5 次请求后才进行统计,而每次统计,只统计最近 5000 ms(即 5 s)发生的数据。如果统计得到的结果是完成请求的响应时间(response time,RT)超过 100 ms 的比例达到 30%(即 0.3)阈值,那么就打开断路器熔断请求,在打开状态,断路器会熔断一切新的请求,到了 10 s 后,断路器就会自动转换为半打开状态。当断路器处于半打开状态时,会出现两种可能:一是接下来的请求的 RT 没超过 100 ms,那么设置断路器状态为关闭状态,放行请求;二是接下来的请求的 RT 依旧超过 100ms,那么断路器就恢复为打开状态,继续熔断请求。

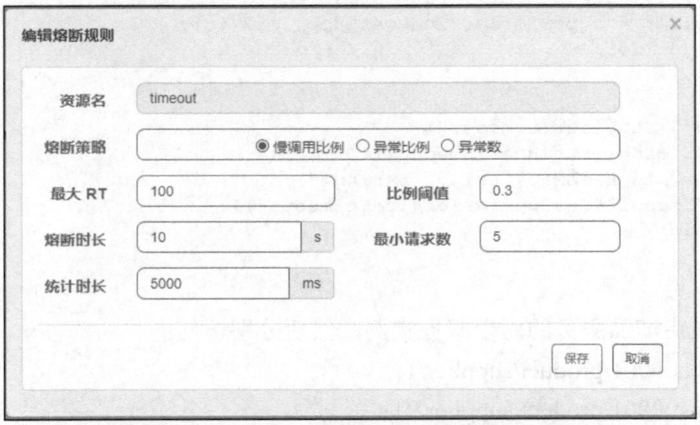

图 16-28　设置埋点 timeout 的熔断规则

（3）设置埋点 getSupplier2 的熔断规则，如图 16-29 所示。此处选择的熔断策略是"异常比例"，这是一种管控 Java 异常的规则。此处只分析最近 5000 ms（5 s）发生过的请求，且满足至少 5 次调用才进行统计，当统计发现请求发生异常次数超过阈值 30%（即 0.3）时，会打开断路器熔断请求，在打开状态期间，断路器会熔断一切新的请求，到了 10 s 后，断路器就会自动转换为半打开状态。当断路器处理半打开状态时，会出现两种可能：一是接下来的请求没有发生异常，那么设置断路器状态为关闭状态，放行请求；二是接下来的请求依旧发生异常，那么断路器就恢复为打开状态，继续熔断请求。

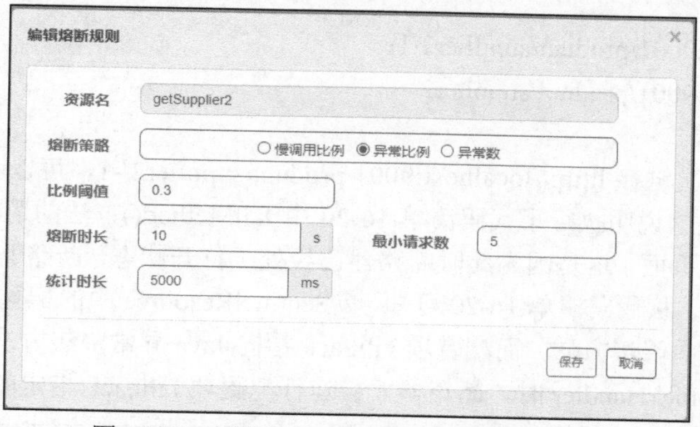

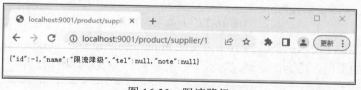

图 16-29　设置埋点 getSupplier2 的熔断规则

首先测试埋点 getSupplier，请求 http://localhost:9001/product/supplier/1，然后 1 s 内刷新页面 10 次以上，就可以看到图 16-30 所示的页面了。

图 16-30　限流降级

从图 16-30 可以看到，返回的已经是代码清单 16-20 中的 blockMethod() 方法的逻辑了。这就是 Sentinel 限流规则下的降级，QPS 为 10，超过流量限制的请求就进行降级。

接下来测试埋点 timeout，请求 http://localhost:9001/product/supplier/timeout，然后进行如下测试。

（1）在 5 s 内快速刷新 10 次左右，前 5 次都返回"没有超时"，第 6 次之后，就可能看到图 16-31 所示的页面了。

（2）当看到图 16-31 所示的页面时，10 s 内再刷新都返回图 16-31 所示的页面，因为断路器状态为打开状态，它会直接熔断请求。

（3）10 s 过后，断路器处于半打开状态，再进行 1 次请求会返回"没有超时"，此时存在两种可能：一是这次请求的 RT 低于 100 ms，则断路器状态设置为关闭状态，这样就返回第（1）步；二是这次请求的 RT 大约等于 100 ms，则断路器直接熔断请求，这样就返回第（2）步，再进行请求就直接显示图 16-31 所示的页面了。

从图 16-31 可以看到，断路器熔断请求时，会执行代码清单 16-20 中的方法 fallMethod2() 的逻辑。

最后测试埋点 getSupplier2，首先请求下面两个链接：

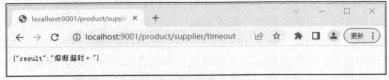

图 16-31　慢调用熔断测试

- http://localhost:9001/product/supplier2/1；
- http://localhost:9001/product/supplier2/-1。

然后进行如下测试。

（1）连续刷新 10 次链接 http://localhost:9001/product/supplier2/-1，可以看到前 5 次刷新会出现图 16-32 所示的页面，这说明执行了代码清单 16-20 中 fallMethod() 方法的逻辑。再刷新 5 次链接可以看到图 16-33 所示的页面，这是因为此时断路器已经处于打开状态，断路器就会熔断请求，直接运行 blockMethod2() 方法。从代码清单 16-20 可知，@SentinelResource 中的配置项 blockHandler 指向的是 Sentinel 配置规则下的降级方法，而配置项 fallback 指向 Java 异常降级方法。在 Sentinel 配置规则下，只有当没有配置 blockHandler 时，断路器才会运行配置项 fallback 指定的方法。

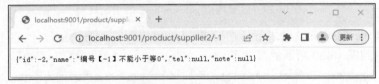

图 16-32　Java 异常熔断

（2）在看到图 16-33 所示的页面的 10 s 内请求 http://localhost:9001/product/supplier2/1，访问结果还是图 16-33 所示的页面，因为此时断路器处于打开状态，会直接熔断请求。

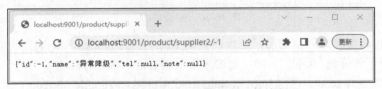

图 16-33　Sentinel 配置规则下的熔断

（3）在看到图 16-33 所示的页面的 10 s 后，断路器处于半打开状态，它会放行请求，此时请求 http://localhost:9001/product/supplier2/1，可以看到图 16-34 所示的页面，此时断路器处于关闭状态，放行请求。

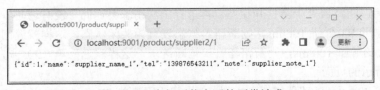

图 16-34　半打开状态下的正常请求

（4）如果不做第（3）步，而是等待 10 s 后，让断路器处于半打开状态，请求 http://localhost:9001/product/supplier2/-1，可以看到图 16-32 所示的页面，此时断路器恢复打开状态，熔断请求，因此继续请求就可以看到图 16-33 所示的页面了。

16.3.5　在 OpenFeign 中使用 Sentinel

16.2.2 节谈到了使用 OpenFeign 进行声明式服务调用，那么 Sentinel 能否对 OpenFeign 进行管控呢？答案是肯定的，使用 Sentinel 对 OpenFeign 进行管控也比较简单，为此我们改造 UserFacade 接口，如代码清单 16-22 所示。

代码清单 16-22　改造 UserFacade 接口实现熔断功能（chapter16-product 模块）

```java
package com.learn.chapter16.product.facade;
/**** imports ****/
// 用@FeignClient 标明 Feign 客户端，这时需要给出服务名称
@FeignClient(value="chapter16-user",
        // fallback 配置项：降级实现类，要求实现 UserFacade 接口
        fallback = UserFallback.class,
        // configuration 配置项：降级配置类
        configuration = UserFallbackConfig.class) // ①
public interface UserFacade {

    // 指定通过 HTTP 的 GET 方法请求路径
    @GetMapping("/user/instance/{id}")
    // 这里会采用 Spring MVC 的注解配置
    public UserPo getUser(@PathVariable("id") Long id);

    // POST 方法请求用户微服务
    @PostMapping("/user/addition")
    public Map<String, Object> addUser(
            // 请求体参数
            @RequestBody UserPo user);

    // POST 方法请求用户微服务
    @PostMapping("/user/update/{userName}")
    public Map<String, Object> updateName(
            // URL 参数
            @PathVariable("userName") String userName,
            // 请求头参数
            @RequestHeader("id") Long id);
}

// 降级配置类 ②
class UserFallbackConfig {

    @Bean // 创建 Bean，让它装配到 IoC 容器中
    public UserFallback initUserFallback() {
        return new UserFallback();
    }
}

// 降级实现类 ③
class UserFallback implements UserFacade {

    @Override
```

```java
    public UserPo getUser(@PathVariable("id") Long id) {
        var user = new UserPo();
        user.setId(-1L);
        user.setUserName("异常返回");
        return user;
    }

    @Override
    public Map<String, Object> addUser(
            // 请求体参数
            @RequestBody UserPo user) {
        var result = new HashMap<String, Object>();
        result.put("result", "服务调用异常");
        return result;
    }

    @Override
    public Map<String, Object> updateName(
            // URL 参数
            @PathVariable("userName") String userName,
            // 请求头参数
            @RequestHeader("id") Long id) {
        var result = new HashMap<String, Object>();
        result.put("result", "服务调用异常");
        return result;
    }
}
```

代码①处的 fallback 配置项指向降级实现类 UserFallback,这个类要求实现 UserFacade 接口;configuration 配置项则配置 OpenFeign 的配置类 UserFallbackConfig。代码②处的类 UserFallbackConfig 的作用是创建一个 UserFallback 对象,并且将该对象装配到 IoC 容器中。代码③处的 UserFallback 类实现了 UserFacade 接口,并且提供降级服务的方法。

进行上述的改造后,我们还需要将 application.yml 文件中的 feign.sentinel.enable 配置为 true,这样才能驱动 Sentinel 对 OpenFeign 的支持,如下。

```yaml
feign:
  sentinel:
    # 启动 Sentinel 对 OpenFeign 的支持
    enabled: true
```

到这里就完成了对 OpenFeign 接口的熔断和降级服务的开发。

16.4 API 网关——Spring Cloud Gateway

通过前面的内容,我们已经可以搭建一个基于 Spring Cloud Alibaba 的微服务的架构了。在传统的网站中,我们还会引入如 Nginx、F5 的网关功能。

为了增强网关的功能,微服务还提出了 API 网关的概念,API 网关与传统网关的不同之处在于,API 网关可以通过编程来实现业务逻辑。一般来说,API 网关可以提供如下功能。

- 将请求路由到源服务器上,进而保护源服务器的信息,避免第三方直接地攻击源服务器。
- 作为一种负载均衡的手段,API 网关使得请求按照一定的算法平摊到多个服务实例上,可以减缓单个服务实例的压力；同时可以通过一定的手段发现并排除不可用的服务实例，从而维持服务的稳定性。
- 提供过滤器，通过过滤器可以实现很多重要的功能，如流控、屏蔽黑名单用户和拦截无效请求等。

Spring Cloud 提供的 API 网关为 Spring Cloud Gateway（简称 Gateway）。对网关来说，一般也需要进行容错处理，为此，Spring Cloud Alibaba 提供了 spring-cloud-alibaba-sentinel-gateway 包进行支持。为了能够使用 Gateway，并且让 Sentinel 能够管控它，我们先引入对应的包，如代码清单 16-23 所示。

代码清单 16-23　引入 Gateway 和 Resilience4j

```xml
<!-- Spring Cloud Gateway 包 -->
<dependency>
    <groupId>org.springframework.cloud</groupId>
    <artifactId>spring-cloud-starter-gateway</artifactId>
</dependency>
<!-- 负载均衡包 -->
<dependency>
    <groupId>org.springframework.cloud</groupId>
    <artifactId>spring-cloud-starter-loadbalancer</artifactId>
</dependency>
<!-- Nacos 服务发现包 -->
<dependency>
    <groupId>com.alibaba.cloud</groupId>
    <artifactId>spring-cloud-starter-alibaba-nacos-discovery</artifactId>
</dependency>
<!-- Spring Boot Actuator 包 -->
<dependency>
    <groupId>org.springframework.boot</groupId>
    <artifactId>spring-boot-starter-actuator</artifactId>
</dependency>
<!-- spring-cloud-alibaba-sentinel-gateway 包，支持 Sentinel 监控 -->
<dependency>
    <groupId>com.alibaba.cloud</groupId>
    <artifactId>spring-cloud-alibaba-sentinel-gateway</artifactId>
</dependency>
<!-- spring-cloud-starter-alibaba-sentinel 包 -->
<dependency>
    <groupId>com.alibaba.cloud</groupId>
    <artifactId>spring-cloud-starter-alibaba-sentinel</artifactId>
</dependency>
```

上述代码引入了 Gateway 包、负载均衡包、Nacos 服务发现包、Actuator 包、spring-cloud-alibaba-sentinel-gateway 包和 spring-cloud-starter-alibaba-sentinel 包。Gateway 包是本节需要讨论的核心包；负载均衡（spring-cloud-starter-loadbalancer）包的作用是将对 Gateway 请求的 URL 按照负载均衡算法分发到具体的源服务实例中，我们把 API 网关的这个功能称为"服务端负载均衡"；引入 Nacos 服务发现包是因为我们需要把 API 网关服务注册到 Nacos 服务治理中心中，让 Gateway 服务也纳入微服务治理范围中；引入 Actuator 包可以监测服务的监控情况；引入 spring-cloud-alibaba-sentinel-gateway 包和 spring-cloud-starter-alibaba-sentinel 包是为了让 API 网关的路由和其他资源可以接受 Sentinel 的管控。注意，这里不能引入 spring-boot-starter-web，因为它和 spring-cloud-starter-gateway 包是相互冲突的，会引发异常，导致服务无法启动。了解了这些内容，下面我们先来讨论如何使用 Gateway。

16.4.1　Gateway 的工作原理

本节先讲解 Gateway 的工作原理（见图 16-35），这样才能帮助读者理解 Gateway 的概念。

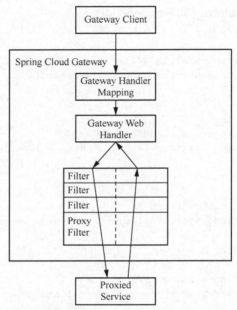

图 16-35　Gateway 的工作原理（图片来自 Spring Cloud Gateway 官方文档）

Gateway 的主要作用有两个方面：一是配置路由规则，也就是让请求按照配置的规则映射到源服务器上；二是提供过滤器，能够过滤 Gateway 客户端（如网页或者手机）发送的请求。

- **配置路由规则（Routes）**：也就是请求 Gateway 服务器后如何映射到具体的源服务器上。路由的类型有两种：一种是 Gateway Handler Mapping，这是一个非 Web 服务器的映射；另一种是 Gateway Web Mapping，也就是映射到 Web 服务器上。我们主要讨论的是 Gateway Web Mapping。
- **提供过滤器（Filter）**：通过过滤器可增强请求的功能或者拒绝将请求转发给源服务器。常见的过滤器应用场景有流控、屏蔽黑名单用户、熔断降级、校验验证码和记录日志等，我们往往需要用多个过滤器来实现不同的过滤功能。在 Gateway 中存在局部过滤器和全局过滤器，局部过滤器针对某些路由规则有效，而全局过滤器则针对 API 网关全局范围内有效。

16.4.2　配置路由规则

路由规则是 API 网关的核心内容。用户可以请求 Gateway 服务，而 Gateway 服务会通过请求路径和负载均衡的算法将请求转发到源服务器上，这样 Gateway 服务就可以作为微服务的统一入口对外暴露了。

Gateway 的使用比较简单，我们可以直接配置 application.yml 文件，如代码清单 16-24 所示。

代码清单 16-24　配置 Gateway（chapter16-gateway）

```yaml
spring:
  cloud:
    gateway:
      # 路由配置
      routes:
        # 配置第 1 个路由，id 为编号
        - id: route-user
          # 源服务器地址 ①
          uri: http://localhost:3001/user
          # 断言，主要用于匹配请求地址
          predicates:
            # ②
            - Path=/user/**
          # 过滤器
          filters:
            # 加入请求头 ③
            - AddRequestHeader=route-app,user
            # 加入响应头 ④
            - AddResponseHeader=route-app,user
        # 配置第 2 个路由，id 为编号
        - id: route-product
          # 使用服务名称作为路由，格式为："lb://{service-name}" ⑤
          uri: lb://chapter16-product
          # 断言，主要用于匹配请求地址
          predicates:
            - Path=/product/**
          # 过滤器
          filters:
            - AddRequestHeader=route-app,product
            - AddResponseHeader=route-app,product
    nacos:
      discovery:
        # Nacos 服务发现
        server-addr: 192.168.10.232:6001,192.168.10.232:6005,192.168.10.232:6009

application:
  # 服务名称
  name: chapter16-gateway
```

上述代码中的 spring.cloud.gateway.routes.* 配置的是 Gateway 的路由，spring.cloud.nacos.* 配置的

则是服务发现的内容。这里的路由的配置是 Gateway 配置的核心，一般包含 4 种内容：编号（id）、源服务器统一资源标识符（uri）、断言（predicates）和过滤器（filters）。

- 编号（**id**）。它是路由的唯一标识，类似数据库的主键，表示一个路由规则的存在。
- 源服务器统一资源标识符（**uri**）。一般有两种类型：第一种类似代码①处，直接写源服务器的 URI，但是这样只能写一个源服务器，不能负载均衡到多个源服务器，因此我们一般不采用这样的写法；第二种类似代码⑤处，写成指向某个服务，让 Gateway 的地址能映射到某个服务的多个服务实例上，其格式为"lb://{service-name}"，其中"{service-name}"标识服务名称，例如用户服务写作"lb://chapter16-user"，产品服务就写作"lb://chapter16-product"，一般来说我们会采用这样的写法。
- 断言（**predicates**）。断言的作用是编写所要拦截的请求的地址，一般通过 Path 断言工厂来指定拦截的请求的地址，可以使用 ANT 风格来编写地址。
- 过滤器（**filters**）。过滤器是 Gateway 主要的逻辑组件，它可以在转发请求之前或者之后处理一些逻辑，也可以对是否将请求转发给源服务器进行控制。代码③处配置的是请求头（AddRequestHeader）过滤器，意思是在将请求转发给源服务器前，添加名称为 route-app 且值为 user 的请求头。代码④处配置的则是响应头（AddResponseHeader）过滤器，也就是响应浏览器请求的时候，会添加名称为 route-app 且值为 user 的响应头。

通过代码清单 16-24 所示的配置，我们就可以使用 Gateway 了，这里在 2001 和 2002 两个端口运行 chapter16-gateway 模块，然后请求 http://localhost:2001/user/instance/2，可以看到图 16-36 所示的页面。

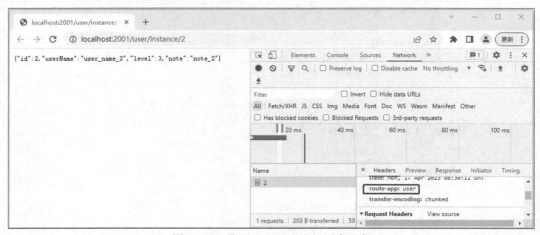

图 16-36　使用 Gateway 访问用户服务

从图 16-36 所示的页面来看，我们已经通过 Gateway 访问到了用户服务，同时在框选之处可以看到名称为 route-app 且值为 user 的响应头。

16.4.3　过滤器

前文只是将请求转发到源服务器上，但是我们有时候希望网关能提供更强大的功能，例如，互联网系统经常需要进行流量控制、屏蔽黑名单用户、熔断降级、校验验证码和记录日志等操作。在

Gateway 中可以执行这些逻辑的是过滤器,而在 Gateway 中又包括全局过滤器 GlobalFilter)和局部过滤器(GatewayFilter)。

过滤器可以增强或者限制请求的功能。比如可以通过过滤器判定请求是否为恶意的或者无效的,如果是那么直接在过滤器中处理,不再把请求转发到源服务器上,这样就可以避免恶意攻击源服务器,也可以降低源服务器的负载。

全局过滤器是对全部路由都生效的,它要求我们实现 GlobalFilter 接口的 filter()方法。下面通过实现计算源服务器处理请求的耗时来介绍全局过滤器的使用,如代码清单 16-25 所示。

代码清单 16-25　使用全局过滤器计算源服务器处理请求的耗时(chapter16-gateway 模块)

```
package com.learn.chapter16.gateway.filter;
/**** imports ****/
@Component
// 实现接口 GlobalFilter 的 filter()方法,表示这是一个全局过滤器,将对全部路由进行过滤
public class TimeGatewayFilterFactory implements GlobalFilter {
    @Override
    public Mono<Void> filter(ServerWebExchange exchange, GatewayFilterChain chain) {
        // 转发请求前,记录时间点
        var start = System.currentTimeMillis();
        // 将请求转发给源服务器
        var result = chain.filter(exchange); // ①
        // 转发返回结果后,记录时间点
        var end = System.currentTimeMillis();
        // 输出耗时
        System.out.println("耗时: "+ (end - start)+"毫秒");
        // 返回结果
        return result;
    }
}
```

全局过滤器 TimeGatewayFilterFactory 实现了 GlobalFilter 接口的 filter()方法,通过该方法来提供过滤器的逻辑。filter()方法首先在将请求转发给源服务器之前记录时间点,然后在代码①处将请求转发给源服务器,源服务器响应后计算源服务器运行的耗时并输出,最后返回一个类型为 Mono<Void>的结果。

启动相关服务后,访问 http://localhost:2001/product/instance/1。观察日志,可以看到后台打印的耗时。

前文讲解了如何使用全局过滤器,接下来就要讲解局部过滤器了,全局过滤器对全部路由生效,而局部过滤器则针对某个或者某些路由生效。在默认的情况下,Gateway 就已经提供了很多过滤器工厂,常用的过滤器工厂如表 16-1 所示。

表 16-1　Gateway 常用的过滤器工厂

过滤器工厂	名称	参数
AddRequestHeader	为原始请求添加请求头	请求头的名称及值
AddRequestParameter	为原始请求添加请求参数	请求参数的名称及值
AddResponseHeader	为原始响应添加响应头	响应头的名称及值

续表

过滤器工厂	名称	参数
DedupeResponseHeader	剔除响应头中重复的值	需要去重的响应头的名称及去重策略
FallbackHeaders	为 fallbackUri 的请求头添加具体的异常信息	请求头的名称
PrefixPath	为源服务请求路径添加前缀	前缀路径
PreserveHostHeader	为请求添加一个 preserveHostHeader=true 的属性，路由过滤器会检查该属性以决定是否要发送原始的 Host	无
RequestRateLimiter	用于对请求限流，限流算法为令牌桶	keyResolver、rateLimiter、statusCode、denyEmptyKey、emptyKeyStatus
RedirectTo	将原始请求重定向到指定的 URL	HTTP 状态码及重定向的 URL
RemoveResponseHeader	删除某个响应头	响应头的名称
RewritePath	重写原始的请求路径	原始路径正则表达式及重写后路径的正则表达式
RewriteResponseHeader	重写原始响应中的某个响应头	响应头名称、值的正则表达式、重写后的值
SaveSession	转发请求之前，强制执行 websession::save 操作	无
secureHeaders	为原始响应添加一系列起安全作用的响应头	无，支持修改这些安全响应头的值
SetPath	修改原始的请求路径	修改后的路径
SetResponseHeader	修改原始响应中某个响应头的值	响应头的名称及修改后的值
SetStatus	修改原始响应的状态码	HTTP 状态码，可以是数字，也可以是字符串
StripPrefix	用于截断原始请求的路径	使用数字表示要截断的路径的数量
Retry	针对不同的响应进行重试	retries、statuses、methods、series
RequestSize	设置允许接收的最大请求包的大小。如果请求包大小超过设置的值，则返回 413 Payload Too Large	请求包大小，单位为字节，默认值为 5 MB
ModifyRequestBody	在转发请求之前修改原始请求体内容	修改后的请求体内容
ModifyResponseBody	修改原始响应体的内容	修改后的响应体内容
CircuitBreaker	给路由添加断路器的功能，默认使用 Resilience4j	Resilience4j 断路器名称

因此，我们在代码清单 16-24 中可以这样配置过滤器：

```
spring:
  cloud:
    ......
    gateway:
```

```yaml
      # 路由配置
      routes:
        # 配置第一个路由，id 为编号
        - id: route-user
          # 源服务器地址
          uri: http://localhost:3001/user
          # 断言，主要用户匹配请求地址
          predicates:
            - Path=/user/**
          # 过滤器
          filters:
            # 加入请求头
            - AddRequestHeader=route-app,user
            # 加入响应头
            - AddResponseHeader=route-app,user
```

注意，代码加粗处其实就是在配置表 16-1 中相应的两个过滤器工厂，这样就能让过滤器对当前路由（id 为 route-user）生效，但是如果其他路由没有这样配置，那么就不对这些路由生效。

有时候我们可能需要自定义局部过滤器，此时可以使用过滤器工厂来创建过滤器，这个时候要求实现接口 GatewayFilterFactory。不过，一般来说我们不会通过直接实现 GatewayFilterFactory 接口来创建过滤器工厂，而是使用抽象类 AbstractGatewayFilterFactory 来创建，实际上这个抽象类也已经实现了接口 GatewayFilterFactory。

为了学习局部过滤器的使用，我们假设访问用户服务需要提供验证码，而验证码则存储在 Redis 服务器上。为了能够使用 Redis 服务器并将结果转换为 JSON 数据集，我们先在 Maven 中引入相关的依赖，如代码清单 16-26 所示。

代码清单 16-26　引入所需的依赖（chapter16-gateway 模块）

```xml
<!-- Spring 支持 Redis 包-->
<dependency>
    <groupId>org.springframework.boot</groupId>
    <artifactId>spring-boot-starter-data-redis</artifactId>
</dependency>
<!-- 通用线程池包 -->
<dependency>
    <groupId>org.apache.commons</groupId>
    <artifactId>commons-pool2</artifactId>
</dependency>
!-- 阿里巴巴的 fastjson2 包 -->
<dependency>
    <groupId>com.alibaba.fastjson2</groupId>
    <artifactId>fastjson2</artifactId>
    <version>2.0.42</version>
</dependency>
```

有了这些依赖，接下来我们需要在 application.yml 文件中配置 Redis，以便于连接服务器，如代码清单 16-27 所示。

代码清单 16-27　配置 Redis 的连接和 Lettuce 线程池（chapter16-gateway 模块）

```yaml
spring:
  data:
    redis:
      # Redis 服务器 IP
      host: 192.168.10.128
      # 端口
      port: 6379
      # 密码
      password: a123456
      lettuce:
        # Lettuce 线程池配置
        pool:
          # 最小空闲数
          min-idle: 5
          # 最大活动数
          max-active: 15
          # 最大空闲数
          max-idle: 10
          # 最大等待时间
          max-wait: 1s
```

进行上述配置后，接下来我们就可以开发一个验证码过滤器工厂了，如代码清单 16-28 所示。

代码清单 16-28　定义验证码过滤器工厂（chapter16-gateway 模块）

```java
package com.learn.chapter16.gateway.filter;

/**** imports ****/
@Component
public class VeriCodeGatewayFilterFactory extends
        AbstractGatewayFilterFactory<VeriCodeGatewayFilterFactory.Config> { // ①

    // 注入 StringRedisTemplate
    @Autowired
    private StringRedisTemplate stringRedisTemplate;

    // 实现父类读取配置
    public VeriCodeGatewayFilterFactory() {
        // 读入配置
        super(Config.class); // ②
    }

    // 给配置类的属性排序
    @Override
    public List<String> shortcutFieldOrder() { // ③
        return List.of("prefix", "consoleOut");
    }

    /**
```

```java
     * 创建过滤器
     * @param config 配置类对象
     * @return 过滤器
     */
    @Override
    public GatewayFilter apply(Config config) { // ④
        return ((exchange, chain) -> {
            // 请求对象
            var request = exchange.getRequest();
            // 参数 Map
            var params = request.getQueryParams();
            // 获取请求参数
            var userId = params.getFirst("user_id");
            var veriCodeParam = params.getFirst("veri_code");
            // 获取 Redis 缓存的验证码
            var veriCode = stringRedisTemplate
                    .opsForValue().get(config.getPrefix() + "_" + userId);
            // 比对两个验证码
            if (veriCodeParam != null && veriCodeParam.equals(veriCode)) {
                if (config.isConsoleOut()) {
                    System.out.println("验证码一致，即将转发请求......");
                }
                // 放行过滤器
                return chain.filter(exchange);
            }
            // 不转发给源服务器的处理
            if (config.isConsoleOut()) {
                System.out.println("验证码不一致，不转发请求......");
            }
            // 获取响应对象
            var response = exchange.getResponse();
            // 响应结果
            var result = Map.of("id", "401", "msg", "验证码不一致");
            // 响应体，转换为 JSON 数据集
            var body = JSONObject.from(result).toJSONString();
            // 响应体放入数据缓冲区
            var buffer = response.bufferFactory().wrap(body.getBytes());
            // 设置响应头
            response.getHeaders().add("Content-Type",
                    "application/json; charset=utf-8");
            // 响应状态码
            response.setRawStatusCode(HttpStatus.SC_UNAUTHORIZED);
            // 将响应体数据缓冲区输出到客户端，不再将请求转发给源服务器
            return response.writeWith(Mono.just(buffer));
        });
    }

    @Data
    public static class Config { // ⑤
        // 是否支持 System.out.println()输出日志
```

```
            private boolean consoleOut;
            // 验证码前缀
            private String prefix;
        }
    }
```

代码①处的过滤器工厂的类名的前缀为 VeriCode，这就意味着我们可以通过这个前缀来配置过滤器，并且类上标注了 @Component，这样 IoC 容器就会将这个类装配进来。代码②处主要使用构造方法来读入配置。代码③处的 shortcutFieldOrder() 方法主要给配置类（Config）的属性进行排序。代码④处的 apply() 方法是一个创建过滤器的方法，是这里的核心方法，主要逻辑已经在代码注释中写清楚了。代码⑤处是一个配置类，它是一个公共的静态类，存在两个属性——consoleOut 和 prefix，已经在 shortcutFieldOrder() 方法中给定了它们的配置顺序。

我们在代码清单 16-28 中开发了类名前缀为 VeriCode 的过滤器工厂，接下来就可以配置并使用它了，为此修改代码清单 16-24 中的部分配置，如代码清单 16-29 所示。

代码清单 16-29　配置自定义的验证码过滤器工厂（chapter16-gateway 模块）

```yaml
spring:
  cloud:
    # Nacos 服务发现
    nacos:
      ...... # Nacos 服务发现的相关配置
    gateway:
      # 路由配置
      routes:
        # 配置第 1 个路由，id 为编号
        - id: route-user
          # 源服务器地址
          uri: http://localhost:3001/user
          # 断言，主要用于匹配用户服务地址
          predicates:
            - Path=/user/**
          # 过滤器
          filters:
            # 加入请求头
            - AddRequestHeader=route-app,user
            # 加入响应头
            - AddResponseHeader=route-app,user
            # 配置自定义的验证码过滤器  ①
            - VeriCode=veri_code, true
          ......
  application:
    # 应用（服务）名称
    name: chapter16-gateway

...... # 其他配置
```

代码①处通过名称 VeriCode 配置了自定义的验证码过滤器工厂，这里传递了两个参数，参数的值对应的是配置类（VeriCodeGatewayFilterFactory.Config）的两个属性 prefix 和 consoleOut。注意，这两个参数的顺序是不能改变的，这是因为 VeriCodeGatewayFilterFactory 类中的 shortcutFieldOrder() 方法指定了它们的顺序。

接下来我们在 Redis 命令行中执行如下命令，在 Redis 放入编号为 1 的用户验证码：

```
set veri_code_1 123
```

运行相关的服务，然后访问 http://localhost:2001/user/instance/2?user_id=1&veri_code=123，可以看到后台已经打印出相关日志，并且可以看到图 16-37 所示的页面。

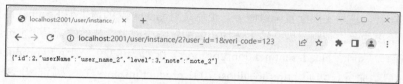

图 16-37　使用验证码访问资源

这里的验证码因为和 Redis 的保持一致，因此可以通过验证并访问到资源。但是，如果我们访问 http://localhost:2001/user/instance/2?user_id=1&veri_code=1234，此时因为验证码和 Redis 的不一致，那么将无法访问到资源，因为请求被过滤器（VeriCodeGatewayFilterFactory）拦截了，其结果如图 16-38 所示。

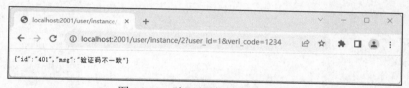

图 16-38　验证码过滤器拦截请求

从图 16-38 中可以看到，验证码不一致，过滤器拦截并响应了请求，并没有将请求转发到源服务器上。

16.4.4　使用 Sentinel 管控 Gateway

代码清单 16-23 中引入了 spring-cloud-alibaba-sentinel-gateway 包和 spring-cloud-starter-alibaba-sentinel 包，这样 Gateway 服务就能够被 Sentinel 管控了。通过 Sentinel 控制台的配置，我们就可以实现对路由的管控，包括流控和熔断等。为了能让 Sentinel 能管控 Gateway 服务，我们需要在 application.yml 文件中进行配置，如代码清单 16-30 所示。

代码清单 16-30　配置 Sentinel 信息（chapter16-gateway 模块）

```yaml
spring:
  cloud:
    sentinel:
      transport:
        # Sentinel 控制台
        dashboard: 192.168.10.232:8888
        # Sentinel 通信端口
```

```
        port: 8729
    # Sentinel 降级配置
    scg:
      fallback:
        # 响应类型为 JSON 数据集
        content-type: application/json;charset:utf-8;
          # 为直接响应，可以配置为 redirect，代表转发
        mode: response
          # 响应体
        response-body: '{"code":"429 TOO_MANY_REQUEST", "msg":"too many request!"}'
```

注意加粗的配置，这里主要配置降级服务，也就是对 Gateway 的请求被 Sentinel 监控后，如果请求不符合 Sentinel 给出的流控规则，就会按上述加粗的配置响应请求。其他的都是之前介绍过的配置，只是 Sentinel 通信端口（spring.cloud.sentinel.transport.port）配置为 8729，避免和 product-api 模块冲突。

配置好后，启动服务，访问 http://localhost:2001/product/instance/2，然后打开 Sentinel 控制台，进入菜单 Gateway 服务中的"请求链路"，再点击右边的"+流控"按钮，可以看到弹出了"新增网关流控规则"对话框，如图 16-39 所示。

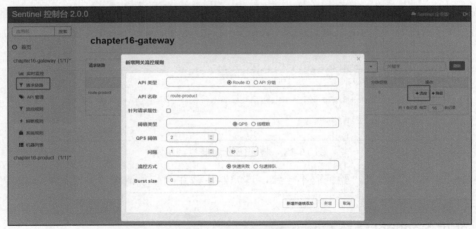

图 16-39　新增网关（针对路由）流控规则

注意，图 16-39 中的请求链路 route-product 来自 Gateway 的路由配置（id 也为 route-product），这里就是针对这个路由进行流控。将 QPS 阈值设置为 2，也就是所设置的路由只允许每秒接受 2 次请求。然后点击对话框右下方的"新增"按钮，保存这个流控规则。

保存流控规则后，再次访问 http://localhost:2001/product/instance/2，1s 内刷新 2 次以上，就可以看到图 16-40 所示的页面了。

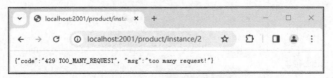

图 16-40　流控规则降级服务

回到图 16-39，可以看到"+流控"按钮右边的"+降级"按钮，它用于配置熔断降级，关于熔断降级可以参考 16.3.4 节。

应该说代码清单 16-30 的配置只是针对流控的 QPS 阈值进行限制，实际上还有其他的原因导致异常，比如一些 Java 异常。为了能够更好地处理各种各样的异常，Spring Cloud Alibaba 在 spring-cloud-alibaba-sentinel-gateway 包内提供了类 GatewayCallbackManager，这个类存在一个静态方法——setBlockHandler()，其参数是一个 BlockRequestHandler 接口对象。我们可以通过这层关系来自定义降级方法的逻辑。下面我们通过这层关系来实现自定义降级服务逻辑，为此，删除代码清单 16-30 中加粗的部分，然后编写一个类，如代码清单 16-31 所示。

代码清单 16-31　配置 Sentinel 信息（chapter16-gateway 模块）

```java
package com.learn.chapter16.gateway.config;
/**** imports ****/
@Configuration // ①
public class SentinelConfig {

    // 在 IoC 容器关于 Bean 的生命周期中运行
    @PostConstruct // ②
    public void init() {
        GatewayCallbackManager.setBlockHandler((exchange, exp) -> { // ③
            // 获取响应码
            var code = exchange.getResponse().getStatusCode();
            // 转换为 BlockException
            var blockExp = (BlockException) exp;
            // 设置响应体的信息
            var body = new ResponseMsg(
                    exchange.getResponse().getStatusCode().value(), // 状态码
                    blockExp.getRule().toString(), // Sentinel 规则转变为字符串
                    blockExp.getClass().getName()); // 异常类名称
            // 服务器响应
            return ServerResponse // ④
                    .status(code) // HTTP 响应码
                    .contentType(MediaType.APPLICATION_JSON) // 设置响应类型
                    .bodyValue(body); // 设置响应体
        });
    }

    // 响应消息类
    @Data
    class ResponseMsg {
        private Integer code;
        private String ruleMsg;
        private String expClass;

        public ResponseMsg(Integer code, String ruleMsg, String expClass) {
            this.code = code;
            this.ruleMsg =ruleMsg;
```

```
            this.expClass = expClass;
        }
    }
}
```

代码①处使用注解@Configuration 表示这是一个配置类。代码②处的注解@PostConstruct 表示让 IoC 容器在装配并初始化这个配置文件后去执行 init()方法。代码③处使用 GatewayCallbackManager 的 setBlockHandler()方法来自定义降级服务逻辑，这个方法的参数是一个 BlockRequestHandler 接口对象，只是上述代码中写成 Lambda 表达式的形式来创建这个接口。代码④处返回服务器响应，设置了 HTTP 响应码、响应类型和响应体。

继续设置图 16-39 的流控规则，访问 http://localhost:2001/product/instance/2，1s 内刷新 2 次以上，就可以看到图 16-41 所示的页面了。

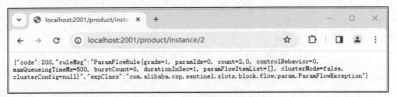

图 16-41　自定义降级服务

从图 16-41 可知，由于违反 Sentinel 设置的 QPS 为 2 的规则，所以请求就会被 Sentinel 管控，不再将请求转发到源服务器上，并触发了自定义的降级服务逻辑。

附录

Spring Boot 知识点补充

A.1 Java 8 和之后版本的新语法

旧有的项目大部分是基于 Java 8 的。但是 Java 8 的语法标准已经严重落后了，在 Java 9～Java 17 版本，Java 完善了很多语法，让我们来学习这些新的语法，看看它们是如何解决或者改善编码问题的。

A.1.1 Lambda 表达式

在很多时候，我们需要编写匿名类。例如，使用传统的 Java 创建一个 Runnable 对象作为线程任务，就可能使用以下代码：

```
Runnable run = new Runnable() {
   @Override
   public void run() {
      System.out.println("线程方法");
   }
};
```

上述代码比较烦琐。在 Java 8（含）之后，可以使用如下 Lambda 表达式进行简化：

```
Runnable run = () ->{
   System.out.println("线程方法");
};
```

上述代码使用 Lambda 表达式，Java 会自动通过将变量声明为 Runnable 接口类型来判断编写的内容是实现 run()方法，这样就不需要再编写匿名类，从而简化了开发。但是要注意，只有当接口声明只有一个方法时，才能这样编写。

A.1.2 本地变量类型推断

在 Java 10 之后，Java 引入了关键字 var，它可以自行推断 Java 变量的类型，从而简化代码，例如：

```
var myObj = new MyObject();
```

这样我们就不再需要声明 myObj 为 MyObject 类型，而是可以交由 Java 编译器自己推断 myObj 为 MyObject 类型，从而简化编码。

A.1.3 switch 语句的改善

在 JDK 12 中，Java 引入了 switch 语句作为预览特性；Java 13 修改了这个特性，引入 yield 语句，用于返回值；在 Java 14 中，这一功能正式作为标准功能提供。

传统 switch 语句的代码如下：

```
String x = "1";
int i = -1;
switch (x) {
   case "1": i = 1; break;
   case "2": i = 2; break;
   default: {
      i = x.length();
      break;
   }
}
```

上述代码中存在很多的 beak 语句，语法很冗余。在 Java 13 之后，可以按照如下方法来编写代码：

```
var x = "1";
var i = -1;
i = switch (x) { // 引入 switch 表达式简化赋值
   case "1" -> 1;
   case "2" -> 2;
   default -> x.length();
};
```

显然新的语法使代码变得简单了，也没有冗余的 break 语句。当然，我们也可以选择使用 yield 关键字，如下：

```
var x = "145";
var i = -1;
i = switch (x) { // 引入 switch 表达式简化赋值
   case "1": yield 1;
   case "2": yield 2;
   default: yield x.length();
};
```

注意，使用 yield 关键字表示只退出当前的 switch 语句，并将对应的值赋值给 i，但是不退出当前的方法。而 return 关键字则表示函数返回，会退出当前的方法。

A.1.4 文本块

在 Java 13 之前，我们编写很长的 SQL 语句时，需要通过频繁的换行来提高可读性，例如：

```
String sql ="select * from_a_table a, b_table b "
     + " where a.id = b.rid"
     + " order by b.m_date";
System.out.println(sql);
```

上述变量 sql 使用字符串的 "+" 来连接，从而实现字符串的换行书写。在 Java 13 后，可以实现所见即所得的效果，我们可以使用 """ 声明文本块，从而简化代码，例如：

```
var sql = """
    select * from a_table a, b_table b
    where a.id = b.rid
    order by b.m_date
    """;
System.out.println(sql);
```

使用文本块的语法后，代码显得更加简洁了。

A.1.5 紧凑声明类的关键字 record

在 Java 14 之后，Java 添加了一个关键字 record，用于创建一些简单的类，虽然使用 record 存在很多制约，不过相对于使用简单的 Java 对象，record 的使用更加简便。我们只需要简单地声明类就能使用，例如：

```
package com.learn.chapter.pojo;

public record Person(String name, int age) {

    // 注意使用关键字 record 后，只能声明静态成员
    private final static String COMPANY_NAME = "Spring Boot 学习公司";

    // 自定义方法
    public void print() {
        var sentence = "我是来自%s 的%s, 我今年%d 岁";
        System.out.println(String.format(sentence, COMPANY_NAME, name, age));
    }
}
```

注意，使用 record 声明的紧凑类时，需要在类名后通过()声明类的属性，而在 record 声明的类内部，只能声明静态属性，而不能声明非静态属性。Person 类的使用也很简单，例如：

```
var p = new Person("Tom", 32);
System.out.println("name=" + p.name());
System.out.println("age=" + p.age());
p.print();
```

也许读者还不能理解上述代码，不过不要紧，我通过等价代码来说明，读者就能理解了。上述使用 record 来声明 Person 类的代码，等价于如下代码：

```
package com.learn.chapter.pojo;

public class Person {
    // 注意，使用了 final 关键字，只允许在构造方法中赋值一次
    private final String name;
    private final int age;

    // 静态成员
    private final static String COMPANY_NAME = "Spring Boot 学习公司";

    // 只能赋值一次
```

```java
    public Person(String name, int age) {
        this.name = name;
        this.age = age;
    }

    // 获取属性的方法
    public String name() {
        return name;
    }

    public int age() {
        return this.age;
    }

    // 自定义方法
    public void print() {
        var sentence = "我是来自%s 的%s, 我今年%d 岁";
        System.out.println(String.format(sentence, COMPANY_NAME, name, age));
    }
}
```

注意，属性 name 和 age 都声明了 final，只能在构造方法中赋值一次，之后就不能赋予新值了。获取属性值的方法是 name() 和 age()，和属性名保持一致，也比较简单，只是由于被定义为 final，因此属性不可以被重新赋值。虽然使用 record 关键字存在很多限制，但用它创建简单的 Java 对象还是十分方便的。

A.1.6 instanceof 语法的改善

在传统的 Java 语法中，instanceof 用于判定对象类型，一般用于强制转换之前，通常的写法如下：

```java
package com.learn.chapter.main;

public class Test {

    public static void main(String[] args) {
        Object animal = new Dog();
        // 通过关键字 instanceof 判定对象类型
        if (animal instanceof Cat) {
            Cat cat = (Cat) animal;
            cat.miaow();
        } else if (animal instanceof Dog) {
            Dog dog = (Dog) animal;
            dog.bark();
        }
    }

    // 两个静态类
    static class Dog {
        public void bark() {
            System.out.println("狗会汪汪吠。");
        }
    }

    static class Cat {
```

```
        public void miaow() {
            System.out.println("猫会喵喵叫。");
        }
    }
}
```

注意，上述加粗代码就是传统的写法，语法比较冗余。在 Java 14 之后，引入了更为简便的写法，如下：

```
// 通过关键字 instanceof 判定对象类型
if (animal instanceof Cat cat) {
    cat.miaow();
} else if (animal instanceof Dog dog) {
    dog.bark();
}
```

这种写法可以省略显式强制类型转换的过程，代码也更加简洁，可读性也得到了提高。

A.2　选择内嵌服务器

Spring Boot 除了可以选择 Tomcat 服务器，还可以选择其他服务器，如选择 Undertow 或者 Jetty 作为内嵌服务器。在 Spring Boot 中，因为 spring-boot-starter-web 已经默认地依赖了内嵌的 Tomcat，所以需要先将其引入排除。处理它们十分简单，只需要在 Maven 依赖中排除它们即可，代码如下。

```xml
<dependency>
    <groupId>org.springframework.boot</groupId>
    <artifactId>spring-boot-starter-web</artifactId>
    <!-- 排除 Tomcat 的引入 -->
    <exclusions>
      <exclusion>
        <groupId>org.springframework.boot</groupId>
        <artifactId>spring-boot-starter-tomcat</artifactId>
      </exclusion>
    </exclusions>
</dependency>
<dependency>
    <groupId>org.springframework.boot</groupId>
    <!-- 使用内嵌的 Undertow -->
    <artifactId>spring-boot-starter-undertow</artifactId>
    <!-- 使用内嵌的 Jetty -->
    <!--
    <artifactId>spring-boot-starter-jetty</artifactId>
    -->
</dependency>
```

上述代码先将 Tomcat 的引入排除，然后通过<dependency>元素引入对应的 Jetty 或者 Undertow 服务器即可。

A.3　修改商标

在默认的情况下，启动 Spring Boot 应用时，可以在后台日志中看到图 A-1 所示的商标。

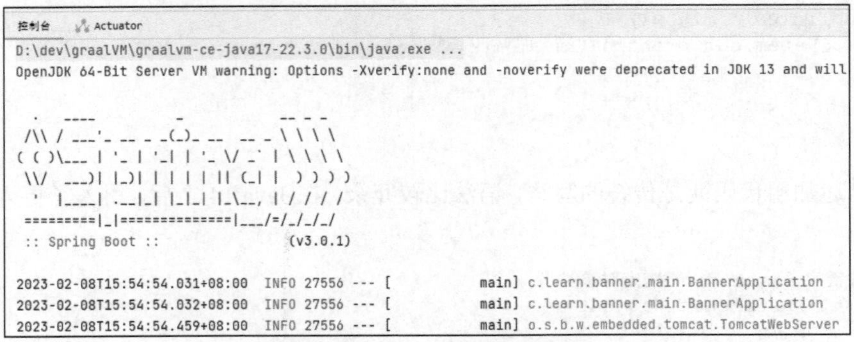

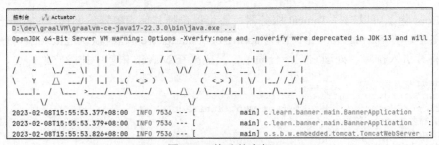

图 A-1　Spring Boot 默认商标

有时候，在企业的业务实践中可能需要修改这个默认的商标。如果只是需要替换简单的文字，可以打开网址 http://patorjk.com/software/taag/，录入自己需要的文字，例如，录入"Hello World"，将其复制到文本文件中，然后以文件名 banner.txt 保存到 Spring Boot 项目的 resources 目录中。启动 Spring Boot 应用后，就可以在日志中看到图 A-2 所示的商标。

图 A-2　修改的商标

可以看到，当 Spring Boot 启动时，将使用 banner.txt 文件的内容。除此之外，Spring Boot 还提供了以下属性供开发者自行定制商标：

```
# 商标文件编码，默认值为"UTF-8"
spring.banner.charset=UTF-8
# 商标文件路径，默认值为"classpath:banner.txt"
spring.banner.location=classpath:banner.txt
# 商标模式，可选：
# console-后台打印，默认值
# log-日志打印
# off-不打印商标
spring.main.banner-mode=log
```